国家出版基金资助项目
Projects Supported by
the National Publishing Fund

"十四五"国家重点
出版物出版规划项目

数字钢铁关键技术丛书｜主编　王国栋

数字矿山建设架构与关键技术

Construction Framework and Key Technology of Digital Mine

柳小波　曲福明　郗凤明　邵安林　等著

（彩图资源）

北　京

冶金工业出版社

2024

内 容 提 要

本书主要介绍了数字地质、数字钻孔、智能爆破、智能铲运、选矿黑灯工厂、深度学习、混合现实、数字孪生、三维激光扫描和无人机等技术在矿山的发展与应用，并以齐大山铁矿、眼前山铁矿和关宝山选矿厂为例，介绍了鞍钢矿业在露天矿、地下矿和选矿厂方面的数字化建设实践情况。

本书可作为高等学校采矿工程专业教学用书，也可作为矿山工程技术人员、管理人员和研究人员的参考用书。

图书在版编目(CIP)数据

数字矿山建设架构与关键技术/柳小波等著. —北京：冶金工业出版社，2024.11

（数字钢铁关键技术丛书）

ISBN 978-7-5024-9703-3

Ⅰ.①数… Ⅱ.①柳… Ⅲ.①数字技术—应用—矿山建设 Ⅳ.①TD2-39

中国国家版本馆 CIP 数据核字（2023）第 254268 号

数字矿山建设架构与关键技术

出版发行	冶金工业出版社	电　　话	(010)64027926
地　　址	北京市东城区嵩祝院北巷 39 号	邮　　编	100009
网　　址	www.mip1953.com	电子信箱	service@mip1953.com

策　　划　卢　敏　责任编辑　张佳丽　卢　敏　美术编辑　吕欣童
版式设计　郑小利　责任校对　郑　娟　责任印制　窦　唯
北京捷迅佳彩印刷有限公司印刷
2024 年 11 月第 1 版，2024 年 11 月第 1 次印刷
787mm×1092mm 1/16；25 印张；599 千字；377 页
定价 159.00 元

投稿电话　(010)64027932　投稿信箱　tougao@cnmip.com.cn
营销中心电话　(010)64044283
冶金工业出版社天猫旗舰店　yjgycbs.tmall.com
（本书如有印装质量问题，本社营销中心负责退换）

"数字钢铁关键技术丛书"
编辑委员会

本书编辑委员会

主　编

柳小波　　曲福明　　郗凤明　　邵安林

副主编

刘文胜　　刘炳宇　　丛峰武　　胡　军　　潘福成

编　委

盖俊鹏　　刘殿军　　马　东　　黄贵臣　　王军生　　陈宏宇

潘鹏飞　　陈晓云　　王　锦　　王　峰　　王赢博　　傅国辉

张宝金　　刘春辉　　李　光　　王　鹏　　李　歆　　刘光伟

徐　峰　　苏宏鲁　　牛文杰　　马连成　　王智强　　王丽慧

姜　鹏　　毕宏刚　　柴青平　　刘嘉奇　　刘　栋　　范立鹏

黄子鉴　　刘永铁　　罗　赛　　徐振洋　　孙效玉　　毛亚纯

王培涛　　马艺闻　　任会之　　姚　江　　薛印波　　于　淼

王连成　　岳星彤　　王怀远　　张兴帆　　马新博　　吴　豪

孙厚广　　单　迪　　张育维　　张光亮　　丁成功　　马意彭

刘政宇　　赵凌羽　　许建炜　　徐校竹

编 写 单 位

辽宁科技大学

北京科技大学

鞍钢集团矿业有限公司

中国科学院沈阳自动化研究所

东北大学

鞍钢集团北京研究院有限公司

辽宁数智矿业科技有限公司

沈阳工业大学

辽宁工程技术大学

中钢集团马鞍山矿山研究总院股份有限公司

鞍钢集团矿业设计研究院有限公司

中冶北方（大连）工程技术有限公司

编写秘书组

任宇昕　吴　璞　颜文振　何　江　王迎镇

丁佳宁　许世龙　纪雅淏　李晨曦　杨　阳

边文辉　孙昊宇　宋　明

"数字钢铁关键技术丛书"
总　序

　　钢铁是支撑国家发展的最重要的基础原材料，对国家建设、国防安全、人民生活等具有重要的战略意义。人类社会进入数字时代，数据成为关键生产要素，数据分析成为解决不确定性问题的最有效新方法。党的十八大以来，以习近平同志为核心的党中央高瞻远瞩，抓住全球数字化发展与数字化转型的重大历史机遇，系统谋划、统筹推进数字中国建设。党的十九大报告明确提出建设"网络强国、数字中国、智慧社会"，数字中国首次写入党和国家纲领性文件，数字经济上升为国家战略，强调利用大数据和数字化技术赋能传统产业转型升级。国家和行业"十四五"规划都将钢铁行业的数字化转型作为工作的重点方向，推进生产数据贯通化、制造柔性化、产品个性化。

　　钢铁作为大型复杂的现代流程工业，虽然具有先进的数据采集系统、自动化控制系统和研发设施等先天优势，但全流程各工序具有多变量、强耦合、非线性和大滞后等特点，实时信息的极度缺乏、生产单元的孤岛控制、界面精准衔接的管理窠臼等问题交织构成工艺-生产"黑箱"，形成了钢铁生产的"不确定性"。这种"不确定性"严重制约钢铁生产的效率、质量和价值创造，直接影响企业产品竞争力、盈利水平和原材料供应链安全。

　　钢铁行业置身于这个世界百年未有之大变局之中，也必然经历其有史以来的最广泛、最深刻、最重大的一场变革。通过这场大变革，钢铁行业的管理与控制将由主要解决确定性问题的自动控制系统，转型为解决不确定性问题见长的信息物理系统（CPS）；钢铁行业发展的驱动力，将由工业时代的机理驱动，转型为"抢先利用数据"的数据驱动；钢铁行业解决问题的分析方法，将由机理解析演绎推理，转型为以数据/机器学习为特征的数据分析；钢铁过程主流程的控制建模，将由理论模型或经验模型转型为数字孪生建模；钢铁行业全流程的过程控制，必然由常规的自动化控制系统转型为可以自适应、自学习、自组织、高度自治的信息物理系统。

这一深刻的变革是钢铁行业有史以来最大转型的关键战略，它必将大规模采用最新的数字化技术架构，建设钢铁创新基础设施，充分发挥钢铁行业丰富应用场景优势，最大限度地利用企业丰富的数据、诀窍和先进技术等长期积累的资源，依靠数据分析、数据科学的强大数据处理能力和放大、倍增、叠加作用，加快建设"数字钢铁"，提升企业的核心竞争力，赋能钢铁行业转型升级。

将数字技术/数字经济与实体经济结合，加快材料研究创新，已经成为国际竞争的焦点。美国政府提出"材料基因组计划"，将数据和计算工具提升到与实验工具同等重要的地位，目的就是更加倚重数据科学和新兴计算工具，加快材料发现与创新。近年来，日本 JFE、韩国 POSCO 等国外先进钢铁企业，已相继开展信息物理系统研发工作，融合钢铁生产数据和领域经验知识，优化生产工艺、提升产品质量。

从消化吸收国外先进自动化、信息化技术，到自主研发冶炼、轧制等控制系统，并进一步推动大型主力钢铁生产装备国产化。近年来，我们研发数字化控制技术，有组织承担智能制造国家重大任务，在国际上率先提出了"数字钢铁"的整体架构。

在此过程中，我们组成产学研密切合作的研究队伍"数字钢铁创新团队"，选择典型生产线，开展"选矿-炼铁-炼钢-连铸-热轧-冷轧-热处理"全流程数字化转型关键共性技术研究，提出了具有我国特色的钢铁行业数字化转型的目标、技术路线、系统架构和实施路线，围绕各工序关键共性技术集中攻关。在企业的生产线上，结合我国钢铁工业的实际情况，提出了低成本、高效率、安全稳妥的实现企业数字化转型的实施方案。

通过研究工作，我们研发的钢铁生产过程的数字孪生系统，已经在钢铁企业的重要工序取得突破性进展和国际领先的研究成果，实现了生产过程"黑箱"透明化，其他一些工序也取得重要进展，逐步构建了各层级、各工序与全流程CPS。这些工作突破了复杂工况条件下关键参数无法检测和有效控制的难题，实现了工序内精准协调、工序间全局协同的动态实时优化，提升了产品质量和产线运行水平，引领了钢铁行业数字化转型，对其他流程工业的数字化转型升级也将起到良好的示范作用。

总结、分析几年来在钢铁行业数字化转型方面的工作和体会，我们深刻认识到，钢铁行业必须与数字经济、数字技术相融合，发挥钢铁行业应用场景和数据资源的优势，以工业互联网为载体、以底层生产线的数据感知和精准执行为基础、以边缘过程设定模型的数字孪生化和边缘-产线的 CPS 化为核心、以数字驱动的云平台为支撑，建设数字驱动的钢铁企业数字化创新基础设施，加速建设数字钢铁。这一成果，已经代表钢铁行业在乌镇召开的"2022 全球工业互联网大会暨工业行业数字化转型年会"等重要会议上交流，引起各方面的广泛重视。

截至目前，系统论述钢铁工业数字化转型的技术丛书尚属空白。钢铁行业同仁对原创技术的期盼，激励我们把数字化创新的成果整理出来、推广出去，让它们成为广大钢铁企业技术人员手中攻坚克难、夺取新胜利的锐利武器。冶金工业出版社的领导和编辑同志特地来到学校，热心指导，提出建议，商量出版等具体事宜。我们相信，通过产学研各方和出版社同志的共同努力，我们会向钢铁界的同仁、正在成长的学生们奉献出一套有里、有表、有分量、有影响的系列丛书。

期望这套丛书的出版，能够完善我国钢铁工业数字化转型理论体系，推广钢铁工业数字化关键共性技术，加速我国钢铁工业与数字技术深度融合，提高我国钢铁行业的国际竞争力，引领国际钢铁工业的数字化转型和高质量发展。

中国工程院院士

2023 年 5 月

前　言

钢铁工业是现代人类社会的重要基础产业，是国之基石。铁、锰、铬等矿石作为钢铁冶炼的原材料，为基础设施建设提供了重要的源头保障，对国民经济的重要性不言而喻。当下，科学技术的发展日新月异，人工智能、大数据、云计算、5G 通信、工业互联网、数字孪生等技术不断推陈出新，驱动着工业制造业向着智能化不断前进。在信息化浪潮的洗礼下，传统的矿山行业也正经历着新的蜕变。

实际上，数字矿山的概念提出已久。早在 20 世纪末，数字地球、数字城市和数字矿山等概念作为未来规划愿景就已经被社会各界所采纳与研究。比如，在 2000 年，吴立新教授将数字矿山定义为"数字矿山是对真实矿山整体及相关现象的统一认识与数字化再现，是一个'硅质矿山'，是数字矿区和数字中国的一个重要组成部分"，并指出数字矿山的核心是"在统一的时间坐标和空间框架下，科学合理地组织各类矿山信息，将海量异质的矿山信息资源进行全面、高效和有序地管理和整合"。随着对数字矿山研究的不断加深和各种新技术的变革，数字矿山的概念与内涵也在不断完善，也有学者提出了"智能矿山"和"智慧矿山"等概念，但从目前技术的发展现状来看，其本质上仍是描述矿山开采过程中最先进的技术与方法，距离真正的"智慧"仍有差距。因此，考虑到目前矿山采选技术发展现状和丛书一致性，本书的题目仍然定为数字矿山，对于书中提到的智能技术，二者并不冲突。

作为"数字钢铁关键技术丛书"中的重要组成部分，本书旨在从钢铁工业的源头，即矿山开采的角度介绍数字矿山的建设架构与关键技术。全书共分为 10 章，采用总—分—总的结构。第 1 章为绪论，主要概述铁矿资源的基本情况和数字矿山发展现状及趋势；第 2 章介绍数字矿山的建设架构，主要内容为数字矿山的功能和实现方法；第 3 章到第 9 章分别介绍了数字矿山建设过程中涉及的几项关键技术，包括数字地质、数字钻孔、智能爆破、智能铲运、选矿黑灯工厂、深度学习和其他新技术等内容；第 10 章以鞍钢矿业下属的采场和选厂为例，详细介绍了露天矿、地下矿和选矿厂的数字化建设情况。需要说明的是，本书虽然以铁矿石的数字采选技术作为切入点进行论述，但本书描述的数字矿山建设架构和关键技术对于其他金属矿山同样适用。

本书中的科研项目得到了国家自然科学基金面上项目（52474172）"露天矿爆破散体随机移动机理与全流程智能优化研究"、面上项目（52374123）"露天矿山全生命周期智能开采规划设计方法研究"、面上项目（51974144）"基于时空序列反演的露天矿物料流量流向动态优化研究"和国家出版基金等项目联合资助。在全书的编撰过程中，得到了各级领导和行业同仁的大力支持，对此表示衷心的感谢。

由于作者水平有限，书中难免存在不当之处，真诚地希望行业专家和广大读者提出改进意见。

作　者

2023 年 10 月

于北京科技大学

目　　录

3　数字地质关键技术 ……………………………………………… 79

10　工业互联网数字矿山示范工程 ………………………… 326

1 绪 论

1.1 矿产资源概况

1.1.1 矿产资源的重要性

矿产资源是指由地质作用形成的，具有利用价值的，呈固态、液态、气态的自然资源。矿产资源是人类社会赖以生存的重要物质基础，是制造业产业链、供应链的源头，是国家安全与经济发展的战略资源和重要保证。全世界80%以上的工业原材料和70%以上的农业生产资料都是来自矿产资源[1]。2022年矿产资源直接支撑了我国下游33.5万亿元的工业制造业和8.3万亿元的建筑业，二者约占我国GDP的35%。

矿产资源的开发利用是人类除农耕作业外最早从事的生产活动，并且其规模、效率和种类都随着时代的进步和技术的更新而不断提升。人类文明发展的每一个里程碑都与采矿相关，事实上人类文明发展史的各个阶段就是以矿物的利用划分的。从石器时代（公元前4000年前）、青铜时代（公元前4000年—公元前1500年）到铁器时代（公元前1500年—公元1780年）、钢铁时代（1780年—1945年）和原子时代（1945年），矿产资源的开发利用不断推动着人类历史的进步。尤其是18世纪末的工业革命以来，短短的200多年时间，科学技术飞速进步，生产力水平大幅提高，这些均是建立在矿产资源大规模开发利用的基础上。矿产资源对现代社会的重要性从以下几个方面即可窥得一隅。

首先，矿产资源是现代工业的基础，为各种工业提供了原材料和辅助材料。据我国自然资源部统计，截至2021年年底，我国已发现的矿产有173种，其中80多种应用较广泛。按其特点和用途，通常分为四类：能源矿产13种（煤炭、石油、天然气等）、金属矿产59种（铁、锰、铬、铜、铝、锂等）、非金属矿产95种（萤石、石墨、金刚石等）和水气矿产6种（地下水、矿泉水等）。其中，金属矿产的开发利用对现代工业的进程发挥了至关重要作用。例如钢铁冶炼中用到的主要矿产品包括铁、锰、铬、钒等；航天工业中的铍、锆、钛、锂、铯、钨、钼等；电子工业中的金、银、铜、锌、锗等。可以说，没有矿产资源的开采，许多工业就成了无米之炊。

其次，矿产资源的开发利用对于一个国家的经济发展具有重要的导向作用。一方面，矿产资源的开发与利用水平是评价一个国家经济实力的关键指标。以我国为例，2013—2021年，我国的人均GDP指数以每年6.6%的增长速度保持稳定增长，同期的铁矿资源消费量指数的增长速度则一直保持在8%左右，二者的增长曲线较为稳定并且十分接近，由此可以看出国民经济的发展和铁矿资源的开发与利用之间存在着高度密切的正相关关系。另一方面，矿产资源在各国的经济建设中发挥着重要作用，虽然不同国家矿产资源的赋存条件和开采技术存在较大差异，但矿产资源在各国的经济建设方针与产业布局规划中均占据着重要地位。例如，澳大利亚、巴西等铁矿资源储量较为丰富的国家，会依靠大量出口铁矿石及其相关产品来换取大量外汇，而日本、韩国等铁矿资源十分匮乏的国家，则需从其他国家进口大量的铁矿石来维持自身庞大经济系统的运行。

除此之外，矿产资源的稳定供应对于国家安全也具有十分重大的战略意义。矿产资源安全是指一个国家可以持续、稳定、及时、经济地获取所需矿产资源的状态或能力，是供应安全和使用安全的有机结合[2]。一方面，要求矿产资源的供应量必须能够满足国家运行的总需求量，不能"缺血"；另一方面，要求矿产资源的消费过程应尽量做到无毒无害，不能"因血致病"。目前，随着国家安全概念的深度细化，矿产资源安全已经成为各国国家安全的重点关注内容，无论是发达国家还是发展中国家，都将保障矿产资源安全作为国家安全战略的重要目标。

综上所述可以看出，矿产资源的开发利用在现代工业、社会经济和国家安全等方面均有着不可替代的重要作用。从铁器时代开始到工业革命的剧变，从新中国成立的百废待兴到改革开放飞速发展，矿产资源的开发利用一直是时代进步和国家发展的重要标志。以钢铁行业为例，进入21世纪以来，我国钢铁工业飞速发展，粗钢产量从2000年的1.29亿吨攀升至2022年的10.18亿吨，20余载增长近8倍，我国也一举成为世界最大的钢铁生产国和消费国。作为钢铁工业最基础的原材料，铁矿石的消费量也从2000年的2.09亿吨攀升至2022年的16.29亿吨。并且，据有关专家及机构预测，虽然我国铁矿资源的消费增速逐渐放缓，但在2035年之前，中国作为铁矿资源第一消费大国、生产大国和贸易大国的地位和态势仍将保持不变[3]。铁矿资源的开发利用仍是未来需要重点关注的内容，因此本书接下来的两小节将以铁矿资源为例，对其储量分布和供求情况进行详细的阐述。

1.1.2 铁矿资源储量及分布

1.1.2.1 全球铁矿资源储量与分布

全球铁矿资源的储量十分丰富，各大洲均有铁矿资源的发现，并且海洋中还蕴藏着丰富的铁锰结核。美国地质调查局（USGS）《矿产品要览（2023）》显示，截至2022年年底，世界铁矿石储量为1800亿吨，含铁元素850亿吨。分国别看，世界铁矿石储量主要集中在澳大利亚、巴西、俄罗斯和中国，分别为510亿吨、340亿吨、290亿吨和200亿吨，分别占世界总储量的28.33%、18.89%、16.11%和11.11%；四国储量之和占世界总储量的74.44%；另外，印度、乌克兰、哈萨克斯坦、美国、加拿大和瑞典铁矿资源也较为丰富。

由于含铁品位不同，世界铁元素的分布情况与铁矿石储量的分布情况并不一致。按铁元素计，澳大利亚、巴西和俄罗斯是世界铁矿资源最丰富的国家，三国铁元素储量分别为270亿吨、150亿吨和140亿吨，分别占世界总储量850亿吨的31.76%、17.65%和16.47%，三国储量之和占世界总储量的65.88%。我国铁矿石储量虽然很大，但铁元素储量只有69亿吨，占世界总储量的8.12%，人均拥有量更是不到世界人均储量的一半。具体情况如表1.1所示。

表 1.1　全球铁矿石资源储量统计表

国家	原矿储量/亿吨	含铁量/亿吨	品位/%	在世界占比/%
澳大利亚	510	270	52.94	27.83
巴西	340	150	44.12	18.56
俄罗斯	290	140	48.28	15.83
中国	200	69	34.50	10.92
其他国家	180	95	52.78	9.82
乌克兰	65	23	35.38	3.55
加拿大	60	23	38.33	3.27
印度	55	34	61.82	3.00
美国	30	10	33.33	1.64
伊朗	27	15	55.56	1.47
秘鲁	26	12	46.15	1.42
哈萨克斯坦	25	9	36.00	1.36
瑞典	13	6	46.15	0.71
南非	10	6.7	67.00	0.55
土耳其	1.3	0.38	29.23	0.07
合计	1832.3	863.08		

数据来源：USGS《Mineral Commodity Summaries 2023》。

全球铁矿石资源具有以下特点：

（1）铁矿资源集中在少数国家和地区，集中度高。包括俄罗斯、澳大利亚、巴西和中国在内的 4 个国家的铁矿石储量占世界总储量的 74.44%。资源集中的地区也正是当今世界铁矿石的集中生产区。如巴西的淡水河谷公司、澳大利亚必和必拓公司和力拓公司的铁矿石出口量占世界总出口量的 60% 以上。

（2）带状铁矿（Banded Iron Formation，BIF）相关型铁矿床居多。全球铁矿资源的种类较多，在按铁矿成因划分为的 BIF 相关型、火山成因型、岩浆型、沉积型和接触交代-热液型这几大类铁矿中，以 BIF 相关型铁矿最为重要。BIF 相关型铁矿的特点是规模大，以大型、超大型铁矿为主，并且分布相对集中，在全球铁矿资源中，有 60%～70% 为 BIF 相关型铁矿，与其相关的富铁矿储量约占全球富铁矿总储量的 70% 以上，全球铁矿资源储量排名靠前的国家大多也是该类型铁矿分布较多的国家；除此之外，火山成因型铁矿也较为重要，约占全球铁矿资源总储量的 10%，该类型的铁矿有铜、金、稀土等多种伴生成分可以进行综合利用；而在岩浆型铁矿中，除铁、钛、钒是主要利用的成分外，还有磷、铬、镍、铜等伴生成分可以进行综合利用；接触交代-热液型和沉积型铁矿则是有铜、铅、锌、钨、锡、钼、钴、金等伴生成分可以进行综合利用[4]。

（3）从矿石质量上看南半球富铁矿多，北半球富铁矿少。巴西、澳大利亚和南非都位于南半球，这些国家的大型、超大型铁矿数量较多，其铁矿石多为赤铁矿，不仅品位较高，有害杂质较少，而且可以直接入高炉，矿石的烧结、冶炼性能都比较好，品质也较为稳定。以数据来说明，世界铁矿平均品位 TFe 44%，澳大利亚赤铁富矿 TFe 56% ~ 63%，成品矿粉矿一般 TFe 62%，块矿一般能达到 TFe 64%。巴西铁矿平均品位 TFe 53% ~ 57%，成品矿粉矿一般 TFe 65% ~ 66%，块矿 TFe 64% ~ 67%。反观我国铁矿资源的储量虽然排名位于全球前列，但是其中的大型、超大型铁矿数量却不多，以中小型铁矿为主，并且贫矿多，富矿少，铁矿石成分复杂，伴生成分较多，高炉冶炼有害杂质也多；除此之外，我国的铁矿石又多为品位较低的磁铁矿石，需提纯烧结制球后才能入炉，生产成本相对较高[5]。

就不同国家而言，全球铁矿石排名前几的国家铁矿石分布情况如下：

（1）位于南半球的澳大利亚有着十分丰富的铁矿资源，主要分布在西澳、南澳、新南威尔士以及塔斯马尼亚，其中澳大利亚的大部分铁矿都储藏在西澳，该地区的铁矿资源主要分布在皮尔巴拉矿区和伊尔冈矿区，仅这两个矿区的铁矿资源储量就占据整个澳大利亚铁矿资源总储量的85%以上。目前澳大利亚的铁矿石开采公司有20个左右，但铁矿石的探明储量大部分由力拓和必和必拓这两家公司所掌握，它们的铁矿石合计产量约占澳大利亚铁矿石总产量的80%。

（2）南美洲的巴西也拥有非常丰富的铁矿资源。其铁矿资源主要产地在米纳斯吉拉斯州，其中伊塔比拉的铁矿资源储量最为丰富，是世界储量最大的高品位铁矿之一，具有"铁山"之称。淡水河谷公司几乎垄断了巴西铁矿石的生产市场，其产量约占巴西铁矿石总产量的80%。

（3）除巴西外，同处于南美洲的玻利维亚和委内瑞拉的铁矿资源也一样丰富。玻利维亚的铁矿资源主要分布在东部地区的圣克鲁斯省，但是由于开采条件十分艰苦，已经探明的超大型铁矿至今尚未得到开发。委内瑞拉的铁矿资源主要分布在圭亚那地区，该地区以玻利瓦尔四角地带的 Cerro Bolivar 矿床而著名，同时这里也是铁矿资源的主要勘查目标区。

（4）处于北半球的俄罗斯的贫矿储量十分丰富，其中有三个地区的铁矿资源储量最大，分别是中央黑土区、高加索地区以及西伯利亚地区，这些地区拥有许多储量在5亿吨以上、适宜露天开采的大型铁矿。虽然俄罗斯自然形成的铁矿石的品位明显低于澳大利亚和巴西等国的铁矿石，但在经过选矿之后，其品位也能达到平均水准。俄罗斯的铁矿石开采集中度较高，北方钢铁和新利佩茨克钢铁控制了本国铁矿石市场份额的八成以上。

总体而言，澳大利亚、巴西、印度、南非铁矿石资源丰富，品质好，开采成本低，运输条件好，是全球主要的铁矿石生产国和出口国，也是中国铁矿石主要进口来源国。加拿大、瑞典铁矿石资源较丰富，品质、运输条件均较好，也是全球重要的铁矿石生产国和出口国，其铁矿石主要出口到欧洲和北美。近年来，西非地区铁矿石勘查有较大突破，未来供应潜力巨大。目前，全球铁矿资源的开发与利用产生由南半球向北半球、由西半球向东半球大规模转移的特点，但是，大规模的物流转移也会造成巨大的资源浪费、成本损失以及环境破坏等问题，这点应该引起足够的重视。

除了已探明的铁矿资源储量外，全球仍有许多待发掘的铁资源潜力区。据美国地质调查局预测，全球铁矿资源估计超过 8000 亿吨，换算成铁金属大概在 2300 亿吨。也就是说仍然还有一半以上的铁矿还没有勘查出来，勘查前景巨大。根据目前掌握的全球铁矿分布情况、与铁矿形成有关的古老地层分布情况，全球各国铁矿资源找矿潜力情况如表 1.2 所示。

表 1.2　全球主要国家铁矿潜力统计

国家	2022 年产量/百万吨	储量/百万吨	储产比	潜在资源量/百万吨
美国	46	3000	65	34320
澳大利亚	880	51000	58	102880
巴西	410	34000	83	75440
加拿大	58	6000	103	8880
中国	380	20000	53	105120
印度	290	5500	19	22400
伊朗	75	2700	36	5680
哈萨克斯坦	66	2500	38	43440
俄罗斯	90	29000	322	128000
南非	76	1000	13	5280
瑞典	39	1300	33	17840
乌克兰	76	6500	86	155440

数据来源：USGS。

1.1.2.2　我国铁矿资源储量及其分布

我国自然资源部《2022 年中国自然资源统计公报》和《中国矿产资源报告 2022》统计显示，截至 2021 年年底，我国铁矿矿产储量 161.24 亿吨。值得注意的是，我国国土资源部（自然资源部的前身）发布的《中国矿产资源报告（2019）》显示，截至 2018 年年末，我国铁矿石查明资源储量为 852 亿吨。国土资源部的数据与自然资源部数据以及美国地质调查局《矿产品要览（2023）》中我国铁矿资源 200 亿吨相比，数字差别很大，主要是口径不同所致。国土资源部《中国矿产资源报告（2019）》中的数字为推断的、内蕴经济的资源量，探明程度较低，经济性尚不确定。美国《矿产品要览（2023）》中数字为经济可采储量，为当前价格水平下经济可采的铁矿石。自然资源部最新公布的储量数，是在新国标《固体矿产资源储量分类》（GB/T 17766—2020）实施后的最新标准，指探明资源量和（或）控制资源量中可经济采出的部分，是经过预可行性研究、可行性研究或与之相当的技术经济评价，充分考虑了可能的矿石损失和贫化，合理使用转换因素后估算的，满足开采的技术可行性和经济合理性[6]。

自然资源部发布的《2022 年全国矿产资源储量统计表》显示，我国各地区和省份的铁矿石储量数据如表 1.3 所示。

表 1.3 我国各地区和省份的铁矿石储量数据

地区	省份	铁矿石储量/亿吨	占全国比例/%	铁矿石储量/亿吨	占全国比例/%
华北地区	北京	0.66	0.41	48.36	29.77
	天津	0	0.00		
	河北	21.91	13.49		
	山西	11	6.77		
	内蒙古	14.79	9.10		
东北地区	辽宁	39.55	24.34	43.54	26.80
	吉林	3.2	1.97		
	黑龙江	0.79	0.49		
华东地区	上海	0	0.00	30.78	18.95
	江苏	0.65	0.40		
	浙江	0.65	0.40		
	安徽	12.73	7.84		
	福建	2.55	1.57		
	江西	4.78	2.94		
	山东	9.42	5.80		
华中地区	河南	3.1	1.91	7.07	4.35
	湖北	2.07	1.27		
	湖南	1.9	1.17		
华南地区	广东	0.61	0.38	2.49	1.53
	广西	0.62	0.38		
	海南	1.26	0.78		
西南地区	重庆	0.21	0.13	17.92	11.03
	四川	11.7	7.20		
	贵州	0.79	0.49		
	云南	5.17	3.18		
	西藏	0.05	0.03		
西北地区	陕西	3.3	2.03	12.30	7.57
	甘肃	3.11	1.91		
	青海	1.91	1.18		
	宁夏	0	0.00		
	新疆	3.98	2.45		
总计		162.46			

数据来源：自然资源部。

虽然我国铁矿资源的储量十分丰富，但资源禀赋条件相对较差，开发利用难度大。具体而言，我国的铁矿资源主要存在以下特点：

（1）铁矿分布广泛，但又相对集中。从表 1.3 中可以看出，全国铁矿储量排名前八的省份分别为：辽宁、河北、内蒙古、安徽、四川、山西、山东和云南，共占全国总量的77.7%。按地理综合区域划分，华北地区储量排名第一，其次是东北地区和华东地区，共占全国总量的75.5%。在我国铁矿资源整体分布较为分散的情况下，局部却又相对集中在十大矿区之中，分别是辽宁鞍本（辽宁省鞍山-本溪铁矿矿集区）、四川攀西（四川省攀西铁矿矿集区）、冀东（河北省冀东铁矿矿集区）、长江下游（江苏宁芜、宁镇、安徽庐枞、马鞍山铁矿矿集区）、云南澜沧-景洪（云南景洪、澜沧-勐海铁矿矿集区）、鄂西南（湖北鄂西南铁矿矿集区）、山西岚县-古交（山西岚县-娄烦、古交铁矿矿集区）、安徽霍邱（安徽霍邱矿集区）、山西五台（山西五台-代县矿集区）、内蒙古白云鄂博-固阳（内蒙古固阳、乌拉山矿集区）。十大矿区铁矿储量合计共占全国铁矿储量的64.8%，除此之外，各大矿区周围又大多分布着为数众多的中小型铁矿，它们加起来约占我国铁矿资源总储量的71%。虽然其他的中小型铁矿遍布全国各地，但是这些中小型铁矿储量仅占我国铁矿资源总储量的三成不到。这种整体分散又局部集中的特点，使我国铁矿资源的开发与利用不得不采取以大中型铁矿为主、地方中小型铁矿为辅，民营群采并存的开采格局。

（2）铁矿床类型齐全，以沉积变质型为主。根据中国铁矿资源国情调查资料，我国铁矿床类型齐全，世界上已发现的铁矿成因类型在我国均有发现，除前寒武纪硅铁建造风化壳型铁矿外，均探明了一定的储量，其中以沉积变质型为主（占57.1%），居各类型铁矿床之首。其次是接触交代-热液型（占15.6%）、岩浆晚期型（占13.5%）、沉积型（7.9%）、与火山-侵入活动有关型（占3.2%）、风化淋滤型（占0.9%），其他类型占1.9%。与世界不同之处在于我国接触交代-热液型和岩浆型储量占的比例较高[7]。

（3）贫矿多，富矿少，矿石类型复杂。根据美国地质调查局《矿产品概览（2023）》中储量与含铁量数据计算，全球铁矿石的平均品位约为47.2%。其中，南非为67%，印度61.82%，伊朗55.56%，澳大利亚52.94%，矿石品位均大于50%，而我国为34.5%，略高于美国的33%。中国铁矿国情调查成果表明，中国铁矿保有资源储量品位并不高，铁矿石保有储量中含铁品位55%左右，能直接入炉的富铁矿仅占全国储量的0.38%；品位介于25%~55%的中品位矿石占保有资源储量的74.90%；品位低于25%的低品位矿石占保有资源储量的24.72%。总体而言，贫铁矿占比99%左右，且采选难度很大，必须经过选矿富集后才能使用。

（4）伴生共生矿多，矿体复杂，利用难度大。我国具有钒、钛、铜、铅、锌、锡、镍等多元素伴生共生的复合矿约占总储量的1/3，涉及一批大中型铁矿区，如攀枝花、红格、白马、太和、大庙、大冶、大顶、黄岗、翠宏山、金岭大宝山、桦树沟、马鞍山、庐江、龙岩和海南石碌等铁矿区，矿石的综合利用成为一大难题。与此同时，我国暂难利用铁矿石保有储量很大，这些铁矿石难以利用的原因包括难采、难选、多组分难以综合利用、铁矿石品位低、矿体厚度薄、矿山的开采技术条件和水文地质条件复杂、矿区交通不便、矿体分散难以规划、开采经济指标不合理、矿产地属于自然环境保护区等[8]。随着我国采选技术的不断提高，暂难利用铁矿也在逐渐地被开发利用，暂难利用铁矿的储量也将逐渐减少。

1.1.3 铁矿资源供求情况

1.1.3.1 全球铁矿资源供求情况

A 全球铁矿资源的供应情况

铁矿资源的储量及其分布情况决定了一个国家在该资源上供应能力的禀赋差异。全球铁矿资源的供应主要集中在澳大利亚、巴西、印度、俄罗斯等国家中，它们所拥有的铁矿资源总储量超过 1195 亿吨，约占全球铁矿资源总储量的 66.39%。

澳大利亚是铁矿资源储量最为丰富的国家，其境内的所有州均有铁矿资源的分布，但是，大部分的铁矿资源均集中在澳大利亚西部，约占澳大利亚全国铁矿资源总储量的 85%，其中较为著名的皮尔巴拉地区的铁矿大多是埋藏深度较浅且较为容易开采的露天矿，其铁矿石的品位较高，产量也较为可观。近 20 年来，随着铁矿资源量逐渐开发与国际矿产公司的不断投资，澳大利亚自身的矿产潜力得以充分发挥，已探明的铁矿资源量不断增加，并且产量也有了大幅提升，从 1995 年的年产量不足 1.5 亿吨到近些年的 10 亿吨，全球占比达到了 41%，出口份额约占全球 54%。目前，澳大利亚凭借着得天独厚的资源优势，成为了全球最大的铁矿石生产国与出口国。

巴西的铁矿资源主要分布在东部各州，其铁矿多半是较为容易开采的高品质露天矿，所产的铁矿石具有铁含量较高、硅含量适中、铝含量较低的特点，因此十分适合钢铁的冶炼，这让巴西所产的铁矿石非常受欢迎，成为了很多钢铁公司的首选目标。巴西是仅次于澳大利亚的第二大铁矿石出口国，由于受到澳大利亚铁矿石出口的影响，巴西的全球铁矿石供应占比有下滑的趋势，但仍然处于全球铁矿石供应链中的核心位置。

印度的铁矿资源主要分布在中央邦、奥里萨邦等地，其中半数以上的铁矿都是较为容易开采的露天矿，所产的铁矿石大多都是含铁量在 60% 以上的中高品位矿石。但是从 2014 年底开始，印度政府以打击非法开采、铁矿石优先满足国内需求为由，出台了一系列针对铁矿石产量及其出口的限制措施，导致其国内铁矿石产量和出口量都大幅下降，直到近些年才有所恢复。目前，印度的主要铁矿石生产商是印度矿产和金属贸易公司，但是对于国际上的力拓、必和必拓、福特斯科金属集团以及淡水河谷来说，这两家的规模相对较小。

俄罗斯幅员辽阔，各种战略资源、矿产资源禀赋都很高。其中，铁矿资源主要位于俄罗斯的中央黑土区、高加索地区以及西伯利亚地区，占比约为全国的 66%，最大特点是大型铁矿较多，但是其铁矿石中的硅含量较高、品位也较差，因此俄罗斯的铁矿资源虽然十分丰富，但是较于铁矿石出口大国的澳大利亚与巴西而言，其铁矿石的出口量相对较低。近年来，俄罗斯政府倾向于减少铁矿资源的出口量，以供应本国的钢铁企业为主。

从总体上来看，作为铁矿石重要出口国之一的印度，由于其政府为了满足国内钢铁行业的需求而限制铁矿石的出口量，导致其未来铁矿石出口量在全球占比中不会有太大增长，反而有成为继中国之后另一大铁矿石进口国的可能性。除此之外，加拿大、俄罗斯以及乌克兰等国家的铁矿石出口量的全球占比不大，并且增幅较小，对于国际铁矿石出口市场的影响也不大，所以未来全球铁矿资源的供应仍将集中于澳大利亚和巴西这两个国家。

B 全球铁矿资源的消费情况

2000 年以来，全球（特别是亚洲地区）钢铁工业的快速发展，促进了铁矿石的消费。全球铁矿石的消费量（全球每年的生产量与消费量接近）从 2000 年的 10.5 亿吨增长至 2022 年的 26 亿吨，增长 1.5 倍多。具体变化情况如图 1.1 所示。

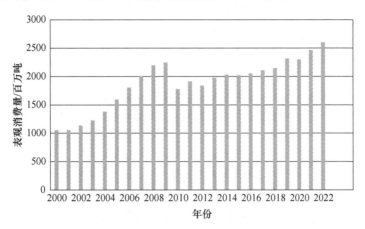

图 1.1 2000—2022 年全球铁矿石消费趋势变化
（数据来源：世界钢铁协会）

图 1.2 为 2021 年全球铁矿石各国消费占比情况，可以看出，全球铁矿资源的消费地区多为钢铁的主要生产地，其中包括中国、日本和欧盟等。随着以中国与印度等为代表的新兴经济体的快速发展，全球铁矿资源的需求总量虽然在整体上保持了温和的上涨趋势，但在短期内供大于求的局面仍然存在。

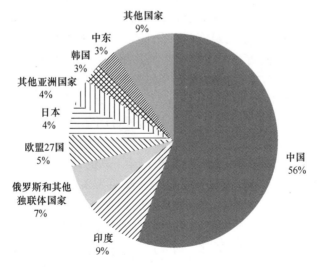

图 1.2 2021 年全球铁矿石各国消费占比情况
（数据来源：世界钢铁协会）

自 2002 年开始，中国成为世界铁矿石进口第一大国，巨大的铁矿石进口占比促使中国成为世界铁矿石主要出口国家的重要贸易合作伙伴。中国的铁矿石进口来源国数量较多，2022 年中国总共有 45 个铁矿石进口来源国，但以澳大利亚、巴西、印度、南非这 4 国为主要进口国，从这 4 个国家进口的铁矿石总量占据着中国进口铁矿石总量的 90%以上。其中又以澳大利亚占比最大，现已占据中国铁矿石进口量的 63%左右[9]。

日本自然资源匮乏，生产钢铁所需的铁矿石极度依赖海外进口，加之日本国土狭长，拥有较长的海岸线，其沿海地区十分有利于进口贸易的开展，因此成为世界海运铁矿石市场的主要进口国家和制定铁矿石市场基准价格的重要国家之一。近年来，由于日本的制造业和机械业稳健增长，再加上建筑业的触底反弹，以及向中国和韩国等亚洲国家大量出口钢材等种种原因，使其对于铁矿石的需求量日益增加。

欧盟对于进口铁矿石的需求主要集中在欧盟 15 国之中，近些年，由于欧洲经济增长放缓，制造业需求减弱，对于铁矿石的需求量也有所下降。同时，疫情导致大宗商品价格的通胀飙升削弱了欧元的消费能力，为了稳定市场，欧盟的主要钢铁生产企业都采取了减产措施，从而减少了以处于历史高位的价格进口铁矿石的需求。

放眼世界经济的发展，几个新因素会使得全球铁矿资源的需求产生巨大的变化。一是世界经济复苏所推动的全球基础设施建设，尤其是大量发展中国家进行的电力设施、水利设施、高速公路与高速铁路等基础设施建设，由此产生的铁矿资源的需求量巨大。二是印度、巴西、印尼、南非等新兴经济体国家所具有的"后发优势"潜力，如果这些国家今后一并进入重工业化的快速发展阶段，它们的铁矿资源需求量就会快速增加。

1.1.3.2 我国铁矿资源供求情况

A 我国铁矿资源的供应情况

铁矿资源对于我国国民经济的战略重要性，不仅仅取决于它的开发与利用所创造出的社会价值与经济价值，更重要的是取决于它的供应情况能否满足于钢铁行业及其相关行业的需求情况，能否保证下游产业的经济性、安全性以及可持续发展性。

在 2000—2014 年间，随着我国钢铁行业及其相关行业的快速发展，我国铁矿石的消费量不断增长，年产量也基本保持整体上升的趋势。我国铁矿石的年产量从 2000 年的 2.23 亿吨增长至 2014 年的 15.14 亿吨，增长了 6 倍之多，但是自 2006 年铁矿石的年产量增长率达到历史最高点的 38.00%之后，我国铁矿石的年产量增速明显有所放缓，2014 年我国铁矿石的年产量增长率下降至 4.36%。

2015 年在我国钢铁产量下降、铁矿石价格持续下跌的背景之下，我国铁矿石的年产量首次出现了大幅下降，同比之前下降 1.33 亿吨，降幅为 8.87%[10]。2016 年以来，随着国内"双碳"等环保政策的持续出台以及整个钢铁行业的持续出清，铁矿石作为行业上游，其落后产能遭到了持续整改，我国铁矿石的年产量也因此发生持续下降，从 2016 年的 12.81 亿吨锐减到 2018 年的 7.63 亿吨。但是随着落后产能基本出清，在国内需求持续提升的背景之下，我国铁矿石的年产量得以小幅度恢复，2021 年我国铁矿石的年产量达到了 9.81 亿吨，累计增长了 9.4%，而 2022 年我国铁矿石的年产量为 9.68 亿吨，较 2021 年仅仅小幅度下降了 1.3%，总体较为平稳，如图 1.3 所示。

目前，我国铁矿资源的主要供应地区为内蒙古、辽宁、山东、山西、河北以及四川等省份。单就铁矿资源的静态保障年限来说，内蒙古、辽宁和山东的可供铁矿资源的数据量

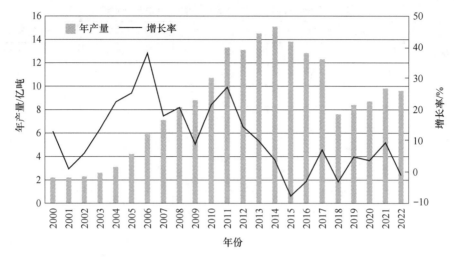

图 1.3 2000—2022 年我国铁矿石年产量及增长率

（数据来源：自然资源部）

较大，并且其储量与产量的比例较高，供应能力有较大的增长空间，是未来我国铁矿资源的主要供应地区；而山西、河北和四川这三个省份的铁矿资源保障程度相对较低，大幅提高其供应能力的可能性较小；除此之外，江苏和贵州等省份也具有一定的铁矿资源供应潜力。

B　我国铁矿资源的消费情况

在经济需求以及价格的驱使之下，我国钢铁行业的投入与生产力度逐渐加大，这使得我国的钢铁产量逐渐增加，而我国的铁矿资源需求量也因此出现快速上涨的趋势。

虽然我国铁矿资源的储量十分丰富，但是其中贫矿多、富矿少，仅凭我国国内的铁矿资源供应量远远无法满足我国钢铁行业的需求，因此，我国铁矿资源的进口量也在连年攀升。在 2004—2022 年间，我国铁矿石的进口总量从 2.08 亿吨上升到 11.07 亿吨，增长 5 倍之多，全球贸易总量占比也从 33% 上升到 72%，显然，我国对于铁矿资源的需求带动了全球对于铁矿资源的需求，我国铁矿石的进口也带动了全球铁矿石的贸易。

但是，我国铁矿石的进口贸易也存在着诸多不稳定的因素，归根结底还是由于我国铁矿石过于依赖进口而引起的进口依赖性风险。我国铁矿石的进口依存度在 2004—2009 年之间均保持在 40% 左右，如表 1.4 所示，尚在可以接受的范围内，不存在较大的铁矿石进口风险；自 2010 年起，我国铁矿石的消费过于依赖海外进口市场，其进口依存度均保持在 60% 以上，尤其是在 2016 年和 2017 年，甚至一度超过 90%，这对于我国的铁矿石进口贸易来说并不是一个好现象；但是我国也意识到铁矿石的进口依存度过高的问题，并积极拓展了更多的国内供应渠道，这使得我国铁矿石的进口依存度在 2018 年开始出现逐年下降的趋势。

近年来，虽然我国对于铁矿资源的地质勘查重视程度越来越高，但是我国铁矿资源的需求量和供应能力之间仍存在较大矛盾，因此，改进铁矿资源的开采技术、提高铁矿资源的利用效率对于我国具有十分深远的重要意义。

表 1.4　2004—2021 年我国铁矿石的进口相关数据表

年份	进口量/百万吨	消费量/百万吨	进口依存度/%	全球贸易量占比/%
2004	208	543	38.32	33.27
2005	275	661	41.64	40.20
2006	326	914	35.70	42.80
2007	383	1090	35.12	46.15
2008	443	1268	34.97	49.96
2009	628	1509	41.60	67.44
2010	618	934	66.22	60.27
2011	685	1009	67.93	63.08
2012	743	1026	72.45	64.21
2013	819	1089	75.22	66.67
2014	932	1126	82.80	67.84
2015	953	1076	88.59	67.38
2016	1024	1137	90.08	69.42
2017	1075	1184	90.81	69.27
2018	1065	1199	88.80	68.63
2019	1069	1298	82.33	70.13
2020	1169	1425	82.06	75.82
2021	1124	1460	77.00	72.20
2022	1107	1365	81.10	71.30

数据来源：国家统计局。

　　除此之外，从经济发展的运行态势等方面来看，由于美国和欧盟目前的经济发展形势遭遇了一定困境，其消费动力稍显不足，未来对于铁矿资源的需求量不会有太大增长；另外，由于我国铁矿资源的综合生产成本远远高于国外，并且其开发与利用率较低，使得我国国内的铁矿石在全球铁矿石市场中并不具备太强的竞争力，导致我国进口铁矿石的需求量仍然处于一定的高位，未来我国作为铁矿石第一消费与进口大国的地位短期内不会发生变化。

1.2　矿山行业数字化转型发展现状

1.2.1　矿石开采技术的历史变革

　　在人类漫长的历史发展过程中，矿产资源的开发与利用，为人类提供了生产与生活的重要物质基础，对于人类文明的发展作出了极为重要的贡献，而开采技术和开采工具的不断更新改进，使得矿产资源的开采效率得以不断提升。

　　早些时候，人类是利用简单工具来进行外力破岩，从而对矿石进行开采。当时的人类可以将开拓系统延伸到地下数十米深的富矿带，并利用木制框架支撑在地下深处，从而构筑出较为庞大的地下采场，其中开采工具为斧、铖、凿，装载工具为竹筐、竹畚箕，提升工具为木镢锛等。这些开采工具的存在，表明当时的人类有效地解决了矿产资源安全开采中的一系列技术问题，但是规划较差、效率较低、浪费极大。

17 世纪初，欧洲将中国传入的黑火药用于爆破破岩，矿产资源的开采技术发生了翻天覆地的变化，尤其是 1867 年诺贝尔发明炸药之后，人类就开始使用凿岩爆破来代替传统的人工挖掘，这是矿产资源的开采技术发展史上的一个重大里程碑。

到了第二次工业革命之后，随着机械设备的研发与使用，矿产资源的开采正式步入机械化时代。在这个时期，矿产资源的开采主要依靠大量机械设备，如电钻机、爆破机、电动机械铲、电动提升机和电动输送机等，尤其是空气压缩机的出现促成了 19 世纪风动凿岩机的发明，动力机械凿岩开始代替手工凿岩。这些机械设备会在部分环节替代原有的人力，大大提高了矿产资源的开采效率及其安全性。除此之外，得益于硝酸铵炸药的研制，人类首次实现了地下深孔爆破，进一步提高了地下破岩的工作效率。

20 世纪中期，各种开采设备得以不断完善并开始向大型化的方向发展。人类开始大量使用潜孔钻机、牙轮钻机、自行凿岩台车等新型机械设备进行矿产资源的开采活动，逐渐实现了采掘设备大型化、运输设备自动化，并开始形成了适用于不同条件的矿石开采工艺。在此基础之上，人类还提出了有关矿山设计、矿床评价以及矿山管理等科学理念，开始使用系统科学来研究矿产资源的相关开采问题，并由此诞生了采矿系统工程。

目前，随着信息技术的迅猛发展以及自动化技术的不断突破，矿产资源的开发利用技术变得更加智能高效，矿山的数字化、信息化和自动化将成为整个行业今后发展的主要方向。

1.2.2 数字矿山的提出与发展

在 20 世纪末，随着互联网技术的逐步成熟，信息技术得以迅速发展，这给矿山行业带来了巨大的冲击。并且，随着矿产资源的开采难度以及加工难度的日益增大，整个行业开始向数字化方向发展。美国、加拿大以及澳大利亚等矿业发达国家在数字矿山方面上的研究起步较早，早在 1998 年，美国便提出了"数字地球"的概念，并迅速引起全世界的广泛关注，许多国家结合各自的实际情况，进一步制定了有关数字矿山建设的发展规划。

数字矿山，是建立在数字化、信息化、自动化、集成化的基础上，由计算机网络管控的一体化系统，是对于矿山整体及其相关现象的统一认知与再现。它综合考虑了生产、经营、管理、环境、资源、安全和效益等各种因素，其核心是在统一的时间坐标以及空间框架下，科学合理地组织各类矿山信息，将海量异质的矿山信息资源全面、高效、有序地传输、存储、管理与加工，从而为相关工作者提供更加直观、有效、便捷、完整的矿山各个方面的数据信息[11]。

国际上，那些矿业发达国家的数字矿山经过长期的发展与建设，很多都取得了一定的成果，这些成果目前主要集中于矿山三维可视化与采矿自动化等方面，这些新技术的运用，使矿产资源的开采技术得到了进一步发展。

矿山三维可视化技术是为数字矿山开发的高效矿山信息系统。在数字矿山建设中，矿山三维可视化技术可以提供不同视角与尺度的视图显示，以便实现计算机的协助决策与分析。正所谓"一图胜千言"，矿山三维可视化技术直接、形象地表达了二维抽象的地质信息和地质现象的拓扑关系，可以有效管理矿山工程地质的海量数据信息，为数字矿山各类信息的整合提供更加高效的平台，从而使技术人员可以充分利用宝贵的地质资料，提高对于地质现象分析的效率。除此之外，矿山三维可视化技术还可以动态反映出矿山生产过程在时间维度上的变化，为数字矿山建设、安全生产监控以及资源合理规划等提供有力的支持。

采矿自动化是数字矿山中必不可少的一个环节，主要包括系统自动化和设备自动化两大方面。系统自动化在数字矿山中的应用范围非常广泛，主要被用于数字矿山的生产管理、安全监测、智能勘探以及介质输送等方面。它可以提高数字矿山的生产效率、生产质量以及生产安全，从而使企业实现整体协调优化，在保障企业可持续发展的大前提下，达到提高整体效益、市场竞争力和适应能力的目的；而设备自动化则在开采工作和运输工作的过程中，相关工作人员通过对前期数据进行有效的分析与研究，对机电设备进行相应的自动化调整，以便将机电设备的有效性最大限度地利用起来，进而提升总体的开采效率。除此之外，远程遥控技术也被广泛应用到矿山的机电设备当中，它可以在一定范围内，通过数字信息技术来远距离监控、管理机电设备的运行情况，并且可以配合软件来对相关程序和系统的分配进行优化，从而达到简化工作流程的目的。

随着数字技术、信息技术以及自动化技术的推广与普及，相关产业的配套体系均发展较快，各个矿业发达国家都在矿业领域的技术装备与运营管理中加快了数字化的创新、应用与推广，以便进一步优化生产流程。从总体上来看，国外很多矿山的建设已经超越了原有的机械化范畴，已经将数字矿山"智能、高效、安全"的核心理念渗透到了生产经营的各个环节，使整个生产流程以一种前所未有的方式紧密结合在一起。

与矿业发达国家相比，我国对于数字矿山的研究虽然起步时间较晚，但是从21世纪开始，为响应信息化社会以及科学发展的号召，我国在矿山数字化的研究中不断加大投入力度，也取得了一些突破性进展。到目前为止，我国很多矿山已经实现了生产自动化和管理数字化，在自动化开采和数字监测等方面取得了丰硕的成果。例如，在开采过程中，许多矿山已经建立了高产、高效的矿井，建设了全井 Wi-Fi 覆盖网络，并且在此基础上还可以通过 PDA 来实现对于矿井生产数据、视频画面等信息的实时监控查询。除此之外，部分矿山还配置了供电、排水等远程自动监控系统，甚至很多已经达到了国际先进水准。

虽然我国很多矿山都进行了不同程度上的数字化，但是从整体上来看，我国的数字矿山建设仍然处于发展不平衡的探索阶段，大多数矿山的数字化程度相比于国外来说还是存在一定差距，甚至仍然有许多中小型矿山还处于相对落后的水平。除此之外，在软件开发方面，很多软件都是针对企业内部来进行专业化的开发，并没有引入市场机制，这会导致软件开发的成本过高，并且泛用性不足。综上所述，我国的数字矿山建设仍需对其中的关键技术进行不断地探索与研究，以便实现更高水平的数字化，从而提高我国矿山的开采效率以及安全生产水平[12]。

目前，随着矿产资源的开采条件越发艰难，对于采矿安全环境的要求也愈加严格，矿山数字化已经成为整个行业发展的必然趋势，它可以实现真正的安全、高效、经济开采，既能满足人类对于矿产资源的需求，又能适应生态环境的承载力，达到可持续发展的目的。

为使读者对数字矿山的发展现状有更深的了解，接下来两节将以国内外的 4 座典型矿山为例，分别介绍露天开采和地下开采数字化技术的最新进展。需要说明的是，对于金属等硬岩矿山而言，矿石的开采工艺和使用设备基本相同，因此关于数字矿山发展现状的叙述不仅局限于铁矿山，以便向读者展现最先进的技术现状。

1.2.3 国外数字矿山发展现状

国际上，数字矿山的发展非常迅速，西方发达国家很早就开始研究自动化、数字化以及智能化开采技术。进入 20 世纪 90 年代，美国、加拿大以及澳大利亚等矿业发达国家为了取得采矿业的竞争优势，开始实施"矿山数字化"和"矿山无人化"的相关研究计划。

到目前为止，国外矿山信息化已经实现了核心技术的研发与使用，矿山专用软件的开发队伍和研究机构也已经较为成熟。目前已经可以通过地质建模、开采过程三维数字化、采矿装备大型化以及部分装备智能化来建立采选运营中心从而实现集中管控，这主要体现在一线作业人员减少、生产效率提高、安全事故发生率降低等方面。

下面将简单介绍一些新型数字化开采技术在 LKAB 公司基律纳铁矿和力拓集团皮尔巴拉矿区的具体应用实例。

1.2.3.1 地下矿——LKAB 公司基律纳铁矿

基律纳铁矿隶属于 LKAB 公司，位于瑞典北部，深入北极圈 200 km 内，是世界上纬度最高的矿产基地之一，全年中有一大半时间被冰雪覆盖，严寒难耐。基律纳铁矿以产出高品位铁矿石而著名，其铁矿资源的蕴藏量约为 18 亿吨，矿山井下巷道宽阔，采矿设备十分先进，是目前世界上最大的铁矿之一[13]。

采矿装备是制约采矿方法、采矿工艺进步的主要因素，高度自动化和智能化的采矿装备是确保安全、高效开采的关键。基律纳铁矿已经基本实现了"无人智能开采"，并且开采规模之大、生产效率以及自动化程度之高都达到了让人难以置信的程度：工人和管理人员仅仅依靠远程计算机集控系统就可以实现在计算机集中控制中心执行现场操作，在井下作业面除了检修工人在检修外，几乎看不到其他工人，这一切都得益于大型机械设备、智能遥控系统以及现代化管理系统的投入使用。

目前，基律纳铁矿正在推进"无碳化开采"项目。作为 LKAB 与 Volvo、ABB、Epiroc 和 Combitech 合作发起的可持续地下采矿项目中最重要一环，"无碳化开采"项目旨在逐步消除柴油动力采矿设备的应用，并开发集成管理系统，收集、链接多源异构数据，以便形成高效地下矿生态系统。

A 勘探技术

为了更好地掌握铁矿资源储量情况，勘探成为了 LKAB 公司的重点关注对象。LKAB 公司采用了多种勘探手段，如借助电流以查看基岩导电性的 mise-á-la-masse 技术，即将电极放在一个钻孔中，在间隔一段距离的另一个钻孔中放置另一个电极，便可以获取两个钻孔之间的导电性能和电位方向。

在地表勘探中，基律纳铁矿采用了航空磁力调查，将磁力计装备在直升机上用于检测电磁场，从而确定检测区域内是否存在导体，其测量范围可达 500~1000 m，可以大幅减少钻探区域，降低钻探成本。

除此之外，基律纳铁矿还开展了弯曲钻孔技术的测试以及应用研究。弯曲钻孔技术可根据钻探结果实时修正钻进方位，以更精准的钻孔获取更精确的矿体赋存情况，目前，基律纳铁矿已经投入使用了三台 Atlas 新型钻机。虽然弯曲钻孔增加了钻进摩擦，钻孔时间长，成本约为直孔的三倍，但总的勘探米数大幅减小，并且结果更加精确。

B 凿岩技术

从 20 世纪 90 年代起，LKAB 公司就开始进行自动化凿岩方面的相关技术研究，并且在 1995 年前后成功投入于生产当中。回采凿岩主要采用 Atlas 公司的高压水力潜孔冲击式钻机的凿岩台车，其炮孔直径为 115 mm，最大孔深为 55 m，可以利用激光系统进行精确的三维定位，30 m 内偏斜率低于 1.5%，穿孔速度可达 0.6~0.8 m/min，并且在钻进过程中，可以取出岩芯，确定岩石的力学性质，从而指导爆破装药作业。该凿岩台车可以实现布孔计划传递、推进臂精准定位、推进臂在下一孔点定位、准确平稳开孔、凿岩并接卸钻杆以及钻杆自动归位。

在 2015 年，基律纳铁矿开始创新并应用了 Visayas 水动力凿岩系统，该系统可以钻出高精度扇形钻孔，可以形成比目前市面上大 8 倍的爆炸效果。Visayas 水动力凿岩系统大大提高了井下开采效率，钻进速率可达 1 m/min，并且营造了完全无尘的工作环境。除此之外，LKAB 公司与 Wassara 公司研发的水力潜孔钻机将水作为压力介质，与传统的空气压力相比，其水压可达 180 MPa，能耗降低约为 20%；其钻孔直径为 60~254 mm，钻孔深度可达 1000 m，并且，由于水介质降低了摩擦，可以使钻机的使用寿命得以延长。

C 爆破技术

LKAB 公司的全资子公司 Kimit 公司专门为基律纳铁矿的采矿方法变革研制了炸药和装药车。为了把液体炸药保持在大直径（115 mm）上向深孔（40~50 m）的应有位置，Kimit 公司研制出了抗水性好、黏度高的新型乳化炸药，其不受孔内积水影响，并且返药量较少。

目前，基律纳铁矿还开展了波士顿动力研发的机器狗 Spot 在地下矿中的应用探索。例如在爆破气体彻底消散前进入爆区检查爆破效果，排查盲炮、危岩等，除此之外，还可以让机器狗 Spot 进入空区、岩爆区、危险巷道等进行巡查，大大提高了爆破工作的安全性。

D 装载技术

1990 年，基律纳铁矿就开始进行铲运机自动化的相关试验，其工作模式为人工装载和自动卸载，铲运机由埋藏在巷道底板内的金属线缆进行导航、控制，其中，人工装载的目的是人为控制铲矿位置，有利于改善损失、贫化指标。最初的铲运机为 Toro510E 型，载重量为 15 t，单台效率为 320 t/h，但其导航系统较为复杂，线缆铺设、维护费用高，灵活性较差，每次爆破后，都需要重新布线，并且运行速度缓慢，仅为 10~12 km/h。因此从 1999 年起，基律纳铁矿开始试验使用 Toro2500E 电动铲运机，其斗容为 25 t，具有专利的线缆收放技术，运行距离可达 180 m，并且无废气排放、噪声低、粉尘少。其最大的改进是导航系统，用安装在巷道侧壁的反射条带来代替铺设线缆，从而计算铲运机的位置，其运行速度可达 18 km/h，单台效率提升至 500 t/h，每周出矿量为 3.0 万~3.5 万吨。

目前，新型遥控铲运机系列在基律纳铁矿已经大幅投产应用，如 Sandvik LHD621 型铲运机。该型铲运机采用了更加先进的视觉导航系统，以代替反射条带导航系统，并且配套了 AutoMine® Multi-Lite 自动控制系统，操作人员只需坐在中控硐室中便可以操作铲运机进行采场出矿，同时，该自控系统还能兼容其他 Sandvik 智能地下卡车。

除此之外，基律纳铁矿还在 Konsuln 矿体试验矿段进行了新的尝试。在 2020 年秋季，基律纳铁矿引入了 Epiroc 铲运机系列，并开展了自动化测试，在自主控制系统的引导下，数台铲运机可以穿过彼此的路径并将矿石转运至同一溜井，这是地下智能铲运机实地运行的重大突破，下一步还将开展 Epiroc 和 Sandvik 铲运机的协同运行研究。

E 运输技术

坑内运输是基律纳铁矿最早实现的现代化项目之一，20 世纪 70 年代初就开始在 540 m 中段进行了试验与探索。540 m 中段有 17 条放矿巷道、90 条放矿溜井，装矿实现了远程遥控，通过计算机模拟，列车调度实现了自动化。在 70 年代末投产的 775 m 水平，有 12 条放矿巷道，50 条放矿溜井，10 条竖井用来提升矿石，系统会根据各溜井矿石品位不同，自动分配调度车辆，从而实现装矿、取样、运输、卸载的自动化。

其中，电机车装矿、运输、卸矿实现了全过程无人化。电机车运输系统主要由 Bombardier、NMT、Schalke 公司共同打造，由 27 个放矿口、4 个卸矿站、14 km 铁路线和 7 列智能电机车组成，日运输能力可达 11 万吨，与坑内卡车运输系统相比，能耗可以降低 70%。并且，这些电机车具备自主运行、交汇车、刹车和通信能力，其可靠性、灵活性、精准性、可维护性以及运输效率均很高。

F 提升技术

基律纳铁矿的 1045 m 水平和 1365 m 水平的矿石由 4 条盲竖井提升到 775 m 水平，再提升至地表，1045 m 水平的矿石储量为 4.3 亿吨，分为 8 个矿块，每个矿块有 4 条溜井，分别存放不同品位的矿石，完全实现了自动化，计算机可以通过独立安装在提升机主轴上的脉冲发射器，采用位置和速度控制器对箕斗进行定位。除此之外，装载和卸载时间同样受到监视，如果超出正常时间，警报器便会报警。

G 通风技术

基律纳铁矿采用压入—抽出混合式通风，从地表到 1045 m 水平有 10 条入风井，10 条出风井。775 m 水平通风量为 2300 m^3/s，1045 m 水平减少了柴油设备，通风量减小为 1500 m^3/s。风机站安装有调频控制的轴流式风机，工作实现全过程自动化，由中央控制室监测风机工况，于 2011 年开始投入使用。

H 超深矿井开采新技术

随着开采深度的逐渐增加，高地应力的问题也日益显现。为了应对超过 2000 m 甚至更深矿体开采所带来的难题，基律纳铁矿将 Konsuln 矿体作为试验矿体，尝试了新的采矿方法。

一方面，采用更大的阶段高度。基律纳铁矿采用的传统阶段高度为 30 m，在试验矿体中，基律纳铁矿将阶段高度提高至 50 m，降低了开拓工程量，大幅节约了采矿成本。目前，已经完成了 436 m 水平、486 m 水平和 536 m 水平的开拓工程。另一方面，该矿采用"叉"式开拓方法。与传统的开拓布置不同，基律纳铁矿的试验矿体采用"叉"式布局，虽然增加了部分开拓工程量，但是可以将提升系统远离采区，从而使提升系统免受高地应力的影响。

I 矿山安全监管和突发事故处理

2020 年 5 月 18 日，基律纳铁矿发生了史上最为严重的地震，震级 4.2 级，震中位于-1146 m 水平，地震导致了大量的岩爆事件发生，而机器狗 Spot 在震区受损程度检查中发挥了重要的作用。地震发生后，为了评估地震对于矿井造成的损失程度，基律纳铁矿使用了无人机和激光扫描仪对受损区域进行了排查。仅仅用了一周时间，便完成了从 Y15 到 Y31 大部分矿井的扫描工作，排查区域半径约为 1.5 km，其中包括巷道和进路。

1.2.3.2　露天矿——力拓集团皮尔巴拉矿区

澳大利亚的皮尔巴拉矿区是世界上最大的铁矿石产出地，年产铁矿石 8 亿吨左右，占据澳大利亚铁矿石产量的 90% 以上，占世界铁矿石产量的一半。该地区的铁矿主要由力拓、必和必拓和 FMG 三家公司运营。力拓是该地区最大的铁矿石生产公司，共有 17 座矿山，包括 Tom Price、Paraburdoo、Channar、Eastern Range、Marandoo、Brockman 2、Brockman 4、Nammuldi、Western Turner Syncline、Silvergrass、West Angelas、Hope Downs 1、Hope Downs 4、Yandicoogina、Robe Valley（Mesa A）、Robe Valley（Mesa J）和 Gudai-Darri，2022 年共生产铁矿石 32410 万吨。力拓集团在该矿区实施大规模自动化开采已经超过了十年，目前拥有行业领先的自动化开采技术，并将其拓展到了价值优化、数据科学以及人工智能等新兴领域。

A　矿山自动化建设

作为采矿行业的先锋，自动化和机器人技术的应用使得矿山的运营更加高效、安全、环保。为了贯穿采矿的勘探、设计、建矿、运营和闭坑的整个生命周期，力拓集团通过提高卡车、火车、钻机等设备的自动化水平来消除操作人员的错误并提高生产安全性。

a　自动化运营中心

力拓集团位于澳大利亚珀斯市的自动化运营中心，使皮尔巴拉矿区所有的矿山、港口以及铁路系统都可以在单一运营地点进行操作。运营团队只需坐在运营中心，就可以实现对于 1500 km 之外的皮尔巴拉矿区的远程控制，从而使整个系统进行一体化运营，其中包括无人驾驶卡车、自动化火车以及自动钻机等机械的运转。该运营中心内的各种屏幕能够实时显示皮尔巴拉矿区的所有运营情况，并且可以利用数学模型、计算机代码以及其他软件工具，找到从地下获取矿石的最佳方法以改进产品制造流程，从而帮助工作人员确定需要改进的操作步骤，以便提高整体开采效率。

b　无人驾驶卡车

2019 年年底，皮尔巴拉矿区有 183 辆无人驾驶卡车和 26 辆自主演习卡车在役，它们是自动运输系统的重要一环。力拓集团的无人驾驶卡车的运行成本比同等的载人卡车低 15%、生产效率高 25%、设备利用率高 40%，具有明显的生产优势。这些卡车由监控系统和中央控制器操控，监控系统可以使用预定的 GPS 来自动导航运输道路和交叉路口的路线，并监测所有车辆的实际位置、速度和方向，同时还可以降低相关工作人员在重型机械周围工作的风险。

c　自动化火车

力拓集团的铁矿石业务运营着世界上第一个全自动重载长途铁路系统 AutoHaul™，该系统可将铁矿石从皮尔巴拉矿区运输到西澳大利亚的港口设施，迄今为止，该系统已经行驶超过 700 万公里。AutoHaul™ 可以通过自动识别交叉路口的行驶风险、对速度限制以及警报的自动响应来提高运输过程的安全性，除此之外，它还可以通过使用与火车、铁路网络地形有关的信息来计算并提供安全、一致的驾驶策略，进而消除安全隐患、提高生产效率与环境效益。

d　自动钻机和智能装药车

力拓集团的皮尔巴拉矿区运营着世界上最大的自动钻机车队，可以远程使用 26 个自动钻机来安全、准确地钻出爆破孔。位于运营中心的操作员可以远程操控每个钻机的工作状态，无需在现场手动操作，降低了操作风险。

除此之外，力拓还推出了智能装药车。该装药车可以自动执行装药过程，并且可以通过计算机系统和数据分析来确定每个钻孔使用的炸药量，有助于提高爆破效果并减少资源浪费。

e　无人机和遥控车

无人机和遥控车最大的好处就是高效、安全，它们可以使工作人员避免受伤，并且在诸如高边坡测绘等工作中，可以开展比人工更加高效的工作。力拓集团在皮尔巴拉矿区使用无人机和遥控车来进行实时 3D 制图，用于监测边坡是否存在裂隙、岩石位移等安全风险；并且还使用配备有热诊断功能的无人机从空中识别设备问题，以便及时通知维护团队、迅速解决问题。

除此之外，力拓集团还开辟了无人机的新用途：使用无人机帮助检查人员进行爆炸清除。爆炸清除是钻孔爆破后的一项重要检查，但是该过程通常需要团队亲自前往爆破现场，检查人员在松散岩石、爆破烟雾以及不平坦路面行走有一定的风险，利用无人机进行爆后巡检有助于确保团队人员安全；同时，每次爆炸，无人机可以节省约 15 min 的时间。

f　机器人过程自动化

力拓集团的信息系统和技术团队在后台开发实现的 RPA，使工作人员的工作变得更加轻松。机器人会为工作人员完成重复的任务，例如打开电子邮件和附件、输入数据、移动文件、填写表格并进行计算等。

针对皮尔巴拉矿区的 Hope Downs 1 号矿山，力拓集团开发了一个主要负责记录该站点维护请求的 RPA，该机器人不仅节省了维护人员的大量时间，简化了轮班交接的过程，并且还可以完成制订计划、下达命令、学习开发、维护运营以及一些财务工作等核心工作。目前有更多的机器人正处于开发过程中，这些机器人的投入可以使工作人员的工作更加简洁、高效。

除此之外，力拓集团还研发了一个名为 Mark，专门为满足矿山需求而设计出来的机器人。Mark 配备了全地形适应履带，机身由 3D 打印机打造，建造成本约为 10000 美元，相较于购买类似机器人所需花费的 100000 美元来说，其成本十分低廉。Mark 可以进入狭小的空间并在严峻的地形上进行活动，工作人员会使用 Mark 搭载的高清视频及其他高科技设备来检查隧道情况，测试氧气含量并收集土壤和水样，在确保隧道安全后再将工作人员送入隧道；在诸如地下气体泄漏等紧急情况下，Mark 可以进行气体取样并且寻找潜在的灾害源头，还可以在应急小组尚未到达时为受伤人员提供医疗支持；Mark 还可以提高矿山运营效率，例如在检查大型机械的零件时，通常需要将其关闭四个小时并且将设备从工作地点移出后再派工作人员进行检查，然而使用 Mark 和无人机协同作业，可以在不到一小时内就完成机器检查，并且无需对机器进行移动，大大节约了时间和金钱；在不久后的将来，Mark 还有望能够使用激光来测量隧道尺寸。

B VR 模拟技术

力拓集团已经采用 VR 模拟技术来重现安全事故，以便减少类似事故的发生，从而确保工作人员的安全。在 VR 模拟的沉浸式环境中，计算机可以将安全事故从不同的角度重现，例如，重新设定一个同时涉及驾驶员和操作员的安全事故，使每个人都看到对方视野内所发生的事情，有助于确定安全事故的盲点。这种技术的运用使得工作人员能够更快地确定安全事故发生的根本原因，并且能让工作人员迅速作出反应，以防类似事故的重复发生。

C RTVis™ 3D 可视化系统

力拓集团利用 3D 引擎构建了 RTVis™ 3D 可视化系统来了解皮尔巴拉矿区的运营情况。RTVis™ 3D 可视化系统为皮尔巴拉矿区的运营带来了诸多好处，其中包括更加精确的钻探和爆破以及更加智能的废料分类，这意味着可以产出的矿石更多、需要运送的废料更少，从而提高了生产效率、降低了生产成本。除此之外，RTVis™ 3D 可视化系统还可以充分利用各种分析工具来提供有关运营的全新、有力的分析报告，从而缓解工作人员的工作压力。

目前，力拓集团的皮尔巴拉矿区有超过 1200 人在使用 RTVis™ 3D 可视化系统，该系统的任何新功能都可以在几小时内推广到力拓集团在全球的其他站点，从而在业务中获得协同效应，提高力拓集团的核心竞争力。

D 矿山自动化系统

MAS 系统是力拓集团的矿山自动化系统，它是一个极为复杂的人工智能和机器学习平台，该系统可将站点中 99% 的数据集中在一起，利用智能算法来进行数据挖掘，从而获取有效信息，是力拓集团的员工与客户数字资产的基础。

力拓集团使用人工智能来充分挖掘 MAS 系统的潜能，从而实现自动生成矿体模型、组织设备调度、预测和控制爆破、提供实时操作见解、制定精细化决策以及预测产品利润等。并且，MAS 系统还可以通过 RTVis™ 3D 可视化系统来进行可视化操作，使不同制造商生产的不同系统的设备进行协同工作，从而减少设备之间的相互冲突，极大地提高生产效率。

除此之外，MAS 系统还为工作人员和客户提供一系列相关的软件和平台，例如它所提供的 TrueView 可以为一线领导提供人工智能增强的实时决策；MAS-DASH 可以为地面工作人员提供复杂操作空间的分析；Edison 则可以帮助普通员工浏览力拓集团庞大的内部知识库。

E 数据分析系统

在矿山生产运营的过程中，每天卡车、火车、钻机以及铲运机等设备的运转都会产生大量有价值的数据，而这些数据则是矿山最有价值的资产之一，对于这些数据的处理往往离不开数据分析系统。力拓集团将这些数据与人工智能，机器学习等新技术进行结合，建立了可以进行数据挖掘并且在几微秒内就可以做出相应决策的数据分析系统，并且在皮尔巴拉矿区进行了广泛应用。例如，皮尔巴拉矿区的部分铁矿石加工厂的破碎机可以通过该系统直接与无人驾驶卡车进行交互，并在需要运输更多铁矿石的时候告知无人驾驶卡车。通过这种方式，可以使矿山最大限度地减少停机时间，从而使力拓集团的业务变得更加高效。

力拓集团所建立的数据分析系统是凝聚技术专家智慧的结晶，该系统对于矿山庞大数据的处理，有助于力拓集团做出正确的技术判断与调整，可以规避不必要的风险，并确保其运营的安全。

1.2.4 我国数字矿山发展现状

在我国，有关数字矿山的建设理念提出已久。为降低生产成本、提高生产效率以及市场竞争力，各个矿山企业都在矿山开采的过程中逐步进行了数字矿山的相关建设。目前，我国部分先进企业已经能够建成统一管理并集成空间信息、实时动态信息以及管理信息的数字矿山，逐步实现了安全、健康、环保等多方面统筹规划。

下面将简单介绍一些新型数字化开采技术在我国部分矿山的具体应用实例。

1.2.4.1 地下矿——山东黄金集团三山岛金矿

三山岛金矿隶属于山东黄金集团有限公司，是国家黄金工业"七五"期间的重点建设项目，也是我国 100 家最大有色金属矿采选业企业之一。山东黄金集团以成为"全球智慧矿业和生态矿业的引领者"为目标，用三年的时间（2018—2020 年）将三山岛金矿打造为"国际一流示范矿山"试点，将 5G 技术、物联网、云计算、人工智能等为代表的新技术融入传统矿业中，以创新引擎驱动企业高质量发展，为矿山企业开辟了一条可以借鉴的数字化发展道路。

三山岛金矿资源丰富、发展前景广阔，是目前我国数字化、自动化程度和整体装备水平最高的现代化金矿之一。三山岛金矿自 2009 年起，就制定并实施了《三山岛金矿数字化矿山建设总体规划》，迄今为止已经先后完成了物联网平台、地质资源数字化、生产过程数字化、安全生产集成化等项目的建设工作。除此之外，三山岛金矿还通过进一步升级改造信息调度中心来建设高度集成的中央集控系统，以便进行跨区的远程集中控制，从而实现统一调度、集中管理，提升其整体数字化的水平[14]。

A 物联网平台

三山岛金矿采用了"局域网+工业以太环网+无线网"的网络架构。为满足设备的精确定位和导航需求，该金矿对原有网络进行了调整和改进，以建立物联网平台。这一改进的主要目标是确保在地面和井下都能实现无死角的网络覆盖，以满足工作人员和设备的精确定位、移动设备的实时监控，以及大规模工业数据的实时采集和传输要求。

B 地质资源数字化

三山岛金矿的地质资源数字化涵盖三个主要功能领域，分别为：基于 PDA 的地质资源数字化采集系统、基于三维数字化矿床模型的地质资源数字化处理系统，以及基于局域网的地质资源数字化储量管理与应用系统。这三个方面涵盖了地质资源信息的完整生命周期，包括数据生成、处理、统计、分析和决策支持。通过将各类地质资源信息集成在一个共享的信息中心中，企业能够获得详尽的地质资源信息以支持生产运营的决策。

地质资源数字化的好处不仅在于实现了矿山的三维可视化开采设计和智能生产任务分配的计划编制，还为低品位和难采矿体的开采提供了数据和设计支持。这一举措不仅扩大了生产规模，同时也削减了生产成本，延长了矿山的寿命，从而增加了企业的经济效益。

C 生产过程数字化

三山岛金矿注重自身的实力建设，其生产装备水平和自动化程度在国内首屈一指，这为其实现生产过程数字化创造了有利条件。三山岛金矿经过了相应的自动化、数字化系统的建设，可以实现现场作业的无人化、少人化，并且可以使在生产作业区域或危险区域实现设备自主运行，使关键生产辅助环节实现远程遥控，使矿石加工流程实现自动控制。

a 凿岩自动化

三山岛金矿完成了"国际一流示范矿山"建设中 DD311 凿岩台车远程遥控系统的改造，这标志着我国首次实现了对国外凿岩台车控制方式的根本性改变，是凿岩设备智能化进程的一个重要飞跃。这一项目采用了最新的技术，包括无线通信、视频传输和自动化控制，将瑞典山特维克 DD311 凿岩台车的凿岩、推进和旋转液压先导系统升级改造为电液控制系统，通过电控信号控制设备的大臂动作。操作人员可以在地表的集控中心，通过专业的遥控操作平台，利用工业以太环网连接井下设备上的车载控制单元和高清变焦摄像头，实时监控设备运行并进行远程遥控操作。

在 5G 建设方面，三山岛金矿的"国际一流示范矿山"建设 5G+凿岩台车远程遥控的项目，通过跨省搭建的 5G 专网，成功实现了 2100 km 超远距离的远程遥控凿岩台车实时准确作业，刷新了邹城全国煤矿智能化现场推进会 650 km 远程实时精确作业的历史纪录。

b 碎石自动化

三山岛金矿"国际一流示范矿山"建设碎石机远程控制项目于 2019 年 5 月启动，于 2019 年 9 月底完工并投入使用，为实现矿山本质安全和减员增效发挥了巨大的促进作用。该项目通过采购加拿大 BTI 远程控制系统，对西山分矿井下的 10 台碎石机进行远程控制改造，并对每台碎石机敷设专网、建设视频监控系统。该远程控制系统具备故障自我诊断、报警、保护、记录和自动停机等功能，可以实现操作人员在地表操作室远程操控井下碎石机来进行破碎作业，彻底改变了碎石机操作人员在井下粉尘大的环境中作业的历史，从根本上保障了操作人员的身心健康与人身安全。

目前，一名操作人员在操作室内，便可同时操控 3~5 台碎石机进行破碎作业，可以有效解决原有破碎效率较低的问题，从而达到减员增效的目的。与改造前相比，设备故障率和维修率也有明显下降，设备大臂开裂等情况未再发生，维修人员进行巡检和保养即可，大幅降低了维修人员的工作强度。同时，碎石机现场装有视频监控系统，这使得设备故障具有可追溯性，并且地表操作人员实行现场交接班，大大缩短了井下设备的停机时间，提高了工作效率。

c 选矿自动化

三山岛金矿已成功建立了选矿自动化控制系统，并取得了显著的成绩。该矿通过对选矿厂的自动破碎控制，实现破碎系统的连锁控制、矿石供给量的自动调整、破碎机排矿口的自动调节以及矿仓料位的自动监测。此外，通过自动化磨浮控制，成功实现了磨浮系统中矿石供给、磨矿粒度、药剂投加、水供应和钢球数量等数据的自动控制，实现了最佳的配比和最佳工艺方案，从而大幅提高了选矿处理量和回收率。除此之外，三山岛金矿还应用自动化排尾和供水控制，实现了对供水水泵、排尾泵房以及浓缩脱水设备的自动控制，以达到无人值守的目标。

d　充填自动化

三山岛金矿采用分层充填采矿方法，其中采充平衡对于井下生产系统的持续、均衡和高效运行至关重要。因此，实施充填系统的自动化改造以及数字化监控成为三山岛金矿建设的一个关键环节。通过自动化改造充填系统，能够实现各个生产工艺参数的精确调节，确保造浆效果、充填浓度和充填流量等工艺参数的稳定性，从而保障充填的强度，延长充填系统的寿命。同时，通过实时监测充填车间设备的主要参数，可以及时发现设备的异常状况，以便尽早排除故障，确保设备正常运转，从而实现井下生产的持续、均衡、节约和高效。

三山岛金矿"国际一流示范矿山"建设智能充填优化升级项目于2020年3月正式启动，截至目前，运行效果良好，实现了"一键充填"的功能，标志着其自动化水平又取得了全新的突破。该项目通过对原有的充填自动化系统进行优化升级，实现了自适应造浆、精准配灰、充填浓度稳定控制、智能报表生成等功能，达到了生产过程中各数据指标的动态稳定。除此之外，三山岛金矿还与工大中能公司合作完成了智能充填升级改造，实现了充填系统全流程的控制优化，提升了整个流程的稳定性，提高了井下充填质量和充填体强度，达到了节能增效目的。

e　排水自动化

水是地下金属矿山安全的一个重要因素，因此，三山岛金矿通过对现有排水系统的升级改造，成功建立了一套排水自动化系统。这一系统能够实时监测水泵电流、电机温度、流量压力以及启停信号等重要数据，实现了水仓水位、排水量和泵组的信息集成监控。此外，它还能够基于水泵的运行状态和水位的安全状况，为泵组的启停操作提供科学的依据，从而实现安全和节能的生产目标。

f　供配电综合自动化

三山岛金矿对总变电所和井下中央变电所的高压供电系统进行了全面的自动化改造，建立了供配电综合自动化系统。这一系统的原理是通过自动化系统将高压供配电系统与生产调度系统通过工业以太环网相连，从而实时传递有关高压供配电系统的数据至生产调度指挥中心。同时，在总变电所和井下中央变电所安装了视频监控设备，以实现对变电所的无人巡视和自动监控，确保生产安全。

D　安全生产集成化

三山岛金矿"国际一流示范矿山"建设工控安全防护系统已经实现了全面应用。工控安全防护系统的建设工程主要包括边界安全防护、工业网监测审计、工控终端主机防护、工业网准入控制以及工业网堡垒机安全运维管理这五大内容。该系统投入使用后，能从整体上实现矿山工业控制系统的安全加固与防护，可以成功建设一套全面的、动态的、更新的工控安全防护体系。

工控安全防护系统通过对于采场、巷道和设备等安全信息的管理，将生产过程中与安全相关的信息进行采集、加工和处理，并在此基础上完成数据的汇总分析以及数据挖掘，最终采用GIS平台，以图形化的方式实现集成化展示，以供各级管理人员查询，为矿山的安全生产提供了支持，切实增强了工控设备、系统的可靠性及其稳定性，全面提升了工业生产网络的整体安全性，大幅提高了矿山的安全生产管理水平及其工作效率。

1.2.4.2 露天矿——洛阳钼业

洛阳钼业,是以钼、钨的采、选、冶为主,集科研、生产、贸易为一体的海外上市公司,主要从事基本金属以及稀有金属的采、选、冶等矿山采掘、加工业务和矿产贸易业务。目前,洛阳钼业的主要业务分布于亚洲、非洲、南美洲、大洋洲和欧洲这五大洲,是全球领先的钨、钴、铌、钼生产商和重要的铜生产商,亦是全球领先的磷肥生产商,除此之外,洛阳钼业的基本金属贸易业务也位居全球前三。

根据国际采矿行业的发展趋势,数字化以及远程遥控技术是目前实现矿山无人开采的关键技术。作为我国数字矿山的领跑者与绿色矿山推动者,近年来,洛阳钼业立足于绿色、安全、和谐、智能、高效的新矿业理念,顺应全球智能化的大趋势,与相关高校和科研单位密切合作,将物联网、云计算、大数据、人工智能、5G 技术等新一代信息技术与传统矿业相融合,深刻把握新一代人工智能的发展特点,积极探索人工智能创新成果的应用转化,全面推进机械化换人、自动化减人、智能化作业,有效地破解了制约生产的系列难题,有力地推动了传统矿业的转型升级和企业的高质量发展,开启了国内数字矿山的新时代[15]。

A 数字化采矿生产管理集成系统

2013 年 12 月,洛阳钼业收购了澳大利亚北帕克斯铜金矿(NPM)80% 的权益,该矿的井下自然崩落法技术是世界上最为先进的开采技术之一,已经实现了 100% 的自动化,在 2016 年,洛阳钼业将 NPM 的技术(如 Dispatch 矿山运输智能化调度管理系统)引进国内,成为国内首个应用无人采矿设备的矿山,并在此基础上,打造了多个选矿和冶炼产业智能车间,实现了全流程自动化生产。

洛阳钼业构建的"多金属露天矿数字化采矿生产管理集成系统",实现了矿山地质信息数字化,生产配矿、生产统计自动化,生产调度智能化,不仅优化了配矿管理系统,使业务板块的现金成本位于行业领先水平,还奠定了绿色开发、智能开采的新格局。

B 5G 技术应用

自 2019 年以来,洛阳钼业牵手华为,在全国率先将 5G 技术应用在无人矿山的领域中,5G 网络在原有智能采矿设备上的应用充分发挥了其超高速率、超低时延的特性,攻克了矿山特殊、复杂信号传输的技术瓶颈。尤其是在露天矿中,无人驾驶卡车随时都处于可以移动的状态,因此非常需要稳定的移动网络,并且露天矿空旷的空间十分便于基站的布置,有利于实现无线网络信号对于全矿区的无缝覆盖,因此 5G 网络在无人矿山的领域是非常高效和安全的选择。

目前,洛阳钼业的栾川矿区已经安装了 9 个 5G 基站,部分无人采矿设备也开始应用 5G 技术并且已经调试成功、投入使用。得益于 5G 技术在矿山中的应用,矿车的运行速度也得以成倍增加,从原来的 10 km/h 提升到现在的 30 km/h,极大地提高了矿山的生产效率。不仅如此,5G 技术还可以部署于多种应用场景,其中包括移动终端高清图像的回传以及云计算等方面。

C 纯电动矿用卡车

为了积极响应国家的环保政策,2018 年 6 月,洛阳钼业与河南跃薪联手研发了 40 余台纯电动矿用卡车,这些卡车利用重载能量回收系统,在露天矿中,其能量可以回收

25%~30%，仅一次充电就可满足 8 h 的运输需求，可以完全实现无废气排放，并在同年 9 月，有 15 台纯电动矿用卡车成功开启了智能驾驶的新模式。

洛阳钼业在全国率先研发和投用的纯电动矿用卡车，与同等功率的柴油运输车相比，其能耗及维修费用可以降低 50%以上，具有无废气排放、节能效果好、低成本、易推广的显著优势，并且其加速、爬坡、续航里程等关键指标也均处于行业前列。

D 智能调度系统

洛阳钼业在集群协同卡车智能调度和矿岩运输无人计量领域采用了先进技术。智能调度系统用于监控设备的实时位置，支持历史轨迹回放，同时能够辨别工作状态，包括满载、空载和待车。

集群协同卡车智能调度采用了集群智能优化算法，以构建实时调度优化模型。这使得其可以进行最佳路径选择和全局或局部车流规划。作业人员或无人设备可以通过移动终端实时接收调度指令，以便动态预警和及时调整生产过程中的突发情况。

矿岩运输无人计量则是利用配矿—调度—称重流程化智能管控技术，在卸载称重时，实现卡车、出矿点、出矿品位和吨位等数据的智能识别，随后将所有的数据实时汇总至云平台的中心数据库，系统会自动将数据与配矿、调度指令进行实时比对。对未按要求进行装—运—卸等操作的卡车进行自动提示，从而大幅降低了计量的劳动强度。保证了配矿及调度的准确性。

E 智能分析系统

大数据智能分析和可视化系统可以实时采集全生产流程中的数据，并将其上传到云平台的中心数据库，以实现装载点、破碎站、铲装设备等位置的实时数据监控。

洛阳钼业利用大数据智能分析以及可视化系统对破碎站的入矿量、入矿品位等情况进行了动态汇总和可视化分析。对于异常情况，系统会及时进行智能预警提示。这为生产管理人员掌握矿区的总体生产状况并作出科学决策提供了可靠的依据。

1.3 我国冶金矿山行业面临的机遇与挑战

1.3.1 矿业发展新机遇

新时期，我国经济正迈入高质量发展的新阶段，为矿业领域提供了前所未有的战略机遇。具体来说，主要包括以下几个方面。

（1）国家高度重视矿业发展，政策支持力度空前。二十大报告强调了重要领域的安全能力建设，以确保粮食、能源资源以及关键产业链供应链的稳定。中央经济工作会议也明确提出，"要加强重要能源、矿产资源国内勘探开发和增储上产"。党中央不断加大政策支持，推动了"新一轮找矿突破战略行动"和"基石计划"的实施，显著提振了矿业的发展信心。

（2）经济稳步增长，矿产资源需求持续上升。我国近年来经济和工业化进程飞速发展，国内市场对矿产品的需求不断增加，特别是在基础设施建设、新能源开发和高端装备制造等领域。2022 年，我国粗钢产量达到了 10.1 亿吨，铜、铝、铅等常用有色金属产量接近 6800 万吨。中国式现代化建设需要大量矿产资源，这为我国矿业产业提供了更多发展机会和市场空间。

（3）能源结构调整导致战略性矿产资源需求激增。在"双碳"目标的引领下，新能源产业和其他战略性新兴产业迅猛发展，对镍、钴、锂、稀土等矿产资源的需求大幅增加。根据国家 2030 碳达峰目标的估算，2021—2030 年，我国太阳能光伏、风力发电、新能源汽车和电化学储能装机容量将分别增长至原有的 3 倍、1.3 倍、3.3 倍和 19 倍，对铜、锂、钴和镍的需求也将相应增加。

（4）数字化融合发展为矿业转型升级注入新动力。党的二十大明确提出，要将发展经济的重点放在实体经济上，推进新型工业化，建设制造强国和网络强国，推动制造业高端化、智能化和绿色化发展，同时促进数字经济与实体经济的深度融合。当前，新一轮科技革命、产业变革和数字经济蓬勃发展，大数据、人工智能、云计算等新一代信息技术与矿业领域深度融合，为矿业领域的变革和创新提供了新的机遇。

1.3.2 面临的挑战

与机遇相对应的是，我国的金属矿山行业发展也面临着一系列的挑战，主要包括以下几个方面。

（1）资源供给形势严峻，矿业战略布局亟须调整。当前，我国矿产资源对外依赖严重，平均对外依存度高达 65%，对外依存度超过 80% 的矿产资源有 12 种，超过 50% 的矿产资源有 17 种。并且资源来源集中度较高，62% 的进口铜矿来自智利和秘鲁、83% 的进口铁矿来自澳大利亚和巴西、96% 的进口红土镍矿来自印尼和菲律宾、近 100% 的进口钴矿来自刚果（金）。以上文提到的铁矿资源为例，一方面，我国是世界铁矿资源储量大国，但是由于我国铁矿资源赋存条件差、形成的矿体薄且分散等原因，导致我国铁矿资源的开发率较低，仅为 7.6%，铁矿资源储量与开发率之间的巨大反差，是我国铁矿行业产能落后的具体表现。另一方面，我国矿产资源的供应链通道安全风险大，73% 的矿产资源运输都需要通过南海航线。除此之外，全球地缘政治形势动荡，战略性矿产资源的博弈加剧，矿产资源成为经济博杀与保护主义的重灾区。外部环境的变化严重影响我国矿业战略布局和产业发展节奏。

（2）安全和环境因素的制约不断加大，技术创新亟待突破。依然以铁矿为例，我国铁矿资源禀赋呈现出"贫、杂、细""小、广、深"的特点，造就了我国铁矿企业的分布呈现出"多、小、散、乱"的结构特点。这种结构布局，衍生出我国铁矿资源的开采利用难度大、安全生产压力大、环境扰动大等一系列问题。随着我国进入高质量发展新阶段，生态环境保护、社会责任履行以及治理水平的提高已成为共识，ESG（环境、社会、治理）问题已经成为矿业可持续发展的首要议题。然而，我国在矿权管理和绿色采矿方面，仍存在许多待解决的问题，例如我国矿业发展面临多方面制约，勘探和开发投资严重不足，近十年来非石油天然气矿产资源的勘探投入下降了 66%，探矿权数量减少了 73%。绿色采矿的技术、装备和智能化水平与国外领先矿山还存在一定差距。此外，深地和深海矿产资源的勘探和开发技术与加拿大、澳大利亚、美国等发达国家相比，仍有明显不足。这些国家拥有超过 2000 m 深度矿井的开采经验，而我国深度开采矿井一般仅在 1000~2000 m。

（3）产业集中度低，管理体制与发展需求不协调。从矿山企业数量看，我国铁矿行业的相关企业数量众多，但产业较为分散、平均产量较少。我国的 32 家重点铁矿企业，其铁精矿产量约占全国铁精矿总产量的四分之一，其中最大的鞍钢矿业集团公司，在整合攀钢矿业之后，其成品铁精矿总产量可达 3000 万吨/a，但只相当于淡水河谷铁精矿总产量的 10%左右。而那些非重点铁矿企业的产能则更加低下，露天矿产量小于 10 万吨/a、地下矿产量小于 6 万吨/a 的矿山约有 2400 家，约占全部铁矿企业数量的 57%，它们的总产量仅占全国总产量的 8%左右。全国有色工业企业数量超过 9000 家，但企业分布分散，规模效益不足，缺乏具有国际影响力、市场竞争力和行业引领力的大型综合性矿业公司。当前的管理体制已经无法适应当前严峻的供应链安全形势。由于涉及多个矿业管理部门和众多市场主体，管理分散，矿业整体效率较低，提升资源保障能力具有一定困难。此外，资源开发、生态保护和安全生产之间缺乏协调和统筹，一些地区对个别企业出现的安全和环保问题采取了过于严厉的措施，导致大量矿山停产。

1.3.3 相应的措施

面对新时期的新机遇与新挑战，矿产资源行业需立足于中国式现代化的内在要求，坚持智能和绿色两大目标方向，不断提升行业发展水平。

1.3.3.1 以数字矿山建设赋能产业转型升级

随着信息技术的高速发展，传统铁矿行业的工作模式会逐渐难以符合如今的实际生产要求，而 5G 技术的应用与推广，使我们可以把 5G 技术作为载体，将大数据、物联网、云计算、人工智能、机器人等新一代信息技术与传统铁矿行业进行深度融合，从而构建出一个全面感知、实时互联、分析决策、协同控制的智能采矿系统，有利于拓展整个铁矿行业的生存空间，从而为传统铁矿行业带来新的发展。

所谓将大数据、物联网、云计算、人工智能等新技术与传统铁矿行业的发展相融合，就是要借助它们所具有的特殊优势，以实现铁矿资源的最优化配置和最大化利用，因此，整体框架设置的基本原则为"环节精简"和"流程畅通"。首先是"环节精简"，通过引入大数据、人工智能来对其中的流转环节进行变革，改变现存的逐级审批汇报方式，缩短决策落地的周期，最大限度地消除中间环节，从而降低从决策到执行的中间折损率；其次是"流程畅通"，通过将物联网、云计算等新技术与传统铁矿行业的生产、管理相融合，从而将决策者与执行者、生产者与购买者、需求者与供应者直接点对点、端接端地关联起来，进而达到提高执行效率的目的。

将这些新技术与传统铁矿行业进行深度融合，不仅可以为高层决策提供依据、为企业降本增效提供动力，还可以提高开采效率，为全流程提供更加可靠的安全保障，从而提高铁矿行业整体上的安全发展水平，进而推动整个行业的高质量发展[16]。

1.3.3.2 打造绿色新体系，构筑产业发展新格局

绿色矿山建设是发展绿色矿业，建设资源节约型、环境友好型社会的基本内容。其目的主要是促进铁矿行业的健康发展、推进矿区土地的综合治理、加强自然地质灾害的防治、避免铁矿资源的浪费，可以有效解决矿山开采过程中所产生的矿山地质环境破坏以及土地损毁等问题。

科技创新与技术革新，是绿色矿山建设的基本条件与关键所在。我国铁矿行业应主动

转换经营理念，在绿色发展理念的指导下，突出环境保护对于资源开发的重点作用，把市场观念与环保理念、社会责任互相融合起来，大力推广并应用信息网络技术、智能控制技术，以便提升铁矿资源的综合利用水平；同时，利用大数据和云平台，研发矿山环境监测信息系统，让绿色矿山建设越来越高效，从而实现整个铁矿行业的优质、快速发展。

除此以外，控制碳排放也已成为全球大型矿业公司发展的重要方向。力拓计划到 2050 年实现运营净零排放；淡水河谷计划到 2050 年年底前促进采矿业实现碳中和；英美资源计划到 2040 年实现所有业务的碳中和。

矿业绿色发展的本质不仅仅是节能减排，而是发展方式的根本变革，是能源体系、生态体系、资源体系的全面转型升级。在国家"双碳"目标背景下，矿业需明确目标，统筹规划，构建"源头减碳+过程降碳+储碳增汇"的全链条碳管理模式。

（1）在源头减碳方面，矿山设计方案要全程贯彻绿色低碳理念，从顶层设计上全面打造零碳矿山；构建矿业绿色低碳、安全智能的装备体系，逐步提升新能源设备占比；打造矿山新能源系统，优化矿业用能结构，建设矿山智能微电网，实现分布式光伏发电、分散式风力发电等多能互补的新能源模式。

（2）在过程降碳方面，探索建立矿产资源碳足迹跟踪和碳标签管理机制，持续优化行业碳减排方案；以科技创新提升能源利用效率，实现低碳高效生产。

（3）在储碳增汇方面，加强矿山生态修复，提高碳增汇能力，要从简单的复绿，转变为生态功能的修复。加强地质勘探评估，挖掘储碳潜力。加强特殊空间的合理开发利用，推进二氧化碳地质封存；围绕资源综合利用，提升矿化固碳能力。发挥富含氧化钙和氧化镁的矿物、废石、尾矿等碱性矿物的碳捕捉和矿化固碳能力。

绿色矿山建设对于我国铁矿行业的健康发展有着非常重要的意义。推进绿色矿山建设，是一项长久的任务，这需要整个行业以生态文明建设为前提，树立牢固的绿色发展理念，坚持把环境保护放在优先位置，从而实现资源、环境、经济、社会等各方效益的相互统一协调。

1.4 信息技术赋能数字矿山建设

在当今信息社会的大背景之下，利用工业互联网赋能产业转型升级，对于进一步推动数字矿山智慧化具有十分重大的意义。作为工业互联网核心驱动力的人工智能技术，与物联网、云计算以及大数据等新技术进行了深度融合，构建了人-网-物的互联体系以及泛在的智能信息网络，改变了原有数字矿山的发展模式及其产业生态。目前，随着新一轮科技革命以及产业变革的深入发展，将网络互联的移动化、泛在化，信息处理的高速化、智能化，计算机技术的高能化、量子化等新的信息技术与传统的数字矿山进行深度融合，可以极大推进数字矿山全方位、全要素、全链条的发展，从而逐步向智慧化的方向迈进。

将信息技术赋能数字矿山建设，不能简单地把它理解为普通的信息化和智能化，而应包含体制机制、管理方式、工艺技术等全面的系统性创新。工业互联网模式下的数字矿山是遵循系统工程理论，利用现代信息技术和已知知识应对未知变化，实现对矿山生产经营主动感知，统筹优化各种资源，在符合矿山安全生产、环境保护要求的前提下，实现矿山资源利用效率与经济社会效益自主动态平衡的先进矿山发展模式。与传统的数字矿山相比，工业互联网模式下的数字矿山具有更长远的战略考量、更系统的管理思维、更快捷的反应能力。这是一项"战略、管理、技术"三位一体的系统工程，它必须适应企业发展的战略需求，同时应与先进的管理方式、信息技术紧密结合，做到整体谋划、统筹推进。

（1）从战略层面要做到"四个注重"。一是注重顶层设计。传统的数字化矿山规划方式往往是自下而上，由生产过程的数字化，逐渐归纳整理完善满足管理需求。而工业互联网模式下的数字矿山规划应是自上而下，从系统建立到数据挖掘、数据推送、数据追踪，再到过程控制，形成完整的设计链，进而形成完整的解决方案。二是注重系统思维。要树立系统观和整体观，从"大矿业"整体角度出发，将矿山的各个环节视为一个有机的整体，按照大系统的处理方法进行优化，实现整体价值最大化。三是注重协同创新。要整合矿山、信息技术等行业领域的产、学、研、用技术力量，开展全面深入的数字矿山关键技术研究和应用示范推广，力争形成动态、协调、优化的智慧化矿山整体环境。四是注重本质安全。要深度发掘智能技术强大的数据整合和预测规划能力，从人、机、料、法、环五维出发，构建矿山生产系统本质安全智慧管理体系，从源头抓起，依靠智能技术将危险作业岗位转为无人岗位；同时，通过实时监测和预警、智能调度和管理、联动应急响应及数据分析和优化等手段，建立健全安全事故隐患主动排查、安全事故风险量化预警和安全事故危源监测控制机制，从根源上防范矿山生产中的各类安全风险，保障本质安全。

（2）从管理层面要抓好"四个环节"。重点依托工业互联网平台和智能制造技术，从智慧感知、智慧生产、智慧决策、智慧服务四个关键环节入手，形成完整的智能化高效运营管理体系。智慧感知环节就是运用5G、高精度智能传感器等新型技术，构建庞大的基础网络体系，实现对关键过程变量的在线快速检测，对关键设备实现数据实时采集，对整个生产流程、管理要素实现全面覆盖、精准感知。智慧生产环节就是从全局最优角度出发，将物质转化机理与装备运行信息进行深度融合，构建过程价值链数学模型，建设全价值链管控平台，实现物质流、能量流、信息流、资金流四流联动，信息共享、协同优化。智慧决策环节就是通过建立数据分析模型和决策支持模型，利用数据仓库技术、数据挖掘技术，实现生产运行与采购销售高度关联，产品生产与市场需求紧密衔接，保证企业科学决策。智慧服务环节就是通过建立基于"端-边-网-云"的工业互联网平台，泛在连接并整合各种数据资源，规范数据标准，促进跨领域的协同互动，实现产业资源的开放共享和高效配置，为同行业信息化专项需求提供服务。

（3）在技术层面要抓好工艺技术和智能化协同创新。工艺技术创新是工业互联网模式下的数字矿山建设的前提和基础。按照矿业科技与装备的智能化发展趋势，未来数字矿山工艺技术升级应重点把握好以下几个方向：一是深部采矿技术。一要针对深部矿床的高温高应力等特定开采环境，以及复杂的水文地质条件，推进深部开采智能化技术研究，努力实现安全、高效、经济开采。二要针对地下开采过程中采区顶板冒落、高应力岩爆、岩移与地表塌陷等难题，开展地压灾害智能防控技术研究，实现开采过程灾害的精准预测与防治。二是高效选矿技术。在工艺方面，重点开展短流程选矿、复合选矿与选冶联合工艺、新型选矿药剂等前沿技术的研究及应用，引领新的选矿技术革命。在装备方面，由于我国大型选矿装备的自主研发、系统集成能力较差，产业化制造能力较弱，所以要加快选矿厂集成化、智能化控制系统，信息化与自动化融合等技术的自主研发，不断提升选矿全流程自动控制和信息化管理水平。三是绿色低碳技术。一要加快基于全系统优化、全过程周期管控的绿色智能制造理论和关键技术研究。重点开展好矿山无废无扰动开采工艺、低成本充填采矿、伴生矿有用组分的回收利用等技术研究。二要加快研发推广先进的节能低碳技术。重点是深度脱碳的氢还原、非高炉冶炼、碳捕集利用等成本低、效益高、减排效果明显且安全可靠，具有推广前景的低碳、零碳和负碳技术。

　　未来，随着信息技术与数字矿山的进一步深度融合，传统的数字矿山发展必将打破企业间、行业间的界限，逐步向智慧矿山进行转变，最终形成标准统一、资源集中、服务共享、产业协同的智慧矿业生态圈。即在新理念指导、新技术加持下，以优势产业作为龙头，依靠大数据支撑、网络化共享、智能化协作，聚合产业链上下游的相关产业，集中人才、技术、资本等多种要素，实现信息流循环和产业孵化能力的矿业发展新模式。这种模式最终应着重于四个维度。一是共创维度：通过智能技术与矿山生产经营的深度融合，从而打破技术壁垒，实现产业升级；二是共生维度：构建智慧化的绿色发展模式，激发绿色发展的新动能，从而实现矿山的可持续性低碳运营；三是共融维度：打通全产业链，建立从生产商到服务商的协同平台，从而实现资源的最优化配置；四是共享维度：统筹利益相关方，共同投资、共同管理、共同开发，从而实现互惠共赢。

　　将信息技术赋能数字矿山建设，使其逐渐发展成智慧矿山乃至一个全方位的智慧矿业生态圈，这既是整个矿山行业高质量发展的必经阶段，又是一个极为漫长又极具挑战性的过程。虽然我国的数字矿山已经取得了一些突破性成果，但总体来看依然处于探索阶段，已有的数字化技术在多数环境下的适应能力还略有不足，距离实现全面高级智慧化的目标还有不小的差距，在这样的复杂条件下，实现数字矿山的智慧化转型对于我国整个矿山行业来说，任重而道远。但是，千里之行始于足下，我们应该继续立足于当前的时间节点，在工业互联网模式的大背景之下，抓住新一代信息技术变革的机遇，整合相关产业资源，聚合行业发展新动能，努力走出一条具有中国矿业特色的数字化、智慧化发展道路。

参 考 文 献

[1] 邓光君. 国家矿产资源安全理论与评价体系研究 [D]. 北京：中国地质大学（北京），2006.

[2] 肖光进. 循环经济视角下中国矿产资源安全供给研究 [D]. 长沙：中南大学，2012.

[3] 王安建，高芯蕊. 中国能源与重要矿产资源需求展望 [J]. 中国科学院院刊，2020，35（3）：338-344.

[4] 赵宏军，陈秀法，何学洲，等. 全球铁矿床主要成因类型特征与重要分布区带研究 [J]. 中国地质，2018，45（5）：890-919.

[5] 杨斌. 菱铁矿与赤铁矿分选工艺及机理研究 [D]. 长沙：中南大学，2011.

[6] 翟建波，刘育明，孙学森. 关于矿石储量估算的探讨和应用 [J]. 中国矿山工程，2022，51（2）：1-7.

[7] 荣宜. 混合型稀土尾矿磁化处理弱磁分离实验研究 [D]. 沈阳：东北大学，2015.

[8] 贾静文. 几种不同类型捕收剂对石英的捕收性能研究 [D]. 沈阳：东北大学，2016.

[9] 张玉成. 中国铁矿石进口布局多元化研究 [D]. 昆明：云南财经大学，2023.

[10] 朱春华. 我国矿产资源供应风险评价研究 [D]. 北京：中国地质大学（北京），2018.

[11] 毕林. 数字采矿软件平台关键技术研究 [D]. 长沙：中南大学，2010.

［12］孙波中，潘清元．数字矿山的技术现状及发展趋势［J］．世界有色金属，2019（24）：13，15.

［13］文兴．基律纳铁矿智能采矿技术考察报告［J］．采矿技术，2014，14（1）：4-6.

［14］赵威，李威，黄树巍，等．三山岛金矿智能绿色矿山建设实践［J］．黄金科学技术，2018，26
（2）：219-227.

［15］王海波．洛钼智慧矿山建设"领跑"中国矿业［J］．中国有色金属，2020（12）：54-55.

［16］岳明，白烨．5G技术在矿山安全生产中的应用研究［J］．有色金属设计，2022，49（4）：1-4.

2 数字矿山建设架构

进入 21 世纪以来，以移动通信、物联网、云计算、大数据、人工智能等为代表的新一代信息技术加速突破应用，不断驱动着工业制造向数字化、网络化、智能化方向发展。美国先进制造业国家战略计划、德国工业 4.0、英国制造 2050、新工业法国、日本的智能工厂和机器人发展战略、印度制造战略等都把新兴科技与先进制造产业作为大力扶持和发展的重点，以驱动各自经济的发展和转型。我国也在 2015 年提出了"中国制造 2025"的国家行动纲领，旨在通过努力实现中国制造向中国创造、中国速度向中国质量、中国产品向中国品牌三大转变，推动中国到 2025 年基本实现工业化，迈入制造强国行列。可见，利用新兴技术实现传统工业的升级已是大势所趋[1]。

矿产资源的开发利用是工业制造的源头和基础，同时也是工业升级的广阔蓝海。限于矿山开采的粗犷性与艰苦性，矿山技术的发展往往落后于其他制造工业，而人工智能和无人驾驶等新技术的出现为此带来了新的契机。如何才能加速新兴技术与传统产业的深度融合，助力矿业实现提质增效？参考答案之一是工业互联网。本章将对以下主题进行阐述：工业互联网是什么；为什么工业互联网适用于矿山的数字化升级；工业互联网模式下的数字矿山应包含哪些功能；如何利用工业互联网打造新时期的数字矿山。

2.1 工业互联网概述

为了更好地学习工业互联网的概念与内涵，需要先理解互联网和物联网。

互联网是第二次工业革命后发展起来的一项颠覆性变革技术，几十年间引领了众多行业的创新和发展。互联网诞生于 20 世纪 50 年代，最早只实现了对 4 台计算机的连接和通信；到了 60 年代，形成了小规模的计算机局域网络；70 年代实现了不同局域网之间的联通，形成了基本的广域网；80 年代建立了中心服务器，使互联网通达全球。如今，互联网已经连接了全球 150 多个国家，成为全球信息交互的主要载体。互联网的应用渗透到了各个行业，从学术研究到股票交易，从社交媒体到娱乐游戏，从联机检索到在线购物，互联网的发展带动了众多行业的变革性发展。

随着互联网的不断发展，人们逐渐不再局限于计算机与计算机之间的虚拟连接，而是在此基础上，将任何可以连接物体变成互联网中的一个节点，实现更为广泛的、物物相连的"物联网"。物联网是互联网的扩展，物联网通过各种信息传感设备，采集声、光、热、电等各种需要的信息，与互联网结合，形成巨大的网络，实现了从虚拟连接到实体连接的转变。

随着"互联网"和"物联网"规模的不断扩大，人们也开始思考如何借助互联网的思维，在具体的行业里构建出具有针对性的行业互联网，从而实现行业的变革和发展。由此，不同行业先后提出了"工业互联网"和"能源互联网"等针对具体行业的互联网理念。工业互联网最早由通用电气公司在 2012 年提出，研究指出，工业互联网能够同时融合工业革命和信息革命的研究成果，是近两百年来的"第三次"创新革命[2]。

工业互联网是互联网理念在工业领域的实践。对于不同的工业类型，工业互联网的实践方式是不同的。具体来讲，工业领域可分为以离散制造为主的离散工业，例如汽车、航空、船舶等，以及以流程制造为主的流程工业，例如钢铁、石化、能源、电力等。

离散工业是人员密集型行业，自动化水平相对较低，自动化生产主要体现在单元级别，例如数控机床、柔性制造等。对离散工业进行工业互联网的升级改造，主要以"协同设计""工艺优化"等弱耦合的方式进行互联互通。但是，离散工业的门类多、生产环节复杂，各环节既独立又有很强的关联性。因此，如何实现各个环节的并行工作和协同生产是"提升产品研发效率""保证产品质量""实现产品快速迭代"的重要研究课题。

与离散工业不同，流程工业具有生产过程连续、资产价值高、工艺过程复杂等特点，要求有较好的信息化基础和良好的数据采集能力。流程工业的生产是连续的，一旦开始生产后，需要长期不间断地运行；生产流程中的产品结构、工艺流程以及配套设备都相对复杂，每一级流程不仅会受到上一级流程的影响，而且会受到温度、压力等各种环境因素的影响。流程工业具有连续性、批量化、复杂性，以及个性化的生产特点。这与工业互联网的实时性、灵活性、大数据挖掘等特征互相吻合。

矿山行业即是典型的流程工业，具有复杂性、系统性等特点，其流程长，工艺环节多，包括了勘探、钻孔、爆破、铲装、运输、破碎等多项子工程，涵盖了地质、采矿、测绘、选矿等多个领域，是一个多专业相互渗透、多学科共同支撑、多系统协同优化的复杂工程。在流程工业领域，人工成本上升、原材料价格波动、贸易竞争日益加剧等诸多因素限制了行业的发展。传统的流程工业正处在工业转型升级的关键时刻，迫切需要研发新一代的变革性技术，提高流程工业的生产效率、降低流程工业的生产成本。工业互联网给流程工业的转型升级提供了技术支持和解决方案，同时也为矿山行业的高质发展注入了新的动力，具体可以表现为以下几个方面。

（1）从局部优化转变为全流程整体优化。矿业的生产过程往往涉及多个生产阶段，分属不同的生产单位或管理部门。传统生产管理中，各个车间或部门往往从单一生产环节局部技术经济目标出发，对局部生产技术指标进行优化决策，并据此对上下游生产环节提出生产技术指标的要求。但是，不同于离散制造业，矿业生产过程往往是物质流在信息流和能量流的作用下连续变化的过程，不同生产阶段的生产参数和技术经济指标相互依赖，密切相关，不能割裂研究。这类生产系统的局部优化往往并不能导向系统的整体优化。另外，随着生产原料和市场的动态变化，生产参数的优化决策又需要动态调整，这更增加问题的复杂性。借助工业互联网平台，各个生产阶段、各个部门的生产数据能够实时、便捷实现共享，打破了部门、车间等物理距离上的限制。同时，借助工业大数据和人工智能的数据解析和优化平台，使跨部门、跨车间、跨企业的面向整个生产流程的全局动态优化成为可能。

（2）形成基于核心指标联动优化的矿业生产管理模式。矿业、石化等一些矿业的生产过程，往往涉及某种元素或化合物含量的富集或稀释，该元素或化合物的含量变化就成了涉及全流程的核心技术指标。各个环节往往都需要对这些技术指标进行决策，这些决策不仅能够影响本阶段的成本、能耗或产量等经济指标，并且还会影响后续环节的经济技术指标。核心指标联动优化，就是借助工业互联网平台，研究这些关键指标之间以及这些指标和成本、能耗、产量等之间的关系，并着眼于全流程进行集成决策。由于生产中原料含量本身的变化和产品市场价格的变化，核心指标联动优化不可能是一成不变的，而是一个动态变化的过程，需要随着原料和市场的变化进行实时优化。只有借助工业互联网的数据感知能力和智能分析优化平台，综合运用基于工厂物理学的机理模型和基于实际生产数据的解析和智能推理技术，才能实现面向全流程的核心技术指标的整体动态优化。

（3）实现面向绿色生产的采选一体化。铁矿石采选，涉及从采场矿石出矿到精矿成品输出的一系列工艺过程。从品位决策角度讲，局部优化，就会忽略上下游工艺中铁矿品位与能耗、排废之间的具体关系，只简单考虑上下游产品的价格或供应量等因素，导致决策的片面性。这种片面性会向上下游生产环节传递错误的工艺优化信号，影响整体上的节能降耗和减排效果。从生产计划与调度方面讲，由于矿石地质赋存条件在开采过程中的变化和市场条件变化，更要求打破"各自为政、单体最优"的传统管理模式，以高效绿色生产为目标，全流程、大周期地进行计划调度决策。在管理实践中，借助工业互联网，通过全局优化排产与协同调度，提升协同化组织效率，可以达到"效率-设备-能源-成本"的平衡。在选厂方面，针对选矿破碎、磨矿分级、选别、浓缩等各生产环节中各工艺环节之间需要协同的问题，基于工业互联网的数据分析平台和 MES 管控平台，建设全流程生产优化决策模型和决策指导系统。根据精矿品位、生产产量的要求，以高效、低排废、低碳等为目标，综合考虑选矿关键设备生产能力、原矿资源约束及质量波动、药剂消耗等因素，动态调整选矿各工艺环节的技术指标，并结合破碎—磨—选—浓缩生产各环节的运行工况变化，适当调优原矿、设备等资源配置。

总之，对于工业互联网的内涵，各行业从不同的角度都有不同的理解。作者认为，工业互联网不能简单地理解为工业领域的广义通信网络，而是需要把信息技术、通信技术和工业设备操作技术进行有机的融合，把企业内部的机器、原料和人员信息，与企业外部的供应商、客户等信息紧密连接在一起，共享工业生产全流程的各种要素资源，从基础结构和基础平台上升级工业生产。工业互联网既是一张网络，也是一个平台，更是一个系统。而且，工业互联网具有高度定制性，对于不同类型的企业，工业互联网的技术平台和应用方式都有所不同。在矿山工程中，则需要将设备、人员、信息等全部要素互联互通，使其形成统一的整体，实现工业生产过程中所有要素资源的泛在连接和优化整合。要想达到这样的目的，必须对数字矿山的建设架构进行统一的设计与实现。

2.2　数字矿山建设理念

矿产资源的开发是一项庞大的系统工程，转变观念、管理变革，是数字矿山建设的思想基础。因此，必须有坚定不移的信心，把更新思维方式贯穿始终，推进综合配套改革和创新。在数字矿山的规划过程中遵循"统一规划、分步实施、信息共享、应用集成、需求先导、注重实效、安全可靠、实用先进、因矿制宜"的指导思想[3]。

新时期数字矿山建设的总体目标应包括以下方面：数据采集的智能化、危险区域的无人化、指挥决策的集中化、设备运维的数字化，以及工业体系的智能化。具体来说，考虑到我国金属矿山的特点，包括环境复杂、安全管理压力大、多元素资源共生等，数字矿山建设应在已有的自动化和信息化基础上，积极推进物联网、大数据、人工智能、5G、边缘计算、虚拟现实等前沿技术在矿山领域的应用。这将有助于打造一体化的数字矿山，实现以下目标：

（1）数据智能化采集：建立智能数据采集系统，提高数据采集的自动性和精确度。

（2）危险区域无人化：实现危险区域的无人运营，降低安全风险。

（3）指挥决策集中化：建设集中化的指挥和决策系统，提高生产效率和协调性。

（4）设备数字化管理：推进设备的数字化管理和维护，提高生产设备的可靠性。

（5）工业体系智慧化：实现工业体系的智能化，包括生产管控、无人化生产和本质安全管理等。

这一综合的数字矿山建设将有助于促进矿山的转型升级，实现高质量发展，提高矿山的竞争力和可持续发展能力，同时促进资源的集约利用和绿色高效生产。

数字矿山的建设应遵循以下原则：

（1）总体规划、分步实施原则。数字矿山建设要站在全局的视角，采用顶层设计的方法，统筹规划建设内容和步骤，并按规划的建设内容规划先行、以点带面、分期分批实施建设，防止出现应用系统分散或缺乏必要接口，造成集成困难，形成"信息孤岛"；防止发生系统功能重叠或系统重复性建设，导致资源浪费。

（2）前瞻性与实用性原则。数字矿山建设应采用新技术、新设备、新工艺，满足跨越式发展的需要。同时又要注重实效，不搞形象工程。

（3）开放性原则。在符合当前通用标准的前提下，兼容多种数据源。对不同类型的自动化系统、不同要求的生产和经营管理系统，能够提供各种层次的尽可能多的符合标准的不同类型接口，以实现硬件与硬件、硬件与软件、服务程序与客户端、各系统之间的接口、传输协议相同或互相兼容，充分保证所有子系统最大限度的信息共享。

（4）先进性与可靠性原则。先进性应考虑以下两个方面内容：企业管理发展、指导思想的先进性；采用先进、成熟可靠的技术装备和软件系统。既确保系统的先进、实用、安全、可靠，又确保系统投入运行后较长时间内，仍代表智慧矿山的先进水平和主流趋势。

（5）易维护性原则。应选择统一的管控软件和数据交换平台，实现功能的柔性配置和子系统的即插即用，系统本身具有智能监控、自反馈自适应能力。

（6）因矿制宜，注重实效原则。根据矿山发展战略和实际生产经营情况，充分考虑矿山资源禀赋条件、矿山所处生命周期阶段、工艺装备水平以及信息化建设基础，明确矿山智能化建设重点。新建矿山直接进行智能化规划与设计，在产矿山有序推进智能化改造。

2.3 数字矿山功能架构

数字矿山的总体功能架构，应包括生产自动化层、过程优化层、协同管控层、经营决策层以及支撑管理系统。具体情况如图2.1所示。

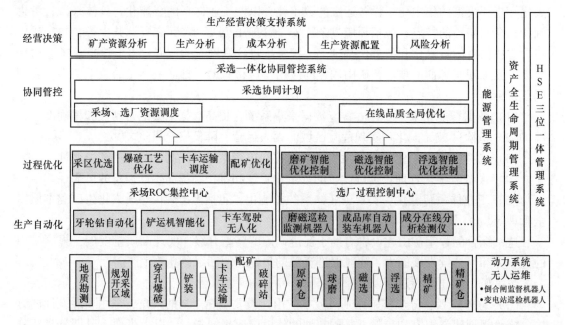

图 2.1　数字矿山总体功能架构

　　(1) 生产自动化：涵盖矿山采、选的全工艺流程，实现生产全流程的自动化。其中，采场要实现牙轮钻自动化、铲运智能化、卡车驾驶无人化，并通过 ROC 远程集中控制，实现现场少人化或无人化，最大限度降低安全风险。选厂通过过程控制中心的建设，并结合磨磁巡检机器人、成品库自动装车机器人、成分在线检测仪等智能装备和仪器仪表，实现信息共享，减少现场巡检与业务操作，消除"信息孤岛"。

　　(2) 过程优化：采场的生产过程优化基于模拟开采，计算采剥工程量，确定合理的采区位置，实现采区的优选。建立准确的爆破、评价的数据模型，并对爆破进行数值模拟计算，实现对爆破工艺的优化，降低成本、提高爆破效率。通过多种调度策略的三维空间复杂路径规划，并建立卡车油耗的数据模型，实现卡车的优化调度。建立智能配矿系统，做到合理均衡供矿，实现采选协同。选厂的生产过程优化通过建立磨磁、浮选工序的优化控制模型，实现工艺的智能优化调节。保证精矿品位和尾矿品位，提升回收率。

　　(3) 协同管控：面向"产能效率-品位质量-能耗成本"的综合生产效益分析、优化排产与调度分析，实现全局优化排产与协同调度，提升协同化组织效率。在保证精矿品位合格的条件下，以实现最小库存和最大设备利用率为目标进行协同排产。基于选矿全工艺优化控制模型，实现选矿质量的可靠预测，提高质量异常波动情况下的准确诊断与控制参数快速调节、过程质量回溯。

　　(4) 经营决策：建立多维多尺度经营指标分析模型，结合矿业特点，构建经营指标体系，提供全业务领域、全流程的决策分析支持。

　　(5) 支撑管理系统：通过建立资产全生命周期管理系统，实现从"事后维修"向"基于状态的按需维护"转变，提高资产有效利用率。基于面向尖峰平谷的多阶段用电计划优化模型的建立，实现合理制订用电计划，优化能源管理。建立基于数字孪生的安全预警及应急指挥系统，实现安全应急处理支持手段。为数字矿山建设的运行提供安全、环保、健康的保障。

2.3.1 数字采矿建设内容

2.3.1.1 采矿智能装备及作业控制

采矿区生产劳动作业强度大、作业环境恶劣,操作岗位的人员安全风险大,尤其是设备经常作业于边坡和危岩边缘,发生边坡或岩石塌落时,容易造成人员伤害事故。基于工业互联网和 5G 网络,利用高精度定位系统,通过对牙轮钻机、铲装运输设备及破碎输送等系统进行智能化改造和升级,使其具备监控可视化、诊断预警自动化、信息传输集成化、远程遥控控制及无人值守等智能化功能,可以减少现场岗位操作人员,避免人身伤亡事故,降低生产成本,提高生产安全性、质量稳定性和生产效率。具体的建设目标及内容包括但不限于以下几个部分:

(1)牙轮钻机远程遥控智能化。对牙轮钻机进行远程遥控改造,使操作中心具备对钻机工作过程实时监控功能。工作现场实现远程遥控操作,利用遥控手持终端在远离钻机的状态下,通过精准定位系统,对牙轮钻机的行走、钻架立卧、压钻、回转、提升等控制动作进行远程遥控,手持遥控终端可以显示设备的运行信息和检测参数,实时显示钻机位置和运行轨迹,协助远程遥控行车、钻位的精准定位。

(2)铲装设备远程遥控智能化。对铲装设备进行远程遥控改造,使操作中心具备对铲装设备工作过程的实时监控功能。利用铲装设备远程遥控终端控制铲车动作进行铲装作业,在遥控终端上显示铲车运行状态信息。

(3)矿卡车辆无人驾驶智能化。对矿卡车辆进行升级改造,使其具备无人驾驶功能。通过高精度定位系统和 5G 网络,将成熟的动态感知、路线规划、定位跟踪等无人驾驶技术应用于卡车上,实现动态响应调度系统指令,完成远程调度控制,实时路径路线选择,自动识别避让危险,精准定位装卸点停车,自主卸载。

(4)铁运机车无人驾驶智能化。对机车进行智能化升级改造,使其具备无人驾驶功能。通过高精度定位系统和 5G 网络,达到机车无人驾驶,实现动态响应调度系统指令,完成远程调度控制,精准定位装卸点停车。

(5)破碎输送系统智能化。通过升级和改造,使破碎输送系统具备智能化无人值守功能。配备远程操控功能,通过与视频监控系统相结合,实现集中监控和集中管理,具有生产一键启停,智能故障报警诊断,设备自动连锁保护控制,实现无人值守;皮带机、破碎机运行状态参数在线监控和故障诊断分析,故障报警自动判断停车;能耗及产量统计报表,确保整个系统安全、稳定、高效运行。

2.3.1.2 生产远程控制指挥中心 ROC

根据管理职能和调度指挥对象及内容的不同,生产远程控制指挥中心分为矿业公司级和厂级两个大级别的远程控制指挥中心。

(1)厂级中心的职能是将厂级各个作业区调度室的职能集中到厂级远程控制指挥中心,实现生产调度管理人员集中调度、集中管理,改变管理模式、优化生产调度,形成直接对机台的垂直管理体系,从而减少沟通层次,提高劳动生产率。

(2) 公司级中心的职能是将矿业公司自身管理和各生产采场选厂单位的生产管理统一融合。对各采场选厂的生产进行综合监控，综合管理，从而进行区域性地调配资源，形成大范围的生产调度优化。公司级中心更加关注各个厂矿以及整体的生产决策，从整体角度提升企业效益。

各级生产远程控制指挥中心 ROC 建设主要包含集控中心大屏、视频会议系统、在线调度系统基础设施，运行统一的云平台和大数据系统，全公司互联网络、边缘集成优化平台、三维仿真系统、视频监控系统、设备管理信息系统、调度管理信息系统、决策分析系统等，形成多级自上而下的管理体系。具体的建设内容包括但不限于以下几个部分：

(1) 集控中心大屏系统。在集控中心 ROC 建设安装大屏幕，集中显示采矿生产各项信息。它集信息收集、信号处理、切换控制、显示决策于一体，实现实时观看、监控和调度有关的各种信息，包括 GIS 三维地图、实时工业视频监控、生产设备实时运行情况及运行轨迹、各种管理信息数据、调度信息、历史数据及电视、通信、投影仪等信号源的信息显示。调度值班人员可随时通过对各种现场信息和各类计算机图文信息切换，多画面显示，及时做出分析、判断和处理后发出调度指令。满足作业区对三维模拟仿真单元、视频监控系统、视频调度的查看需求，并能通过采矿智慧生产指挥单元各个模块实时掌握现场生产情况，及时进行巡检、维修和后勤保障工作，配合生产指挥中心的管理。

(2) 视频会议系统。视频会议系统主要由主会场子系统、分会场子系统、视频会议中心端组成。在中心会场安装中心端，包括录播服务器、会控平台、多点控制单元MCU 等终端，并与公司级视频会议中心端相互连接。在主会场子系统、分会场子系统安装视频会议终端，包括高清会议终端、电视、摄像头、会议麦克、PC 电脑、音响系统。连接网络录播服务器、视频会议终端，并接上显示设备，接入网络作为传输媒介，视频会议终端将摄像头和麦克风输入的图像及声音编码通过网络传输，同时将网络传来的数据解码后将图像和声音还原到电视机和音响上，实现了与远端的实时交互。参加会议人员能通过电脑屏幕实时看到主会场和各分会场的视频和相关共享的文档资料。实现集控指挥中心与各作业区远程召开生产调度会议，可通过 4G/5G 专用网络，用手机或平板电脑参与生产调度会。

(3) 在线调度系统。部署统一调度的电话调度单元、液晶触摸屏电话调度台，统一调度采矿各作业区。具备程控业务、语音业务、调度功能、扩音录音等功能，可以完成生产指挥、监测控制、事故处理、抢险救灾等重要任务，实现对生产岗位的调度管理，提高安全生产效率，并能通过各种中继与其他通信系统联网，满足话站之间的通信联络需求。集控指挥中心能通过调度单元和指令电话，实现对各个作业区以及作业区下辖岗位、生产现场进行调度指挥，具有单呼、组呼、齐呼、拨特定号码呼叫应答等多种功能。

(4) 多级指挥系统软件系统。在多级指挥体系中，集成包含采场选厂三维仿真、视频监控、执行跟踪、EAM 设备管理、HSE 安全管理、EMS 能源管理、生产决策分析等多种支撑子系统。同时建立多级调度管理系统，形成调度信息下发跟踪、自动播报等多种功能，可以有效地管理跟踪调度执行。建立多级调度报警体系，针对指挥生产报警异常数据形成自动上报，超时等待扩大上报级别和上报范围。整体平台利用视频、图像、音频、仿真、数据分析等多种手段形成统一、高效、实时的新管理模式。

2.3.1.3 采矿生产管理系统

采矿生产管理系统主要为矿业公司生产管理提供采矿计划分解、生产调度下发、绩效考核、统计分析等流程管理的标准化手段。分解下发任务到达各生产执行系统进行采矿作业执行，同时各子系统对各自环节数据进行采集监控以及作业回馈。在采矿生产管理系统中完成生产追踪，形成生产管理闭环作业。具体的建设内容包括但不限于以下几个部分：

（1）生产计划管理。根据公司制订的年生产计划确定季度生产计划及月生产计划，采用基于业务需求的算法来实现对生产计划的自动排产。

（2）生产调度管理。主要实现采场相关钻孔、铲装、汽运设备的调度功能，通过向采矿生产执行系统下发审核的作业任务，由各子系统完成实际生产调度作业，从而实现优化设备行走路径，缩短设备执行时间，节省设备能耗，提高设备生产效率。

（3）质量管理。主要是针对矿石的品位管理。

（4）岗位维修管理。包括实现对备件更换管理功能、对检修人员考核功能、对检修过程的记录功能等。

（5）绩效与考核。通过采矿生产管理系统中各环节的数据串联，生成采矿生产执行系统中各作业的数据反馈，结合指标信息，形成作业人员的绩效与考核。

（6）统计分析。基于生产过程追踪系统的追踪结果数据，对生产过程数据进行统计分析形成报表，从不同方面以不同角度向客户展示生产过程统计信息。

2.3.1.4 采矿生产执行系统

采矿生产执行系统与采矿生产管理系统紧密连接，能够接收采矿生产管理系统的计划、执行调度等信息，并同时完成现场生产数据的采集、报警、执行反馈以及作业量统计等任务。它们之间的数据互通无缝，使采矿生产管理系统能够实现生产统计和绩效管理的闭环。

采矿生产执行系统以三维数字地质为起点，覆盖了计划、钻孔、爆破、铲装、运输、验收等生产流程的具体操作调度和环节监控。这包括地质信息管理、生产计划执行、爆破设计执行、数字验收执行，以及对牙轮、电铲、矿车的智能化调度和指挥。通过这一系统，建立了自动智能综合质量配矿和自动调度的采矿现场新运作模式。主要建设内容包括但不限于：智能三维地质 GIS 模块，智能爆破管理模块，智能牙轮生产指挥模块，智能配矿决策模块，智能铲装跟踪模块，智能卡调指挥模块，智能铁运管理模块。

A   三维地质 GIS

实现精准的地质三维展示、地质统计学分析和集成的建模环境，通过三维地质模型进行生产计划执行对接、爆破设计、铲装验收管理，为牙轮作业、智能配矿决策、智能铲装跟踪、智能验收等采场作业提供数据基础。具体的功能应包括：

根据测量信息，可以快速地构建矿体模型，提供便捷的地质建模平台，让矿山技术人员能够对模型进行新建、修改和管理；建立地质管理功能，提高地质图件的精度，为生产计划的制定提供准确的数据支撑，减少测算和绘图工作量，提高工作效率；对生产计划进行对接管理，实现年、季、月生产计划制订，科学指导生产；地质取样检验功能，利用二维码和高精度 GPS 技术，给各个孔位赋上质量信息，进而算出爆区的品位；采场验收管理，在三维地质模型、爆破模型及验收模型的基础上，得出本月矿石与岩石的验收量。

B　智能爆破管理

实现先进的 3D 爆破设计和建模能力，爆破数据的可视化，帮助设计人员洞察设计缺陷，将爆破设计、钻孔导航、爆破模拟、现场装药、爆破验收和爆破后评估结合起来，创建更为智能的爆破设计，实现更为优秀的爆破效果。具体的功能应包括：

具备不同起爆方式的动画演示；计算爆破岩石量、矿石量；根据岩体、矿体参数确定爆破孔网设计参数和钻孔装药结构；预测爆破影响范围；计算爆破过程中的各种参数：飞石距离（m）、爆破振动影响（cm/s）等，以便实现安全生产等多种功能。

C　智能牙轮生产指挥

从采矿生产管理系统获取作业计划，实现牙轮生产的计算机布孔操作，生产过程的自动调度指挥，改善原有人工布孔的工作方式；实现牙轮信息的实时采集、生产信息的自动汇总分析，对牙轮机台进行计算机自动管控；提高打孔精度和生产效率。具体的功能应包括：

（1）具备自动分配钻孔作业功能。在智能三维地质 GIS 模块中完成布孔设计后，生产指令自动下达至机台终端，指导对孔作业。

（2）具备孔深孔位等生产作业信息、设备重要运行参数采集功能，自动分析设备运行状态，故障、异常时自动报警。

（3）能通过智能管控终端接受调度指令，上传故障信息和异常信息。

（4）生产报表自动生成，能对机台、班组产量、故障率、作业率等信息进行统计，为绩效核算提供数据支持。

D　智能配矿决策

配矿环节是采矿的核心作业，有计划地按比例搭配不同品位的、不同品种的矿石，混合均匀，在保证达到选厂要求的质量标准情况下综合利用矿产资源，可以提高经济效益，延长矿山服务寿命。智能配矿根据选厂入选品位和可选性综合评价 P 指数的要求，动态指导铲装、运输，协调采场各生产环节有效配合，稳定入选品位和满足 P 指数要求。配矿策略可定制、可优化，可在生产中不断完善算法，实现综合智能配矿。具体的内容应包括：

通过与三维地质 GIS 模块的接口，获取出矿点数据，建立出矿点质量模型；通过建立的出矿点质量模型，结合选厂质量指标要求，综合考虑目标品位、矿石可选性、出矿点品位、可用电铲数量、电铲位置、利用配矿算法，确定出矿点之间的质量配矿方案，形成配矿结果；综合考虑多个参数，结合专家经验，优化智能配矿算法，进行智能配矿；在生产过程中，根据现场实际生产设备情况，对车、铲生产组织进行优化调整，实现车辆生产过程中配矿的动态调整；通过与智能卡车调度系统的数据接口，将符合质量配矿要求的配矿方案传递给智能卡车调度系统，包括与三维地质 GIS 系统的接口、与智能铲装系统的接口、与智能牙轮系统的接口、与智能调度系统的接口等；根据智能卡车调度系统的实际运行数据，结合给出的配矿策略，进行综合分析生成对配矿执行的评价。

E　智能铲装跟踪

结合三维地质 GIS 中的地理信息，生产过程中的铲装工作范围，跟踪矿石品位，实现铲装信息的实时采集、生产信息的自动汇总分析，记录电铲工作区域运动轨迹并上传，实现铲装的优化指挥调度，提高生产效率。具体的内容应包括：

电铲高精度辅助定位，结合三维地质 GIS 的铲装信息与电铲定位系统，将铲装工作范围数字地址和调度指令通过无线网络下达至电铲机台智能终端；在电铲上增加数据采集终端，对电铲装载动作轨迹及电铲设备数据进行运行数据采集，记录和分析，对异常状态进行报警；电铲作业管理，实现电铲司机和生产指挥中心、机修、库房的信息交互功能，对电铲的生产作业进行管理；三维模拟仿真单元数据共享，让管理人员如同亲临现场一般，在三维图形上实时映射出采场电铲真实的工作情况。

F　卡调指挥系统

采运生产智能指挥调度系统可以实现对矿山的可视化、数字化、智能化、实时化管理，建立一种新的集生产监控、智能调度、生产指挥为一体的生产管理模式，是智慧化矿山建设的重要基础。依据智能配矿以及采矿生产管理系统下发的生产计划，本模块主要利用计算机技术、无线网络通信技术、全球卫星定位（GPS、北斗）技术、矿山工程系统理论和核心调度模型算法等先进手段，建立铲运实时监控、智能调度、生产指挥和应变调优的管理系统，建立对采装设备（电铲）、移动运输设备（卡车）、卸料点及生产现场进行实时监控和优化管理的智能指挥调度系统。同时具备司机绩效统计、油耗精细监测、生产信息自动汇总统计等功能。具体的内容应包括：

能够通过车、铲载智能终端，自动采集采场运输车辆实时状态及电铲的铲装能力等参数，通过采运生产智能指挥调度系统进行实时接收及数据处理，结合采场综合因素，实现车辆的智能优化调度；对设备（车、铲）的运行状态和生产状态进行实时跟踪及展示；对设备非正常生产情况进行实时报警，包括超速、越界、驶离路线、无故停车等，此类信息会同时发送给驾驶员及调度指挥中心来进行警示及告警处理；系统自动统计驾驶员生产过程中司机违规操作信息和产量信息，按照制度进行绩效评分，自动形成绩效；车、铲载智能终端具备地图显示（地理位置）、作业请示、突发故障报警提醒等功能。

G　智能运输管理

智能运输管理主要实现铁运信息自动采集、生产信息自动汇总统计等功能。建设内容包括：

采集铁运机车状态信息，实现生产数据报表的自动生成，减少人工制定报表的工作量，提高工作效率；能够跟踪铁运装矿质量数据，结合前续工序的矿石质量跟踪数据，分析机车装载的矿石质量，并将信息上传到服务器，给后续的质量配矿提供数据支撑，也让管理人员通过软件能够实时查看或追溯历史记录；对铁运产量综合统计，分析。在一定时间周期内，按日、月形成趋势图，表现不同矿石质量、矿种、站点的运输量变化趋势。

2.3.1.5　采矿数字孪生系统

数字孪生是近几年比较火热的技术方法，是指充分利用物理模型、传感器、运行历史等数据，集成多学科、多尺度的仿真过程，它作为虚拟空间中对实体产品的镜像，反映了相对应物理实体产品的全生命周期过程[4]。采矿现场的数字孪生系统是指基于实体矿山的矿场基础设施、采矿设备以及生产运行数据与三维地质 GIS 系统相结合，呈现三维虚拟矿山。实体矿山所有单元、模块中的设备运转信息、生产过程信息、图像信息都能够和三维模型进行联动，并在三维模型上进行动态仿真展示，实现生产过程的可视化管理、全方位立体管控和集中优化指挥调度。采矿数字孪生系统的建设内容包括但不限于以下部分：

（1）三维模拟仿真可视化系统基础功能建设。建设三维虚拟矿山可视化管理系统，支持矿山模型管理、采矿设备模型管理、3D可视化、数据集成接口等基础功能。

（2）针对矿山基础设施建筑物、采矿设备（牙轮钻机、电铲、卡车等）、作业人员等仿真对象，构建对象的三维仿真模型，并形成线上三维虚拟矿山。通过接入实时数据，实时模拟显示采场全部地面设施、作业环境，实时动态显示采场设备运行状态；便于管理人员对作业区域全局管控，实现一键式查询及管理。

（3）开发实现智慧矿山三维的可视化应用，结合人员安全管理模块、视频监控模块、牙轮钻机模块、铲装模块、卡车模块、能源模块等信息实现采场实时多维度的信息监控与报警管理，为集中指挥应急处理提供辅助手段。

（4）建立标准化的数据接口规范，支持三维地质GIS的矿山建模组件与设计数据的导入，快速构建矿山基础3D模型。并充分考虑系统的扩展需求，满足矿山后续建设要求。

2.3.2 数字选矿建设内容

2.3.2.1 选矿智能装备及作业控制

矿物加工智能工厂需要机器人、人工智能、工业互联网和智能移动网络等技术与矿物加工深度融合和创新发展，逐步实现矿物加工智能工厂、无人工厂、绿色工厂，矿物加工过程将变得更加高效、低碳、清洁、绿色和人文友好。因此需要针对传统的选矿设备进行升级改造，同时引入配套的运维机器人提高选矿工厂整体的智能化水平。具体的建设内容包括：

选矿过程核心装备运转参数、结构参数、健康监测、动力学过程和生命周期等参数的传感器和执行机构的搭建；选矿过程基础支撑设备包括实验室试验、采样、制样装备的智能化开发；选矿大型装备的配套维保工具的研发，诸如管道维护机器人、浮选装备维保机器人、溢流堰清洗机器人、磨机维保机器人和适用于选矿环境的耐磨耐腐蚀材料的研发等。

2.3.2.2 选矿智能在线检测系统

A 品位检测

品位控制是选矿质量控制的核心和目标，数字矿山的实施对品位快速检测具有强烈的依赖性。实现矿浆品位的在线实时测量，可及时有效地提供测量点位的矿浆品位值，为生产工艺的优化与更新提供重要的过程参量，同时减少化验人员的工作量，大幅降低人工成本。

主流的矿浆品位在线分析仪主要是X射线荧光分析仪及γ射线品位分析仪。对于铁矿选矿，由于原矿种类多，矿浆性质与状态变化大，选矿工艺流程相对复杂，X射线荧光分析仪目前在铁矿选矿上存在准确性下降、维护频繁等问题，所以应用效果不理想。而γ射线分析仪虽然准确性较高，但其高昂的造价、核源的审批与防护等带来的问题，限制了仪器的推广应用。

激光诱导击穿光谱（Laser Induced Breakdown Spectroscopy，LIBS）技术，是一种新兴的成分检测技术[5]。其使用高能脉冲激光聚焦至被测物体表面产生等离子体，通过采集等离子体的光谱信息，即可获得样品的成分信息。其有着快速、非接触、多元素同时分析、安全无辐射等特点，特别适合应用于在线测量。

在选矿厂不同的位置设置 SIA-LIBSlurry 矿浆品位在线分析仪，例如在磨磁厂区及浮选厂区，根据所需覆盖的测量点位具体位置，综合不同点位的距离、平台位置及取样方式等情况，在不同平台高度位置分别设置 2~3 台分析仪，通过管道取样器及多路缩分器的配合，实现对所需测量点位的品位测量全覆盖。

B 浓度检测

选矿过程中不同阶段的矿浆浓度不同，在 30%~45% 变化，目前对于矿浆浓度的检测，应用最多的是核源密度计，也有超声波浓度计及浓度壶秤等产品。核源密度计安装维护简便，且检测精度高，一直在选矿浓度检测方面占据主导地位，但由于近年来国家对核产品的严格管控，以及核源产品的核辐射废料处理及防护等问题，使得核源产品批复较难。超声波浓度计具有全密封、高透声、耐磨性和耐腐蚀性等特点，应用比例逐年上升。但设备需要经常标定，给长期维护及使用带来一定困难。浓度壶秤则通过测量浓度壶中的矿浆的质量换算获得浓度值，其结构相对复杂，且偏差较大。

具体采用哪种浓度计需要根据实际情况安排，在能够获得核源浓度计使用批复情况下优先选用核源浓度计。在无法获得批复情况下可选用超声浓度计。超声浓度计最好安装在 SIA-LIBSlurry 分析仪邻近的测量管路中，在品位测量的同时，对浓度进行检测。等离子体的光谱信息中蕴含着矿浆浓度的信息，将 SIA-LIBSlurry 分析仪的光谱数据与超声波浓度计的测量信息进行融合，以获得更准确的浓度测量值。

C 粒度检测

粒度是选矿过程中的重要参数指标，并且决定着球磨机及立磨机的工艺参数，如加球量、转数等。目前粒度检测主要有离线及在线方法。离线方法主要有筛分分析法、沉降分析法及显微镜分析法；在线主要有超声波测量法、激光散射测量法、电阻感应测量法以及直接测量法。离线测量时间相对滞后，不能给生产工艺实时反馈粒度信息，进行工艺参数调整。所以为了对选矿生产状态进行实时感知，优化生产工艺，对于粒度参数，需要实现在线实时测量[6]。

增加在线粒度分析仪进行粒度在线检测，例如激光散射式粒度在线分析仪，其原理是当颗粒在激光束的照射下，其散射光的角度与颗粒的直径成反比关系，而散射光随着角度的增加呈现对数规律的衰减，通过接受和测量散射光的能量分布，即可得出颗粒的粒度分布特性；又如直接测量式粒度在线分析仪，通过设置分析仪测量槽中的往复运动的柱塞与矿浆撞击距离来直接获得矿浆的粒度分布值。粒度分析仪通过取样器对 1~3 个流道进行取样测量，每个流道的粒度测量值每 3 min 获得一次。仪器布置在磨磁厂区，通过管道取样器对球磨机及立磨机的溢流矿浆进行取样，并输送至分析仪，采用分时测量的方式实现粒度测量。

2.3.2.3 选矿生产过程智能优化控制

A 有害金属自动剔除

有害金属检测和自动剔除是选矿破碎过程中面临的一项重点难题。过去的选厂中各运输皮带料层较厚、带速较高、有害金属的种类较多（铁、不锈钢、高锰钢等）、形态各异（钻头、钻杆、牙尖等），给现场除金属作业造成了很大难度。若该部分金属无法有效清除，会产生很大负面影响。例如，尖锐的金属容易导致皮带划伤，当划伤严重时，需要更换整条皮带，由于抢修时间过长导致磨矿供料不足，造成全线停车事故；块度较大金属如无法有效清除，在进入中、细碎破碎机时，会发生破碎机衬板、总成等严重损坏。传统的人工捡出劳动强度过大，且容易漏检，因此建立有害金属自动识别与剔除系统极其必要。具体的建设内容包括：

（1）有害金属智能识别技术。通过特殊的防护设计及抗干扰设计使智能识别系统适应现场恶劣的工况环境，并且通过 HSV 空间饱和度分量的自适应阈值分割与形状匹配算法稳定高效地分辨出混杂在矿石中的各种有害金属（杂铁、高锰钢等），且具备数据的追溯、采集和存储等功能。

（2）视觉引导机器人动态抓取技术。为剔除上级流程中识别出的有害金属，减少危害生产的风险因素，研究视觉引导系统快速准确地找到有害金属并确认其位置及形状，引导机械手实现动态准确抓取。

（3）适用于多种类有害金属抓取的柔性机械手技术。由于有害金属包含衬板、铲尖、钻头等多种类型，形状、尺寸及质量差异较大，因此需要研究出一种柔性机械手，实现对多种目标物的自适应抓取，并保证抓取效率及成功率。

B 智能布料系统

选矿生产工艺具有流程长，管理环节多，工程复杂性高的特点。而其中矿仓布料作为生产工艺中非常重要的一道工序，其生产的安全性、稳定性能否得到保证，将直接影响整个选矿厂的产能。传统选厂布料工艺环节存在检测手段落后、控制方式落后、工况恶劣、整体智能化程度低等问题，因此需要对布料工艺环节的智能化进行改造。具体的建设内容包括：

（1）电控及供电系统改造：应用 PLC+交流变频的方式完成布料车的逻辑和运动控制，同时考虑到可靠性、安全性和易维护性，采用地面主从控制模式，即将 PLC、变频器和其他辅助电器元件放置于地面的控制柜中，PLC 根据布料车的启停、加减速及换向运动需求，控制变频器输出相应频率的三相交流电后，通过柔性电缆施加到变频电机上。在布料车上部署远程 IO，就近完成车载传感器信号的采集和执行器的驱动；同时应用基于模糊控制理论的布料车运动控制算法和多目标优化的料仓布料策略，优化布料过程；另外开发组态画面实现人机交互，并完成布料系统与破碎工段上下游工艺流程的联锁。

（2）仪表系统的升级改造：应用激光测距和 UWB 测距，完成布料车的实时精准测距；激光测距精度高，但在高粉尘环境下存在信号衰减大且输出不稳定问题，UWB 测距成本低，使用方便，但又容易受到环境中电磁干扰的影响，因此将二者结合起来，取长补短，可更好地完成测距功能；料仓料位状态的复合检测是将毫米波雷达和机器视觉有机结合，既实现料位的实时检测，又可对料位的状态进行智能判断，去除料面塌陷、死料附着等影响。

改造完成后，将实现布料小车自主路径寻优与轨迹规划、精准定位与料仓优化布料，稳定工艺生产流程，平衡各工序作业能力和效率，综合提高选厂处理能力，降低劳动强度，减少岗位人员，改善工作环境，实现无人值守和远程精准操控。

C 磨磁优化控制系统

在选矿过程中，原矿破碎质量的波动，导致磨矿过程中加水、加球、分级粒度控制、磁选电流调节等难以保证浮选给矿要求。通过建立面向"原矿性质−浮选给矿质量"约束的磨矿粒度、强磁电流等磨磁工艺参数的自适应优化调节模型，实现给矿系统、磨机智能加球、磨矿分级粒度、磁选工艺的优化控制。

磨磁过程的控制目标，是根据不同的原矿性质，通过调整给矿量、补加水量等操作参数，来保证磨矿粒度达到工艺要求，稳定浮选给矿质量。其中，磨矿过程是关键环节。磨矿系统实现矿浆浓度在线检测，磨矿粒度自动取样、检测、分析，浮选泡沫的在线检测，这些质量检测数据，为优化智能控制打下良好基础。

相关检测仪表和设施完善后，完成对磨矿分级系统的控制，包括给矿控制、给水控制、压力控制、泵池液位控制、自动加球控制、球磨负荷检测、磨矿给矿图像分析，进而保证一次溢流和二次溢流粒度。

磁选部分采用类似的建设思路，通过在线实时采集的生产大数据，建立大量的数学模型，建立磁选智能优化控制系统，实现机器自学习，用智能优化算法取代人的操作经验。通过在线浓度、品位监测及强磁机设备液位监测，合理调节强磁机激磁电流及弱磁、强磁给矿量，稳定强磁尾矿品位及混磁精矿品位。

D 浮选优化控制

磨磁粒度、浓度及溢流品位的指标波动，对浮选药剂添加、浮选液位、温度等工艺控制具有较高的要求，人工分析与调节依靠经验，难以保证质量要求。因此可以采用面向"矿浆品位—尾矿品位—精矿品位—收率"约束的药剂配比、加药量、温度、液位等浮选工艺参数的自适应调节技术，并基于浮选工艺机理分析和配药、加药自动控制以及泡沫在线分析等，实现浮选过程自动检测、控制参数优化调节。

浮选过程的控制目标是稳定浮选给矿质量和浮选泡沫的在线监测。根据浮选在线品位监测，优化锥阀开启度及药剂添加量，稳定精矿品位，降低尾矿品位，降低药剂消耗。

浮选过程自动化控制包括：浮选浓度、浮选矿浆 pH 值、给矿量、浮选剂量、浮选槽充气量等。具体策略如下：通过调整浓缩机给矿泵变频，稳定给矿浓度、给矿流量；通过药剂单耗的历史数据，按照干矿量进行捕收剂及氧化钙的添加，累积优化药剂添加量，降低药剂单耗；通过调节 NaOH 添加量，稳定矿浆 pH 值；通过粗/精选的泡沫层厚度、泡沫量，调整粗/精选的锥阀开启度，调整粗/精选的自吸阀开启度，从而稳定精矿品位；通过一扫精品位监测，调整扫选锥阀开启度，稳定扫选精矿返回量，降低浮选尾矿品位。

2.3.2.4 选矿一体化智能协同生产管控系统

A 选厂建模

为适应不同选厂的生产工艺特点、设备部署情况，建立具有高可扩展与适用性的制造执行系统，需要对支撑选厂生产的制造资源进行数字化抽象，通过建立工厂模型的方式构建"人、机、料、法、环、测"的全面物理资产的数字映射，为制造执行系统各项管理功能的运行提供基础调用对象，为制造执行系统与外部系统间的集成提供统一的标识方法。工厂建模的主要功能包括产品物料建模、组织结构建模和生产工艺建模。建模的思路是：以选矿工艺为主线，围绕"破碎筛分—磨磁—浮选—压滤精尾"流程，分别构建包含原矿、精尾矿、过程在制品和消耗品的产品物料模型，包含车间、设备、人员的生产资源的组织结构模型，以及包含工艺路线、标准及参数的生产工艺模型。三大模型实现了"生产什么、有什么生产资源、如何生产"的核心生产要素的数字化描述，进而为生产计划组织、过程监控跟踪、质量检测控制、物料调配以及设备运行维护等业务功能的实现奠定了基础。

B   计划管理

选矿厂生产计划根据矿业公司制订的年度、季度生产经营计划，分解制订月度生产计划，确定月度铁精矿产量，在原料供应、能源供应、设备能力、质量要求、人员组织等限定条件下，通过产能效率平衡等相关计算，制订产量、物料消耗、能源消耗、设备运行、产品质量计划，以及主要技术经济指标计划，并对计划执行结果进行统计。其核心管理目标在于能够依据原矿配矿的性质变化及时调整各生产工序设备台时，以保证合格精尾矿品位、收率的产能平稳，降低生产成本。其业务流程如图 2.2 所示。

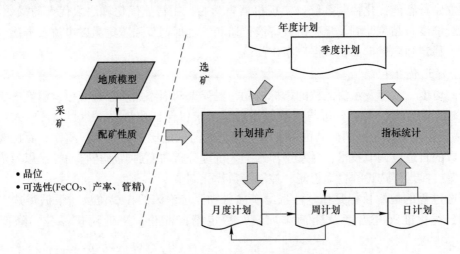

图 2.2   选矿厂计划管理业务流程

选矿计划管理包括计划排产管理与指标统计两大子功能。选矿计划管理主要依据公司下达的年度、季度计划，实现月度计划的分解，再根据采矿配矿可选性、品位等信息，实现周计划和日计划的分解。计划排产基于配矿原矿性质、设备检维修计划，面向产能消耗平衡目标进行优化排产，形成设备工艺准备及台时计划，对计划产量进行预估；产量统计则基于实际生产情况每日形成指标统计，评估产能平稳状态与趋势，逐步反馈给周计划、月计划，最终形成月度生产经营核算。

C   生产调度

选矿生产计划调度主要任务是在计划排产的基础上，将选矿生产计划目标转化为选矿生产工艺要求和实际生产作业任务分解为各个生产作业区，形成具体的开台、台时计划与操作指令下达给生产设备，根据瓶颈工序产能需求和其他工序的产能配置情况、设备维修维护及能源消耗情况，综合优化作业调度，实现产能、质量与消耗平衡。

选矿作业执行基于生产指令的下达实现设备的运行操控，对生产过程进行监控，根据选矿车间实际生产状况的及时反馈，对生产计划与调度安排进行调整。其业务流程如图 2.3 所示。

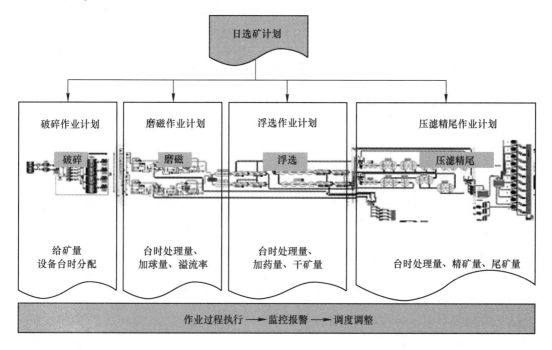

图 2.3 选矿厂调度管理业务流程

选矿计划调度与作业执行管理包括计划调度管理与作业执行管理两大子功能。选矿作业调度依据现场各工序设备产能、运行状态等条件，实现日选矿计划到工序设备级作业计划的分解。不同工序的作业任务有所不同，主要任务指标包括：给矿量、设备台时、加球量、加药量、干矿量、精矿量、尾矿量等。

作业执行的过程主要体现为生产工艺指令的下达、执行过程关键指标的监控、异常情况报警以及生产事件触发的作业调度调整等业务管理功能。

D 质量管理

质检化验和在线质量检测数据是评估选厂生产情况、指导选厂生产的重要依据，质量管理系统能够实现质检化验数据的在线采集、存储和共享，实现选厂质量数据的不落地，为上层业务系统提供可靠的数据源。其业务流程如图 2.4 所示。

质量管理的主要功能包括质量过程管理、检化验管理、质量数据分析。质量管理模块通过实时采集在线粒度仪、品位仪等仪器仪表数据，化验室检化验数据，实现从单工序到全工艺流程的质量过程记录。对各工序质量数据进行采集、计算、汇总，并对关键数据的异常进行报警，实现质量数据统计、分析、发布、共享。并为综合指标管理、生产驾驶舱、生产过程跟踪等业务模块提供质量数据。实现对产品和原材料质量的全过程追溯，促进产品质量的持续稳定。

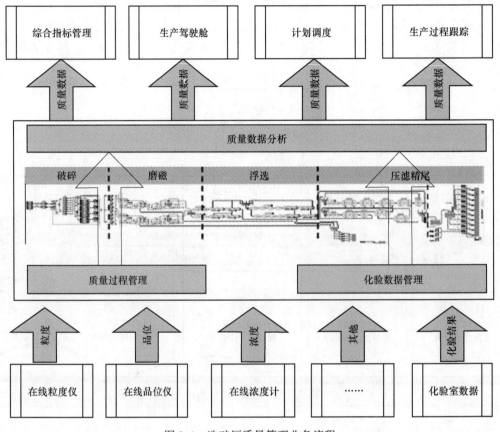

图 2.4 选矿厂质量管理业务流程

E 过程跟踪

过程跟踪管理通过建立"破碎—磨磁—浮选—精尾"全局可视化监控，支持各工序生产进度、物料消耗、在制品数量、成品产量的精细化查询与历史回溯。能够实时查看各工序作业区的生产计划与实际完成情况；实时跟踪各工序作业区的质量指标信息；实时跟踪各工序作业区的能源消耗信息；实时跟踪各工序作业区的物料消耗信息。同时，可对现场生产工人的交接班信息和人员位置信息进行查询和定位。其业务流程如图 2.5 所示。

系统包括生产计划跟踪、能耗跟踪、设备跟踪、物料消耗跟踪、质量跟踪、现场工人跟踪 5 个功能模块。生产过程跟踪子系统通过采集边缘计算系统的能耗数据、生产指标数据、质量指标数据，实现能耗跟踪、生产计划跟踪和质量跟踪。通过物料管理子系统和生产调度与作业执行子系统产生的数据实现物料消耗跟踪和现场工人跟踪。现场工人跟踪信息上传到数字 GIS 地质系统，生产计划跟踪信息上传给 ERP。

F 物料管理

系统将通过物料管理模块管理大宗物资、生产辅材等物料的采购、库存、领用流程以

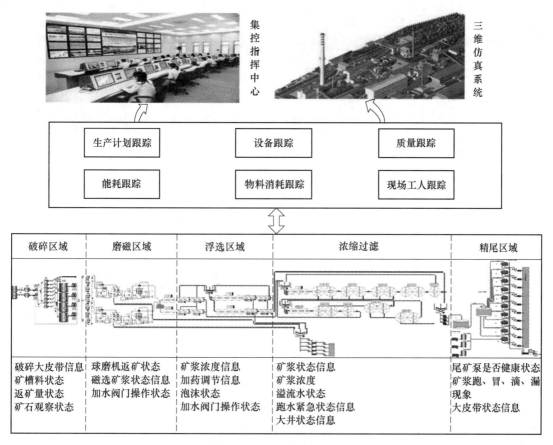

图 2.5 过程跟踪业务流程

及对物料消耗、产量进行统计分析，如图 2.6 所示。在为业务流程管理提供便利的同时，分析物耗与生产指标、处理量、设备运转情况等生产关键点之间的关系，并建立物料平衡模型，使企业达到从原矿到精矿，综精产量、收率等全局指标，以及各工序物料投入与产出（台时、流量）的稳定状态。帮助企业降低物料消耗，提高生产效率。

系统的物料管理模块主要实现物料需求计划的制订、审批，车间线旁库的物料入库、出库，各工序产量统计等业务流程管理。在此基础上，系统还提供对物料数据的统计分析功能，通过对物料的统计分析可以建立如药剂消耗与生产指标变化波动的关系、处理量与钢球消耗的关系等分析图、表，为指导现场生产提供数据支撑。

工序级："破碎—磨磁—浮选—压滤"工序的物料平衡模型。

全流程："原矿量、精矿量、选矿比、金属回收率"全局的物料平衡分析与优化。

通过物料平衡管理实现覆盖全厂、细至工艺段的物料统计的日平衡处理，帮助生产管理人员找出物料损失原因。

G 作业指导

作业指导管理是为选厂的作业指导书电子化显示而量身定做的功能模块，对选厂各工序的作业指导书进行统一管理和集中控制，并实现精准发放到工人所在的操作终端。作业指导管理可实现选厂无纸化办公，降低企业运营成本及提高现场工作效率。以厂级生产作

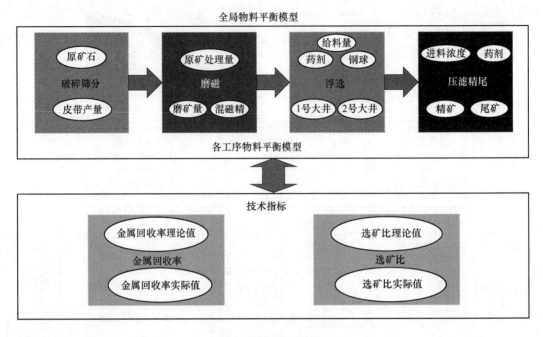

图 2.6　物料平衡模型

业规范为依据，建立标准化操作规程，为选厂各工序的作业提供可视化指导。融合 AR 和
VR 技术构建关键工序虚拟化操作场景，提高作业培训的效率与质量。其功能架构如
图 2.7 所示。

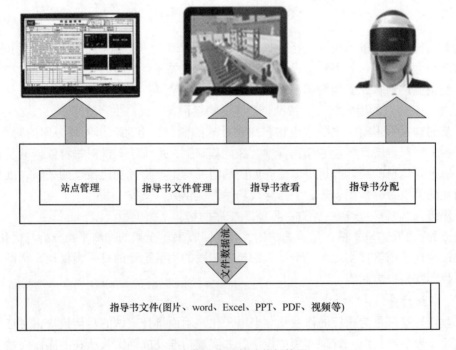

图 2.7　作业指导管功能架构图

作业指导管理包括站点管理、指导书文件管理、指导书分配管理、指导书查看 4 部分。作业指导管理将上传的作业指导书依据分配规则下发到各自的站点（工位终端、工业平板、VR 设备）上。在 AR 技术应用场景下，通过让工人佩戴 AR 眼镜，根据全息画面的指导，进行标准化的操作，可看到接下来的工作步骤、面前的设备和物品信息，以及工作行动路线等，不仅可以避免出错，还能提高效率，改善操作体验。

H 生产驾驶舱

生产驾驶舱作为智慧工厂的综合数据可视化系统，涵盖选厂生产、工艺、质量、能源、设备检维修等业务的统计管理数据及执行过程数据的可视化展示。将源自工业互联平台的多元数据根据 ROC、作业区操作室、关键工序的业务场景需求通过图形化配置的方式快速实现可视化业务构建，满足其个性化的展示需求，支撑选厂实现生产管理透明化与企业管理驾驶舱的业务目标，从而保证生产过程中的安全性、连续性、稳定性。其架构如图 2.8 所示。

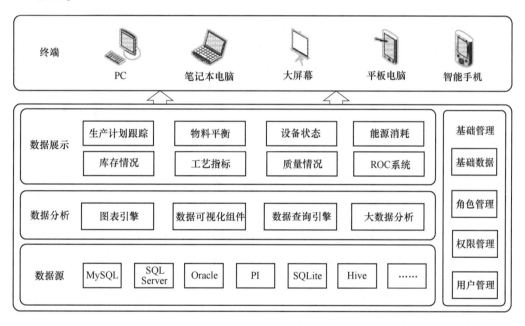

图 2.8 生产驾驶舱架构图

I 系统集成

一体化智能协同生产管控系统不单是面向生产现场的系统，也是作为连接经营层和现场控制层的信息传递系统，与上层 ERP 等业务系统和底层边缘计算系统一起构成企业的神经系统，一是把业务计划的指令传达到生产现场，二是将生产现场的信息及时收集、上传和处理。系统需要与多个外部系统进行数据集成，数据集成的方式可采用中间文件转换、数据复制、数据聚合、API 接口等多种方式。其与外部系统集成的结构如图 2.9 所示。

生产管控系统在矿业整体信息系统架构中处于承上启下的位置，对下与边缘计算系统、PI 系统、能源管理系统进行集成；向上与主数据系统、EAM 系统、ERP 系统进行集成。

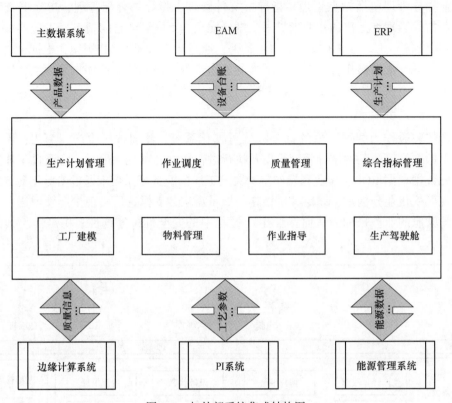

图 2.9 与外部系统集成结构图

2.3.2.5 选矿数字孪生系统

基于实体矿厂的选矿设备、工厂基础设施生产运行数据与三维仿真系统相结合，呈现三维虚拟选矿工厂。实体工厂所有单元、模块中的设备运转信息、生产过程信息、图像信息都能够和三维模型进行联动，并在三维模型上进行动态仿真展示，实现生产过程的可视化管理，以及全方位立体管控，实现集中优化指挥调度。选矿数字孪生系统的建设内容包括但不限于以下部分：

（1）建设三维虚拟选矿工厂可视化管理系统，支持选矿厂模型管理、选矿设备模型管理、3D 可视化、数据集成接口等基础功能。

（2）针对选矿厂基础设施建筑物、选矿设备（破碎机、振动筛、球磨机、旋流器、磁选机、浮选机、浓缩大井、矿浆泵等）、作业人员等仿真对象，构建对象的三维仿真模型，并形成线上三维虚拟选矿厂。通过接入实时数据，实时模拟显示采场全部地面设施、作业环境，实时动态显示采场设备运行状态，便于管理人员对作业区域全局管控，实现一键式查询及管理。

（3）开发实现智慧选矿厂三维可视化应用，结合人员安全管理模块、视频监控模块、破碎筛分模块、磨选模块、浮选模块、精尾模块、能源模块等信息实现采场实时多维度的信息监控与报警管理，为集中指挥，应急处理提供辅助手段。

（4）建立标准化的数据接口规范，支持与工业互联平台的 PAAS 层平台系统、SAAS

层应用系统的数据对接，实现管控一体的 3D 智慧化选矿工厂。并充分考虑系统的扩展需求，满足选厂智能工厂的后续建设要求。

2.3.3 采选一体化协同管控系统

2.3.3.1 系统功能架构

采选一体化协同管控系统以"精准配矿"为核心，协同管控采场、选厂生产组织执行、质量过程控制，为地质品位、采出品位、入选品位、精矿品位、入炉品位的高效联动运作提供技术支撑。其功能架构如图 2.10 所示。

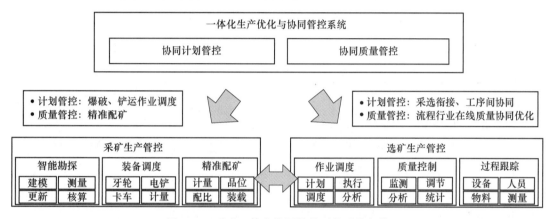

图 2.10 采选一体化协同管控系统功能架构

根据制订的经营计划、财务预算及政策，从全局性、系统性的角度进行相应的销售、生产、采购、研发等生产运营业务，实现计划和质量的系统管控，并通过与基础自动化系统衔接，实时收集生产运行实绩，在运营异常时及时调整，使得业务目标不断达成。通过系统对运营业务实现事前计划、事中控制、事后分析。通过计划—执行—反馈—分析闭环，不断提升产品质量和管理运营水平，提高运营效率，消除运营过程中的浪费，从而实现降本增效的目的。

2.3.3.2 协同计划与调度管控

以往的排产调度全凭人工经验，影响因素多，很难做到设备、产能、消耗的最优平衡，各工序间相对独立，协同性差。为了解决这一问题，可以通过面向"产能效率-品位质量-能耗成本"的综合生产效益分析、优化排产与调度分析，实现全局优化排产与协同调度，提升协同化组织效率，实现"效率-设备-能源-成本"的平衡。

采选协同计划与调度的关键在于协调采厂和选厂各生产单元、作业计划的监督执行、生产指标的实时管控与考核、生产过程的调度、设备检维修与生产相互协同，从而保证生产全过程中的安全性、连续性、稳定性，如图 2.11 所示。

生产计划协同管理为采厂和选厂生产计划的制定、分解、执行跟踪、计划调整、考核等工作提供管理工具。综合考虑矿山的开采能力、矿石性质、运输成本、选矿工艺、加工能力，并与 ERP 系统、EAM 系统进行集成，获取生产经营数据、资源储量数据、地质信

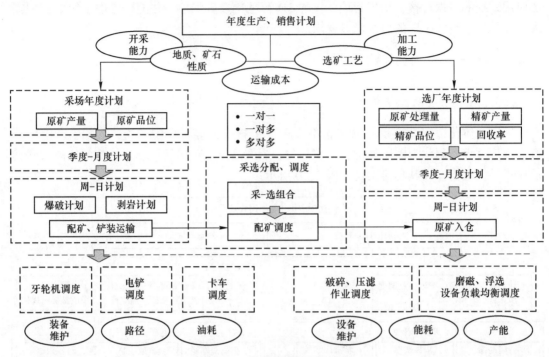

图 2.11 采选协同计划与调度

息数据，将该数据作为编制公司采选年度、季度、月度生产计划的依据。各分厂再将公司经营管理计划进行细化，形成爆破计划、剥岩计划、生产跟踪计划、采矿技术经济指标计划、选矿技术经济指标计划、能源消耗计划、设备运行计划、检修计划等具体生产日计划，为采选的调度管理、设备管理、能源管理、质量管理等提供计划数据来源。基于实时的数据采集，矿业公司可以随时跟踪采、选各生产厂的计划执行状态，确保计划的有效落实。

系统代替现有的人工记录、传递计划数据的方式，在保证数据准确性的前提下提高人员的工作效率，并支持将计划数据在授权范围内进行数据共享，提高信息的传递效率。与ERP、其他管理系统的集成，实现了数据的无缝集成，传递过程"不落地"。

生产调度协同实现了公司级调度与采选各厂级调度之间的协同管理。公司调度通过监控采厂配矿、铲装运输、选厂原矿入仓、精尾矿产量，来保证各厂之间的物料平衡；监控关键设备的运行状况，监控动力能源的供应情况，实现对采场牙轮机、电铲、卡车以及选厂关键设备的调度；监督关键工序的作业执行，监控关键生产工艺过程参数，实现对生产质量的全流程实时跟踪，发现异常及时提醒分厂调度处理，进行分厂之间的协同调度。为稳定全流程生产、合理调配调度资源提供支撑。

2.3.4 生产经营决策支持系统

2.3.4.1 系统功能架构

生产经营决策支持系统功能架构如图 2.12 所示。

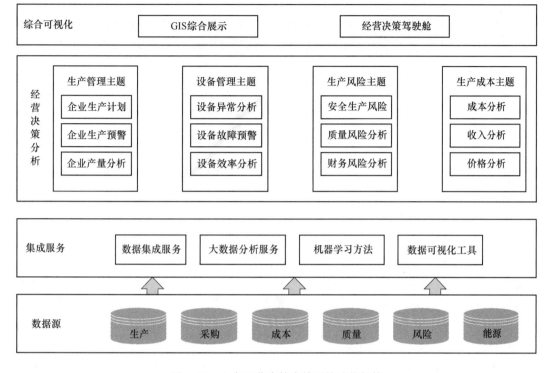

图 2.12　生产经营决策支持系统功能架构

（1）生产经营决策支持系统将工业互联网平台作为支撑，接入自动化设备系统、EMS系统、HSE系统、EAM系统等，实现生产、采购、成本、质量、风险、能源等多源异构数据的采集汇聚，并针对企业业务大数据提供数据集成、大数据分析、机器学习、数据可视化等服务，对海量数据进行挖掘和知识发现，结合安全管理规范和生产工艺流程，建立面向不同主题的大数据分析模型，并结合矿业特点，构建经营指标体系，为企业提供安全生产经营辅助建议，协助企业经营管理者进行精细化管理和科学决策。

（2）生产经营决策支持系统将原先分散在不同系统中的生产信息集中起来统一处理和分析。各级管理者通过大数据平台能直观地掌控各个企业生产运营情况，对安全问题、质量问题、设备隐患等进行及时管控，保障企业安全生产经营。

（3）生产经营决策支持系统采用直观、多维、实时的方式，利用可视化技术对大数据进行展示分析，实现GIS的综合展示和决策分析驾驶舱，帮助管理者看清并理解数据，可以在企业信息化建设过程中对未知风险的预测预警起到很强的指导作用。

2.3.4.2　数据驱动的决策分析

数据驱动的生产辅助决策是综合性的服务功能，借助大数据与商业智能分析技术，对矿山生产经营过程中的数据进行深入分析，提炼出对指导生产管理和经营决策有帮助的信息，以辅助管理者制定生产经营决策，为优化生产、科学经营提供支撑。

系统面向矿业公司高级生产管理人员和企业决策者，提供面向生产管理、设备管理、风险分析、财务成本等不同主题的多项分析应用，管理人员可通过生产经营报表、管理决策驾驶舱等形式，洞察企业生产经营状况，为其决策提供参考。

决策支持系统以取得最佳经营效益为目标，综合运用数据联机分析处理（OLAP）、数据挖掘钻取、可视化展现、智能预警，最终实现海量离散数据向动态、多维、可视的信息转变，为企业的经营管理分析决策提供支持。

决策支持系统综合利用企业生产及经营数据，通过深度挖掘，寻找其中对企业生产经营管理决策具有参考或指导意义的隐含价值，可为企业管理者提供多方面支持，具体实施时可根据企业生产经营管理特点具体设计，下面仅列举部分功能作为说明。

A　生产管理主题

生产管理主题包括企业生产计划、企业生产预警和产量分析。企业生产计划以设计产能数据、历史产量数据、计划停产数据和库存数据等为基础，对可能影响企业生产计划的信息进行展示、分析、推理，挖掘海量数据中蕴含的模式和知识，实现企业生产计划的动态编制。

根据企业生产计划分解月度和日度产量，对每日实际的产量与计划产量对比分析，对其他生产指标数据与生产指标标准值进行对比，用不同颜色区分生产预警状态，一旦生产指标进度超过阈值，进行预警，并追踪企业整改。

B　设备管理主题

对于资产密集型企业，设备资产占据企业固定资产的重要部分。因此，关键设备分析对提升企业效益和生产效率，提升企业的精细化管理水平具有重要意义。将设备工作寿命、单机能耗、设备台时与设备运行时间等参数进行关联分析，掌握其数据之间的密切关系。通过这种方式关注业务关联，集中加强对设备的运行时间的汇总统计，实现对关键生产设备的异常分析、故障预警和效率分析。

C　生产风险主题

企业风险预控管理及决策是以大数据技术为基础，依托危险源的识别和风险评估，将风险预防置于核心位置，着重关注不安全行为的管理。它通过制定特定的管控标准和措施，旨在实现最佳的"人、机、环、料、法"协调，以确保企业的安全生产。该方法的核心在于明确定义企业安全管理的对象和重点，通过建立保障机制，推动实施安全生产责任制以及风险管控标准和措施的执行。通过危险源的持续监测和风险的提前预警，确保危险源得到持续控制，为决策提供支持意见，引导企业的安全生产和风险预控。

D　生产成本主题

系统通过精确统计水、电、油等能源消耗及钢球、药剂、备件等物资消耗数据，结合财务经费，统计分析企业生产经营成本。通过及时、准确、全面的数据，向企业生产经营管理者呈现企业的生产经营成本组成及变化情况。通过成本指标分析将企业生产中实际发生成本与成本计划进行比较，找出产生差距的原因，为成本控制提供依据。帮助企业管理者掌控生产经营成本构成，分析成本升降的原因，确定降低成本的有效途径，实现降本增效。

2.3.4.3　大数据分析综合可视化

大数据分析综合可视化基于数据挖掘分析、人工智能、数理统计、图形化分析、GIS

等技术，支持巨大数据集的可视化，丰富的图表及可视插件，支持前端数据缓存、过滤、处理，如图 2.13 所示。以客户实际生产为中心，融合语音、视频、位置信息、事件、物联网感知和业务等信息，并协同企业其他关联系统，在面对突发事件时，能够为决策者和参与指挥的业务人员和专家提供各种通信和信息服务，提供决策依据和分析手段。

图 2.13 大数据分析综合可视化

通过对视频监控系统、能源管理系统、EAM 系统、HSE 系统、采矿生产管理系统、地质 GIS 系统、采矿三维仿真系统、选矿生产管控系统等各系统的数据穿透，实现对掘进量、采矿量、原矿品位、精矿品位、选矿回收率、金属量、生产设备运行时间、停机原因、产品销存情况、生产计划量、产量、工艺质量等指标的统计分析，并通过异常联动报警对影响安全生产的数据进行预警，形成生产经营决策驾驶舱，为管理者的生产决策提供辅助支持。

2.3.5 EAM 系统

EAM 系统是指企业资产管理系统（Enterprise Asset Management）。EAM 系统是针对资产比重较大的企业，在资产建设、维护中减少维护成本，提高资产运营效率，通过现代信息技术减少停机时间，增加产量的一套企业资源计划系统[7]。对于矿山企业，无论是开采环节还是选矿环节，涉及的设备都是大型且贵重的，一旦发生故障，轻则造成停机减产，重则影响安全，因此数字矿山必须重视 EAM 系统的建设。

EAM 系统的功能主要包括：基础管理、工单管理、预防性维护管理、资产管理、作业计划管理、安全管理、库存管理、采购管理、报表管理、检修管理、数据采集管理等基本功能模块，以及工作流管理、决策分析等可选模块。

EAM 系统建立在资产模型和设备台账的基础之上，强调成本核算管理理念，以工单的创建、审批、执行和关闭为主要流程，系统合理地调度人员、资金和物资，并通过与实时数据采集系统的联动，将传统的被动维护转化为积极主动的预防性维护。

EAM 系统通过追踪和记录企业维护历史活动的全过程，将维修人员的个人知识与经验转化为企业范围的智力资本。此外，系统还可以集成工业流程和业务流程的配置功能，使用户能够轻松进行系统的授权管理和根据需要进行定制化改造。这一综合系统有助于提高资产管理的效率和质量，将维修由被动应对问题转变为积极预防问题，从而减少维护成本和提高资产可用性。

随着物联网和大数据等信息技术的快速发展，EAM 系统也逐渐从事后维修逐步过渡到状态维修和预知维修，即依据对设备运行状态监测、预测和判别做出维修决策，这可以极大地减少停机检修带来的减产，保证企业的安全稳定生产。本节以智能巡检机器人和设备预测性维护系统为例作进一步的阐述。

2.3.5.1　智能巡检机器人

针对不同的巡检场景所用的机器人种类很多，功能也各有差别，本节主要介绍磨磁智能巡检机器人和变电所高压室智能巡视操作机器人。

A　磨磁智能巡检机器人

磁选是矿山生产过程的重要组成部分。磁选工艺流程比较复杂，主要机械设备包括球磨机、立磨机、旋流器、浆渣泵、立环脉动高梯度磁选机、永磁筒式磁选机等。磁选机械设备结构复杂，一旦产生故障，不仅会造成生产停滞，严重时可能造成设备损坏，甚至对员工安全产生威胁。为了保障设备的安全运行，目前主要采用人工巡检方式。当设备出现故障时，设备温升、噪声、振动可能会出现异常，机械结构可能会出现破损等，常规检测手段包括目视、手摸、听音、敲打、嗅觉等。随着信息技术的发展，目前一些智能设备已经应用到巡检过程中，但有着明显的不足：

首先，感知范围有限。受巡检环境和技术条件限制，目前智能设备主要包括非接触式红外热成像的温度测量，以及接触式的振动检测，缺乏对可见光图像、噪声数据的采集手段。同时，接触式的振动检测要求巡检员根据经验将探头吸附在被测设备表面的特定位置，并多次移动探头位置以便对振源进行定位。因此检测目标类型受到限制，检测严重依赖巡检员经验，检测效率低，员工的操作安全难以保障。其次，缺乏智能分析手段。目前获取检测数据后，缺乏有效的智能判断方法，主要依据人工判断，巡检结果严重依赖巡检员经验，给巡检员带来很多工作负担，巡检效率和准确率难以进一步提高。在这种情况下，研发磨磁巡检原型系统，对于提升故障识别准确率、实现设备预测性维护、降低设备维护成本、保障员工和设备的生命财产安全，都有着重要的意义。系统的具体功能应包含但不限于以下部分：

（1）基于噪声的设备异常状态识别方法。针对磨磁车间背景噪声强度高，设备异常状态噪声难以识别等问题，通过目标设备噪声分离和识别技术，基于声音增强、多点测量、混合高斯背景建模等方法对设备噪声进行分离，基于多层自编码器等机器学习方法对噪声特征进行自适应提取，从而实现基于噪声信号的设备异常状态识别和预警。

（2）适用于巡检任务的非接触式设备振动测量方法。振动信号是判断设备运行状态的重要依据，传统的接触式振动测量方法测量位置固定，难以获得振动信号的分布情况，而非接触式测量方法易受目标设备表面状态的影响。针对上述问题，可以采用适用于巡检任务的非接触式设备振动测量方法，基于多点测量相关性分析方法对测量值的可靠性进行评估，从而有效获取设备表面的振动数据，为基于振动的设备状态分析奠定基础。

（3）基于振动的设备运行状态评估方法。针对传统基于振动的设备运行状态评估方法仅依赖少量测量点数据造成的应用范围有限的问题，基于非接触式设备振动测量方法，利用多方位多点振动量测数据，通过混合高斯模型等背景建模方法，以及局部相关性等约束方法对环境振动和目标振动进行分离，并重构振动的区域分布，基于多层自编码器等机器学习方法对振动信号特征进行自适应提取和分析，从而识别设备的运行状态以及共振状态。

（4）基于可见光图像和红外热成像图像的磨磁设备识别方法。磨磁车间现场复杂性给非接触式目标设备的噪声信号和振动信号的测量带来困难。利用基于可见光图像和红外热成像图像的磨磁设备识别方法，实现设备识别和定位，为设备振动、噪声和温度数据的感知提供辅助支撑。

（5）基于多源数据融合的设备运行状态分析方法。针对采用单一数据难以对设备运行状态进行有效识别的问题，采用融合设备图像、振动、噪声和温度等多源数据的设备运行状态分析方法，实现设备运行状态分析、异常状态识别和预警。

（6）磨磁巡检数据采集和分析的原型系统。建立磨磁巡检数据采集和分析的原型系统，实现可见光、红外热成像、噪声、振动数据的非接触式采集，并基于算法对数据进行处理和分析。

B 变电所高压室智能巡视操作机器人

智能巡视操作机器人系统，可在变电所高压室长期驻守，替代人工完成日常巡检和特巡作业，主要功能包括：室内环境状态巡视；柜体面板智能识别；触头、接线端子等红外测温；高压柜内部局放检测；应急分闸操作；巡检数据报表自动生成、上传及分析。其关键技术包括：

（1）适应高压室变电所内部环境的轮式移动车体技术。分析高压室变电所内部各类机电设备、开关柜、安全通道等环境数据，建立整体布局的三维模型，充分考虑巡检路线规划、道路通过性、行驶机动性等技术要求，构建适应高压室变电所内部环境的轮式移动车体技术。

（2）模仿人工局放检测、分闸作业的机械臂运动规划方法。分析人工局放检测、分闸作业的操作规程规范，模仿人类手臂把持局放检测设备、操作手柄的姿态，以及对与柜体接触角度和力度的控制，在构型综合、运动学和动力学分析基础上，建立仿人工局放检测、分闸作业的机械臂运动规划方法。

（3）基于传感信息融合的机器人主动环境建模方法。分析高压室变电所内部各种电力设备的安装分布特点，以及机器人安全通道、高压开关柜等设备的周边环境，构建包含激光雷达、工业相机的传感信息融合系统，开展基于传感信息融合的机器人主动环境建模方法研究。

（4）智能巡检机器人自主导航定位方法。建立高压室的全局环境模型，根据安全通道和开关柜的分布情况优化设计移动机器人的行驶路径。利用机器人自身携带的激光视觉设备，采用多点全向扫描测距、图像识别与滤波处理技术，搭建基于 SLAM 的高压室内移动机器人自主导航定位方法。

(5) 基于视觉图像的巡检对象智能识别方法。根据变电所户外需要识别的表计、刀闸开关等外形特点及缺陷检测的种类，开展视觉检测算法设计，实现对户外复杂光/景干扰下的表计读数、刀闸开关状态的有效识别，能够对目标点进行测温，并对指定的缺陷类型有一定的识别能力。

(6) 面向高压室巡视操作的人机交互远程监控技术。分析人与机器人在高压室巡视操作过程中各自应该发挥的作用，在感知、判断、决策和操作的各个环节充分发挥人的智能与机器智能各自的优势，构建合理高效的人机协同体系；研究设计界面友好、易于操作的人机交互远程监控系统，其硬件包括工控机、数字硬盘录像机、无线图像接收模块、无线数传模块、稳压电源模块等；软件系统采用松耦合、模块化设计，根据功能需求，划分为驱动层、数据访问层、算法层、应用层和用户层五个层次。在远程监控系统中，提供人工控制和自动控制两种可切换模式。

2.3.5.2 设备远程智能监控和预测性维护系统

设备远程智能监控和预测性维护是以状态为依据，在机器运行时，对它的主要（或需要关注）部位进行定期（或连续）的状态监测和故障诊断，判定装备所处的状态，预测装备状态未来的发展趋势，依据装备的状态发展趋势和可能的故障模式，预先制定预测性维护计划，确定机器应该维护的时间、内容、方式和必需的技术和物资支持。

智能监控和预测性维护的逻辑就是建立基线状态、监测趋势变化、寻找变化关联、提前预警、建立管控因果模型。建立及训练预测性维护的模型至少需要两类历史数据——故障数据（即计划外停机的数据）以及设备运行状态数据（例如温度、电压之类）。并且这两类数据的数量要足够大，这样训练出的模型才更为准确。

预测性维护是基于数理模型的，完全是从数据出发建立模型。而"基于状态维护"是基于设备机理模型的，依靠的是对相关领域知识的理解。因此，两者充分结合，往往能够发挥更好的效果。例如，在构建预测性维护模型过程中，往往会利用机理模型，也就是设备的领域知识来产生有实际意义的特征，加快模型建立与训练的过程。

系统主要模块包括大数据分析与展示套件、基于状态维护、预测性维护三大模块。

(1) 大数据分析与展示套件。基于大数据平台，实现如数据处理、数据展示、模型构建与训练、故障分析与诊断、故障预测等功能，提供全面的算法与组件支撑，包括数据预处理、大数据建模、大数据展示、大数据分析、机器学习模型训练五个套件。

(2) 基于状态维护。设计基于设备运行状态的实时监控，结合设备机理模型，在发生故障前对设备进行维护，包括状态监测、异常检测、故障诊断三个部分。

(3) 预测性维护。主要利用设备运行过程中积累的特征参数数据，以及设备结构、功能、故障等各种数据，建立数理统计模型，对设备进行故障预测，从而指导设备维护工作。包括预测模型构建、故障预测、寿命预测、评价反馈四部分。

系统整体架构如图 2.14 所示。

预测性维护是基于数理模型，从统计学角度展现故障与对应特征参数信息的关联关系。针对不同结果的需求，在模型选取上会有不同，同模型的评价方法也不同。根据预测模型信息，包括设备信息、设备特征参数信息、预测内容信息，结合预测结果以及预测分析的各项关键统计分析数据，通过 EAM 系统接口传递相关数据，生成 EAM 系统可用的预测维修计划。

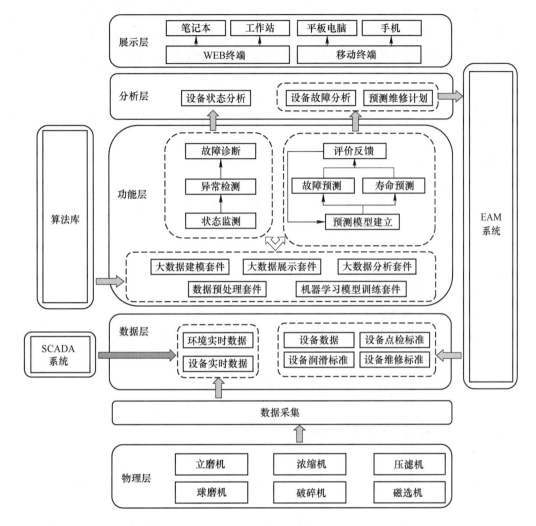

图 2.14 智能运维整体架构

2.3.6 HSE 系统

HSE 管理体系指的是健康（Health）、安全（Safety）和环境（Environment）三位一体的管理体系。这是一种事前通过识别与评价，确定在活动中可能存在的危害及后果的严重性，从而采取有效的防范手段、控制措施和应急预案来防止事故的发生或把风险降到最低程度，以减少人员伤害、财产损失和环境污染的有效管理方法[8]。在矿山生产过程中，会产生各种涉及人员健康、生产安全和环境破坏的问题，如何保障工人的健康安全、保护环境不被污染破坏，是 HSE 系统需要重点关注的内容。

HSE 系统涉及的建设内容有很多，本节仅以以下几项为例进行说明。

2.3.6.1 危险源安全预警系统

危险源安全预警系统对有边坡滑坡风险、爆破危险区域等易发生人身伤害的关键区域设置安全光栅，减少和规避意外伤害发生。采场危险源安全预警子系统由深部位移传感器、表面位移传感器、太阳能供电系统、边坡监测预警平台组成，是集数据采集、传输、存储、分析、监测于一体的系统，能够实现监测边坡动态数据的采集、传输、数据汇集。系统应具备以下功能：

（1）具备报警功能。通过地质人员的经验判断，以及边坡监测预警平台软件曲线的分析，给出合理的报警值，并设置到软件中。当边坡变形速度达到设置值时触发报警，当然也可以设置多重报警。

（2）具备变形曲线显示功能。由于边坡变形的大小和变形曲线的形态是边坡滑坡预测的重要判断标准，所以变形曲线成为观察边坡变形大小及速率的最直接也是最有效的曲线。真实的边坡变形应当是缓慢的，所以变形曲线应当是平滑的，而且振幅曲线、距离曲线也不应当出现凌乱的现象。

（3）具备速度曲线显示功能。在确定边坡存在加速变形或者变形大小判断不清的情况下，速度曲线就成为了很重要的判别手段。

（4）能够预测滑坡时间。当边坡处于临界滑坡状态时，速度在不断变大，最后导致滑坡。利用此原理，来预测滑坡时间。

（5）对爆破安全距离范围内的设备、人员进行报警，提示相关设备、人员撤离到爆破安全距离之外。

（6）对采场、选矿厂、球团厂、烧结厂生产过程中产生的废气、废水、固体废物进行指标监控，超过设定的阈值进行报警提示。

2.3.6.2 采场人员车辆安全管理系统

该系统可以通过对采场内人员与车辆实行定位管理，监控人员与车辆位置状况，向可能发生碰撞的车辆司机提供报警功能。并且对设备操作人员进行健康状态监视，确保生产安全以及周围人员安全。系统具体的功能包括：

（1）人员定位功能。给每位入场人员配备带有 GPS 功能电子胸牌，通过网络将位置信息上传到控制中心。

（2）健康监测功能。给主要操作人员佩戴手环，10 min 为周期采集一次个人健康信息，包括心跳，脉搏，血压等。当数据出现异常时提示报警，控制中心通过数据来源锁定对象位置信息，以对讲的方式与就近人员取得联系，使其确认现场人员实际情况并反馈。

（3）电子围栏周界报警功能。通过建立逻辑地理坐标形成围栏信息，在指定区域范围内，当有人员进入电子围栏时造成系统发出报警并传输至控制中心，值班人员通过电子地图可以迅速确定进入位置。

（4）车辆行驶报警功能。在车辆驾驶员的盲区位置安装障碍物传感器，系统利用车辆运行时的位置结合一定范围内有无人员实时位置数据，设计出一套安全行驶的算法，再加上传感器信号，当车辆周围有人或障碍物时驾驶员收到报警信号。

（5）外来车辆识别功能。为外来车辆配备特殊标识的 GPS 装置，用于区分场内车辆，同时该装置能够将车辆速度、位置等运行数据传送到控制中心，并对作业起始时间进行管理。

2.3.6.3 采场矿用卡车防碰撞管理系统

卡车防碰撞系统是指矿石运输车前置感知系统，可以对运输车辆运矿过程的碰撞危险提供示警功能。卡车防碰撞系统主要功能是提供安全距离警告，提醒矿石运输车驾驶员可能存在的碰撞危险，进而避免由于疲劳驾驶等原因误操作造成的碰撞事故。

系统具备碰撞距离提醒功能，能够实时提供运输车辆与前端可能存在的障碍物的危险距离，针对不同距离区间提供不同安全等级的示警提醒。卡车防碰撞系统通过多传感器的信息融合，对可能存在的碰撞危险进行较为准确的估计，为驾驶员提供警报，减小驾驶员可能存在的误操作风险。系统具体的功能包括：

（1）运输车辆驾前信息感知。通过在矿石运输车辆的前端布置激光雷达等感知传感器，获取运输车辆前端的物体点云信息，对可能存在的碰撞物进行识别和分析。

（2）视觉传感器自适应调整。调整视觉传感器的信息采集区域，提供可靠的避碰信息。

（3）基于视觉识别的障碍物感知。对多视觉传感器采集到的视觉信息进行识别，解析出运输车辆行驶中前端可能存在的障碍以及危险距离，依据危险等级为驾驶员提供示警信息。

（4）基于车辆状态信息的驾驶示警。依据障碍物的空间距离、运输车辆的车速、车辆姿态等参数构建示警模型，根据车辆的运输状态提供可靠的示警信息，辅助驾驶员避免误操作。

2.3.6.4 安全巡检智能管理系统

安全巡检智能管理系统要求按照国家的法律法规和企业制度，制定危险源鉴别方法、危险源巡检内容、安全应急预案、各级危险源的巡检计划要求，并自动生成巡检计划；巡检人员按照计划，持有智能管控终端进行巡检，能上传隐患的图像、语音、文字描述，实现隐患整改的流程化管理，对整改过程进行计算机自动管控。具体的功能包括：

（1）危险源管理功能。包括危险源辨识申报、危险源辨识评审、危险源档案管理、巡检计划生成。

（2）安全巡检管理功能。安全巡检员需在巡检计划的指导下，利用智能管控终端进行巡检；到达危险源时，安全巡检员利用智能管控终端扫描电子标签，自动弹出需要巡检的具体内容清单；安全巡检员须按照清单逐一核对，若有内容存在隐患，进行拍照、语音描述、文字描述，并上传隐患信息，进入整改流程；系统可以对安全巡检员的巡检轨迹进行跟踪。

（3）综合查询分析功能。能按责任区域、人员、时间段、危险源种类、危险源级别、隐患信息等内容进行综合查询分析，能自动生成安全报表。

2.3.6.5 除尘监控管理系统

该系统主要实现采场铲装、倒装、卸矿，选厂粗破、中破、细破、筛分车间等容易产生粉尘的几个工序的粉尘检测、除尘功能，具有异常状况的报警提示，为除尘设备持续正常运行提供了保障，使操控人员可以更直观地掌握设备运行数据。具体的功能包括：

（1）粉尘监控及报警功能。通过在采场安装高清摄像头或者粉尘检测传感器，对采场铲装、倒装、卸矿环节产生粉尘进行监控、报警。

（2）喷水除尘自动执行功能。在采场卸矿点安装高清摄像头或者粉尘检测传感器，卸矿时启动喷水除尘装置，粉尘量低时停止喷水除尘。

（3）选厂筛分车间、中破车间、细破车间集中除尘功能。包括对室内 PM10、物料含水率的检测，以及控制喷雾洒水量等检测设备进行监控。

2.3.6.6 供水监控管理系统

供水监控管理系统主要建设以矿山下属厂矿生产用水、生活用水、生产污水、生产废水、生活污水为主的供水监控管理系统；建设本地/远程的整套水循环管理系统，实现生产过程中无人化，高效化；建设操控一体化的现代化智能供水运行管理模式；建设污水指标监控系统，实现对污水指标的实时监控及状态报警。具体的功能包括：

具备自动运行功能，根据相应位置传感器反馈数据，自动开闭，调节阀门和水泵流量的大小；具备远程操作的功能，在控制室中，统一对监控设备进行管理与操控，实现现场无人化；对用水管路中异常情况实时监控，根据压力、液位、流量等数据，提供等级性的报警反馈；实现对关键用水区域、设备的实时视频监控；实现生产污水、生产废水、生活污水的指标监控，对于超过环保指标要求的状态进行报警提示。

2.3.7 EMS 系统

EMS 系统，即企业能源管理系统（Energy Management System），是一种利用节能技术和信息技术控制和管理企业能源的系统。它可以监视、分析和控制企业的各种能源消耗，如电力、燃气和水等，在矿山企业和钢铁行业中有着非常广泛的应用场景[9]。

在数字矿山的建设框架中，尤其是在"双碳"背景下，EMS 系统的重要性变得越发突出。EMS 系统要求企业建立一个综合的能源管理系统，包括能源消耗数据的监控、采集、动态分析、统计报表、供需预测、预警报警、平衡和调度等多项功能。该系统将用于管理采矿和选厂涉及的电力系统、燃气系统、水力系统和蒸汽系统的能源数据，实现数据的集中监视和统一管控。此外，它还会与生产数据进行互联互通，提供多方位和可视化的数据信息查询，以及决策支持服务。

该系统将允许采集和储存能源数据信息，建立能源优化模型，从而为耗能和产能的调度提供优化策略和优化方案。这将有助于提高能源利用效率，降低成本，同时为能源管理提供更全面和精细的控制。

2.3.7.1 EMS 系统的功能

能源综合监控系统覆盖矿山企业采矿、选矿流程与节能减排息息相关的各种信息，包括各动力介质系统信息（电力、水、压缩空气、蒸汽、燃气等）、重点耗能设备（汽运油耗）和耗电（破碎机、球磨机、牙轮钻机、电铲、铁运机车等）设备信息、与能源系统相关的关键生产信息等。基于综合集成平台集中监控各级能源数据、与关键能耗设备有关的运行数据以及与能源系统相关的生产数据，在能源管理中心系统实现上述数据的综合集成、监视和管理。

同时，能源综合监控系统将集成分级能源监视、能源异常报警、历史数据归档与查询、重点耗能设备监视，水、电、燃料气监视等功能，并将集成基础能源管理系统和能源优化调度系统中的报表信息、计量信息、预测信息等，实现集一般监控、报警分析、综合预测与分析、优化调度于一体的管控一体化。

此外，能源综合监控系统配合大屏系统，可以将监测信息进行实时展示。

2.3.7.2 EMS 系统的特点

能源管理系统可以实现从计划、调度、运行到统计、考核的全面闭环管理，具有以下几个方面的特点：

（1）事前有管理：EMS 系统与生产管理系统紧密集成，获取生产相关信息，并通过建立各工序各能源介质的单耗模型，制订生产和能源消耗计划，实现"事前静态管理"。此外，与能源动态平衡系统集成，实时获取能源产耗预测信息，实现"事前动态管理"。

（2）事中有监督：通过调度运行管理和设备管理，能够实时跟踪计划执行情况和现场运行状况，确保能源平衡，进行在线监督管理能源管网和能源设备。此外，通过统计分析管理提供的数据分析工具，对影响能源系统运行的各个因素进行比对和关联分析，为在线能源调整和调度提供精确指导，以优化能源生产工况。

（3）事后有考核：通过能源统计分析管理、能源考核与监察管理以及能源报表管理，及时获取能源定额执行情况、能源计划执行情况、能源成本变化、能源平衡情况、能源设备运行情况等信息。根据公司的管理制度和规定，在系统中按照公司的管理流程执行，对超额能源消耗进行惩罚，对节能现象进行奖励。严格执行考核制度，督促各相关单位持续改善节能减排工作。

2.3.7.3 智能专家系统

基于能源优化调度系统，在基础数据的采集、监控和分析的基础上，建立能源预测与平衡模型，对能源介质的生产和消耗进行准确预测。

能源管控系统形成能量流、物质流、信息流高度集成统一的能源管控体系，从而实现能源系统的安全稳定经济高效运行。

2.4 数字矿山技术架构

在 2.3 节中，作者对数字矿山的功能架构进行了详细的描述，为了实现这些功能，还需要对数字矿山的技术架构进行设计。因此，本节将立足于矿山开采行业的特点，参照工业互联网的典型架构模型，构建适用于新时期数字矿山建设的"端边网云"技术架构[10]。总体的技术架构如图 2.15 所示。

从图 2.15 中可以看出，工业互联网模式下数字矿山建设的总体架构包含端、边、网、云四层系统。

（1）端层系统（Terminal）是指承载矿山建设现场检测传感体系、单体设备控制体系、现场视频监控体系和通信指挥调度体系等现场设备控管作业项。端层系统主要用于实时获取实体设备的运行数据，并将其发送至边层和云层。通过对生产设备的智能化改造和

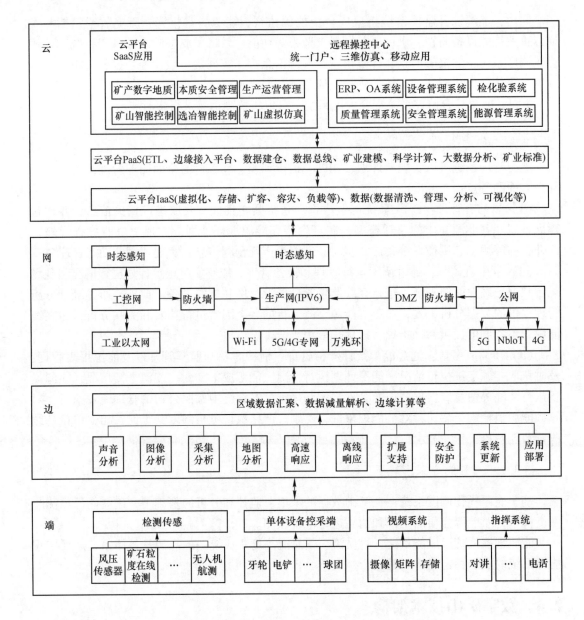

图2.15 工业互联网模式下数字矿山建设总体架构

成套智能装备的应用，即可实现生产、设备、能源、物流等生产要素的全面感知和精准控制。

（2）边层系统（Edge）包括边缘计算装置、数据缓存装置、数据汇集装置、人工交互装置。其主要功能是获取端层中实体设备的运行数据，应用人工智能技术（包括声音分析、图像分析、采集分析、地图分析等技术），构建快速响应、离线响应的边缘计算体系，实现边缘侧的数据分析和实时决策。同时将获取到的带有作业动作的分析结果和报警、预测数据发送至云层，以通过云层实现对应的实体设备模型的动作控制和报警预警，其最终的主要功能是与端层进行互联互通。

（3）网层系统（Network）用于构建现场的工控、生产、公网融合的网络体系，以实现各层之间的数据传输以及与公共网络的数据传输。网层包括：工控网、办公网、公共网、数传电台。

（4）云层系统（Cloud）是指构建矿业的 IaaS、PaaS、SaaS 云体系。IaaS 层提供基础的设备虚拟化、容灾、负载等硬支撑服务，PaaS 层提供数据交互、矿业应用建模、大数据计算、矿业数据标准等软支撑服务，在共同软硬件支持的平台基础上，构建核心 SaaS 层云应用，从工艺、安全、能源、设备、决策等维度建立一体化的矿业应用，通过统一平台门户、三维仿真、移动应用等形式，实现矿业生产的遥控作业方式，实现统合化、精细化管理的新模式。

下面将以露天矿为例，详细介绍"端边网云"的建设架构。

2.4.1 数字矿山"端"建设

端层系统包括单体设备、生产设施、传感器、定位装置和视频监控等。具体包含的内容如图 2.16 所示。

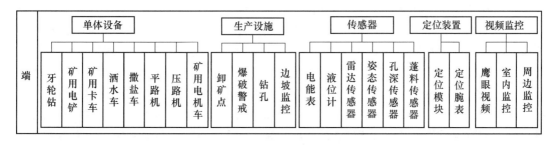

图 2.16 露天矿端层内容

（1）单体设备指露天矿生产中直接或间接用于采矿生产的移动设备，包括牙轮钻、矿用电铲、矿用卡车、洒水车、撒盐车等；

（2）生产设施指露天矿生产中直接或间接用于采矿生产的固定设施，包括卸矿点、爆破警戒、钻孔、边坡监控；

（3）传感器指为了提高采矿生产自动化程度或人工智能程度而安装在设备和装备上的传感器，包括电能表、矿用卡车油箱液位计、矿用卡车防碰撞雷达传感器、矿用电铲姿态传感器、牙轮钻孔深传感器、卸矿点蓬料传感器；

（4）定位装置包括安装在各种移动设备上的北斗定位模块、工作人员佩戴的定位腕表；

（5）视频监控指安装在露天采场固定位置的鹰眼视频装置和生产设备驾驶室内或室外的视频监控。

"端层"建设是数字矿山的基础，是矿山的"千里眼"和"顺风耳"。通过端层的全面感知，即可获得采场、选厂、设备和人员的状态，并将收集到的基础数据用于边缘计算或通过网络传输到云层进行更深层次的分析与计算。

2.4.2 数字矿山"边"建设

边缘计算充当了连接物理和数字世界之间的桥梁角色，使得智能资产、智能网关、智能系统和智能服务成为可能。边缘计算是一种分布式开放平台，位于靠近物理设备或数据源头的网络边缘，融合了网络、计算、存储和应用核心能力，提供就近的边缘智能服务，以满足行业数字化在敏捷连接、实时业务、数据优化、应用智能、安全和隐私保护等方面的关键需求。

边缘计算与云计算之间并非竞争关系，而是相互补充和协同的关系。云计算擅长处理全局性、非实时和长周期的大数据处理与分析，适合长周期维护和业务决策支持等领域；而边缘计算更适用于处理局部性、实时和短周期数据，支持本地业务的实时智能化决策与执行。边缘计算紧靠执行单元，还可以作为采集和初步处理高价值数据的单元，更好地支持云端应用。反之，云计算可以通过大数据分析来优化输出的业务规则或模型，并将其下发到边缘设备，使边缘计算能够基于新的业务规则或模型运行。这种云边协同的模式有助于实现更智能、更高效的应用和服务。

边缘计算系统，处于企业设备控制层与工业云层之间，实现多源异构端层数据的采集、汇聚与归一化处理，通过协议转换实现统一的传输调用接口。在此基础上，通过智能边缘节点部署的边缘计算资源提供计算、分析、优化与处理能力。通过边云协同服务实现与云层的资源协同、数据协同、智能协同、业务协同等。

在数字矿山模式下，边缘计算是其中重要的一环。例如本书第八章中详细介绍的电铲斗齿缺失识别，就是典型的"边"层建设内容。边层系统包括边缘计算装置、数据缓存装置、数据汇集装置、人工交互装置。边缘计算装置，即电铲铲斗健康监测装置；数据缓存装置，包括安装在各个移动设备上，用于在网络覆盖不足无法实现数据上传时暂时把数据缓存在本地，等到设备进入到网络覆盖区域时将数据一次上传；数据汇集装置指安装在移动设备上的智能网关和串口服务器，用于将设备上的多源异构数据进行汇集，并且转换为统一协议、格式数据的装置；人工交互装置指安装在生产设备上的前置终端，用于接收从远程调度中心下发到各单体设备的实时调度信息和上传设备操作人员的反馈信息，实现实时的、准确的露天矿生产指挥调度，改变现有的生产组织方式为扁平化管理。

2.4.3 数字矿山"网"建设

数字矿山"网"建设主要包括工控网、办公网、公共网、数传电台。系统架构如图 2.17 所示。

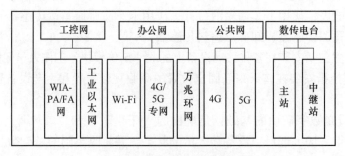

图 2.17 网层系统架构示意图

工控网具体包括 WIA-PA/FA 网和工业以太网，用于完成工控设备的控制和监控功能；办公网具体包括 Wi-Fi、4G/5G 专网、万兆环网，用于完成露天矿企业的日常管理活动；

公共网具体包括 4G 和 5G，用于个人移动设备访问因特网或语音通话；数传电台具体包括数传电台主站和中继站，作为工控网和公共网的补充，保证露天矿生产数据传输的实时性和完整性。

近年来，无线传输技术随着社会的日益发展不断进步，无线传输技术应用越来越广泛。高功耗、高速率的广域网传输技术，如 4G、5G 蜂窝通信技术，技术成熟，发展迅速，这类传输技术适合于 GPS 导航与定位、视频监控等实时性要求较高的大流量传输应用。这类技术大多只能依托于专业的运营商，而运营商要考虑入网率、投资回报等来决定是否投资建设。露天矿山大多处于偏远地区，附近居民少，入网率低导致运营商基站建设覆盖不足。而低功耗、低速率的广域网传输技术，如 Lora、Sigfox、NB-IoT 等，这类传输技术适合于远程设备运行状态的数据传输、工业智能设备及终端的数据传输等，技术要求相对较低，企业可以自主建设，在许多领域得到了广泛应用。

露天矿数字孪生靠数据驱动来实现真实露天矿的映射，借助历史数据、实时数据，以及算法模型等，模拟、验证、预测、控制露天矿全生命周期生产过程。每时每刻在数字孪生内部及外部都有大量的数据产生、传输，这就需要数据通信系统能够将数据实时、准确、迅速地传输到它的目的地，完成数据的上传下达。当前大多数露天矿都实现了 4G/5G 基站的建设，实现了无线数据通信，但是露天矿生产是一个动态的过程，随着时间的推移，地形地貌会产生比较大的变化，采场中的具体区域会有通信死角的出现，此时就会影响露天矿数字孪生的运作，影响系统的实时性和准确性，这就需要一种露天矿辅助无线通信系统作为 4G/5G 无线通信的补充。与众多的传统无线通信技术相比，数传电台网络是一种技术成熟的组网方式，具有较好的折射和绕射能力，不必要求可视即可实现通信，非常适合在露天矿作为无线通信的补充。

2.4.4 数字矿山"云"建设

数字矿山"云"建设主要包括基础设施层 IaaS、平台服务层 PaaS 和应用层 SaaS 三个部分。应用层 SaaS 包括露天矿生产管理模块、露天矿生产执行模块、露天矿安全管理模块和露天矿数字孪生模块。

云层系统架构示意图如图 2.18 所示，基础设施层 IaaS 完成虚拟化、存储、扩容、容灾和负载的功能；平台服务层 PaaS 完成 ETL、数据建仓、数据总线、矿业建模、科学计算、大数据分析功能；应用层 SaaS 完成露天矿生产各具体应用的部署。

基础设施层要考虑矿业的业务特点，将现有的和新建的公共 IT 基础资源进行统一池化管理，能够管理服务器、存储、网络等资源，并根据业务管理要求，可以对资源实现策略控制和灵活调度。虚拟化技术是云计算系统的核心组成部分之一，是将各种计算、存储、网络等资源充分整合和高效利用的关键技术。依据工业云平台应用的特点，以虚拟化技术为主要支撑，对平台的软硬件及虚拟机等各类资源进行服务化管理，满足灵活管理和高效利用资源的需要，为构建云服务平台提供资源配置、管理和服务的支撑。

云平台服务层是数字矿山的核心，是连接设备、软件、工厂、产品、人等工业全要素的枢纽，是海量工业数据采集、汇聚、分析和服务的载体，是支撑工业资源泛在连接、弹性供给、高效配置的中枢，是实现网络化生产的核心依托。云平台服务层是推动数字创新发展的基础，是传统 IT 技术的迭代升级，是新工业体系的"操作系统"，更是资源集聚共

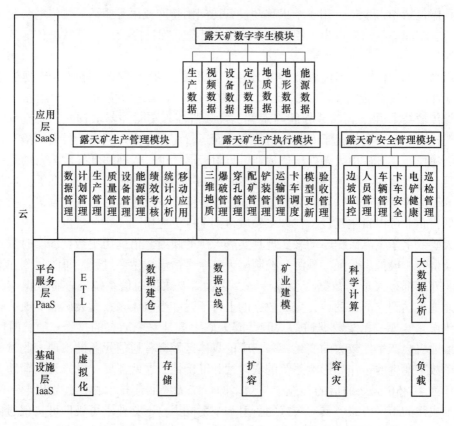

图 2.18 云层系统架构示意图

享的有效载体。

平台将云计算、大数据技术与工业生产实际经验相结合形成工业数据基础分析能力，把技术、知识、经验等资源固化为专业软件库、应用模型库、专家知识库等可移植、可复用的软件工具和开发工具，构建云端开放共享开发环境。

平台的建设需要以标准规范为准绳，以面向服务为目的，运用云计算、大数据、物联网、移动互联网等信息技术，对企业资源进行深度整合，构筑一个开放聚合的信息化技术服务平台，从而推动企业在矿业领域统筹规划、合理建设、精准管理等方面实现科学可持续性发展，为最终实现智慧矿山提供技术支撑。

平台的建设应满足以下特性：

（1）先进性：支持多种平台和数据库，支持多种开发语言，无缝集成现有系统，支持一键式部署。

（2）安全性：通信安全、数据加密、访问控制等。

（3）标准性和开放性：完全遵从相关国际或行业标准，整个平台应用组件技术进行开发，从而保证整个平台能够方便进行新的功能的开发及与第三方系统的集成。

（4）可扩展性和易管理性：平台通过优良的体系结构支持水平扩展和垂直扩展来满足系统不断扩展的要求。同时，基于统一管理平台的管控控制，形成一个易于管理、模块化的管理体系结构，保证平台具有良好的扩展性和可伸缩性。

（5）高可靠性与高可用性：平台各软件产品均支持集群部署方式来提高系统可靠性和改善系统性能，同时可以最大限度地缩短应用服务器和应用程序宕机时间。

云应用应以友好的用户界面为用户提供所需的各项应用软件和服务，能够调用平台功能及资源，实现工业 App 创新应用。应用层直接面向客户需求，向企业用户提供 CRM、ERP、OA、MES 等企业应用，实现设计、生产、管理等环节的价值提升。

由于企业应用类型多样，功能各异，实现方式也各不相同，应用的架构应由应用类型、服务用户的数量、对资源的消耗等因素决定，为了增强应用的可定制性，从而实现应用代码的共享，可以将应用中的可配置项抽取出来，通过配置文件或者接口的方式开放。当一个租户需要这样的应用时，提供可以修改的配置，定制成租户所需要的样式。在运行的时候，为每一个租户运行一个应用实例，而不同租户的应用实例共享同样的代码，仅在配置元数据方面不同。这也考虑到矿业公司采矿、选矿等企业的共性需求。

露天矿生产管理模块包括数据管理、计划管理、生产管理、质量管理、设备管理、能源管理、绩效考核、统计分析和移动应用，从露天矿整体生产管理角度，提供基础数据、计划分解、生产调度下发、绩效考核、统计分析等流程管理，分解下发任务到达生产执行模块进行采矿作业执行。数据管理是对系统的基础数据进行维护，包括增加、删除、修改和查询等主要功能；计划管理是根据企业制订的年生产计划确定季度生产计划及月生产计划，采用基于业务需求的算法来实现对生产计划的联动排产；生产管理是实现对露天矿采场相关钻孔、铲装、汽运设备的调度功能；质量管理是针对矿石品位的管理；设备管理是针对采矿活动中直接和间接用于生产的设备进行管理；能源管理是实现对采场能源的智能管理，能够精确采集单机台、单工序的能耗信息；绩效考核是通过系统中各环节的数据串联，结合指标信息，形成对作业人员的绩效与考核；统计分析是对生产过程数据进行统计分析形成报表，从不同方面以不同角度向用户展示生产过程统计信息；移动应用是指用户可以通过移动设备查看自己关注的数据。

露天矿生产执行模块包括三维地质、爆破管理、穿孔管理、配矿管理、铲装管理、运输管理、卡车调度、模型更新和验收管理，对自身生产环节数据进行采集监控，在生产管理模块中完成生产追踪，形成生产管理数据闭环。三维地质是实现矿山地质三维实体建模，精准描述地质分布；爆破管理是实现先进的 3D 爆破设计和建模能力，实现爆破数据的可视化；穿孔管理是实现牙轮生产的计算机布孔操作；配矿管理是有计划地按比例搭配不同品位的、不同品种的矿石，混合均匀，在保证达到选厂要求的质量标准情况下综合利用矿产资源；铲装管理是实现铲装信息的实时采集、生产信息的自动汇总分析，记录电铲工作区域运动轨迹并上传，实现铲装的优化指挥调度；运输管理是实现铁运环节的调度管理、智能报表、决策分析；卡车调度是实现对采装设备、移动运输设备卸料点及生产现场进行实时监控和优化管理的智能指挥调度系统；模型更新是随着采矿生产的进行自动更新地质模型，具备模型修改与管理功能；验收管理是随着采矿生产的进行能够计算出本月验收结存量，得出本月矿石与岩石的生产量。

露天矿安全管理模块包括边坡监控、人员管理、车辆管理、卡车安全、电铲健康和巡检管理，将露天矿生产中与安全相关的数据进行管理。边坡监控用于露天矿边坡稳定性测量和监测；人员管理是对设备操作人员进行健康状态监视，确保生产安全以及周围人员安全；车辆管理是对车辆实行定位管理，监控车辆位置状况，向已经超出电子围栏范围的车辆司机提供报警功能；卡车安全是对卡车运矿过程的碰撞危险提供示警功能；电铲健康是监控生产中电铲铲斗的健康状态，包括护套、铲齿脱落等；巡检管理是按照国家的法律法规和企业制度，制定危险源鉴别方法、危险源巡检内容、安全应急预案、各级危险源的巡检计划要求，并自动生成巡检计划。

露天矿数字孪生模块在三维露天采场模型的基础上，对地质模型、单体设备建模，将所有获取的数据进行整体集成展示，方便采场直观地调度、管理，通过三维的形式展示给用户。

2.5 数字矿山安全架构

信息安全已经成为企业安全生产的关键要素，在数字矿山建设中应按照业界公认的"信息安全保障框架模型（ISAF）"要求进行建设，采用三个维度来描述信息安全保障体系结构。第一维是安全需求（包括保密性、完整性、可用性、不可否认性和可控性），主要阐述信息安全需求的不断变化和演进，以及当前主要的安全需求；第二维为安全对象描述（包括信息资产、防御领域），提供将安全对象按类型和层次划分的方法论，达到能够更清晰和系统地描述客观对象的安全需求；第三维是能力来源（包括管理、技术和人），主要描述能够提供满足对象相关安全需求的防御措施的种类和级别。总体安全防护的框架如图 2.19 所示。

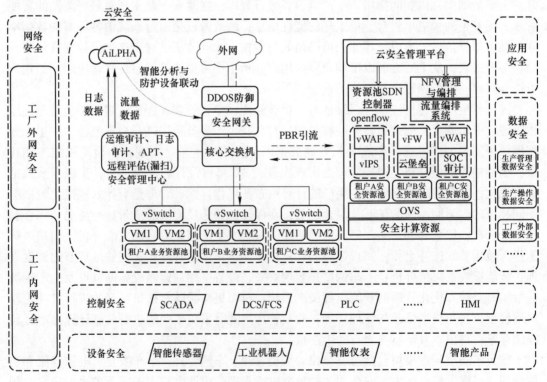

图 2.19　数字矿山安全架构

（1）网络安全。网络安全为终端设备与网络之间的空口传输的信令和用户数据提供机密性、完整性保护，提供应用数据的隐私保护、接入设备的密钥协商、安全保护同步等机制，确保网络能够防范未授权设备访问、中间人攻击、隐私窃取、网络假冒以及拒绝服务攻击等。网络安全主要考虑接入安全、网络安全隔离及数据安全。

（2）物理环境安全。

1）防雷击，主要包括：机房建筑设置避雷装置、防雷保安器，机房应设置交流电源地线，机房接地电阻达到国标（B级机房）要求。

2）防火，主要包括：机房应设置火灾自动消防系统，能够自动检测火情、自动报警，并自动灭火；机房及相关的工作房间和辅助房应采用具有耐火等级的建筑材料，耐火等级达到国标（B级机房）要求；机房应采取区域隔离防火措施，将重要设备与其他设备隔离开。

3）防静电，主要包括：主要设备应采用必要的接地防静电措施，机房应采用防静电地板。

（3）主机安全。主机安全包括：漏洞扫描系统、防病毒系统、系统容灾系统等，其中容灾系统是指在相隔较远的异地，建立两套或多套功能相同的 IT 系统，互相之间可以进行健康状态监视和功能切换，当一处系统因意外（如火灾、地震等）停止工作时，整个应用系统可以切换到另一处，使得该系统功能可以继续正常工作。容灾技术是系统的高可用性技术的一个组成部分，容灾系统更加强调处理外界环境对系统的影响，特别是灾难性事件对整个 IT 节点的影响，提供节点级别的系统恢复功能。

（4）应用安全。应用安全包括：数据备份系统、数据库审计系统、堡垒机、日志审计系统及安全感知系统。其中，堡垒机综合了核心系统运维和安全审计管控两大主干功能，从技术实现上讲，通过切断终端计算机对网络和服务器资源的直接访问，而采用协议代理的方式，接管了终端计算机对网络和服务器的访问，有效防止人员通过内部网络对网络和服务器实施攻击。

2.6 数字矿山标准建设

现代大型矿山的开采过程中，涉及的作业环节众多，需要进行数字化建设的系统也很多。而由于开发商不同，采用的开发技术、编码规则、数据命名和数据描述不同，"数字鸿沟"和"信息孤岛"现象凸显出来，数据无法共享，信息无法联通，各系统产生的珍贵数据无法发挥作用。系统之间难以互联互通直接导致矿山企业无法利用各系统产生的数据进行汇总整合，更无法进行分析挖掘，这不仅难以为企业领导者提供生产经营管理方面的决策支持，更不利于矿山行业对于企业生产经营数据的管控，严重阻碍了整个矿山行业信息化的发展，更加阻碍了数字矿山的建设。

"工程未动，标准先行"，数字矿山标准建设是够保障矿山信息化顺利实施、有效解决"数字鸿沟"及"信息孤岛"等问题的有效手段。数据标准的制定应根据国家标准化管理委员会联合发布的信息系统研究规范，结合矿山的实际情况，打造符合数字矿山业务的数据规范，规范需要包含矿山基础信息、生产信息、运营管理信息等多维度全方位的数据体系，从而引领数字矿山行业发展，带动行业进入标准化阶段。

在遵循黑色金属行业及智能制造领域已发布的相关标准规范的基础上，还应建立包含但不限于如下所列标准和规范体系。

（1）矿山数字开发标准体系之一：通则。其规范了数字矿山开发的整体架构和体系结构。具体内容应包括：

1）数字矿山通用术语及定义；

2）数字矿山开发的体系结构规范；

3）数字矿山大数据结构规范；

4）数字矿山云平台结构规范；

5）数字矿山开发技术细节规范；

6）数字矿山开发对外接口规范。

（2）矿山数字开发标准体系之二：数据规范。数据规范的目标是形成一套完整、有效、可操作性强、可交互性好的矿山数字开发数据规范。以业界标杆的 BIM 规范为样例，形成矿山数字开发的采矿信息建模（Mining Information Modeling）的数据定义与规范。拓展行业内的数据交互与规范：

1）基本术语定义；

2）数据体系总体规范；

3）数据载体平台规范；

4）数据规范；

5）数字矿山数据接口规范；

6）数字矿山数据可视化规范。

（3）矿山数字开发标准体系之三：数字开采。

1）数字地质系统规范；

2）数字露天开采规范；

3）数字地下开采规范；

4）矿山无人开采规范。

2.7 数字矿山进化展望

自 18 世纪以来，大约每隔百年，都会发生一次工业革命。从蒸汽时代、电气时代、信息时代，再到如今的智能时代，人类社会正在科学技术的推动下不断进化。矿山开采模式也从原始的人力开采过渡到机械化、信息化和智能化，未来必将逐步发展为智慧化的全新阶段。作者认为，除了对于当前阶段数字矿山建设架构的研究外，还应该对未来的智慧矿山阶段进行初步的规划和展望，因此结合团队多年的研究成果和经验，总结建立了矿山智慧化分级评价标准。该标准可用于对矿山企业的智能化水平进行评估，指导矿山企业根据实际情况制定建设路线。

根据矿山的智能化技术应用程度，将矿山智慧化水平分为 5 个等级，分别为 L1 级、L2 级、L3 级、L4 级、L5 级。

（1）L1 级别。无智能：网络化和信息化。具备通信网络和信息化基础，矿山自动化水平较低，绝大部分工作需要由人工完成，当矿山生产流程出现调整和变化时，只能通过人工方式来适应，矿山所有的生产决策都是由人做出。

（2）L2 级别。初级智能：单体设备遥控化，单一应用智能化。信息数据通过网络进行传输，能够通过软件的重写等方式使矿山生产设备在一定范围内实现功能的调整和更新，可以利用计算机辅助生产决策。

（3）L3 级别。中级智能：单体设备自动化，子系统智能化。矿山具有多个智能化系统，系统内各个设备实现有机联系，能够自动完成特定功能，信息可以通过网络在各功能系统内部实现共享，可以通过软件控制的方式使子系统在一定范围内实现功能的调整和更新，可以利用人工智能辅助系统内部生产决策。

（4）L4 级别。高级智能：单体设备智能化，跨系统融合智能化。矿山生产的多个子系统实现有机联系和相互配合，自动完成多生产领域的复杂生产活动，通过自行采集、联网共享等多种手段，可以全面获取系统运行所需的数据和信息，并进行有效的管理，系统支持生产各个环节的快速动态调整，可以利用人工智能辅助跨系统生产决策。

（5）L5 级别。智慧化：设备与系统的完全智能化，决策智慧化。在无需人工干预的情况下系统能够自主完成所有的生产活动，系统可以自动针对具体情况和业务需求的变化，构造和调整相应的业务流程并推动执行，矿山各环节实现完全共通互联，人和各项业务系统能够安全可靠、完整全面地获得所需的数据和信息，人工智能具有足够决策能力，能够完成自主决策。

2.7.1 矿山整体智慧化分级评价

矿山整体智慧化水平分级评价标准以设备自动化水平、矿山网联共享、矿山柔性生产、矿山生产管理、矿山生产决策五项指标作为整体评价指标，对矿山整体智慧化水平进行评价。具体如表 2.1 所示。

表 2.1 矿山整体智慧化水平分级评价表

内　容	等　级				
	L1	L2	L3	L4	L5
设备自动化水平	辅助	遥控	自动化	智能化	全面自动化
矿山网联共享	人工	设备	子系统级	路网级	万物互联
矿山柔性生产	人工	设备级	子系统级	跨系统柔性	智慧化
矿山生产管理	信息化	单一应用	子系统级	跨系统级	智慧化
矿山生产决策	人工	单一应用	子系统级	跨系统级	智慧化

2.7.2 矿山技术智慧化分级评价

矿山技术智慧化分级评价标准从端、边、网、云和数据五个层次对矿山智慧化技术评价指标进行划分，实现对矿山技术智慧化应用水平的评价。具体如表 2.2 所示。

表 2.2　矿山技术智慧化分级评价表

内　容		等　级				
		L1	L2	L3	L4	L5
1. 网络平台	1.1 高速工业网络	—	○	＊	＊	√
	1.2 网络安全	—	○	＊	＊	
	1.3 网络互通	—	○	＊	＊	
2. 现场信息采集控制平台	2.1 检测传感	○	○	＊	＊	√
	2.2 单体设备控制	—	○	＊	＊	
	2.3 监测监控	—	○	＊	＊	
	2.4 通信指挥调度	—	○	＊	＊	
3. 边缘计算平台	3.1 声音分析	○	＊	√	√	√
	3.2 图像分析	○	＊	√	√	
	3.3 采集分析	—	○	＊		
	3.4 地图分析	—	○	＊		
	3.5 高速响应	—	—	○	＊	
	3.6 离线响应	—	—	○	＊	
	3.7 应用扩展支持	—	—	○	＊	
	3.8 电力安全防护	—	○	＊	√	
	3.9 系统自动更新	—	—	○	＊	
4. 应用集成平台	4.1 矿山数字地质	—	○	＊	√	√
	4.2 本质安全管理	—	○	＊	√	
	4.3 生产运营管理	—	○	＊	√	
	4.4 矿山智能控制	—	—	＊	√	
	4.5 选冶智能控制	—	—	＊	√	
	4.6 矿山虚拟仿真	—	—	＊	√	
	4.7 ERP、OA 系统	—	—	＊	√	
	4.8 设备管理系统	—	○	＊	√	
	4.9 检化验系统	—	○	＊	√	
	4.10 质量管理系统	—	○	＊	√	
	4.11 安全管理系统	—	○	＊	√	
	4.12 能源管理系统	—	○	＊	√	

内　容		等　级				
		L1	L2	L3	L4	L5
5. 信息展示平台	5.1　生产信息	○	*	*	√	√
	5.2　虚拟增强	—	—	· *	√	
	5.3　三维显示	—	—	*	√	
	5.4　视频监控	—	—	*	√	
	5.5　GIS 应用	—	—	*	√	
	5.6　智慧调度	—	—	○	*	
	5.7　设备管理	—	—	*	√	
	5.8　决策应用	—	—	○	*	
	5.9　多终端支持	—	—	*	√	
6. 数据应用平台	6.1　数据采集	○	*	*	√	√
	6.2　数据存储	○	*	*	√	
	6.3　数据分析	—	○	*	√	
	6.4　数据访问	—	○	*	√	

注："—"—无应用；"○"—部分应用；"*"—完全应用；"√"—应用+融合+智慧。

2.7.3　矿山生产工艺智慧化分级评价

矿山生产工艺智慧化水平分级评价标准按照矿山整体生产工艺流程评价指标划分，具体见表 2.3。

表 2.3　矿山生产工艺智慧化水平分级评价表

内　容		等　级				
		L1	L2	L3	L4	L5
地测与设计	数字地质	信息化	单一应用	系统内融合应用	跨系统应用	智慧化
	测量	信息化	单一应用	系统内融合应用	跨系统应用	智慧化
	矿山设计	信息化	单一应用	系统内融合应用	跨系统应用	智慧化
露天开采	穿孔	人工	遥控	自动	智能	无人
	爆破	人工	遥控	自动	智能	无人
	铲装	人工	遥控	自动	智能	无人
	运输	人工	遥控	自动	智能	无人
	排卸	人工	遥控	自动	智能	无人
地下开采	掘进	人工	遥控	自动	智能	无人
	回采	人工	遥控	自动	智能	无人
	提升运输	人工	遥控	自动	智能	无人
	充填	人工	遥控	自动	智能	无人
	支护	人工	遥控	自动	智能	无人

内　　容		等　　级				
		L1	L2	L3	L4	L5
选冶	破碎筛分	人工	遥控	自动	智能	无人
	磨矿分级	人工	遥控	自动	智能	无人
	选别加工	人工	遥控	自动	智能	无人
	精矿尾矿	人工	遥控	自动	智能	无人
	烧结球团	人工	遥控	自动	智能	无人
	生产辅助	信息化	单一应用	系统内融合应用	跨系统应用	智慧化

从上述分级评价标准可以看出，当前我国的矿山建设仍处于初级智能阶段，但总体来说，近些年矿山的数字化和智能化建设进步无疑是巨大的，尤其是党的十八大以来，在"两化融合"和"智能制造"等政策的推动下，在"工业互联网""人工智能"和"大数据"等技术的支持下，传统艰苦的矿山环境正经历着新的蜕变。未来，在国家政策的引导下，在无数科研工作者和矿山同仁的努力下，定能全面建成数字矿山，迈向智慧矿山的全新阶段。

参 考 文 献

[1] 周济. 智能制造——"中国制造2025"的主攻方向 [J]. 中国机械工程，2015，26（17）：2273-2284.

[2] 庄存波，刘检华，隋秀凤，等. 工业互联网推动离散制造业转型升级的发展现状、技术体系及应用挑战 [J]. 计算机集成制造系统，2019，25（12）：3061-3069.

[3] 董波. 露天矿生产调度管理信息系统开发及其在西二露天矿的应用 [D]. 沈阳：东北大学，2018.

[4] 陶飞，刘蔚然，刘检华，等. 数字孪生及其应用探索 [J]. 计算机集成制造系统，2018，24（1）：1-18.

[5] 孙倩倩，杜敏，郭连波，等. 塑料激光诱导击穿光谱技术快速分类应用研究 [J]. 光谱学与光谱分析，2017，37（7）：2205-2209.

[6] 邢真武，杨均彬，王静美. 用于矿物加工生产中的粒度检测技术之发展现状 [J]. 有色设备，2009（5）：1-7.

[7] 李惠玲，盛万兴，曹添海，等. 企业资产管理系统在电力企业的应用 [J]. 电网技术，2008（3）：22-26.

[8] 杨胜来，刘铁民. 新型安全管理模式——HSE管理体系的理念与模式研究 [J]. 中国安全科学学报，2002（6）：69-71.

[9] 罗先喜，苑明哲，徐化岩，等. 面向钢铁企业的先进能源管理系统研究新进展 [J]. 信息与控制，2011，40（6）：819-828.

[10] 余晓晖，刘默，蒋昕昊，等. 工业互联网体系架构2.0 [J]. 计算机集成制造系统，2019，25（12）：2983-2996.

3 数字地质关键技术

3.1 数字地质概述

矿山地质工作对于确保矿床开采阶段的有序生产和资源的有效利用至关重要。这项工作包括原始地质编录、生产取样、二次圈定矿体等，旨在为采矿设计提供依据，并通过储量计算、矿石质量监控、损失贫化监督以及探采资料的验证对比来指导合理的开采活动。

传统矿山地质勘测主要依靠二维平面图和剖面图来表示地质结构、矿体形态以及复杂的井筒和巷道布局，这种表现形式缺乏直观性和生动感。20世纪90年代，随着地质统计学、计算机图形学和三维可视化技术的进步，计算机辅助三维地质建模成为可能，这使得对地下地质现象及其结构、构造和物质组成的描绘更加真实和直观。

随着中国采矿业的快速发展，"数字矿山"和"智能矿山"的概念应运而生，矿山智能化建设已成为中国未来矿山行业发展的关键方向。这些高新技术的应用旨在优化矿产资源开发、提升矿山机械化水平、确保矿山安全高效生产。在此背景下，数字矿山系统分为地质基础数据和采矿生产管控两大部分，共同实现从地质勘探到采矿设计、从生产计划到采剥施工计划、从自动化配矿到现场供矿管理等多个环节的集成化、数字化和信息化管理，以期减少人为错误，降低采矿损失贫化率，提高工作效率和供配矿品位稳定性，确保矿山经济效益。

矿山数字地质是实现矿山设计与生产的数字化、可视化和智能化的关键基础。通过构建高精度的全矿区三维地质模型，可以全面掌握矿床的空间几何形态、元素品位分布情况，这对于矿山的投资决策、开采设计、方案优化、品位控制和生产计划编制至关重要，有效提升了从爆破到采矿、配矿和选矿过程中的精确度和效率。

3.1.1 三维矿体建模技术概述

三维矿体建模是一种使用特定的数据结构，在计算机中创建能够体现地质构造形态、各要素间关系以及地质体物理化学属性空间分布模型的方法。这种建模方法利用三维可视化技术，以直观的方式展现地下空间中不规则的地质构造、矿体、勘探工程（如槽探、井探、坑探和钻探）以及巷道等实体。通过这种方式，矿山工作者能够更有效地处理大量固体矿产野外勘查和样品分析的数据，从而更好地理解这些数据之间的关联，提高矿产资源开发的生产效率，降低勘查决策不确定性和风险[1]。

三维矿体建模根据不同的数据源和建模目标可被划分为多个类别。从建模的数据来源来看，建模方法可以分为基于钻孔数据、基于地质剖面、基于地球物理数据以及基于多种数据源融合的方法。从建模的内容角度来看，可分为表面建模和属性建模两大类。其中，表面建模侧重于结合地表地质、钻探、地球物理和地球化学等资料，描述地质实体的几何形态；而属性建模则倾向利用区域内电阻率、波速、温度、地应力等数据来模拟地质实体内部属性参数。从建模过程和技术特点的角度来看，三维地质建模又可分为显式建模和隐式建模两种方法。显式建模允许用户在三维可视化环境中直接操作和连接线框，实现直观的建模过程；相比之下，隐式建模则是基于空间采样数据，通过计算隐式函数来构建三维实体的表面。

3.1.1.1 三维矿体表面模型与属性模型

三维地质建模不仅需要准确描述地质结构，还应当包含地质体的各种物质成分和特征属性信息。从这一角度来看，三维地质建模被分为两类：地质结构表面建模和地质属性建模。表面建模假设三维空间内的地质体内部是同质均一的，重点在于表达矿体的表面形态以及三维空间地质体的空间几何结构和空间展布特征。属性建模考虑到三维空间地质体的内部属性是非均一的，通过地质认识或属性差异将地质体划分为多个紧密相连的块体单元，并通过插值或随机模拟等方法确定每个块体单元的属性值，以实现对地质体内属性（如金属品位）的连续表达。在对地质结构或地质实体的空间几何形态进行建模，并需要在三维模型基础上进行空间拓扑运算分析时，通常选择基于面元的模型。而在进行地质资源预测、地质动力学模拟或储量估算等定量评价与分析时，则倾向于使用基于体元的实体模型[2]。

近年来，国内外学者围绕三维地理空间建模、三维地质空间建模以及三维地理与地质空间集成建模进行了广泛的研究，提出了超过 20 种三维空间数据模型。这些模型可以根据它们是用于表面描述还是空间剖分，分为三种模式：单一 3D 构模、混合 3D 构模和集成 3D 构模，如表 3.1 所示[3]。

表 3.1 三维空间数据模型分类[3]

单一构模				混合构模	集成构模
面元模型		体元模型		混合模型	集成模型
		规则体元	非规则体元		
表面模型 （Surface）	不规则三角网模型（TIN）	结构实体几何（CSG）	四面体格网（TEN）	TIN+Grid	TIN+CSG
	格网模型（Grid）	体素（Voxel）	金字塔（Pyramid）	Section+TIN	TIN+Octree （Hybrid 模型）
边界表示模型（B-Rep）		针体（Needle）	三棱柱（TP）	Wire Frame+Block	
线框（Wire Frame）或相连切片（Linked Slices）		八叉树（Octree）	地质细胞（Geocellular）	B-Rep+CSG	
断面（Section）		规则块体（Regular Block）	非规则块体（Irregular Block）	Octree+TEN	
多层 DEMs			实体（Solid）		
			3D Voronoi 图		
			广义三棱柱（GTP）		

单一构模方法利用面元模型或体元模型来实现对空间对象的几何描述和空间建模。面元模型采用面元对空间对象的表面进行连续或非连续的几何描述，侧重于空间实体的表面表示，如地形表面、地质层面、建筑物轮廓等，模拟的表面可以是封闭或非封闭的。对于非封闭表面，常使用基于采样点的不规则三角网模型（TIN）和基于数据内插的规则格网模型（Grid）；而对于封闭表面，则使用边界表示模型（B-Rep）和线框模型（Wire Frame）。面元模型的优点在于便于显示和数据更新，但因缺乏三维几何描述和内部属性记录而在进行三维空间查询与分析时存在局限性。相比之下，体元模型通过体元对空间对象的内部空间进行无缝且完整的空间剖分，不仅描述表面几何，还研究内部特征。体元模型属性可独立描述和存储，因此支持三维空间操作。体元模型可以根据体元的形状分为四面体、六面体、棱柱体和多面体，或者根据体元的规整性分为规则体元和非规则体元。

混合构模方法采用两种或两种以上的表面模型或体元模型同时对同一空间对象进行几何描述和构模，旨在结合不同模型的优势，以满足不同的应用需求。典型的混合构模方式包括 DEM 中的 TIN+Grid 模型、地质模型中的 Section+TIN 模型、岩土工程中的 Wire Frame+Block 模型、城市建筑的 B-Rep+CSG 模型以及地质矿产的 Octree+TEN 模型。其中，Wire Frame+Block 混合构模在实际应用中可能存在效率不高的问题，因为每次开挖边界的变化都需要进一步分割块体与修改模型。而 Octree+TEN 混合构模虽然能够解决地质体中断层或结构面等复杂情况的建模问题，但在建立空间实体间的关系方面较为困难。

集成构模方法则采用两种或两种以上不同模型分别对系统中的不同空间对象进行几何描述和三维构模，将分别建立的三维模型集成起来以形成对整个系统的完整三维表示。典型的集成构模包括 TIN+CSG 模型与 TIN+Octree 模型。其中 TIN+CSG 混合构模是当前城市三维地理信息系统（3DGIS）和三维城市模型（3DCM）构模的主要方式，即一个目标分别由一种模型来表示，然后通过公共边界来连接，因此其操作与显示都是分开进行；TIN+Octree 混合构模（Hybrid 构模）的缺点是八叉树模型的数据必须随 TIN 数据的改变而改变，否则会引起指针混乱，导致数据维护困难[4]。

3.1.1.2 三维矿体显式建模和隐式建模

根据三维地学建模过程中是否采用数学模型作为核心控制手段，可以将其分为显式建模和隐式建模两种方法。

显式建模的特点在于大量的人机交互。它通常涉及在剖面图中勾勒地层、岩性或构造的轮廓线，并基于这些轮廓线，通过手工或半手工的方式建立起地质对象在剖面之间的几何形态，最终形成完整的地质模型。这种方法的主要挑战在于需要耗费大量的人力资源，且建模结果在很大程度上取决于建模者的地质理解和判断，具有较低的可重复性和灵活性。此外，一旦模型构建完成，就很难进行动态修正或更新。

隐式建模则基于科学数据可视化理论，利用空间插值或模拟技术作为核心支撑。一旦确定了插值方法和参数，整个建模过程就可以由程序自动完成。具体来说，隐式建模会根据勘探工程数据插值模拟出地质对象内部的空间属性场，然后根据一定的约束条件动态地提取并生成三维几何结构模型。由于其核心建模过程无需人工干预，可以实现快速、实时的建模效果。当新的勘探数据出现或地质理解发生变化时，模型可以迅速更新，确保三维地质模型与最新地质认识保持一致。表 3.2 和表 3.3 从建模算法所依赖的基本原理，主要输入输出数据、关键算法以及建模速度、人机交互量、建模结果的可重现性等方面，对这两类方法进行了分析对比。

表 3.2 三维地学显式建模与隐式建模的主要实施过程及方法原理对比[5]

建模方法类型	所依赖的方法原理及基础	输入数据的基本类型和特征	关键算法	计算结果的常见体现形式
显式建模	建模人员的主观认识	类型和尺度相对一致的勘探工程及剖面分析数据等	交互式的几何图形绘制算法	仅能展示地质对象的空间形态
隐式建模	建模对象的数学模型	多类型、多尺度的勘探工程及剖面分析数据等	空间插值、模拟和等值面生成算法	可同时展示地质对象的空间形态、精细地质属性及其不确定性

表 3.3 三维地学显式建模与隐式建模的性能和特征对比[5]

建模方法类型	是否能融入地质认识	是否能服从取样数据	是否需要大量人机交互	建模速度	是否可以重现建模结果	动态更新的难易程度	能否同时生成多个模型
显式建模	是	是	是	慢	几乎不能	困难	不能
隐式建模	是	是	否	快	可以	简单	能

隐式建模方法很大程度上依赖于所选的数学模型及其参数，例如，当采用地质统计学插值方法时，需要确定克里格法的类型和变差函数等参数。地质对象与过程的复杂性意味着这些参数的选择充满挑战。传统上，参数的确定通常依赖于局部区域内的少量样本数据，这可能导致计算结果与实际情况存在较大偏差，因为这样的方法无法充分利用所有可用的数据。大数据技术的进步为解决这一问题提供了新的途径，可以通过分析大量来自类似地质体或对象的数据来挖掘有价值的模型参数，进而提高当前研究区域内建模结果的准确性和可靠性。具体而言，大数据背景下的三维地质建模可以采取以下两种基本形式：

（1）对于构造条件及结构属性相对简单的地质体，可以根据当前研究对象的地质特征，在地质大数据系统中进行深度搜索和模式匹配，直接提取其三维地质模型。

（2）针对具有复杂时空分布特征的地质对象（例如，复杂矿床的矿石品位、储层孔隙度、渗透率等），则采用间接生成三维模型的方法。首先，在地质科学大数据系统中搜索与当前地质对象特征相似、信息较为完整的案例。接着，利用人工智能和机器学习算法进一步挖掘提取适用于三维隐式建模的数学方法和参数。最后，结合地质专家的经验与认知，运用合适的数学方法和参数完成三维隐式建模。这种间接模型生成方法仅利用从地质大数据系统中挖掘的数学参数和方法，为后续的隐式建模提供参考和支持，在各种复杂程度的地质背景下都具有较高的可行性。同时，这种方法还融合了如人工智能、机器学习、数据挖掘和空间推断等现代数据处理技术，可以很大程度上提高建模效率和质量。

显式建模和隐式建模没有严格的适用范围界限，但在实践中，隐式建模方法因其自动化特性，在输入数据类型、建模结果展现形式等方面展现出明显优势。特别是在使用地质统计学随机模拟方法时，隐式建模能够生成多个等概率的地质结构模型，这是显式建模难以达到的。此外，隐式建模还具备建模速度快、易于模型更新等特点，这使得它在三维地学建模过程中成为优先考虑的选择[5]。然而，在需要大量融入地质专家的先验知识和认知理解的场景下，显式建模仍然具有不可替代的作用，因此两种方法通常被协同使用以构建复杂的三维地质模型。

3.1.2　三维矿体建模软件概述

随着计算机软硬件技术的进步和三维仿真软件的发展，地质建模软件在矿业工程领域的应用日益广泛。国际上，诸如澳大利亚的 Surpac 和 Micromine、法国的 GOCAD 以及英国的 Datamine 等矿山开采数据化软件，已经在解决三维空间模型问题方面取得了显著成效。近 30 年来，中国也在这一领域取得了重要进展，自主研发了如 3DMine、DIMINE、龙软 GIS 和采矿 CAD 等代表性较强的矿业软件。这些软件不仅能够快速创建三维可视化地表和地下模型，而且更贴合国内勘测与采矿人员的使用习惯和思维方式，在国内市场获得了广泛应用。

3.1.2.1　国外三维地质软件介绍

A　Surpac 软件

Surpac 是由澳大利亚 SURPAC MINEX GROUP 开发的一款专业地质建模与矿山设计软件。其主要应用领域涵盖勘探、地质建模、钻孔编录、露天及地下矿山设计、生产进度规划以及尾矿库设计等。Surpac 具备一系列核心功能，包括地质数据库管理、钻孔数据编录、数据分析、数字地形建模与等高线绘制、地质统计学分析、格网解释模型、等值线绘制、块模型建立与断层建模等。此外，Surpac 还提供了与其他行业软件（例如 AutoCAD、ARC/INFO、Datamine、Moss Genio、MicroLynx）以及图形系统（如 Whittle3D、Whittle4D）的接口，便于数据交换和集成。

Surpac 在矿床模型构建和资源量估算方面具有显著优势。它提供了多种地质建模工具，如晶体形态建模、体素建模和三角网格建模等，这些工具能够帮助地质工程师精确地构建矿床模型。同时，Surpac 支持多种资源量估算方法，包括等级切割法、多普勒方法和克里格法等，这为用户提供了一套全面的工具集，可以根据具体的地质条件和矿床类型进行灵活选择，从而实现更准确的资源量评估。

B　Datamine 软件

Datamine Australia 是英国 MICL（Mineral Industries Computing Limited）的一家子公司，专注于为矿山开采提供全面的软件解决方案。Datamine 软件广泛应用于矿山的各个阶段，从地质勘探、资源估计到储量计算，再到地下与露天采矿的设计与开采计划编制，同时还考虑到了矿山闭坑后的复垦工作[6]。

Datamine 提供了一系列先进的工具，支持三维立体和块体建模，具备自动化钻孔数据检查、真三维绘图系统、交互式样品组合、最优块分割技术、旋转模型、估值椭球体、可变边坡角等功能。此外，还包括交互式运输道路设计、动态采矿进度计划、自动配矿、可视化三维浏览器及数字化绘图等特性，能够满足不同用户和矿山的具体需求。这些工具不仅实现了三维模型建立和工程数据库构建的图形化处理，还能有效解决复杂工程中的境界优化问题。

Datamine 软件还具备与外部数据库和相关软件进行数据交换的能力，确保系统数据可以被其他数据库管理系统和相关软件访问与编辑，实现工程和矿体的三维立体显示和制图。作为一款全面集成的软件系统，Datamine 极大地改善了测量工程师、采矿工程师、地质工程师和高级管理人员之间的技术信息交流，这种高效的管理控制模式确保了企业生产各环节的顺畅运行，从而实现最大化的经济效益。

C GOCAD 软件

GOCAD（Geological Object Computer Aided Design）软件最初由法国 Nancy 大学开发，是一款专门用于地质领域的三维可视化建模工具。该软件的核心技术是 J. L. Mallet 教授提出的离散光滑插值（DSI）技术，以及灵活的三角形网格和四面体剖分方法，这些技术使得 GOCAD 能够在三维空间中高效地创建、修改和可视化复杂的地质模型。

GOCAD 软件支持表面建模和实体建模，并能设计空间几何对象及其属性分布。为了实现建模和空间属性计算，GOCAD 提供了四种主要算法：常数法、脚本算法、插值算法和随机模拟算法。这些算法可以根据具体需求选择使用，从而更准确地表达地质结构和属性的变化。

GOCAD 已被广泛应用于矿产勘探、石油勘探、地球物理勘查和地质工程项目中。例如，中国秦岭西部的大水金矿床进行了 3D 地球化学建模，青藏高原东部建立了岩石圈构造的三维模型，这些应用展示了 GOCAD 在深部矿体三维地质建模与预测方面的卓越性能。

3.1.2.2 国内三维地质软件介绍

A DIMINE 软件

DIMINE 数字矿山系统是由中南大学数字矿山研究中心与长沙迪迈信息科技有限公司合作开发的一款基于矿山整体解决方案的数字化软件系统。该系统是在深入研究了国外数字矿山相关软件并与国内矿山企业的实际需求相结合的基础上开发而成的。

DIMINE 系统采用三维可视化技术，以数据仓库技术作为数据管理平台，利用点、线、面、体的三维表面和实体建模技术，以及反距离加权法和普通克里格法进行地质统计与划分、采矿设计、通风网络解算与优化等工作。该系统还基于工程制图技术实现了从矿床地质建模到储量计算等一系列工作的可视化。

DIMINE 软件覆盖了矿业中的地质、测量、采矿以及数据管理等多个环节，提供了强大的数据交换功能，确保企业内部各种数据的共享与交换，支持与各种数据库、Excel 表格、AutoCAD、MapGIS 以及其他多种三维软件的数据交互。此外，DIMINE 系统采用平台加插件模式开发，可以根据用户的特定需求提供不同的功能配置，并为用户提供二次功能开发接口[7]。

B 3DMine 软件

北京东澳达科有限公司研发了一款为中国矿业量身定制的软件——3DMine。该软件引入了国际通用的地质建模方法，主要应用于固体矿床的地质勘探数据管理、数字地形模型（DTM）创建、实体模型构建、地质储量计算、露天及地下矿山开采设计、露天短期采剥计划编制等工作。通过数学模型进行目标数据优化，并在此基础上实现空间分析、剖切制图、虚拟现实、信息编辑等功能，为矿山勘探报告、开采效率和生产管理提供便捷、高效的服务。

3DMine 通过创建三维表面模型、实体模型和块体模型来实现地质体与地质环境的可视化。其中，表面模型用于描述地形、地层面、断层面等空间上不封闭的面模型形态，由多个不规则三角面组成；实体模型是一个封闭的面模型，用于创建矿体模型，可以直观地展示矿体的三维空间分布，并计算矿体体积；块体模型则在表面模型或实体模型约束下，将内部抽象为一系列相邻但不相交的三维块体集合，每个块体都可以定义、编辑和量化自身的属性，如矿石品位、质量、成本、物理特性等，从而能够快速地对指定区域内的属性值进行定量计算。这种建模方式有助于矿山生产过程中及时反映矿体的形态、规模、品位和构造的变化，从而准确掌握资源量和储量的变化情况，并评估矿床的开采价值[8]。

3.1.3 三维矿体模型更新技术概述

三维矿体模型更新是指在建模源数据发生变化时，对矿体模型的空间位置、几何形态、拓扑关系和地质语义等方面进行相应调整的过程。随着勘探工作的深入或矿产资源的开采，地质建模源数据通常随之发生变化。例如，新增勘探剖面、露天采坑的挖掘推进、矿石的持续开采、隧道的掘进等都会要求对三维地质体模型进行更新。然而，三维地质建模是一个复杂的过程，建立的地质体模型时常难以适应不断新增的勘探数据带来的更新需求，建成之后就成为难以调整的"静态模型"，如何实现地质体模型数据的快速建模及动态更新，是三维地质模拟中一个值得关注和亟待解决的问题。

3.1.3.1 三维地质体模型更新难点

三维地质体模型更新面临的难点主要体现在以下几个方面：

（1）地质体本质特征与数据不完整。地质体本身具有不可见性、非均质性和复杂性，地质结构具有不确定性，而地质过程具有不可逆性。加之采集的地质数据往往不够充分，这些本质特征决定了地质体模型具有多解性。随着勘查工作的深化，地质数据更加丰富和精确，对地质体的理解也会更加全面，这就使得地质体模型的更新变得更为复杂，有时甚至需要完全重建模型。

（2）地质体表达模型的制约。三维地质建模的最终目标是地质体的三维可视化，但目前的研究更多集中在地质体模型的几何可视化方法上。面向地质空间分析、地质过程模拟、勘探工程设计、地质灾害预测防治等应用的地质体三维模型研究相对较少。由于缺乏针对地质体模型的深层次分析、设计及辅助决策等方面的考虑，建立起来的模型虽然美观准确，但修改起来却非常困难，成为了"死模型"。

（3）地质建模方式与方法的影响。根据不同的地质应用专题及地质数据，通常采用不同的地质建模方法，人工参与的程度也有所不同。如果地质建模过程较为烦琐，需要大量的人工编辑和地质专家的解译工作，那么地质数据的更新可能会使之前的工作量变得无效。因此，考虑到模型动态更新的地质建模方法对于三维地质体建模至关重要。

根据三维地质体模型更新的规模，可以分为全局更新、局部更新和模型更新。以矿山勘查开采为例，全局更新涉及全矿区范围内的模型更新，如矿山每年的开采现状模型；局部更新则是针对矿区某一小区域内的模型进行更新，例如重点矿区的勘探模型；模型更新则针对某一特定地质体模型进行单独更新，如某矿体的开采模型。对于逐步推进、精细化的矿山勘查工作而言，矿山模型的更新更多的是局部更新，地下井巷模型通常是模型更新，而涉及全矿区地质构造改变的情况则需要进行全局更新。

3.1.3.2　三维地质体模型更新方法分类

三维地质体模型的更新方法可以分为以下几类：

（1）基于扩展边界内的局部更新方法。该方法根据新旧数据确定更新范围的扩展边界，清除并重构该边界内的所有数据结构，再将重构部分与整体模型进行无缝拼接，以完成动态更新操作。尽管这种方法能够提高工作效率，但对于复杂的矿体模型，若原有建模方法需要修改时，局部更新可能转变为全局更新。

（2）基于脚本驱动/数据库的模型更新方法。在构建矿体模型的同时，通过脚本或数据库自动记录模型构建所选用的数据、使用的建模方法、建模后数据存放地址以及相应的处理操作顺序。当后续加入增量数据时，可以利用这些记录进行模型更新。虽然这种通过特定标识确定矿床数据库与三维模型库映射的方法，有助于矿山生产过程中三维矿体模型的动态更新，但局部更新范围仍需人工确定，存在大量的人工交互操作，且未考虑更新点的影响范围，无法满足动态、快速更新的需求。

（3）基于简化约束数据的动态更新方法。通过简化约束条件（如面、线、点）或使用单一约束条件（如钻孔）进行矿体/地质体模型的动态修正和更新。这种方法虽然可以实现一定程度的动态更新，但由于信息利用不完整，尚未涉及多个钻孔上分界点约束模型的同时更新，以及小区域有限范围内的局部更新，需要进一步研究更为有效的更新方法。

经过动态修正后的三维地质模型能够更准确地反映矿体当前的工作状况，直观有效地表达各种地质现象间的拓扑关系，如地层的接触方式等，提高专业技术人员对当前矿体状况的认识，提高工作效率，发挥地质资料的最大价值。更新后的模型还可以应用于危险源预测以及地质空间分析等功能中，为矿山生产决策和提高采矿安全生产水平提供数据支持，具有重要的实际意义。

3.2　三维矿体建模数据来源

地质结构及其内部属性的分布极其复杂，它们体现了显著的非均匀性、非连续性和各向异性特征，这是地壳历经数亿年演化形成的。由于这些特性，仅凭有限的钻孔和露头观测难以全面了解和表达地质结构，也无法通过简单的数学函数完全模拟和重建。为了提高三维地质建模的准确性和可靠性，必须综合运用多种数据来源和技术手段。这包括实际勘查数据、地球物理勘探（物探）、地球化学勘探（化探）、遥感数据，以及前人关于区域构造、岩浆活动、沉积过程、变质作用和矿化作用的研究成果和专家经验。

地质原始数据构成了三维地质建模的基础，主要包括六类数据：矿床钻探数据、地理数据、遥感数据、地质数据、地球物理数据、岩石物理与岩石化学分析数据。这些数据的作用可以概括为以下几个方面：

（1）约束和验证：例如钻探数据，可以在建模过程中或完成后用来验证模型的准确性；

（2）直接应用建模：例如地质图、数字高程模型（DEM）和遥感数据，可以直接处理后用于构建三维模型；

（3）辅助深层结构建模：例如利用重力异常和航空磁测异常等数据，在建模过程中为深部地质对象提供验证和支持信息。

通过整合这些多源数据和专业知识，可以建立更为精确和可信的三维地质模型，这对于理解地球内部结构和资源开发具有重要意义。

在三维地质建模过程中涉及的主要数据类型如下：

（1）矿床钻探数据是最可靠的地下探测数据，直接反映了地质实体的真实情况，是三维地质建模过程中需严格约束的数据。这类数据包括钻孔点位信息、分层信息以及各种测井和动态监测数据。点位和分层信息用于构建结构模型，而测井和动态监测数据则用于属性建模。通过整合钻孔数据与地质剖面图数据，可以提高模型的精度并完善复杂地质体的模型。此外，钻孔资料也常被用来验证和修订模型，确保其可靠性。

（2）地理数据作为构建三维地表模型的基础，其中数字高程模型（DEM）尤为重要。DEM 能够利用其高程特性直接构建出地表地形面，结合地质图资料可以在绘制地质剖面图时快速生成地表起伏剖面线及地质界面交点线。获取 DEM 数据主要有三种方式：1）从现有地形图等高线获取：这种方式成本较低，但等高线的数字化过程较为耗时，且精度受限，更适合于中小比例尺 DEM 数据的获取。2）通过 GPS、全站仪等野外测量仪器直接从地面获取：这种方法能够获得极高精度的 DEM 数据，但成本高昂且耗时，适用于小范围内的高精度数据获取。3）根据航空或航天影像，通过摄影测量途径获取：近年来，随着干涉雷达和激光扫描仪等新型传感器的应用，此方法能快速获取高精度、高分辨率的影像数据，虽然成本相对较高，但适用于大范围较高精度 DEM 数据的获取。

（3）遥感数据在区域三维地质建模中主要是进行地表的美化，使得生成的三维地质模型更易观察和集成，以及为后续的模型分析提供依据。

（4）地质数据是建立区域三维地质模型时不可或缺的核心组成部分。这一数据集主要包括数字地质图、实测剖面图、产状数据以及野外露头与手标本的照片。数字地质图记录了地质界线，即地质体与地表的交线，能够清晰地描述地质体的空间形态及其间的拓扑关系，并可用于约束深部地质结构的推断解释。实测剖面图则揭示了浅层地质体在地下的分布情况，为理解地下结构提供了直接证据。产状数据对于地质界面沿深度方向的延伸推断至关重要，是地质界面深度延伸的重要参考依据。而野外露头与手标本的照片不仅能提供直观的地表地质特征信息，还可以用于训练深度学习模型，实现对岩石类型的智能识别，支持模型构建的准确性与完整性。

（5）岩石物理与岩石化学分析数据可以通过对野外地质调查和钻孔取芯获得的大量岩石样品进行薄片分析和鉴定获得。岩石的岩性、结构、密度、磁化率、孔隙度等理化资料可以为反演地下地质体提供重要依据，从而支持三维地质建模的准确性和可靠性。

（6）地球物理数据对于约束地下地质体形态和断裂构造具有重要作用，特别是在钻孔数量有限且分布不均匀的情况下，为构建深部地质体和断裂构造的三维模型提供了关键的支持和验证信息。这些数据主要包括区域重磁资料、重磁剖面资料、MT（大地电磁）剖面反演资料、二维和三维地震资料以及大地电磁测深资料等。通过对这些地球物理数据的综合分析，可以有效地提取地下地质信息，为三维地质建模提供坚实的基础。

3.3 显式建模技术

显式建模是一种依赖人机交互的方法，它要求建模者根据平面地质图、钻孔、剖面等提供的空间信息，手动提取不同地质体界面的分界信息，并通过交互式操作构建地质界面。随后，利用三维建模软件的封闭功能使地质体界面闭合，形成完整的三维模型。常用的显式建模方法包括轮廓线构模法、钻孔椭球体构模法和 DEM 构模法等，其中基于序列勘探线剖面的矿体轮廓线构模法被国内外主流矿业建模软件广泛采用[9]。

这种方法特别适用于成矿模式明显的情况，能更好地反映地质模型的特点。然而，显式建模也存在一些局限性：首先，整个建模过程需要大量的人工参与，特别是面对剖面数量众多、形态复杂的矿体时，效率相对较低；其次，建模过程中可能会出现三角形交叉等拓扑错误，需要进行后期校验和修正；再次，构建的模型表面通常较为粗糙、棱角分明，影响可视化效果；此外，由于该方法高度依赖于建模者的经验和理解，不同的建模者可能会产生不同的模型，增加了模型的多解性和不确定性；最后，当建模数据发生局部变动时，需要重新解释数据、圈定剖面并连接建模，这导致模型更新的过程变得烦琐复杂。

3.3.1 基于剖面的轮廓线构模法

基于剖面的轮廓线构模法的核心思想是通过连接相邻剖面上具有相同地质意义的矿体轮廓线，形成不规则三角网（TIN），以此模拟矿体的三维边界。这一方法因其实现简便且能够直观地表达矿体边界，并具备处理复杂空间形态的能力，已成为三维矿体显式建模的主要技术途径。

具体实施步骤包括组织和管理勘探工程数据、在二维勘探线上绘制剖面、提取矿体轮廓线、连接矿体轮廓线并构建三维矿体表面模型。在这一过程中，如何从复杂的钻孔数据中精确描绘出各剖面多边形的形态至关重要，它直接关系到实体模型的准确性。地质人员需要结合矿床工业指标（例如边界品位、最低工业品位、最低可采厚度、夹石容许厚度等）以及地质学知识（例如地层结构、地质构造和工程揭露情况等）来推测地层产状和构造特征，并据此圈定钻孔数据中的矿体范围。

矿体轮廓线的提取通常是由地质人员在储量估算剖面图上手动完成的。对于两个相邻的见矿工程，若它们所对应的矿体赋存部位一致且符合地质规律，则在剖面上将这些矿体视为同一部分并连接起来。基于各层之间物体已勾勒出的边界线，再利用截面之间的连贯性，就可以从一系列截面上的轮廓线中推导出相应物体的空间几何结构。将勘探区的所有勘探线剖面放置到三维空间，按照矿体的趋势，利用轮廓线重构面技术在相邻勘探线之间用三角网连接三维矿体表面，最后将矿体的两段封闭起来，就形成了矿体的实体，如图 3.1 所示。

轮廓线构模法因其思路简单且能直观表达矿体边界，被广泛应用于矿山建模之中。这种方法能够适应各种复杂矿体的三维形态表达，并允许通过修改轮廓线、增加轮廓线密度或添加示踪线（人工指定的控制线）等方式提高建模的精确度。通过将人机交互融入建模过程，轮廓线构模法在客观上保证了建模的精度，并能够适应复杂的地质情况，如矿体扭曲或分支。

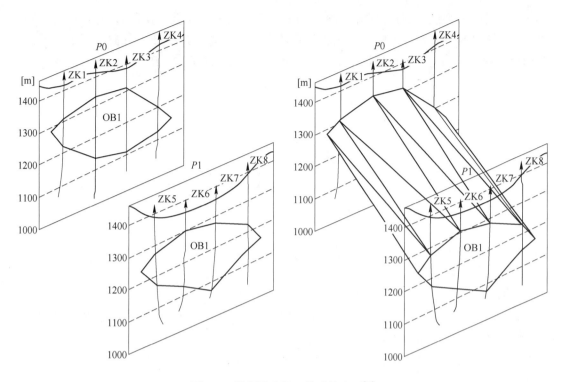

图 3.1 轮廓线重构三维矿体表面[1]

然而，在实际应用中，轮廓线构模法的一些局限性也逐渐显现。由于该方法依赖人机交互，自动化程度较低，建模过程耗时较长。这是因为需要在多个二维剖面上连接矿体来获取三维矿体轮廓线，进而限定矿体的边界。因此，对于那些对建模精度要求不高且需要快速完成建模任务的情形不适用于采取轮廓线构模法。

3.3.2 钻孔椭球体构模法

在矿产预查或普查初期阶段，当矿区尚未布置勘探线而仅有稀疏钻孔数据时，基于剖面的轮廓线建模方法变得不够适用。钻孔椭球体构模法可以无需借助二维剖面上的轮廓线，直接利用钻孔数据建立三维矿体表面模型。此外，在矿体形态复杂、产状变化大且厚度变化系数较大的情况下，使用三维轮廓线建模方法仍需大量的交互才能建立较为符合实际的矿体模型。此时，可直接基于钻孔数据，通过圈定钻孔矿段、获取矿体椭球体的参数来表达矿体的三维形态，提高三维表面建模的自动化程度[10]。

在地形连贯、矿体形态简单的地质条件下，基于钻孔数据对地层进行三维自动建模可以利用钻孔的分层点构造地层的 TIN 面，并对各地层的高程数据进行插值，获取各地层TIN 面的连续高程值，进而形成最后的地层地质体。该方法对于沉积型地层的三维建模非常有效，并且建模速度快，如图 3.2（a）所示，若矿体为层状矿体且连续性很好，且两个见矿的钻孔 **ZK1** 和 **ZK2** 相距较近，则认为该两个钻孔较好地控制了矿体形态，可将钻孔见矿段直接连接。然而，对于连续性差、形态复杂的非层状矿体，或者两钻孔相距较远、不能建立起明显的矿层对应关系的情况下，则需要按照图 3.2（b）的方式连接，即将每个钻孔见矿段的椭圆形范围内可视作矿体，椭圆表示了钻孔见矿段影响范围的各向异性特征，椭球体的大小和方向需要根据钻孔测量数据及整个矿体产出特征来确定。因此，建模的关键在于如何将钻孔测量数据和对矿体的认识转化为矿体椭球体的方向、大小对应的参数。

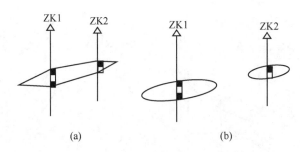

图 3.2 钻孔椭球体矿段圈定示意图[10]

建模流程如下：

（1）钻孔矿段圈定。这一步骤旨在识别出哪些钻孔部分穿过了具有工业价值的矿体。通常将符合工业指标的样品标记为"1"，不符合的则标记为"0"。由此，每个矿段由一系列连续的样品组成，并以第一个样品的起始位置和最后一个样品的终止位置作为矿段的边界。

（2）椭球体参数确定。这些参数包括椭球体的中心位置、三个主轴的长度以及椭球体的方向。在这个过程中，矿体的真实厚度被定义为椭球体的最短轴，代表了矿体上下界面之间的最小距离。矿层本身可以近似看作是由椭球体的两个较长轴所构成的平面，其中长轴指示矿体的倾向，而短轴则指示其走向。通过这种方式，能够准确描述矿体的空间形态及其在三维空间中的分布特征。

基于钻孔数据直接圈定钻孔矿段并获取矿体椭球体参数的方法，具备以下三个显著优点：（1）灵活性高：建模过程仅依赖于已圈定的矿段信息，不需要像轮廓线连接法那样一次性导入所有钻孔数据，这意味着新的钻孔数据可以随时添加到建模过程中，更加贴合地质勘查的实际流程。（2）可调整性强：这种方法允许用户随时调整特定钻孔矿段的信息，通过比较不同椭球体参数下矿体的形态差异，更精准地选择最优的椭球体参数，确保模型的准确性。（3）修正能力强：这种方法还能够有效地修正基于轮廓线构建的矿体三角不规则网（TIN）面。如果某个矿段与现有的任何矿体 TIN 面都不匹配，那么该矿段可以直接生成一个新的 TIN 面，这有效解决了矿体动态修正时可能出现的问题。

3.3.3 DEM 构模法

数字地形模型（DTM）作为地球表面地形地貌的数字化表达方式，其核心成果是数字高程模型（DEM），通过建立多层数字高程模型来构建地层模型是三维地质建模的一种重要方法。该方法涉及从地表到地下依次建立地层分界面或矿体与围岩分界面的 DEM，其次进行缝合处理，形成的模型便于显示和数据更新，但缺乏三维几何描述和内部属性记录。

多层 DEM 建模的流程如下：

（1）地层 DEM 构模。首先从二维地质剖面图开始，根据钻孔与地层界面交点分布情况，连接地层或矿体边界线。其次，根据地层或矿体的走势，在钻孔剖面图上编辑相邻地层的交点或矿体尖灭点，并通过这些点创建虚拟钻孔来获取它们与各层界面的交点。最后，将这些交点或尖灭点的剖面坐标转换为三维坐标，并整理出各个虚拟钻孔的坐标。按地层顺序整理出不同地层界面上的所有采样点或虚拟点后，采用逐点插入法构建 Delaunay 三角网，形成多层 DEM。

（2）矿体侧面 DEM 构模。构建矿体侧面 DEM 时，基于上表面边界 P 与下表面边界 Q 之间的三角网，找到 P 和 Q 之间最近的两个点 P_1Q_1，以这两点为基础寻找距离最小的对角线来组成三角面。如果 P_1Q_2 的距离小于 P_2Q_1，则形成三角形 $P_1Q_1Q_2$，反之则连接 $P_1P_2Q_1$。以此类推，依次生成其他三角面。这样构建出的三角面的每个三角形的外接圆均不会覆盖除构成该三角形的三个顶点之外的任何其他点。通过构建各地层的侧面三角网，并利用空间包络面固化成体，可以形成空心的包络面网，进而转化为三维实体模型，如图 3.3 所示。

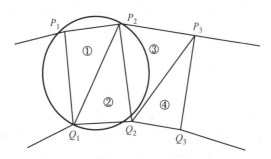

图 3.3　最小距离法连接三角网[11]

DEM 构模法相对传统，算法成熟，与空间插值方法相结合可同时具有地层层面建模和矿体模型建模的能力，能够很好地反映出矿体与周围岩体的相互关系及各地质体的赋存状态，为储量计算、品位估值、虚拟开采等提供了很好的平台，适合快速构建露天矿三维地质模型。

3.4　隐式建模技术

隐式建模方法主要是利用多元地学数据（如重力、磁法、电法及地震等探测手段获得的地球物理和地球化学数据），采用空间插值算法建立等势面等数值计算方法，进而对模型进行自动建模，并生成隐式函数在三维实体表面的表达（即 $f(x, y, z) = 0$）。这里，"隐式"具有双重含义[9]：一是使用隐式函数来表示三维模型；二是指三维视图无法直接显示模型，需要通过曲面重构转化为网格模型来显示。关键在于构造合理的矿体对象隐式函数表达方式，并选择适当的隐式插值函数。

隐式三维建模的基本步骤如下[12]：

（1）数据收集与整理：收集并整理各种地质数据，如地球物理和地球化学解释数据等，需要确保所有数据在同一空间坐标系中进行统计，但无须精确刻画数据的方向、尺度和方位。

（2）数据预处理：对原始数据进行统计分析，根据数据特性进行正态化、空间平滑、去除无关趋势效应以及剔除异常值等预处理工作。

（3）建立约束条件：基于地质理解和地球物理推断，定义几何约束，包括界线及产状，以限定建模的空间范围和形状。

（4）选择插值方法：根据地质和构造约束条件选择合适的插值算法进行三维建模。有效减少三维地质结构的不确定性，并采用定量方式评估地质模型的不确定性，非常适合在区域尺度上进行地质建模。

通过综合运用多元数据进行地质和构造约束，基于插值等势面的隐式三维建模能够在更大程度上减少地质结构的不确定性，并允许对地质模型的不确定性进行系统性的定量分析，特别适用于区域尺度的地质建模任务。

3.4.1　反距离加权法

反距离加权法（Inverse Distance Weighted，IDW）是一种加权平均插值方法，它遵循"地理学第一定律"，即地理位置相近的区域更可能具有相似的特性，而相距较远的地点则不太可能表现出相同的属性，这体现了地质属性的空间相关性。IDW 方法认为待估算点的属性与其周围一定范围内的已知数据点相关，并且这种关系与这些数据点到待估算点中心距离的 p 次幂成反比。

反距离加权法建模的流程如下：

（1）插值参考点的确定：在开始计算之前，首先要确定哪些已知数据参考点将被用于插值过程，通常以限制搜索半径与搜索点数的方法来确定，以预估点为中心，以搜索半径为界限，在这个圆形区域内寻找合适的参考点。这样做可以确保只使用与待估算点较为接近的数据点，避免相距过远的数据点对结果造成不利影响。通常情况下，只需设定搜索半径或参考点数量其中之一即可达到筛选目的。

（2）插值结果的计算：确定了参考点后，需要设置次幂参数 p，并计算每个参考点到待估算点的距离。具体来说，IDW 插值方法要求计算各参考点 (x_i, y_i) $(i = 1, 2, 3, \cdots, n)$ 到待估算点 (x_0, y_0) 的欧氏距离，并结合参考点的已知属性值 $Z(x_i)$ 来拟合待估算点的属性值 $Z(x_0, y_0)$。待估算点的属性值 $Z(x_0, y_0)$ 是通过对参考点的属性值与它们之间距离的 p 次幂的倒数进行加权平均得到的，具体公式如下：

$$Z(x_0, y_0) = \frac{\sum_{i=1}^{n} \left(\dfrac{Z(x_i)}{d(x_0, y_0; x_i, y_i)^p} \right)}{\sum_{i=1}^{n} \left(\dfrac{1}{d(x_0, y_0; x_i, y_i)^p} \right)} \tag{3.1}$$

式中，$d(x_0, y_0; x_i, y_i)$ 为参考点 (x_i, y_i) 到待估算点 (x_0, y_0) 的欧氏距离，需要小于 IDW 插值的参考点搜索半径；p 为次幂参数，显著影响插值的结果，p 越高，内插结果越平滑，常选用 $p = 2$；$Z(x_i)$ 为参考点 (x_i, y_i) 的已知属性值。

IDW 法作为一种常用的插值技术，其基本原理和参数设定相对简单，从而减少了存储需求并赋予了其一定的空间探索能力，可以有效生成所有空间点的预测值。在实际应用中，IDW 插值的结果容易受到权重值的选择、已知点分布的均匀程度以及极端值的影响。

特别是当存在极端值时，它们会在其周围产生小而封闭的等值线圈，这种现象被称为"牛眼"效应（如图 3.4 所示）。为了减轻这种效应并提高插值质量，建议尽可能使数据点分布均匀，使它们覆盖整个插值区域，减少局部异常值对整体插值效果的影响，进而获得更为准确和平滑的预测表面。

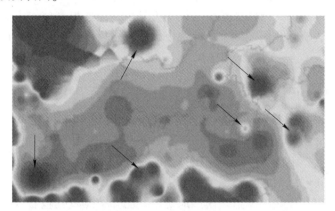

图 3.4 反距离加权法插值产生的"牛眼"效应[13]

（扫描书前二维码看彩图）

3.4.2 克里格法

克里格（Kriging）插值方法是由法国地质统计学家 Matheron 提出的，以纪念南非矿业工程师丹尼·克里格（Danie G. Krige）在 1951 年首次将统计学技术应用于地质矿产评估工作。克里格法是一种重要的空间统计插值方法，与反距离权重法等确定性插值方法不同，它认为空间点的属性受到多种复杂因素的影响，难以仅通过单一的统计模型精确获得预测值，因此将空间场视为一个随机场，利用变异函数来进行空间建模和预测，在有限区域内对未知点进行线性无偏最优估计。不仅可以提供预测插值，还能量化预测结果的不确定性，提供更加精确且具有概率意义的空间预测结果。

随着研究需求和技术的发展，克里格方法衍生出了多种改进形式，包括但不限于普通克里格法、泛克里格法、对数克里格法、指示克里格法和协同克里格法等。选择合适的克里格方法取决于空间变量的相关性特征：当空间变量满足二阶平稳假设时，可以使用普通克里格法；在非平稳条件下，则应采用泛克里格法；对于涉及非线性估计量的场景，如计算可采储量时，适用指示克里格法；当空间变量服从对数正态分布时，推荐使用对数克里格法；针对多个变量之间存在协同区域化现象的情况，可以采用协同克里格法。尽管有多种变种方法，但普通克里格法因其基础性、重要性和广泛应用性而成为核心方法之一。其通用方程式为：

$$z_0 = \sum_{i=1}^{n} \lambda_i z_i \tag{3.2}$$

式中，z_0 为待插值点 0 的估计值；z_i 为已知点 i 的属性值；n 为用于计算的已知点的数目；λ_i 为已知点 i 的权重，由变异函数方程解得，其不仅与插值点和已知点之间的距离有关，还与已知点之间的距离和空间方位等有关。

克里格插值算法相较于其他插值方法，其主要优点在于能够有效分析插值误差和插值表面的不确定性，并综合考虑采样点的距离及属性值的空间自相关性，适用于那些具有空间自相关性且无明显趋势的数据集。与反距离加权插值方法相比，克里格插值不会产生边缘效应，并且在较少的采样点情况下也能保持较高的精确度，这使其拥有广泛的适用性。然而，克里格插值算法的变异函数建立过程较为复杂，需要根据建模人员的经验额外设置参数。此外，该方法缺乏几何域约束，导致生成的三维模型与实际矿体形态可能存在较大差异。

3.4.3　离散光滑插值法

DSI（Discrete Smooth Interpolation）方法是由法国南锡大学的 J. L. Mallet 教授提出的一种插值技术，现已成为 GoCAD 软件中的核心技术。与传统的基于空间坐标的插值方法不同，DSI 方法不依赖于维数限制，而是着重于网格节点之间的拓扑关系，通过构建一个离散数据点之间的互联网络来实现插值。该方法以目标体的离散化为基础，采用一系列具有几何和物理特性的相互连接的节点来模拟地质体。已知节点及其包含的地质学典型信息被转化为线性约束条件，通过迭代解法求解这些线性方程，可以确定未知节点的值，从而达到构建地质模型所需的精度水平。当新的勘探数据出现时，只需在模型的局部区域加入相应的约束条件，并进行局部的平滑处理，就能根据新获取的信息更新模型，实现模型的动态完善和精确化。

在非连续地层界面的整体重构过程中，理论上所有多边形都可以被 DSI 技术用于近似拟合地质曲面。但在实际建模过程中，Delaunay 三角剖分技术应用最为广泛。以三角面元为例，基于 DSI 法的地质曲面建模流程如下[14]：

（1）地质数据预处理。将已知地质信息数据转换为离散点数据和线性约束条件。将确切坐标已知的离散点作为已知控制点，而近似坐标已知的点则作为待插值点，采用点模糊信息约束。

（2）Delaunay 三角剖分。对空间中的离散点进行 Delaunay 三角剖分，以确保每个点都能与其最近的点形成三角形。通过遍历这些三角形，可以获得每个点的邻域信息。具体来说，如果节点 α、β 和 γ 构成一个三角形，则将 β 和 γ 添加到 α 的邻域 $N(\alpha)$。

（3）确定插值加密区域。通过遍历数据点的 x 或 y 坐标并使用冒泡排序算法对节点坐标进行排序。如果相邻节点的 x 或 y 坐标值之间的差超过了预先设定的阈值，则将这些节点及其所属的三角形标记为需要进行插值加密的区域。

（4）加密区域内的插值点插入。在需要加密的每个三角形内部插入一个新的待插值点。如果该三角形至少包含一个已知控制点，则在该三角形内添加一个新的待插值点，并将它添加到该三角形每个顶点的邻域中。新插入点的初始坐标值被设定为该三角形三个顶点坐标的调和平均值。这样的处理方式能够确保快速调整待插值点的密度，并且保证求解方程存在唯一解。

（5）构建初始离散模型。遍历新的三角网数据结构，根据所有节点的邻域关系来计算节点的权系数 $(k)V\alpha$。离散点的权系数采用调和权计算，并且设定正权系数 $\mu(k)=1$。利用所得的离散点集及其拓扑关系和其他约束条件构建初始离散模型。

（6）迭代优化。设置迭代次数，使用 DSI 方法对待插值点坐标进行迭代求解，以输出优化后的曲面。

DSI 方法不仅可以通过选择不同的迭代次数来调整生成曲面的精度，还可以通过调整待插值点的数量和拓扑关系来优化地层曲面，提高了模型的适应性和灵活性，有效管理地质模型中的不确定性。这种依赖节点之间的连接关系而非简单的空间坐标去推断未知点属性的插值策略使得 DSI 能够有效地应用于多维空间的数据模拟，从而更真实地反映复杂地质体的结构特征和地质属性。

3.4.4 径向基函数法

径向基函数隐式三维建模法作为一种先进的建模手段，其核心在于将一系列径向基函数组合起来，形成能够描述三维实体的表达函数，随后通过等值面提取技术，生成精确的三维空间曲面。这种方法可以充分利用采样位置自身的场效应，采用径向基隐函数插值钻孔采样数据，有效地圈定矿体的三维模型。

径向基函数的本质是一个实值函数，其取值完全取决于相对于空间采样位置的距离，这一特性用数学表达式表示为 $\varphi(x) = \varphi(\parallel x - P \parallel)$，这里的 $\varphi(x)$ 即代表径向基函数。在模型构建过程中，通常以距离三次方的全局支撑径向基函数进行建模，即 $\varphi(t) = t^3$，这种选择能够确保模型在复杂数据分布下的适应性和准确性。为了进一步优化模型，使其能够更精准地反映三维空间形态，可以选择 Hermite 型隐函数（Hermite Radial Basis Function，HRBF）。HRBF 是一种扩展的径向基函数方法，它不仅考虑了点的位置信息，还考虑了点处的导数信息（通常为法向量）。这种方法特别适用于构建能够更好地匹配给定几何形状的曲面模型，尤其是在需要精确控制曲面光滑性和边界条件的应用场景中，从而增强模型的真实感和可靠性[9]。

$$f(x) = \sum_{i=1}^{n} \left[\alpha_i \varphi(x - x_i) - \beta_i, \nabla \varphi(x - x_i) \right] \tag{3.3}$$

式中，$\varphi(x)$ 为径向基函数；α_i、β_i 为由坐标与梯度数据确定的隐函数待定系数，$\alpha_i \in R$，$\beta_i \in R^3$，可由下列公式求解得到：

$$\begin{cases} f(x_j) = \sum_{i=1}^{n} \left[\alpha_i \varphi(x_j - x_i) - \beta_i, \nabla \varphi(x_j - x_i) \right] = 0 \\ \nabla f(x_j) = \sum_{i=1}^{n} \left[\alpha_i \nabla \varphi(x_j - x_i) - H \varphi(x_j - x_i)\beta_i \right] = n_j \end{cases} \tag{3.4}$$

式中，H 为 Hess 算子：

$$H = \begin{bmatrix} \dfrac{\partial^2}{\partial x \partial x} & \dfrac{\partial^2}{\partial x \partial y} & \dfrac{\partial^2}{\partial x \partial z} \\ \dfrac{\partial^2}{\partial y \partial x} & \dfrac{\partial^2}{\partial y \partial y} & \dfrac{\partial^2}{\partial y \partial z} \\ \dfrac{\partial^2}{\partial z \partial x} & \dfrac{\partial^2}{\partial z \partial y} & \dfrac{\partial^2}{\partial z \partial z} \end{bmatrix} \tag{3.5}$$

利用线性方程组求解可以得到在 Hermite 径向基隐函数曲面中待定系数的解，最终确定矿体模型的 Hermite 径向基隐函数表达。需要说明的是，在计算机中不能直接三维显示隐函数所表达的矿体模型，需要采用一定的显式化采样方法，如多边形网格化技术，将矿体隐式曲面转化为三角形等计算机可绘制的几何网格模型。

径向基函数法的优点在于它能够在数据空间分布杂乱无章且无法找到清晰经线的情况下，发挥最大效用并得到较为合理的结果。这种方法尤其适用于空间变量存在各向异性和空间相关性的问题。然而，当遇到断层、褶皱等局部变异性较大的复杂地质构造时，该方法可能不太适用。

3.5 矿山数字地质未来发展趋势

（1）地质结构与属性结合的三维地质建模技术。

早期的三维地质建模软件及算法主要侧重于地质体三维形态的表达，这是由于几何形态的准确表达是后续地质进一步应用的基础。但实际上，形态与属性之间存在着内在的关联，形态表达中的界面往往是属性由渐变到突变的一个突变带。例如，在金属矿勘探中，"矿"与"非矿"的区分依据其品位是否达到规定指标。因此，随着三维地质建模技术的发展和应用领域的深化，需求已经从单纯关注地质体的几何形态转向了地质结构形态与地质属性并重的方向。这不仅要求模型能够表达地质体的几何形态，还需要能够反映地质体内部属性场的变化情况，例如岩性、物质含量、密度、孔隙度、弹性模量等。

进入大数据时代后，三维地质模型的功能和能力得到了进一步扩展，其目标不再局限于可视化地表达地质体框架，也不仅仅用于显示模型的结构信息，而是应成为一个地质大数据的展示平台、交互评价分析的操作平台以及地质大数据的共享与服务门户。然而，传统的方法和技术在实现结构—属性一体化三维地质建模和耦合表达方面存在局限性。具体来说，现有方法尚存在以下问题：难以融合和表达地质先验知识，导致模型缺乏地质环境及地质演化规律的约束；缺乏考虑地质语义约束的结构—属性三维模型自动构建方法，仍需大量的人机交互辅助模型构建；无法实现结构模型和属性模型的耦合及集成表达，两者之间的建模过程经常被割裂，导致结构与属性模型之间缺乏内在联系。

因此，发展新型的空间数据模型和建模技术体系，实现面向地质结构—属性耦合表达的统一空间数据模型，构建知识驱动与数据驱动协同的三维地质结构—属性一体化集成建模技术体系，搭建地质大数据的聚合、集成、管理、挖掘和分析的可视化环境与操作平台，是未来三维地质建模领域的研究热点和前沿方向[2]。

（2）基于多源地质大数据的三维地质建模。

三维数字地质建模涉及多种类型的资料，包括实际观测资料、地质调查或勘查中获取的分析测试资料、编辑加工后的图件数据，以及研究区域地质背景的知识和专家见解等。随着大数据时代的到来，三维地质建模需要与地质大数据存储平台或"地质云"中的空间数据库、属性数据库以及非结构化文档库和图像库建立更紧密的联系。未来三维地质建模软件的发展将更加注重以下几点：1）数据集成：三维地质模型将成为集成地质大数据、地球物理、地球化学等多源数据的平台，实现数据的综合管理和分析；2）智能分析：提供强大的空间分析和集成挖掘工具服务，以支持高级的数据挖掘和分析需求；3）高性能计算：利用 Hadoop 等分布式计算框架处理海量数据，提高数据处理能力和效率；4）云计算和大数据：与"地质云"等基于云的服务相结合，利用云端资源进行数据存储、处理和共享。

（3）矿床三维精细全息建模技术。

地质学本质上是一种三维科学。深埋于地下的地质体和地质现象通常面临着结构信息不全、参数信息不全、关系信息不全和演化信息不全的问题。因此，开展多源数据融合，实施精细、全息的三维可视化建模尤为重要。三维虚拟地质环境不仅是可视化地质信息系统和地质大数据的最佳载体，还表达了研究区精细的构造–地层结构，凝聚了海量的多源多类多主题多要素的属性信息，反映了地质对象精细的非连续、非均质特征。未来三维数字地质建模的发展方向之一是矿床三维精细全息建模技术，通过构建快速、动态、精细、全息的地质模型，辅助地质技术人员更为直观地感知复杂的地质结构，理解成矿机理和过程，构建成矿预测模型，提升矿山地质技术人员的洞察和决策能力，推动地矿勘查行业的数字化转型。

参 考 文 献

[1] 张宝一，尚建嘎，吴鸿敏，等．三维地质建模及可视化技术在固体矿产储量估算中的应用 [J]．地质与勘探，2007，43（2）：76-81.

[2] 陈麒玉，刘刚，何珍文，等．面向地质大数据的结构–属性一体化三维地质建模技术现状与展望 [J]．地质科技通报，2020，39（4）：51-58.

[3] 吴立新，史文中．论三维地学空间构模 [J]．地理与地理信息科学，2005，21（1）：1-4.

[4] 吴立新．真3维地学构模的若干问题 [J]．地理信息世界，2004（3）：13-18.

[5] 李章林，吴冲龙，张夏林，等．地质科学大数据背景下的矿体动态建模方法探讨 [J]．地质科技通报，2020，39（4）：59-68.

[6] 魏长长．浅析采矿软件系统在露天采矿中的应用 [J]．甘肃冶金，2010，32（5）：87-89，96.

[7] 刘艺，黄德镛．浅谈我国矿业软件的发展 [J]．矿冶，2012，21（1）：77-79.

[8] 刘晓宁，罗金辉，马晓理，等．基于3DMine软件的煤炭资源数据建模与分析 [J]．煤田地质与勘探，2019，47（2）：72-78.

[9] 郭甲腾，吴立新，周文辉．基于径向基函数曲面的矿体隐式自动三维建模方法 [J]．煤炭学报，2016，41（8）：2130-2135.

[10] 赵增玉，潘懋，金毅，等．面向钻孔数据的矿体三维形态模拟 [J]．地质科技情报，2011，30（2）：122-126.

[11] 刘光伟，白润才，曹兰柱，等．基于多层DEM的露天矿三维地质模型构建及其应用 [J]．煤炭工程，2010（9）：73-75.

[12] 李晓晖．隐伏矿体三维成矿定量预测及系统开发 [D]．合肥：合肥工业大学，2015.

[13] 张琳娜，樊隽轩，侯旭东，等．地层数据的常用空间插值方法介绍和比较分析——以上扬子区宝塔组厚度重建为例 [J]．地层学杂志，2016，40（4）：420-428.

[14] 王庆牛．煤系地层三维地质建模及可视化技术研究 [D]．焦作：河南理工大学，2010.

4 数字穿孔关键技术

4.1 概述

金属矿床露天开采中，穿孔工作是首道工序，其作业内容是采用某种穿孔设备在计划开采的台阶区域穿凿炮孔，为后续的爆破工作提供装放炸药空间。在整个露天开采过程中，穿孔费用占生产成本的 10%~15%。穿孔质量的好坏，对其后的爆破、采装、运输等工序有巨大影响。特别是我国冶金矿山，矿岩坚硬，穿孔装备与技术不够完善，它往往成为露天开采的薄弱环节，约束矿山生产。因而，改善穿孔工作，可强化露天开采，对露天矿生产具有现实意义。

金属矿床地下开采中，钻爆法在今后相当长时期仍然是巷道掘进与回采落矿的主要工艺。凿岩是钻爆法施工的首道工序，所谓凿岩，就是在岩石（或矿石）上钻凿炮孔。在矿山采掘工作中，凿岩直接影响后续工序和工程施工的速度、质量、安全和成本。施工过程中，须根据岩石条件和作业要求，选择合理的凿岩机具和工作方式。按破碎岩石的不同方法，凿岩可分为机械和非机械破碎岩石两类，机械凿岩应用最广泛。

4.1.1 穿孔凿岩装备发展现状

4.1.1.1 露天矿穿孔装备发展现状

半个多世纪来，露天矿穿孔设备经历了几种形式的演变，牙轮钻机最终凭借钻孔孔径大和穿孔效率高等优点成为大、中型露天矿目前普遍采用的穿孔设备。现今世界上生产牙轮钻机的公司主要有：卡特彼勒（收购了比塞洛斯公司）、阿特拉斯·科普柯（并购了英格索兰公司）、小松（收购了久益国际，久益国际之前收购了哈尼施菲格公司 P&H）和山特维克。比塞洛斯和英格索兰公司是生产牙轮钻机历史悠久的公司[1-2]，而哈尼施菲格公司是 1991 年收购了加德纳-丹佛公司的牙轮钻机生产线后进入牙轮钻机市场的。

（1）卡特彼勒最新牙轮钻机型号主要有 MD6200、MD6250、MD6310 和 MD6380。MD6200 最大钻压 16964 kg，孔径 127~200 mm，是同类产品中体积最小最便于运输的钻机，可在狭小的空间内作业；MD6250 最大钻压 32655 kg，孔径 152~250 mm，由于采用了电子控制策略，降低了发动机转速并实现了较低的怠速速度，提高了燃油效率；MD6310 最大钻压 42149 kg，孔径 203~311 mm，融合最新技术，不仅可以实现自动钻采作业，提高生产率，还将提升所有下游作业的效率。开孔质量更高，孔型更直，更有利于开展精准爆破，穿透率提升多达 23%，所有部件均源自 Cat，可靠耐用、使用寿命长，延长了维修周期，减少了停机时间。MD6380 最大钻压 53845 kg，孔径 251~381 mm，专为在非常坚硬的岩石中进行大孔生产钻探而设计，能够承受极其恶劣的条件，具有较长的使用寿命和可靠的性能。此外，四种型号的牙轮钻机均集成钻机辅助功能，包括自动调平、自动回缩千斤顶、自动提升和降低钻塔以及自动钻孔，机器运行状况和性能监控功能帮助确保机器高效运行，钻孔深度计帮助减少钻孔过深或不足的情况，可直接连接 Cat MineStar™ 信息化系统技术套件，包括 Terrain for Drilling 和 Command for Drilling。Terrain for Drilling 是一个专为提高钻采精确度和效率而设计的可扩展系统，它使用高精度 GNSS 制导技术来指导钻采模式的执行。机载通信和监控功能可使操作员不用离开驾驶室，因此提高了安全性。凭借完全集成的办公软件系统，Terrain 可以提供机器和操作员生产率报告，并能对钻采活动和爆破规划进行远程实时监督。此外，它还能记录和测量钻采参数，以优化机器利用率并提高钻采和爆破效率。

（2）阿特拉斯·科普柯在 2017 年宣布将集团拆分为两家公司，其中采矿、基础设施建设和开采自然资源行业划归新公司安百拓 Epiroc 经营。安百拓公司的牙轮钻机主要包括 Drill Master 系列以及 Pit Viper 系列，前者是经过证明的优秀钻机系列，后者则是使用全自动功能提供高效钻进的出色钻机系列。Drill Master 系列历史非常悠久，一直是全球范围内表现优秀的钻机系列。系列包括 DM30Ⅱ、DM30ⅡSP、DM45/DM50、DM75、DML、DM-M3、DM30 XC，钻孔直径范围为 140~310 mm，轴压力范围为 13600~40823 kg。Pit Viper 系列包括 Viper231、Viper231E、Viper235、Viper271、Viper275、Viper291、Viper351，钻孔直径范围为 152~406 mm，轴压力范围为 26700~56700 kg。凭借安百拓的钻机控制系统（RCS），Pit Viper 系列可配置可扩展的自动化功能，如 AutoDrill 和 AutoLevel。它还可以通过可选的 BenchREMOTE 包实现操作员遥控钻进，让一个操作员能够运行一台或多台设备。它提供了一个基础，可以在日后增加新功能和选配件，而无须对机器进行重大改造，自动化钻进几乎无须人员与钻机进行交互。

（3）小松在收购了久益国际后，借助 P&H 的技术积累，在牙轮钻机市场依然占有一席之地。其产品型号主要包括 ZT44、ZR77、ZR122 和 320XPC。ZT44 钻孔直径 114~216 mm，配有双压空气压缩机，可进行高压或低压钻孔，能够根据不断变化的钻孔条件进行有效调整，包括因充满挑战性而生产力经常下降的高海拔地区，实现最佳性能。ZR77 钻孔直径 200~270 mm，钻头最大载荷量达 34927 kg，配备了一些其他智能功能，增加了循环次数，包括增强型自动钻孔和电子负载传感控制。ZR77 可兼容小松全新的高精度 GPS 远程操作控制台和自动化解决方案，此解决方案包括地理围栏、自动导航、障碍物检测与清除、鹰眼 360°摄像头系统等。ZR122 钻孔直径 270~349 mm，钻头最大载荷量达 55338 kg，受益于可重塑钻井并使其现代化的增强型平台钻井，ZR122 具有坚固可靠的旋转托架、强大而精确的齿轮齿条下拉系统以及封闭式水平桅杆，该钻机可提供充足的扭矩和钻头负载，适合坚硬的岩石条件。320XPC 钻孔直径 270~444 mm，钻头最大载荷量达 68038 kg，专为极端恶劣岩层条件下的大孔径炮眼钻孔而设计。该钻机搭配 Centurion 控制系统和 PreVail 远程设备状况管理系统。PreVail 远程设备状况管理（RHM）系统及时高效地提供设备状况和性能数据。其充分发挥钻机电气控制系统所带来的强大通信、指令和控制功能，将数据转变为易懂易用的信息，包括 KPI（关键性能指标）、仪表板、图形分析工具、预测性建模和报表工具。激活 320XPC 钻机上的 PreVail RHM 系统后，就能更清楚地掌握设备性能状况，从而更好地判定介入时机，最大限度降低纠正操作的成本；使用非常有用的风险管理工具，帮助缩短故障排除时间和平均修复时间；关键性能指标（KPI）

基准测试，更便于找出性能差距，可更及时地采取纠正措施，最大限度提高作业效率；操作实践分析功能，可借其检查操作员的操作方式，找出不合规之处，实现最佳的作业效率。

（4）山特维克的牙轮钻机型号包括 D245X、D25KX、D45KS、D50KS、D55SP、D75KX、DR410i、DR412i、DR413i、DR416i。钻孔直径范围 127～406 mm，钻头载荷 209～703 kN，最大单程钻孔深度 8.66～21 m。AutoMine® Line of Sight 软件包是三个级别的自主露天钻孔功能软件包中的第一级，当作业中需要频繁进入钻孔区域时，它使一名操作员能够通过位于工作台上的远程操作站控制一到三台钻机。AutoMine® Control Room 软件包是第二级，该软件包引入了一些功能，使控制室操作更高效、更安全、更轻松，一名操作员可以从控制室管理两到三台钻机。AutoMine® Autonomous 是第三级，能够从远程控制室对多个钻机进行完全自主的露天钻孔操作，从而提高操作安全性、生产率和钻机利用率。

我国牙轮钻机行业起步较晚，但发展势头迅猛，本土企业已具备自主研发实力。中钢衡重（原衡阳有色冶金机械厂）和武重集团为我国牙轮钻机主要生产商。中钢衡重是我国专业从事冶金和矿山装备研发、制造的骨干企业，其研制的 YZ 系列牙轮钻机是被国家列为千万吨级大型露天采矿的重大装备，多年来其市场占有率一直居国内前茅，且出口巴基斯坦、南非、利比亚和秘鲁等国。2016 年中钢集团衡阳重机有限公司研制的"YZ55D 型高原牙轮钻机"成功交付，该钻机是专门针对西藏地区地质条件而研发的，采用了先进的电液控制技术、大排量供风系统，攻克了设备因昼夜温差大而易发生故障等难题[3]。

WKY 系列牙轮钻机是武重集团研发的大型穿孔设备，机型主要包括 MKY-250 和 MKY-310。该新型牙轮钻机是在吸取国内外各种钻机优点基础上，并根据矿山使用特点和新技术、新材料进行全新设计的新一代穿孔钻机，该钻机是目前国内技术领先的牙轮钻机。钻机保留了高钻架、封闭链条、齿轮齿条连续加压作业方式，履带行走、钻具提升和加压、钻具回转均采用液压马达驱动，结构简洁，工作效率高，在电气控制、液压操作、可视监控、安全运行、管线保护等方面均有创新提高，钻机采用电力或柴油机两种动力，供用户选择，是各类露天矿山经济理想、效益较高的穿孔设备。

4.1.1.2 地下矿凿岩装备发展现状

法国的蒙特贝公司早在 1970 年就研制成功了第一台型号为 H50 的液压凿岩机并取得了连续钻孔 1.4×10^4 m 的良好成绩；在这同一时期，法国的 secoma 公司也将自己的产品推入市场中，其机型为 RPH35。1973 年，瑞典的 Atlas Copco 公司生产了一种掘进使用的液压凿岩机，命名为 COP1038HD，与之相匹配的还有其他不同功能的液压凿岩机型号，例如 COP1238，与此同时，芬兰塔姆洛克公司研发制造了 HE 和 HL 两种不同类别的液压凿岩机，到现在为止，该公司所研发的主要产品线共有 7 个。在经历了 13 年的不懈努力后，Atlas Copco 公司的第二代高速液压机产品也成功问世了，代表型号为 COPT1440 与 COP1550，成功地实现了高效率的目标。挪威公司起步于 1972 年，主要研究的是计算机控制定位以及钻孔相关的试验，并在 1978 年成功开发出第一台实验样机，紧跟其后各大公司相继推出自己的研发组件，主要包含有操作手柄、显示设备、感知设备、电液控制阀等一些用于凿岩的零部件，经过各大公司的不断努力，钻臂的一次定位所需时间已经减少为原来的三分之一，钻孔的精度大幅提高，操作人员只需要借助操作室内的显示屏，通过显示屏上的信息与状态就可以对现场的情况进行掌握，操作更加便捷。20世纪80年代末，美国推出了一种新型的凿岩机器人，其主要的型号有两种，分别为ZIGBcee-CR与AMV3GBC-CC，该种机器人不但配备齐全，同时还具有自动化的导向系统。到了2010年，Atlas Copco公司成功推出了一种三臂凿岩台车，其型号为Boomer XL3D，该种凿岩台车不但能够确保安全性，而且噪声较小，2年后，该公司又推出型号为Boomer XE3C的三臂凿岩台车。瑞典的Sandvik公司从2017年开始起，就陆续不断地推出新款凿岩台车，主要包含DT1131、DT1231等多种型号。

与国外相比，我国在这一领域的起步时间比较晚，20世纪70年代前后才开始进行研究，加之当时所处的历史环境、生产条件以及生产制造水平的限制，研制的整体过程并不理想。直到1980年，才生产出型号为YYG80的能够真正用于实际工作的液压凿岩机，该产品也成了实践生产意义上的第一代产品并成功通过了相关部门的鉴定。到了20世纪90年代末期，我国才开始进行相关的具有自动化功能的凿岩台车的研制工作，值得欣慰的是，我国首次并成功地研发出了一台属于自己的凿岩机器人样机，该样机也成了我国该领域进一步向前发展的基础与关键。与此同时，随着我国液压凿岩技术的不断成熟，液压产品也在逐渐增多，我国也渐渐地开发出了各种型号的凿岩台车，并获得了一系列的研究成果，如YYG90、YYG30、YYT30、YYG80A以及CYY20等系列产品，伴随着时间的推移，国家也更加重视机器人的发展，并提出将其纳入国家的"863"计划中，自此，该行业也进入了一个崭新的阶段。到了2016年，我国中铁重工集团开发出国内第一台ZYS113型全电脑三臂凿岩台车；2年后，徐工集团也推出自己的研发产品，型号为TZ3A，同年，江西鑫通以及湖南五新隧装智能装备公司也展示了自己的研发成果，型号分别为DW3-180与WD310E。

4.1.2 数字化钻孔技术发展现状

4.1.2.1 露天矿数字化钻孔技术

美国的卡特彼勒是全球规模最大的工程机械制造公司，其已经生产了许多矿山使用的机械设备并且已经设计出了一些数字化系统。例如天鹰牙轮钻机数字化辅助穿孔爆破系统，该系统将计算机软硬件、卫星导航定位和无线通信等技术结合起来，在全球范围内首次实现了钻孔的精确定位，向全球露天矿山展示了精确穿孔和爆破优化优越的经济价值。其能够记录各种钻孔数据，并通过信息测量和软件识别功能调整钻孔参数，使钻孔准确到达设定深度，预防发生欠钻或过钻等问题。进行钻孔时，可以通过识别不同岩层的硬度来为后续计算每个孔的装药量提供依据，还可以精准测量并记录在钻孔过程中的参数，以便后续对钻机穿孔参数进行统计和优化，从而调整出更合适的参数，并为后续系统运行提供参考。

天鹰牙轮钻机数字化辅助穿孔爆破系统集穿孔和爆破功能于一体，可以增强钻孔设备的定位能力、提高钻孔的深度和精度并延长设备的使用寿命。使钻孔作业效率更高、安全性更好，能够提升爆破的质量和产量，改善台阶的平整度，为后续生产创造良好的环境。过去人们只能依靠经验和直觉来设置钻孔位置，但该系统可以利用计算机和信息技术来准确选择合适的钻孔位置,并在自动设置好的位置按照预定的计划进行钻孔,在此基础上收集各钻孔设备的详细生产数据,还能远程实时监测钻机生产过程,以便及时调整爆破参数。系统由多个模块组成,包括岩层自动识别、自动优化钻孔参数、钻孔质量检测、钻孔深度检测、钻孔自动定位等多个功能模块。可以实时测量与调整钻孔钻进的角度,可以远程进行钻孔设计并形成三维立体报告,还具有远程管理钻孔作业等功能,可以显著提高钻孔的准确性[4]。

4.1.2.2 地下矿数字化钻孔技术

近年来,国内外的地下钻孔设备数字化和智能化技术一直在随着时间不断发展。应用液压技术的钻孔设备 20 世纪 60 年代便在欧洲诞生。挪威的某公司在 1972 年就开始进行钻机设备的计算机自动控制定位和钻孔的研究。该公司在 1986 年做出的自动控制装置系统就已拥有电子控制装置、方便使用的操作手柄、测量钻孔参数的传感器、显示钻孔参数的显示屏以及用电液控制的液压机械臂。工人们只需要调整爆破参数与布孔方案并监控钻孔的过程即可。技术发展到 80 年代时,钻臂定位一次所消耗的时间已从 25~30 s 减缩至 10 s,钻孔深度的精度可以控制至 1 cm,钻孔位置的误差可以控制在 10 mm 以内。钻孔设备的定位和钻凿过程均可实现自动化。工人在操控室中通过显示器即可了解并控制设备。

目前,我国地下钻孔技术的发展思路如下(见图 4.1):(1)研发高装配精度的国产液压钻孔设备,以便实现纯手动化操作。(2)实现钻孔设备操控的半自动化,需通过结合巷道轮廓的自动扫描技术和 3D 激光扫描技术,将爆破设计方案输入到钻孔设备终端,进而实现对爆破炮孔的自动定位。(3)实现钻孔设备操作的全自动化,需要凭借钻孔设备控制终端的集中管控,从而解决自主行走、自动定位、位姿控制等诸多难题,还能够实现钻孔设备的多钻臂孔序规划、钻臂的自动钻进和自动换钎等功能。(4)结合 5G 通信等智能化关键技术,在确保自动定位和自动钻进等基础功能平稳运行的前提下,实现钻孔设备的故障自动检测、远程操控、远程监测等先进功能,此阶段可以被称为全面智能化阶段。在矿山装备实现高度智能化后引入物联网技术体系,从而实现绿色、安全、高效的数字化矿山。

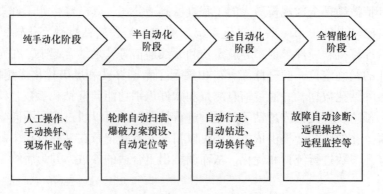

图 4.1 我国凿岩技术发展思路

目前,国内凿岩台车的研发正经历着从完全纯手动化向半自动化和全自动化操作的转变过程。在纯手动的情况下,在很多工程中仍然需要工人亲自操纵钻机进行钻凿开挖作业，等于只是将工人手中的生产工具进行了更换。尽管炮孔的钻进速度和平直度有所改善，但仍然需要测绘人员的辅助控制定位的精确度和钻孔角度。而且在移动钻臂的过程中，操作工人通常无法选择最优的钻孔顺序，并且还需确保多个钻臂与岩壁之间不会发生碰撞。当遇到卡钎问题时，通常只能依赖有丰富的操作经验的老员工手动调整钻速，甚至需要不断敲打钻钎来解决。

A 自动控制技术

通过设计和运行计算机算法，在控制系统使用人工进行决策、判断并处理钻孔中遇到的问题，可以减少工人操作的工作量和错误率，从而解决钻孔技术在纯手动化阶段存在的问题。控制系统是钻孔设备的核心，其主要任务是接收并处理来自传感器实时收集的数据和计算机发出的指令，然后安排钻机各部分进行相应操作完成指令。目前，铁建重工研发的钻孔设备已经进行准备推广应用，其中的控制系统可以辅助完成自动定位、自动钻孔、超前地质分析以及爆后轮廓重建等任务。

自动控制的钻孔设备的定位是否精确，关键在于钻臂是否能够准确到达预设位置，而钻臂的准确移动则凭借于液压系统能否稳定和高效工作。其运动过程中不应该出现抖动等情况，应保持平缓稳定。过去一般的钻孔设备需要依靠人工操作，需要通过控制伸缩液压油缸才能实现移动钻臂。而拥有自动控制技术的钻孔设备上，通常会装备电磁比例阀，可以使用手柄或信号传输进行控制。电磁比例阀的精确度和效率都比人工控制高，能够同时调节多个液压缸的进出油量实现快速运动。

B 无线通信技术

尽管拥有自动控制技术的钻孔设备的应用可以显著降低工人的数量，减轻工人的劳动负担，但这些技术都基于有线通信技术。为了实现金属和非金属矿山的远程化、无人化开采，还是离不开无线通信技术。目前有学者研发出一种可以应用于钻孔机械上的远程控制装置，通过遥控单元实现钻孔定位以及钻孔的远程控制，不但提高了生产效率，还保证了工人的安全生产、节省了通信线缆成本。近期，有学者成功使用5G技术在钻孔设备上实现远程遥控操作，远程遥控系统采用了最新的无线通信、视频传输和自动化控制等技术，将操作人员的地下作业转变为地表远程作业，使操作员的工作效率显著增长[5]。

4.2 露天矿钻机数字化定位寻孔技术

传统的钻机钻孔作业主要依靠人工使用皮尺布置孔位，然后用竹签等工具标示孔位，钻机操作人员再依靠驾驶经验寻找孔位。这种方式很难保证钻孔精度，很容易产生大块或根底等问题。而且由于数字化程度不高，在天气恶劣情况下也只能使用高成本的人工布孔。国内现有的数字寻孔技术主要是通过搭建定位基站与移动站实现钻机定位，利用数字化寻孔软件指引钻机寻孔，从而将钻孔平面精度精确至厘米级。该技术已应用于部分矿山之中，例如齐大山铁矿、朱兰铁矿等。

露天矿导航定位自动寻孔的整体架构如图4.2所示。

4.2.1 定位基站

基准站为钻机移动站提供了卫星信息与基准站的误差信息，以此来进行钻机移动站坐

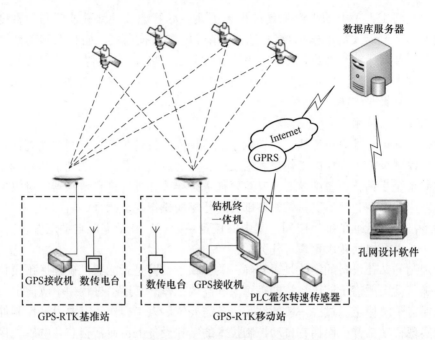

图 4.2 自动寻孔系统架构

标修正，完成差分定位。基准站由 GPS 天线、GPS 接收机以及数传电台组成。在已知精确坐标的点放置 GPS 天线，并配置基站接收机。以封装了板卡的接收机作为定位基站的 GPS 接收装置。接收机通过 RS232 串口与 PDL 大功率电台连接，电台通过固定频率将差分数据发送到几公里范围内的所有钻机移动站。

4.2.2 钻机移动站

牙轮钻机工作环境比较恶劣，工作过程中有持续的振动。为了使系统稳定性达到最高，一般将板卡以及电台模块集成到工业用无风扇一体机内，确保了使用稳定性。同时一体机具有 GPRS 模块，能够实现远程服务器孔网参数获取与工作数据回传等数据交互。钻机精确定位系统主要目的是实现钻杆位置的精确定位，而钻杆比较高（20 m），振动较大，所以，GPS 天线不能直接安装在固定钻杆的钻架上实现精确定位，需要安装在其他位置来换算钻杆的位置。考虑钻机实际情况和 GPS 接收机本身性能，选择在钻机操作室上面安装两个 GPS 天线，通过间接算法来得到钻杆实际坐标，如图 4.3 所示。一般情况下，采用的 GPS 接收板卡是高精度的定位定向板卡，一个 GPS 天线做精确定位，一个 GPS 天线做定向，所以采用三点一线的方式可以实现钻杆的精确定位。

4.2.3 钻机数字寻孔软件

钻机寻孔软件通常在钻机移动站的一体机上运行，其能够远程接收服务器端下达的钻孔任务，钻机的驾驶员可以使用软件的导航功能来准确定位孔位。还需实现寻孔软件自动化才能使钻机操作人员的寻孔过程更便捷。因此自动寻孔软件需要具有以下主要功能：（1）解析定位数据；（2）可以通过网络连接远程访问数据库；（3）可以在地图实时显示

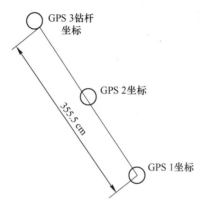

图 4.3　钻杆坐标计算原理

钻孔的整体布局和进度；（4）可以显示钻机的实时位置和轮廓；（5）根据钻机和孔位的比例与位置自动缩放地图；（6）在自动寻孔的过程中显示文字辅助指引。

4.3　地下矿凿岩断面轮廓扫描技术

矿山巷道的设计、穿孔爆破施工、验收等工作均需要对巷道的几何形状、喷涂量、开挖量等数据进行测量。通常对这些参数的获取方式主要依靠人工测量、记录、计算，这种方式存在工作量大、过程长、误差明显等缺点。巷道空间因其具有独特的结构特征，空间实时变化，难以做出固定坐标点，依靠基准点的全站仪设备无法准确测量，并且巷道地下空间也无法直接使用 GPS 信号辅助测量，因此传统的巷道断面测量方式难以满足现代矿业数字化穿孔工艺发展要求，三维激光扫描与摄影测量等非接触式测量技术成为支撑数字化穿孔施工的主要手段。

4.3.1　三维激光扫描技术

三维激光扫描技术又称实景复制技术，是继 GPS 之后测绘领域的一次技术变革，它突破了传统的单点测量方法，其以高效、快速、非接触、短时间获得海量测绘数据等技术优势迅速发展成为一种全新的空间数据获取工具和手段，针对复杂巷道的测绘也十分适用，尤其在巷道基础测绘、巷道变形监测中能发挥重要作用，除此之外，利用该技术能够对井巷凿岩断面进行全方位的自动化扫描，以此获取高精度高分辨率的断面数字模型，利用无线通信技术实现数据的实时传输，得到全面、真实凿岩断面轮廓数据。

三维激光扫描技术的原理其实是通过激光测距技术记录被测目标表面大量点的三维坐标、反射率和纹理等信息，从而迅速建立被测物体的三维模型的详细数据。由于三维激光扫描技术能够高精度地采集大量点云数据，得到全面且真实的监测数据，因此相较于传统的单点测量方法，三维激光扫描技术也被称为从单点测量进化到面测量的革命性技术突破。其具体原理如图 4.4 所示。

三维激光扫描测量通常使用仪器自身的坐标系统，通过对物体三维信息数据的采集获得距离观测值，精密时钟控制编码同步测量每个激光脉冲横向扫描角度 α 和纵向角度 θ，

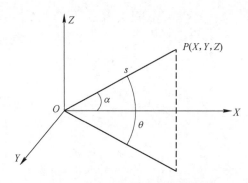

图 4.4 三维激光点坐标计算原理

其中 X 轴在横向扫描面内，Y 轴在横向扫描面内与 X 轴垂直，Z 轴与横向扫描面垂直。由以上数据可得三维激光点 $P(X, Y, Z)$ 坐标，计算式如下：

$$X = s \cdot \cos\theta \cdot \cos\alpha$$
$$Y = s \cdot \cos\theta \cdot \sin\alpha \qquad\qquad (4.1)$$
$$Z = s \cdot \sin\theta$$

整个三维激光扫描技术流程可以分为外业扫描、内业数据处理两部分。三维激光扫描技术流程如图 4.5 所示。

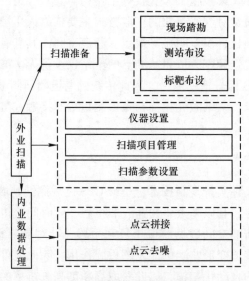

图 4.5 三维激光扫描技术流程

三维激光扫描技术在井巷工程中具有传统测绘手段不可比拟的优势。其主要优点为：

（1）具有机动性、灵活性和安全性。手持三维激光扫描仪体积小巧、受环境干扰较少、采用非接触测量技术，可以在复杂的巷道工程中灵活使用，只需一名员工手持或车载进行扫描工作，不需要固定在某一点位。与传统的单点接触设站测量相比，具有明显的优势。

（2）采集数据速度快。传统的井下测绘方法为数据采集速度较慢的单点测绘模式。而三维激光扫描技术收集数据的效率为传统测绘手段的 8~10 倍，优势巨大。

（3）数据采集更全面更准确。因为传统的数据采集方式为单点数据的采集模式，无法获得较全面的数据，且需要多名工人协作才能进行测绘作业，还受工作环境的影响。而三维测绘技术是一种利用激光扫描实现的多点三维测量方式，能够得到更全面准确的巷道轮廓的三维坐标数据，使得巷道的三维模型具备了完整的地理信息和地区坐标系，从而确保了模型的尺寸和精度的准确性。

（4）数据成果利用率高。通过处理三维激光扫描技术获取的点云数据可以生成多种衍生数据，如巷道的三维模型和巷道的平面图。而且通过三维激光扫描技术得到的三维模型只需测一次就可以重复利用，进行任意位置的分析。

利用三维激光扫描技术对矿山井下的井巷进行测绘，能够迅速获取精确的地下井巷数据和矿山井下复杂巷道的数字化三维模型，进而可以快速得到巷道的断面信息和位移信息。三维激光扫描技术测绘手段丰富了井巷工程中测绘的成果类型，大大提高了地下矿开拓过程中的工作效率，而且还能够及时监测到生产过程中的安全隐患，及时采取支护措施，有效地保障了地下矿的生产安全[6]。

4.3.2 摄影测量技术

摄影测量技术已较为成熟，发展至今已形成完整的摄像测量系统并广泛应用于矿山巷道轮廓建模、稳定性分析等场景，比如 Sirovision 系统，系统一般包括两个部分：立体图像采集仪和三维图像处理与分析软件。立体图像采集仪通常集成两台高分辨率工业相机，通过单杆脚架可以快速获取 360°范围内岩面的二维图像。而三维图像处理与分析软件，则可以实现重构岩体三维模型、绘制结构面、统计分析结构面以及分析岩体稳定性等功能。

摄影测量系统依据双目立体测图的基本原理获取目标岩体的左右两幅图像，基于所获取的图像，完成图像的内方位元素定位后，通过图像合成，重建目标岩体的几何模型；根据目标岩体中的控制点坐标，进行外方位元素定位，完成几何模型的坐标转换；在转换后的模型中，提取节理岩体信息。

图像内方位元素定向是直接服务于模型建立和图像合成，用于确定两幅图像之间的相对位置关系。系统工作时设备平行于水平面，换言之，两台相机的连线平行于水平面，属于"单独像对相对定向"，通过 ϕ_1、k_1、ϕ_2、w、k_2 5 个定向元素，完成像对的相对定向，如图 4.6 所示。

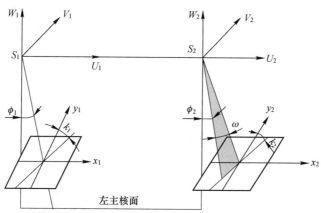

图 4.6 单独像对相对定向元素

立体像对通过相对定向后，利用图形合成形成与实物相似的几何模型，但该模型的大小与空间方位均是任意的，因而有必要借助被测对象中已知的地面控制点，对定向后的模型进行平移、旋转与缩放，转化为摄影测量坐标系中的模型。需要确定相对定向所建立的模型空间方位的 7 个参数 $(X_s, Y_s, Z_s, \lambda, \phi, w, k)$，借助目标对象中 3 个地面控制点，计算该 7 个参数，公式如下：

$$\begin{bmatrix} X \\ Y \\ Z \end{bmatrix} = \lambda \begin{bmatrix} a_1 & a_2 & a_3 \\ b_1 & b_2 & b_3 \\ c_1 & c_2 & c_3 \end{bmatrix} \begin{bmatrix} U \\ V \\ W \end{bmatrix} + \begin{bmatrix} X_s \\ Y_s \\ Z_s \end{bmatrix} \tag{4.2}$$

式中，(X, Y, Z) 为地面控制点在摄影测量坐标系中的坐标；λ 为缩放因子；(a_1, b_1, c_1)、(a_2, b_2, c_2)、(a_3, b_3, c_3) 为 2 个坐标轴系的 3 个转角 ϕ, w, k 计算出的方向余弦值；(U, V, W) 为地面控制点在像空间辅助坐标系中的坐标；(X_s, Y_s, Z_s) 为坐标原点的平移量。

像点坐标与地面控制点在摄影测量坐标系中的坐标可通过线性交换法进行求解：

$$\begin{cases} x = -\dfrac{I_1 X + I_2 Y + I_3 Z + I_4}{I_9 X + I_{10} Y + I_{11} Z + 1} \\[4mm] y = -\dfrac{I_5 X + I_6 Y + I_7 Z + I_8}{I_9 X + I_{10} Y + I_{11} Z + 1} \end{cases} \tag{4.3}$$

式中，(x, y) 为像点坐标；$I_1, I_2, I_3, \cdots, I_{11}$ 为直接线性变换系数。

摄影测量系统工作时，2 台相机位置固定，其镜头间距不变，相机参数固定，仅需要通过被测物体上的 3 个控制点构建解算方程组即可进行求解。

4.4 钻机数字化感知技术

矿山穿孔设备感知的首要任务是实现穿孔设备自身状态及环境的数字化自主感知。具体为利用机器视觉、GNSS、雷达、三维激光、传感器等数据感知技术手段，实现设备位置、状态及其运行环境的动态感知，并与矿山地理、矿山生产、安全管理有效融合。

4.4.1 设备状态感知

设备状态感知主要通过加装一系列传感器实现，通过有线或无线通信将提取到的传感信息（电压、电流、液压油位、推进压力、回转压力等）反馈至控制中心。

对于液压系统，通过加装工程设备常用的液压压力、液压油位油温传感器能够准确、可靠地采集液压系统参数。传感器使用 4~20 mA 模拟信号或者数字通信信号实现采集，保证数据采集的抗干扰性。

对于电源的电压、电流，则主要通过工业标准的电能采集模块，将电压、电流数据转换为控制器能够接收的信号或者数字通信信号来实现采集。而对于回转电机和行走电机，则主要通过变频器读取相应的电流、电压数据。

设备机身的倾斜角，主要使用工业认证的倾角传感器，实现对机身前后、左右的倾斜角测量，传感器通过工业标准的 CANOPEN 总线将数据上传给控制器，控制器再通过工业以太网传输至远端。

4.4.2 基于图像识别的设备运行环境感知

用于设备运行环境的检测识别方法较多,目前比较主流的感知传感器有超声波雷达、激光雷达、毫米波雷达、摄像头。每种传感器都有自己的优缺点,摄像头可以分辨物体的距离、大小、颜色,包含的信息比较丰富,但是对光的敏感度比较高;激光雷达测距精度高、准确度高、响应时间快,但是成本高,浓雾、雨雪天会对其有较大的影响;超声波雷达结构简单,价格便宜且体积小巧,但是受天气和温度变化的影响很大,且感知的距离很短;毫米波雷达不受天气情况影响,能够感知到的距离较远,且能识别到毫米级的移动,但是对静止不动的物体精度较低,开发成本高。

目前机器视觉技术在设备运行环境感知方面的应用较多,是保证设备运行安全的重要技术手段。

4.4.2.1 技术路线

技术路线流程如图 4.7 所示。简要说明如下:

(1) 采集数据并对数据图片进行预处理。图片预处理在图像处理中是非常重要的一步,它的主要目的是减小图片尺寸,去除其中无关的信息,恢复其中有用的真实信息,不但提高了有关信息的可检测性,还将数据最大限度地简化,从而改进特征的提取、匹配和识别的可靠性,将训练和预测的速度提高。图像预处理的好坏也会影响到最终分类结果。而且,由于矿山灰尘较大,背景复杂,增加了图像特征提取的难度,因此对于图像的预处理显得至关重要。

(2) 利用卷积神经网络 (Convolutional Neural Networks,CNN) 进行图像特征分类训练。由于卷积神经网络所含有的卷积核可以获取大量图像中的信息,并且通过实验验证了模型的有效性,因此选择出卷积神经网络结构模型来实现对设备、人员进行特征分类训练,形成相应的特征库。

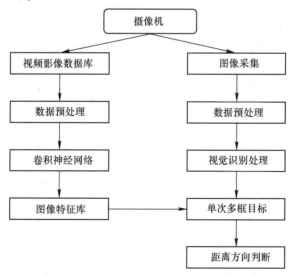

图 4.7 图像识别技术路线图

（3）多元素识别。利用特征结果，通过单次多框检测器算法，实现卡车、电铲、人员等多种元素识别。

4.4.2.2 卷积神经网络

应用深度神经网络进行图片分类实现对周边障碍物的分类，将矿山工程现场的实拍图片作为神经网络的输入，人工进行标签制定作为网络输出。深度神经网络允许由多个处理层组成的计算模型学习具有多个抽象级别的数据表示形式。深度前馈网络是一种典型的深度学习模型，它学习将固定的输入映射到固定大小的输出。如图4.8所示，前一层神经元与后一层神经元完全连接，没有反馈连接，模型的输出反馈给自身。前馈网络引入隐含层的概念，需要使用激活函数计算隐含层值。目前，ReLU是最常用的非线性激活函数。另外需要设计网络的体系结构，包括网络应该包含多少层以及每层应该包含多少单元。在深度神经网络中需要对复杂函数的梯度进行计算，利用反向传播算法可以有效地计算这些梯度。

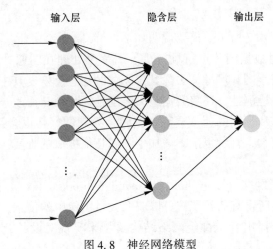

图 4.8 神经网络模型

卷积神经网络（CNN）是实现分类任务最基本也是最常用的网络。其网络结构如图4.9所示。完整的卷积神经网络由卷积层、池化层、全连接层组成。它是一种空间共享的采样模型，适用于图片这种大规模数据。将原始图片通过卷积核进行特征提取，经池化层特征归纳，逐层前传。同时将输出的误差逐层反传对网络的权重阈值进行更新，最终实现网络结构的最优化即输出误差的最小化，同时具备较好的泛化性能。

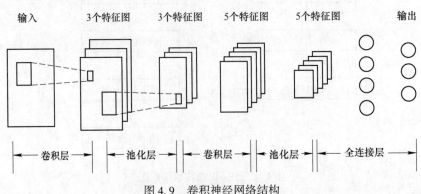

图 4.9 卷积神经网络结构

4.4.2.3 SSD 目标检测模型

目标检测任务采用基于卷积神经网络的单次多框检测器（Single Shot Multibox Detector，SSD）目标检测模型，实现了钻机机载环境下的目标检测。

候选区域生成是目标分类和定位的基础。滑动窗口方法在模型训练和预测过程中具有极高的计算成本。相比之下，区域提名有所改进，但在计算上仍然昂贵。合理选择目标可能存在的区域，直接影响到模型的检测精度和速度。SSD 模型采用多尺度特征融合方法结合描框生成策略来生成候选区域。二维图像做卷积处理的实现过程如图 4.10 所示。

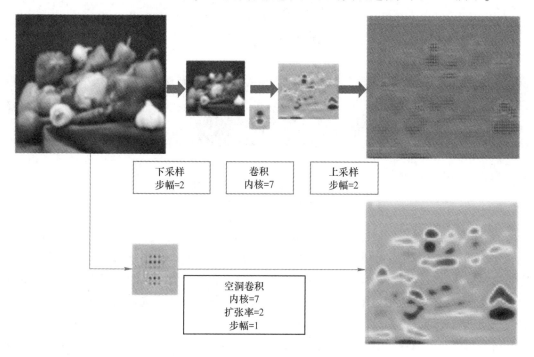

图 4.10 二维信号特征提取

（扫描书前二维码看彩图）

在目标检测任务中，不同目标的大小尺寸各有不同。而在整个模型网络架构中，较底层的特征图尺度较大，像素点密集，便于检测小目标；较高层的特征图尺度小，像素点稀疏，适合检测大目标。为了能够检测到不同大小的目标，SSD 模型采用多尺度特征融合策略，在不同的特征图上进行候选区域生成，就能得到不同大小的目标候选区域。相比于图像金字塔，多尺度特征融合没有上采样过程，不会增加额外的计算量。

SSD 模型中多尺度特征融合方法用到的网络中最低层是卷积 4_3 层特征图，而更底层的特征图所包含的小目标信息会更为丰富，对小目标的检测应该更有帮助。由于更低层特征图小目标信息丰富，但上下文语义信息不足，导致更低层特征图的检测精度不佳。多孔卷积可以兼顾小目标特征信息与上下文语义信息，有助于小目标的检测。

目标先验 γ 是指预先判断候选区域的每个描框中是否包含目标，忽略不存在目标的描框，从而过滤掉大部分负样本，减少目标的搜索范围，避免了每个候选区域重复计算。

目标先验的具体实现为：给每个描框分配一个二分类的标签，用于判断其中是否包含目标，具体是用一个 3×3 的卷积层结合一个 softmax 函数来实现的。如果描框中包含目标，就再给描框分配一个类别标签，用于确定目标类别；否则，则视其为背景。图 4.11 为从一幅图像中生成的多尺度目标先验特征图。

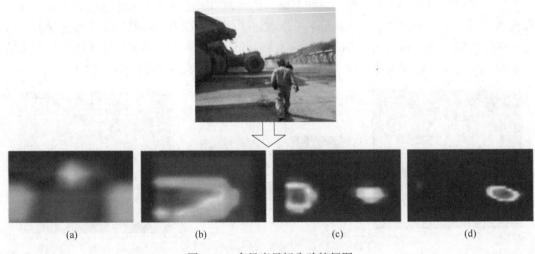

(a)　　　　　　　(b)　　　　　　　(c)　　　　　　　(d)

图 4.11　多尺度目标先验特征图
（扫描书前二维码看彩图）

为了可视化，对多个目标先验特征图沿着通道方向取平均。图 4.11（a）和图 4.11（b）突出了原图中卡车的位置，图 4.11（c）突出了人员的位置，图 4.11（d）突出了人员的位置。从图中可以看出，目标先验特征图可以明确指示待检测目标的存在，不同尺度的目标会在对应的特征图中体现出来。SSD 模型采用分类滤波器和定位滤波器对候选区域中的描框进行处理，得到目标的类别信息和位置信息。

由于需要对机载环境下的图像进行目标检测，因此需要在相同类型的数据集上对目标检测模型进行训练。虽然公开数据集 PASCAL 数据集与机载环境下的图像相似，但是图像视角不同，并且自采集的数据集通常数量有限，不足以完整地从头开始训练整个模型。为了解决这个问题，使用迁移学习的方法。迁移学习就是在公开数据集上对模型进行预训练，然后再在自采集数据集上微调模型参数。此方法可以使预训练模型的对象性继承下来，可以从少量的自采集数据集中训练得到较好的效果。

4.4.2.4　图像测距

物体与摄像机位于同一直线的原理图如图 4.12 所示。

原点 O_1 所在的是像素坐标系；原点 O_2 所在的是图像坐标系；原点 O_3 所在的是世界坐标系。像素坐标系描述目标的像素点坐标。图像坐标系描述的是图像中目标的坐标。世界坐标系描述现实世界目标的坐标。从图 4.12 中可以看出，世界坐标系两点之间的距离和像素坐标系两点之间的距离成正比。通过求解像素坐标系两点之间的距离，利用相机成像原理可以计算出现实世界中两个物体之间的距离。要求解的目标距离即图 4.12 中 O_3P 的长度。

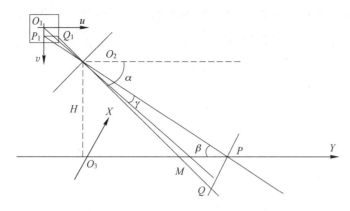

图 4.12 无 x 轴分量距离检测原理图

通过相机标定和测量可以知道以下参数：相机高度 H；世界坐标系的原点与图像坐标原点在现实世界对应点之间的距离 O_3M；相机中心点所在坐标（u_{center}，v_{center}）；相机中像素的 x 坐标对应的实际值 x_{pix}，像素的 y 坐标实际值 y_{pix}；相机焦距 f；被测量目标在像素坐标系中的位置（u，0）。

推导过程如下：

$$\alpha = \arctan \frac{H}{O_3M}$$

$$\gamma = \arctan\left(\frac{O_1P_1 \times y_{pix}}{f}\right) = \frac{(v - v_{center}) \times y_{pix}}{f} \tag{4.4}$$

$$\beta = \alpha - \gamma$$

$$O_3P = \frac{H}{\tan\beta}$$

$$Y = O_3P$$

上面推导得出的 Y 就是检测点在世界坐标系中的 y 轴坐标。

物体与摄像机不位于同一直线，即检测目标的位置存在 x 轴分量的情况，建立如图 4.13 所示原理图。

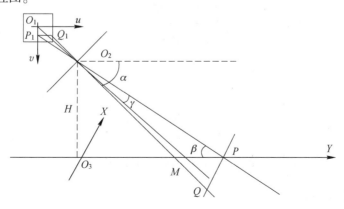

图 4.13 存在 x 轴分量目标距离检测原理正视图

x 轴分量的测量通过与 y 轴分量成比例推导得出，具体推导公式如下：

$$O_2P_1 = \sqrt{\left[(v - v_{\text{center}}) \times x_{\text{pix}}\right]^2 + f^2}$$

$$O_2P = \frac{H}{\sin\beta}$$

$$\frac{PQ}{P_1Q_1} = \frac{O_2P}{O_2P_1} \tag{4.5}$$

$$PQ = \frac{O_2P \times P_1Q_1}{O_2P_1}$$

$$X = PQ$$

公式（4.5）中，X 即为在世界坐标系中检测的 x 轴分量。

因为世界坐标系和相机坐标系不存在 x，y 轴的位移，因此，世界坐标系中待测点到原点的距离即是目标检测的距离。距离 d 可由公式（4.6）得出：

$$d = \sqrt{X^2 + Y^2} \tag{4.6}$$

由 X，Y 不难求出目标与相机的方向夹角。

目标距离检测模型如图 4.14 所示，简要说明如下：

（1）通过摄像机捕获钻机前方盲区内的图像；

（2）将该图像输入到深度学习模型中；

（3）深度学习模型返回图像中各目标的位置信息；

（4）将目标的位置信息输入到单目视觉测距模型中；

（5）通过单目视觉测距模型计算出目标的距离，并将此距离信息标注到图像中。

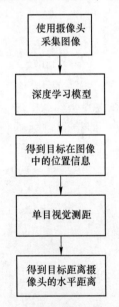

图 4.14 目标测距模型的流程图

4.4.2.5 随钻参数

随钻参数是在钻孔工作中产生的各类可以利用的各类传感器获取的数据，随钻参数包含钻进速度、回转速度、钻压、回转压力、回转扭矩、泥浆泵压力、钻杆温度、钻孔底部温度、微震和设备油耗等参数，如图4.15所示，在凿岩钻进过程中，可以通过以上参数感知相应的凿岩钻进岩层，进而实时优化凿岩钻机，使其调整至最佳钻进速度。

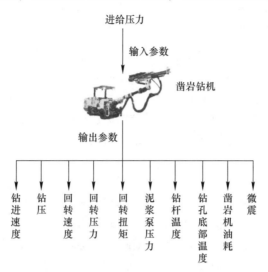

图4.15 凿岩掘进输入、输出参数图

4.4.2.6 关键随钻参数分析

钻进速度是指凿岩钻机进行钻孔工作时的工作速度，即指单位时间钻进的钻孔长度。若所需钻进的岩层强度不同，则因阻力原因，钻进速度会发生改变，一般而言，凿岩钻机的钻进速度越大，所钻进的岩层强度越低，钻孔工作更容易，反之代表岩层强度越大；回转速度是指凿岩钻机在进行钻孔工作时，动力头在单位时间内的最大转数；钻压是指凿岩钻机在进行钻孔工作时，凿岩钻机动力头受到的其直接接触的另一物体上的压力；回转压力指凿岩钻机在进行钻孔旋转时，动力头所受到的压力；回转扭矩指凿岩钻机在进行钻孔旋转时，动力头所产生的力矩；泥浆泵压力是指在凿岩钻机进行钻孔工作时，为了冲洗岩层钻孔排除杂质，并对凿岩钻孔钻杆进行冷却降温，通过水泵或者泥浆泵进行泵送清水工作时的压力；钻杆温度是指在凿岩钻机进行工作时的温度；钻孔底部温度是指在凿岩钻机进行钻孔工作时，钻孔最底部因钻孔摩擦所引起的温度；微震是指由于岩石破碎等现象的发生，导致的微小震动，一般在石油油田、露天矿山边坡安全、矿山尾矿坝安全、水电站和河流坝体等方面都有微震检测系统。

从图4.15可以看出，使用凿岩钻机进行凿岩掘进的钻孔工作时，可以利用凿岩钻机搭配传感器获取随钻参数，根据已有研究，以上凿岩掘进的随钻参数与所钻进的岩层岩性之间存在关联性。

为了通过凿岩掘进的随钻参数实现岩性智能感知研究，需要确定出关键随钻参数。利用凿岩掘进相似模拟实验仿制岩样模拟地下矿山凿岩掘进情况，开展钻进实验。钻进速度、钻压、回转速度、回转压力、回转扭矩、泥浆泵压力、钻杆温度、钻孔底部温度、凿岩机油耗、微震十种随钻参数都可以直接或间接反馈凿岩岩层的岩性情况，但是由于凿岩钻机型号、钻头、工作环境等因素的影响，目前的研究一直无法通过某个确定公式推导出适用于随钻参数和岩层岩性之间的关系，较为常用的研究方式是基于机器学习方法，对随钻参数与岩性之间进行建模，但均处于研究阶段。

4.4.3 钻进深度数字化测量技术

钻孔测深工作繁重、复杂，而在某些情况下又有很大危险，因此，矿山企业往往采取抽测的方法，但抽测量一般不超过炮孔总数的 10%～20%，在利用人工和机械装置的基础上，提高炮孔测深工作劳动生产率的尝试，迄今为止还未得到良好的效果，截至目前，钻孔深度数字化测量技术主要分为成孔后测量与钻进过程中测量两类，前者主要为声波测量法，后者主要为利用钻机运行机制测量法和编码器测量法。

4.4.3.1 声波测量法

现代传感器技术快速发展，检测技术被应用得越来越多，在对距离的测量中，人们的要求越来越高。然而，在一些特殊的场合，如黑暗、有毒、电磁干扰强或烟雾的复杂环境中，施工人员很难进入实地进行现场测距，这时，声波测距技术提供了便利。

声波测量技术是一种非接触检测技术，可以在工人不进入现场的情况下准确测量距离。这使得此技术在各个领域都有广泛应用。例如在对液面检测时，传统的接触式测量设备容易发生渗漏和腐蚀，并且不方便维护，而声波测距技术可以通过非接触的方式解决这些问题。在移动机器人视觉方面，声波测距技术有着重要作用。在智能化的时代，机器人的任务越来越艰巨和复杂，这时声波测距技术就相当于机器人的一双眼睛，可以帮助机器人绕开障碍物继续工作。在渔业中，声波测距技术对渔民也有重大的帮助。可以在渔船上安装水下超声波探测装置，该装置可以向水下各个方向发射超声波，当超声波遇到鱼群时就可以被反射回来，人们通过观察相应的设备便可得知鱼群的具体位置，使捕鱼更加便捷。在军事上，军舰上安装声波传感器，就可以探测到水下礁石、敌人水下潜艇的具体位置和海水深度。

另外，声波测距在爆破工程中也得到了广泛的应用。目前爆破技术已经广泛地应用于露天矿山、铁路、公路、采石场等场所，而钻孔是爆破工程的一个重要环节，需要先钻出炮孔才能放置炸药和雷管进行爆破。在地下矿山的开采过程中，炮孔的施工质量决定了后续装药工作的难易程度和最终爆破的效果。在地下矿山复杂工况条件下，炮孔的稳定性成为制约地下矿山生产爆破的一个重要因素，由于铁矿存在炮孔长期空置的情况，当炮孔受到岩体条件、施工扰动等众多因素影响的时候，会产生严重的堵孔、缩孔等情况，若不及时对堵塞炮孔进行疏通处理，在后续装药施工过程中，容易出现装药量不足和药量分布不均匀现象，造成设计爆破位置未爆开和爆堆大块率高等问题，在空场下进行未爆区域的处理工作，存在较大的安全隐患，而且二次爆破大块会增加最终开采成本，降低矿山爆破工作的效率。由于声波具有方向性好、能量集中且消耗缓慢和传输距离远等优点，而通过声波测距技术，可以快速测量和准确识别地下矿炮孔与塌孔炮孔的参数，确定炮孔的中心和深度。在矿山爆破工作效率提高方面发挥重要作用。

而且从环境保护的方面考虑，声波测距系统产生的是人耳无法听见的超声波，并不会产生噪声污染。因此无论是从环境保护的角度还是从实用价值的角度考虑，研究声波测距技术都具有重要意义，并且在未来的传感器应用技术中将成为一个热门的领域。

声波炮孔深度和角度测量仪可用于采矿和掘进工程中测量炮孔的深度和倾角，使用者借助测杆将探头置于孔口即可测量炮孔的深度和倾角，探头内置声波换能器和微电子传感器。其深度测量采用声回波测距原理，探头内置声波换能器，超声波换能器利用与其谐振频率相同的压电陶瓷的压电效应，将电能转换为机械振动。通常先由超声波发生器产生超声波，经超声波换能器将其转换为机械振动，再经超声波导出装置、超声波接收装置便可产生超声波。所以，作为一种能量转换器件，超声波换能器的功能是将输入的电功率转换成机械功率（即超声波）再传递出去，而其自身则消耗很小的一部分功率。倾角和温度测量采用微电子传感器，并以开发板作为仪器的核心部件。该测量方式能够对接收到的声回波进行以距离为函数的增益控制；对孔内的较大裂隙进行位置显示；从存在的多个回波中识别孔底回波；允许现场工程技术人员根据炮孔岩石的地质状况，灵活调整声波的发射频率和发射强度，以寻找准确的孔深测量值；该声波测量仪对微电子传感器的双轴信号进行正切运算，对铅直线偏差角进行修正，还能够对空气声速进行温度补偿等，以获得最佳的测量效果。

4.4.3.2 利用钻机运行机制测量法

该钻孔深度测量方法通过实时监测钻孔过程中钻杆里的静水压强和钻孔过程中的倾角、方位角和工具面向角等轨迹参数，并通过使用监测得到的数据，推算钻孔的深度以计算钻孔的深度变化和终孔深度。

在钻机打完一根钻杆时，将给进水压释放后，此时水的压力是静止不变的，压力值等于自然水压力，此时钻杆中水的压力值成为静水压强，此时通过测量钻孔口的压力值即可计算出钻孔的实时高程。在测量钻孔静水压强的过程中极为重要的一步就是使用一种静水压强传感器，它可以精确地测量出被测钻杆中的静水压强，其使用 A/D 转换将收集到的模拟电压信号转换为数字信号后再将数据传输给相应的设备中储存或显示在显示屏上。

钻孔静水压强测量需要使用特殊的水压传感器，采用的是扩散压力传感器。压力传感器在钻孔施工中能够监测钻机全过程水力压力的变化，包括停钻、正常钻进、更换钻杆和退钻等。通过持续地监测测量，可以提取钻机在更换钻杆过程中钻杆内水压的变化情况，从而得到停钻时钻杆中静水压强值。

测得的静水压强值、钻孔的倾斜角度及方位角数值是确定钻孔深度的关键参数。在钻孔进行的过程中，有必要将钻孔的倾角和方位角的变化情况同时记录下来。

钻孔倾角、方位角的测量系统由三轴 MEMS 陀螺和加速度计组成，通过测量得到的参数计算出当前测点方位角、倾角、工具面向角。使用显示控制器和测量探管分别进行独立测量，然后通过计算获取实际钻进轨迹。以钻孔倾角及方位角数据为基础，可进行钻孔的深度计算。

通过计算钻杆中的静水压强与钻孔深度之间的关系，可以测量钻孔的深度。静水水压与高程之间的关系构成了该理论的基本原理。通过考虑水压、水密度、重力加速度和高程之间的关系来进行具体计算。在没有外力压力的情况下，打钻过程中，钻杆和钻头之间存在着静水压力，可以通过实时监测的传感器来监测到这个水压[7]。

$$p = \rho g h \tag{4.7}$$

式中，p 为静水压强，Pa；ρ 为水的密度，kg/m^3；g 为重力加速度，m/s^2；h 为高程，m。

这里的高程 h 值，在计算钻孔深度时需要进一步进行换算，设钻孔深度值为 H，则钻孔高程与钻孔深度之间的关系为 $h = H \cdot \sin\theta_i$。 因此可以推导出钻孔深度计算公式：

$$H = p/(\rho g \cdot \sin\theta_i) \tag{4.8}$$

式中，H 为钻孔深度值，m；θ 为钻孔倾角。

4.4.3.3　编码器测量法

需要获取钻孔深度信息的仪器包括钻孔成像仪、测斜仪、伽马测井分析仪等，由于它们都需要通过电缆连接来实现数据传输，因此通过测量电缆进入钻孔的长度即可获知探头进入钻孔的深度。

利用光电编码器实现机械几何位移测量，具体方法为：将光电编码器的中心轴固定在圆形滚轮上，并通过电缆连接仪器探头，当将电缆送入钻孔时，滚轮会被带动旋转，进而使光电编码器的中心轴随之旋转，从而产生机械几何位移。光电编码器利用光电转换原理，将输出轴上的机械几何位移转化为脉冲信号，以实现钻孔深度的测量。

光电编码器是由包括光栅分度码盘和光电检测装置等组件构成的，如图 4.16 所示。光栅分度码盘与圆板同轴安装，并在圆板上等分开通一定数量的孔洞，以配合光电编码器的中心轴。光线垂直照射光栅分度码盘，接收光栅分度码盘的图像反射在光敏元件上。通过转化，可以得到光栅分度码盘的时序和相位关系，从而得到角度位移的增加或减少量。光栅分度码盘与光电编码器的中心轴同步转动会产生光变化，通过转换后即可得到相应的脉冲信号。

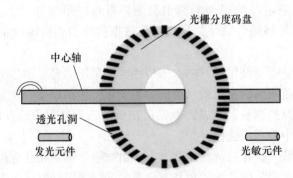

图 4.16　光电编码器工作原理

钻孔深度测量系统由光电编码器、采集和通信电路、人机交互终端构成，如图 4.17 所示。钻孔深度测量系统以光电编码器为核心，在光电编码器的输出轴上安装机械滚轮，滚轮固定在支架上。采集和通信电路将光电编码器输出的脉冲信号进行采集处理并实现串口通信功能。人机交互终端的目的是实现深度测量系统的数据显示、存储、操作等功能，现有的钻孔测量设备多具有串口通信功能，能够在现有钻孔测量系统主机的基础上进行相应的软件开发[8]。

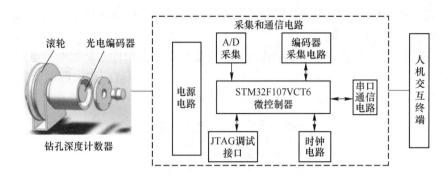

图 4.17　系统整体方案

4.4.4　钻孔摄像技术

　　数字化钻孔全景摄像的基本原理是利用截头的锥面反射镜形成一种特定的光学变换，它可以将 360°钻孔的孔壁图像反射并转化为一种叫作全景图像的平面图像。因为钻孔的形状为圆柱状，所以这种全景图像仍然保留了它的三维信息。展示了反射镜的上部的摄像机可以拍摄全景图像，如图 4.18 所示。通过这种光学变换可以产生呈环形的全景图像，其发生了扭曲变化，使其难以被直接观察。所以，为了恢复原始钻孔形状，需要进行一种可以用计算机算法来实现的反向转换。为了实现这一目标，首先需要将全景图像数字化，并建立初始钻孔与全景图像之间的转换关系，然后将全景图像同时显示成平面展开图或虚拟钻孔岩芯图。平面展开图是通过将 360°钻孔孔壁展开成二维图像，类似于将孔壁从一边垂直劈开然后展开成平面。虚拟钻孔岩芯图是一种通过回卷平面展开图形成的三维图像，呈现为一个柱形体。当在柱形体外部观察时，即可看到虚拟钻孔岩芯图。

　　虚拟钻孔岩芯图展示的钻孔内部的空间形状和位置信息比平面展开图更加真实。并且还可以利用专业的软件旋转虚拟钻孔岩芯图，即可观测到那些其他无法同时观察到的部分。

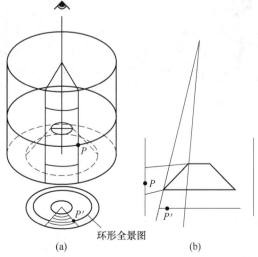

图 4.18　数字式全景钻孔摄像光学原理

（a）360°光学变换示意图；（b）光学变换平面展开原理图

数字式全景钻孔摄像技术可以利用不同的图像处理方法提供各种各样的结果图像，但广泛应用的是以下三种图像。

（1）全景图像。全景图像是数字式全景钻孔摄像系统获得的原始图像，也是其他各种图像的基础。图4.19来自实际测试的结果，其中包括了位于该图像中部用于指示钻孔方位的磁性罗盘图像和右上角显示的当前图像所处的深度数值。

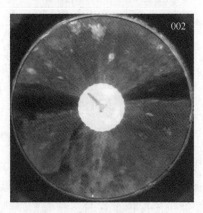

图4.19 全景图像

（2）平面展开图。平面展开图如图4.20（a）所示，是全景图像经变换形成的钻孔孔壁的360°图像。在图像的顶部，有一些刻度和四个标志（N、E、S、W分别代表磁性北、东、南、西），用于指示方位。在图像的左边，有一些表示深度的刻度。

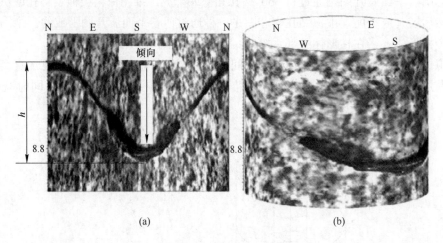

（a）　　　　　　　　　　　　　　　　　（b）

图4.20 岩芯识别图

（a）平面展开图；（b）虚拟岩芯图

（3）虚拟岩芯图。虚拟岩芯图［见图4.20（b）］以三维岩芯的形式展现半个孔壁的图像，剩余的部分可由数字式全景钻孔摄像系统提供的软件进行旋转直至完全可见。在图像的顶部，用N、E、S、W分别代表磁性北、东、南、西四个方位。在图像的左边，有一些刻度，其意义同平面展开图。数字式全景钻孔摄像系统提供了一种先进的分析方法处理图像数据并获得相关的工程参数，这些结果（如深度、方位、裂隙的位置和几何特征等）

都表示在平面展开图上，如图 4.21 所示，而整个分析也都在该图上进行，这些结果也可以存入数据库中，供将来进一步分析使用。

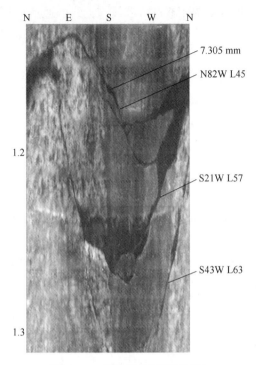

图 4.21 拼接后的平面展开图

除了以上三种图像外，裂隙的隙宽与产状也是关注的重点。

（1）裂隙的产状。通常假定裂隙是一个空间平面，它可以由空间中的三个不共线的点唯一确定，由此也可以计算出该裂隙的产状。通过数字式全景钻孔摄像分析软件，可直接在平面展开图中的裂隙上选择三点，进而计算出裂隙产状。

为了测量裂隙的产状，需要建立钻孔的三维坐标。通常，假定 Z 轴为钻孔的中心轴，若钻孔是垂直的，Z 轴的正向则垂直向上，而 X 和 Y 轴的平面位于地表面，其正向分别指向东和北。

（2）裂隙的隙宽。裂隙的隙宽可以通过两个点之间的距离直接测量得到，这两个点位于裂隙相对的两条边上。整个测量过程是在平面展开图中进行的，系统分析软件给出了专门用于测量两点距离的对话框。由于平面展开图中的点仍是空间坐标，因此，测得的隙宽是两点的空间距离。

4.5 钻孔自动化控制技术

控制装置是数字化开采装备的核心部件，是影响数字化开采程度的最直接因素。嵌入式硬件、软件是控制装置的大脑与灵魂。

采场装备自动控制技术是物联网、大数据、自动控制和信息处理等一系列技术的高度集成。针对钻孔等设备的控制方式，建立标准化、模块化、可配置、软硬一体的数字化钻孔装备核心控制模型，形成相应的核心控制硬件产品，是建设数字矿山的重要一环。而随着各矿山数字化建设的不断深入，任何一个封闭的、不能扩展的系统都是不能融入数字矿山大的系统中的。这就需要该系统能够进行有线、无线的通信，甚至在没有运营商网络覆盖的情况下，该系统需要具备自组网能力，并且自组网须具备通用的输入和输出接口，并支撑多种操作模式。

通用的输入输出接口。支持以太网、RS485 串口、RS232 串口、Modbus 通信、MQTT 协议，支持各主流 PLC 通信协议，如西门子、欧姆龙、富士通、GE、三菱、ABB、台达、浙江中控等。

4.5.1 无线通信网络

无线通信主要包括钻机智能 PC 终端与中控中心无线通信，车载 PC 终端与钻机 PLC 总线通信网络。

通信网络主要采用 4G/5G 或者矿山自组网方式。对于实时性要求不高的场合可以利用运营商的 4G 网络进行通信；对于实时性要求比较高的场合只能利用目前最新的 5G 网络进行通信；对于 4G/5G 网络没有覆盖到的矿山，可以采用矿山自组网进行通信。

4.5.1.1 终端与中控中心无线通信

设备车载 PC 与中控室通过 5G 无线网络通信将设备实时数据上传并获取远端中控室的操作指令。交互过程通过工业以太网协议 ADS 完成，通信过程添加心跳机制，实现掉线安全停机。

4.5.1.2 终端与露天钻机 PLC 总线通信网络

车载终端 PC 通过 PLC 工业协议实现交互，获取 PLC 采集的传感器数据并下发远端控制指令。

在没有覆盖运营商 4G/5G 网络的露天采场，需要矿山自己组建无线通信网络，如图 4.22 所示。对于通信距离测试，基站间传输距离大于 1 km，基站与车载终端间传输距离大于 1 km，2.4G 频段通信具备良好的绕射通信能力；对于画面传输测试，画面传输效

图 4.22 矿山自组网

果正常，多基站间漫游通信正常，局部未信号覆盖区域画面有卡顿。

对于选用的双频无线通信设备，具备高功率、高带宽、安装调试简单、全频道等高端特性，最高带宽双向高达 300 Mbps，仅使用配套的两根全向天线通信距离可达 2 km 以上。每个基站可接入 30~50 辆移动作业车辆；可广泛用于露天矿区、隧道、煤矿、轨道交通、铁路等移动网络数据传输。其具备在线扫描、预连接、智能路径等功能，可在高速移动环境中提供高带宽无延时的数据漫游服务。

主要优势包括：

（1）高功率。可提供高达 30 dBm 的高功率输出，在最大功率下仍能保证 3% 的高 EVM 值。

（2）宽电压。支持 9~48 V 超宽电压支持，同时支持电池、标准与非标 POE 供电，大大简化安装复杂度。

（3）通信距离远。使用配套的全向天线即可达到 2 km 以上通信距离，再配大增益定向天线，可传输更远距离。

（4）毫秒级切换速度。跨基站切换平均延时为 35 ms。

（5）跨频道工作。基站可以选择不同频道，避免同频干扰。车载端可跨频道切换，同样数量的基站可以大大提高整个系统的容量。

（6）智能学习。车载设备会不断自动学习当前行车切换路径，在准备切换前会优先侦测之前学习的路径，大大提高切换效率。

（7）使用简单。经过大量的真实环境应用，将大量优化参数与实时测量的功能内置，只留有少量需要根据环境设置的参数，通过 Web 调整，大大降低了用户现场调试难度，只要有一点无线基础就可以完成安装调试。

4.5.2 输入接口

输入通用标准接口包括 CAN 转 TCP、MODBUS ASCII、MODBUS RTU、MODBUS TCP、OPC CLIENT DA、OPC CLIENT UA。对于每一种接口类型设计参数设定画面，使得用户可以在画面上设定参数后就完成接口连接操作。

输入 PLC 接口主要包括如图 4.23 所示的几种。通常各类接口会预先集成到同一程序当中，以便用户选择。

输入大数据接口主要包括 MYSQL CLIENT 和 REDIS CLIENT 两种。

4.5.3 输出接口

输出接口分为通用标准接口和大数据接口两种。

（1）输出通用标准接口主要包括 HTTP SERVER、MODBUS RTU、MODBUS TCP 和 OPC UA。对于每一种接口类型设计参数设定画面，使得用户可以在画面上设定参数后就完成接口连接操作。通过选择输入接口取得的数据进行输出。

（2）输出大数据接口主要包括 MYSQL 远程存储、REDIS 远程存储、SQL SERVER 远程存储和 MQTT。对于每一种接口类型设计参数设定画面，使得用户可以在画面上设定参数后就完成接口连接操作。通过选择输入接口取得的数据进行输出。

▼ PLC
　　AB DF1
　　AB LOGIX CIP(SLC500)
　　AB LOGIX TCP
　　BECKHOFF ADS
　　GE TCP
　　MITSUBISHI FX
　　MITSUBISHI FX TCP
　　MITSUBISHI Q
　　NAIS NEWTOCOL
　　OMRON FINS NET
　　OMRON HOSTLINK
　　S7 200 PPI
　　S7 200 SMART
　　S7 200 TCP
　　S7 300 TCP
　　S7 400 TCP
　　S7 1200 TCP
　　S7 1500 TCP

图 4.23　输入 PLC 接口集成

4.5.4　自动调平

为了确保钻机作业的精准与效率，采用了一套集成多种先进技术的自动调平系统。首先，钻机装配了车载 GNSS 定位模块（双天线），并连接至矿场的 cors 站，以此实现与矿山测绘独立坐标系的精确对齐，确保定位的准确性。其次，机身配备了姿态校正传感器，能够实时测量机身的倾角，在移动过程中动态调整钻杆末端的位置坐标，有效避免因机身倾斜导致的重复移动和定位误差。还结合了 GNSS 差分定位技术和 IMU 惯性测量单元，利用倾角传感器对机身倾斜状态进行实时监测，对钻头落点进行精确修正，从而实现高精度的孔位预定位。在自动调平流程中，运用了四点"追逐式"调平算法，当钻机抵达作业现场后，无须人工干预即可迅速完成自动调平，显著提高了作业效率。在整个调平过程中，操作员可以通过观察数据监控界面中的水平仪（见图 4.24），直观判断设备是否达到水平状态，确保作业的准确无误。

4.5.5　自主作业

在均匀岩层地质条件下可采用自主作业模式，基本逻辑为：在限定的最高轴压下，根据回转扭矩变化（电流波动），轴压会根据波动比例值进行比例减小或执行反提操作，当回转波动比值加大时，减小轴压，降低推进量，保持吹渣，避免溶洞裂隙卡钻；当回转波动比值超过设定值时，执行反提操作，保持吹渣，预防清渣不畅通卡钻；自主作业时结合测孔深数据，到达设定钻孔深度时，停止推进，保持回转和吹渣，界面提示到达设计孔深，进行人工确认，完成钻孔作业。

钻机设备在进行钻孔工作的过程中，钻头回转压力、钻进速度、钻臂推进力大小、冲击能量等不同的因素都会对钻进效率产生不同程度的影响。过去工人使用手柄来控制钻进

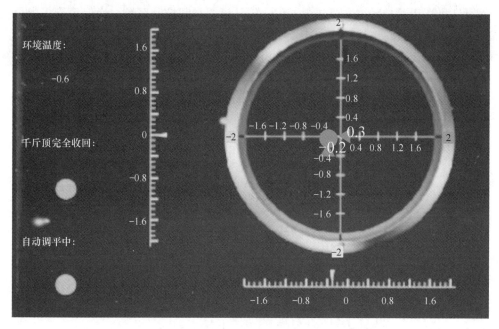

图 4.24　数字水平仪监控

过程时，通常只能依赖有丰富的操作经验的老员工手动调整维持钻进的效率和处理卡钎问题。但是在使用自动控制系统后，钻机就可以感知岩层的变化情况，自动调整钻进参数以实现匹配。有学者建立了冲击回转凿岩仿真模型后发现，凿岩速度与冲击、推进和回转压力的关系十分紧密，须根据岩层情况选择冲击压力。软岩采用低冲击压力可以减少卡钎问题，硬岩采用高冲击压力可以提高钻孔效率。另外推进力与冲击压力相适应时才能达到最佳钻进速度。

防卡钎系统可以在钻孔过程中通过感应外界环境改变钻孔参数，提前避免发生卡钎。根据不同的原因和特征卡钎主要分为溶洞型、缓变型和裂隙型三种。对于这三种卡钎，钻孔设备可以通过监测推进压力和转钎压力的明显变化情况来预防和自动识别是否卡钎。发生问题时可以选择人工操作，同时钻机也可以自动控制液压系统来处理卡钎。目前常见的防卡钎系统包括：（1）推进回路设置液控防卡阀；（2）回转回路设置压力继电器；（3）推进油路和回转油路关联[5]。

4.6　钻机远程遥控技术应用

钻机远程遥控技术是设备运行环境感知、高精度定位控制、运行状态感知、钻架液压控制插销、全电控化并行控制、自主作业、安全预警与控制技术的集成应用。

4.6.1　系统总体技术方案

露天钻机远程遥控系统基于无线通信、视频传输、高精度 GNSS 定位、自动化控制等最新技术，操作人员可在监控中心通过专业的遥控操作平台，利用高速网络连接现场设备上的车载控制单元及多路红外高清摄像头，监视设备并进行远程无线遥控工作[9]。

露天钻机远程遥控系统主要包含远程遥控平台、车载控制系统、通信系统、中央控制系统四大子系统。其总体架构如图4.25所示。

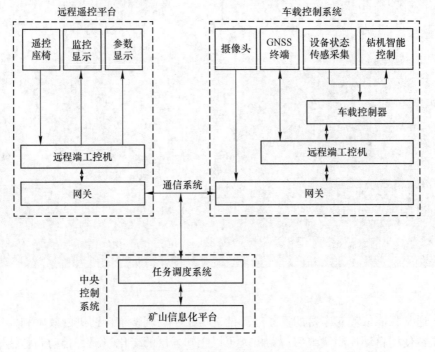

图 4.25 露天钻机远程智能遥控系统框图

4.6.1.1 远程遥控操作平台

遥控作业平台包括显示器、电脑主机及多功能遥控座椅。显示器可显示设备运行状态参数、驾驶员角度、作业机构角度的视频界面。手柄遥控座椅可控制设备启停、行走及作业等操作，实现驾驶员在驾驶室的操作需求。

4.6.1.2 车载控制系统

车载控制系统安装在受控钻机设备上，包含视频监控模块、GNSS定位模块、状态感知模块、钻机智能控制模块。

（1）视频监控模块。钻机四周、驾驶室共分布8个高清红外摄像头，可满足行走、作业的远程实时监控需求。

（2）GNSS定位模块。该模块由车载终端（包含天线、定位主机）获取卫星定位信息，并向CORS基站（矿山现用测绘基站）发送数据进行RTK、机身姿态双修正计算，从而实现设备自身的高精度准确定位。

（3）状态感知模块。露天钻机远程智能控制系统提取传感信息（电压、电流、液压油位等），所有驾驶室内压力表指示压力（液压系统压力、推进压力、回转压力等）及机身倾斜角度将通过工业压力传感器和双轴角度传感器采集并反馈至控制中心。

（4）钻机智能控制模块。钻机智能控制模块采用工业车载级PLC控制，将驾驶舱内所有操作进行信号模拟发送，远程控制与本车控制通过切换开关一键切换，不影响原车任何操作。智能控制模块内置全自动穿孔作业程序帮助作业人员实现单孔全自动化施工。

4.6.1.3　5G无线通信传输系统

通信系统主要包括露天钻机智能PC终端与中控中心无线通信、车载PC终端与露天钻机PLC总线通信网络。系统采用联通5G物联网卡进行集控中心与钻机机载工控机通信。

4.6.1.4　中央控制系统

中央控制系统主要用于钻机任务文件上传分发、作业统计、报表查阅及大数据展示。

4.6.2　集控平台设计

远程集控平台包含硬件系统和软件系统。

（1）硬件系统包括操作手柄、操作开关、操作按钮、信号采集控制器、网关、工控主机、液晶显示器。显示器可显示设备运行状态参数和驾驶员角度及作业机构角度的视频界面。监控屏中，画面包含车辆四周监控、钻架平台监控、钻杆库顶端监控。操作信息由远程集控平台通过基站发送至车载无线终端并由车载工控机下发至车载ECU执行控制，作业参数信息由车载无线终端通过无线终端基站返回至集控中心。通过远程操作台可实现一人多机远程行走、定位、钻进操作。手柄遥控座椅分别控制设备启停、行走及作业等操作，实现驾驶员在异地驾驶室的操作需求。

（2）软件系统为钻机远程操作系统和钻机任务管理系统。远程操作系统主要功能模块包括钻机运行数据远程实时解码及实时监控显示、操作信号采集和实时编码发送、操作按钮及手柄异常诊断、作业数据存储和查阅、钻机地图任务提取和显示，部署于多功能遥控工控主机上。钻机任务管理系统主要功能为远程钻机作业地图和穿孔任务表的上传和管理，可部署于任何一台网内主机或多功能遥控主机上。

钻机远程集控平台主要有三种：封闭式集控座舱、开放式集控座舱和桌面式操作平台。

4.6.2.1　封闭式集控座舱

封闭式集控座舱主体采用一体式钣金式结构设计，如图4.26所示，两侧窗户采用高强度玻璃，全户外设计，预置空调、风机加热装置，紧急备用电源（UPS），可配置5.8G工业Wi-Fi，无须5G网络或自组网络覆盖，可快速实现视距200 m范围内钻机设备的快速接入和远程操作，灵活度高，支持一人多机模式。

环境温度范围：-30~60 ℃；

供电：AC 220 V/AC 380 V可选；

空调：挂机；

底盘车轮：可配置；

运输方式：吊装转运或拖动；

通信方式：TCP支持5G、4G、Wi-Fi2.4G、Wi-Fi5.8G、有线（RJ45）。

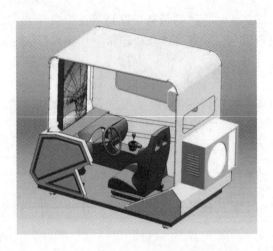

图 4.26 封闭式集控座舱

4.6.2.2 开放式集控座舱

开放式集控座舱（见图 4.27）主要针对室内摆放设计，以视觉和操作舒适、美观为主要设计理念，采用人机工程学设计，为了更好地让操作人员实现对现场深度感知，采用三自由度平台设计，座椅可以根据现场设备采集的倾斜、振动信息实时反馈至座椅并还原，使操作者通过振动、倾斜、声音、视频多维度快速深入掌握设备运行情况，实现高效作业。

图 4.27 开放式集控座舱

4.6.2.3 桌面式操作平台

桌面式操作平台与开放式集控座舱相比，摆放整齐，便于不同类型设备，不同类型操作平台的风格统一，其部署方式为可以在现在的集控中心标准桌上开孔嵌入集控面板，然后配置相应显示器和远程控制主机即可，如图 4.28 所示。

图4.28 桌面式操作平台

4.6.3 远程遥控操作平台

钻机5G远程遥控作业平台包括显示器、座椅和控制柜。显示器主要用于对远程钻机的各项作业数据、电子地图、作业视频进行监控显示。座椅主要用于操作远程钻机，分别控制设备启停、行走及作业等操作，实现驾驶员在驾驶室的操作。控制柜为控制核心，所有操作信号及设备状态警告信号处理后交显示器进行显示。

平台主要由操作手柄和钮子开关、按钮等操作件进行远程操控。其中，钮子开关和面板按钮、电位计的操作功能是固定的，而手柄及手柄上按钮则根据不同工况会有不同的控制功能。

控制柜主要由工控机、监控电脑、伺服驱动器等模块构成。其中，工控机主要负责控制操作信号的采集，而监控电脑则与显示器连接运行相关监控程序。伺服驱动器主要用于座椅的各向角度控制，用于提高操作体验性。

远程操控通信系统主要包括钻机智能PC终端与中控中心无线通信网络和车载PC终端与钻机PLC总线通信网络。

参 考 文 献

[1] 萧其林. 国外现代牙轮钻机产品特点、主要性能参数与发展趋势（二）[J]. 矿山机械，2006，34
　　（9）：6.

[2] 萧其林. 国外现代牙轮钻机产品特点、主要性能参数与发展趋势（一）[J]. 矿山机械，2006，34
　　（8）：17-22.

[3] 佚名. 中钢衡重研发首台国产高原钻机 [J]. 有色冶金节能，2016，32（4）：68.

[4] 安财旺. 牙轮钻机自动化——露天矿穿孔技术的新发展 [J]. 内蒙古煤炭经济，2020（24）：
　　149-150.

[5] 吴昊骏，纪洪广，龚敏，等. 我国地下矿山凿岩装备应用现状与凿岩智能化发展方向 [J]. 金属矿
　　山，2021（1）：18.

[6] 朱海斌. 三维激光扫描技术在井巷工程中的应用 [J]. 中国煤炭，2019，45（12）：37-42.

[7] 张军，王信文. 矿井上行钻孔深度高精度测量技术 [J]. 煤矿安全，2020，51（7）：132-135.

[8] 王博. 基于光电编码器的钻孔深度测量系统设计 [J]. 测井技术，2020，44（4）：5.

[9] 王欢，王怀远，柳小波，等. YZ55牙轮钻机超视距远程控制升级改造 [J]. 冶金自动化，2023，47
　　（S1）：31-35.

5   智能爆破关键技术

5.1   概述

采矿工业是国民经济的支柱产业，对改善人民生活条件、提高劳动生产率和促进国家工业化具有重要作用。采矿作业中，矿山爆破技术由于其具有破岩功比耗小、省力、极大地降低成本、加快工程进度等优点，被广泛应用于矿山采矿作业中。矿山爆破技术作为矿山矿岩破碎的主要手段，占矿山总破碎量比例超过 90%，因此，爆破技术在矿山生产过程中占有非常重要的地位。而随着新兴信息科学技术及多学科交叉融合，爆破技术也向着智能化方向发展。爆破发展历程整体上可划分为控制爆破、精细爆破、数字爆破、智能爆破4 个阶段，每个阶段都有着显著的特征[1]。

5.1.1   控制爆破技术

鉴于矿山传统粗放爆破施工的安全性及高效性不足，爆破危害控制难度大，控制爆破技术应运而生。控制爆破以传统的人工或机械装药为主，通过爆破设计、优化施工、强化保护等技术措施，不仅能使爆破效果得到有效保障，而且还能把各种类型的爆破灾害影响都控制在合理的范围之内。按其作用机理的不同，有松动爆破、延迟挤压爆破、间隔装药爆破、光面爆破和预裂爆破等几种方法，能适应露天矿的各种爆破要求。

矿山控制爆破技术的持续发展，推动了对爆破基础理论的深入研究，大量先进的爆破技术与设备相继出现，加快了我国爆破工业的发展。

5.1.2   精细爆破技术

随着精细化理念的不断深入，精细爆破被提出并不断发展。精细爆破主要体现在定量化设计、精准施工、精细管理和实时监测与反馈等方面，相对于传统控制爆破而言，精细爆破要求更高，爆破效果和爆破危害效应控制更好。

随着爆破基础理论研究发展的突破、计算机技术的大力推广、爆破器材的不断革新更替、监测与监控技术的快速发展，以及爆破装备的不断优化与完善，为精细化爆破的实施奠定了坚实的技术基础。针对控制爆破技术存在的不足，通过量化设计、精细施工、精细化管理、实时监控和反馈等手段，突破了常规施工方法中存在的限制，实现了大范围、高效率一次起爆、复杂环境下逐孔起爆、特种目标爆破等关键技术，为矿山矿岩分采分爆、大块率和粉矿率控制提供技术支持。

精细爆破理念为爆破行业高质量发展提供了新的思路，在推动爆破行业关键技术研究与应用方面做出了较大的贡献。

5.1.3 数字爆破技术

中国爆破工业协会于 2002 年举办了"数字化爆破研讨会",旨在通过信息化平台和计算机数值仿真等手段,对爆破过程中所用到的所有工艺参数进行量化和数字化,以指导爆破施工,达到降低成本的目的。经过多年的不断摸索,数字爆破的内涵被不断丰富。

露天矿山台阶爆破施工作为数字爆破技术的核心所在,已经在爆破场地的数字化测量、钻孔定位和岩性测试、爆破设计、装药、起爆系统、爆破效果监测与分析、爆破管理等方面进行了深入的研究,对推动矿山爆破行业数字化、可视化、可追溯等方面做出了突出贡献。

5.1.4 智能爆破技术

在新兴信息科技和多学科交叉发展的背景下,汪旭光院士提出了智能爆破的概念,2020 年 11 月成立了我国首个"智能爆破研究中心",将物联网技术、云计算技术、系统工程技术和智能应用技术等与现代工程爆破技术紧密结合,构建人与人、人与物、物与物之间的关系网络,对整个工程爆破过程进行动态、详细地刻画和调控,从而达到高效、安全、绿色爆破的目的,推动工程爆破行业的可持续发展。

经过近几年许多学者的研究,智能爆破的内涵得到了进一步的完善,短板方面得到了改善,出现了许多先进的爆炸信息管理体系和智能设备。智能化爆破思想是对"数字化""精细化"等概念的整合和升华,对整个工程爆破过程进行了更为具体、全面、动态、详尽的描述。

本章从爆破全流程作业的角度出发,针对爆破前数据采集、爆破设计、爆破仿真、爆破预测、爆破施工、爆破后数据采集、爆破效果评价等方面,对智能爆破关键技术进行详细的介绍。

5.2 岩体信息采集技术

在矿山生产和基础设施建设当中,为了保障生产质量、建设秩序以及生产过程中的安全、高效,工程技术人员必须准确掌握工程当中的岩体条件。尤其是在爆破生产过程中,精准采集待爆区岩体信息,对于进行科学化的爆破设计、仿真与预测,具有十分重要的意义。本节介绍利用深度学习技术进行岩石种类识别及节理裂隙贯通特征预测,实现岩体信息的快速采集,极大地提高了矿山基础数据采集工作的智能化水平。

5.2.1 基于目标检测的岩石种类识别

岩石是地球表面的一种常见的天然物质,不同类型的岩石通常表现出不同的物理化学性质,准确判断岩石种类和性质对于爆破设计、施工具有重要的意义。自然界中岩石种类繁多,岩石种类的精确辨识给地质工作者带来了巨大的困扰。目前,确定岩石种类的主要方法有两种,第一种是通过物理实验来确定岩石的性质。通过 X 射线粉末衍射、红外光谱、高光谱等手段对其进行分析研究。第二种方法为数理统计方法,利用常规的数理统计和数值分析方法来判别岩石的类别特性。以上两种方法均存在实验过程烦琐、实验周期长、人为因素影响大等不足,且不能满足现场测试和评估的需求。

随着互联网、人工智能技术、智能硬件的迅猛发展，人类生活中存在着大量的图像和视频数据，这使得计算机视觉技术在人类生活中起到的作用越来越大，对计算机视觉的研究也越来越火热。随着计算机视觉研究的逐步深入，使得通过视觉检测的手段进行岩石种类识别与分类成为可能。为了可以快速准确地提取岩石信息，构建基于目标检测的岩石种类识别模型，实现岩石种类的快速、准确识别与分类。

基于目标检测的岩石种类识别技术实现详细过程见 8.3.1 节，本节只展示部分岩石种类识别结果，如图 5.1 所示。

 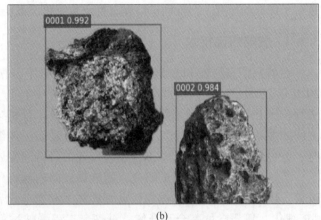

(a)　　　　　　　　　　　　　　　(b)

图 5.1　岩石图像检测效果
(a) 玄武岩；(b) 多种类岩石

5.2.2　岩体内部裂隙贯通特征预测

爆破是一个受诸多因素共同影响、内在规律十分复杂的系统工程，需要考虑的因素很广泛。在爆破过程中，岩体内部的节理裂隙发育特征是影响岩体爆破后块度分布的关键因素。如果矿区地质构造复杂，节理裂隙发育，爆破的块度组成很难达到理想效果。要想实现爆区的精细化设计，达到所需的爆破效果，就不能忽视爆区岩体节理裂隙的影响。因此，针对爆区节理裂隙贯通特征的描述方法研究具有十分重要的意义。采用钻孔摄影技术，获取爆区钻孔内部的节理裂隙图像，并结合分形理论，描述及预测爆破区域岩体内部节理裂隙之间贯通特征，形成一套针对矿山爆破区域节理裂隙发育预测的技术方法。

5.2.2.1　节理裂隙数字化采集

钻孔摄像技术是利用微型照相机或微型摄像机探入钻孔进行摄制的一种观测方法，该方法最先在石油工业中应用。此后，该技术在矿业工程、冰川研究、土木工程等诸多领域得到了应用。在早期的矿井工程中，钻孔摄像技术主要是用来探测矿井采空区，而随着国家对矿井安全的日益关注，钻孔摄像技术也逐渐被运用到了地质结构描述、空区探测等领域。

数字式全景钻孔摄像系统的使用过程为：首先将摄像探头接入钢制探杆，在地面固定记录深度的电缆滚车后将探头伸入钻孔中，此时开启中央处理器开始记录数据，探头匀速推进直到摄像完成。中央处理器将深度信息与摄制视频相结合，得到钻孔的二维平面展开图或三维柱状图，如图 5.2 和图 5.3 所示。因为很多裂隙、破碎带等结构面都出现在岩体内部，这种观测方法在岩体内部结构面统计工作中方便实用[2]。

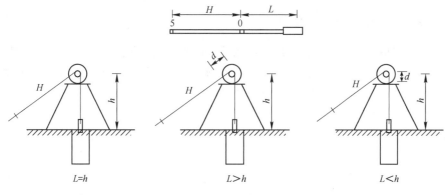

图 5.2 深度信息示意图

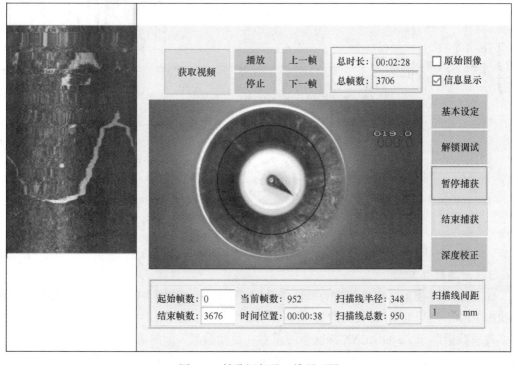

图 5.3 钻孔视频及二维展开图

5.2.2.2 节理裂隙智能化统计

目前，利用钻孔摄影技术获取的二维虚拟岩壁展开图，获取岩体内部节理裂隙大小、方向和角度等信息的方法，大多是采用 CAD 等软件进行人工统计，费时费力不说，其精度也受主观判断影响，因此，研发智能化的节理裂隙统计方法是十分必要的。同时，深度学习在图像实例分割领域已经得到了广泛应用，比如用于医学图像分割、遥感卫星图像分割、植物图像分割和设备图像分割等方面。许多基于深度卷积网络的图像实例分割方法也不断被提出，比如应用较为成熟的 Mask RCNN、Yolact 两种深度卷积网络。基于深度学习的图像分割算法的迅速发展，给岩体内部节理裂隙的识别与统计提供了可能。本书中节理裂隙统计方法采用基于 Mask RCNN 的图像分割方法，并结合不同参数的计算方法，进行智能化的统计。

A 模型网络结构

Mask RCNN 是基于 Faster RCNN 发展而来的，其网络结构（见图 5.4）包括基础特征提取网络（Bacebone）、区域选择网络（Region Proposal Network，RPN）、分类器（Classifier）三个部分，主体结构与 Faster RCNN（见图 5.5）相似，主要是在分类器部分添加了一个像素分割的分支 mask，其中基础特征提取网络用于对原图生成特征图（Feature Maps），区域选择网络会对特征图进行处理，生成候选区域，分类器部分会对候选区域进行分类、分割工作。此模型结构较为经典，也是经过时间的积累慢慢发展而来。

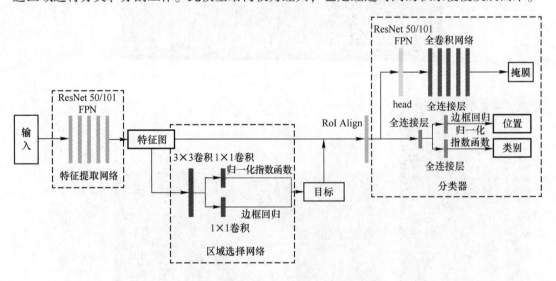

图 5.4 Mask RCNN 网络结构图

B 网络模型构建

Mask RCNN 模型实现思路较为简洁，采用了 two-state 结构，首先通过一段卷积神经网络找出 RPN，然后对 RPN 找到的每一个 RoI 进行分类、定位，并找到 binary mask。主体的实现思路借助于 Faster RCNN 深度学习模型在目标检测方面的成功，Faster RCNN 可以准确地输出目标的标签信息以及位置信息。Mask RCNN 将二进制的 mask 与 Faster RCNN 的

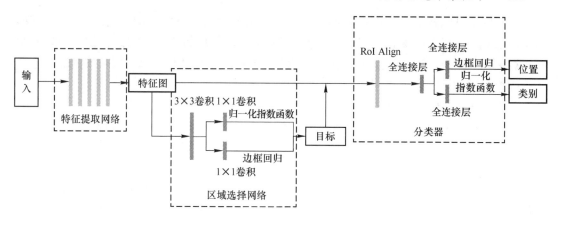

图 5.5　Faster RCNN 模型结构图

目标分类信息、位置信息进行结合，在 Faster RCNN 获得了最终的预测框的基础上，利用 mask 模型再对像素点进行分类，获得语义分割结果。最后，通过获取模型的 mask 信息，对检测目标进行图像输出。

C　识别模型应用

为验证节理裂隙检测、识别模型的准确度，从矿山采集钻孔数字化图像，且保证采集的图像具有普适性，进而能够验证该模型对复杂环境下的节理裂隙分割的有效性，部分检测效果如图 5.6 所示。

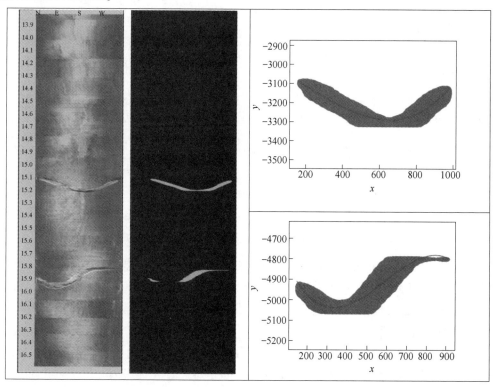

图 5.6　节理裂隙识别结果

利用图像分割技术对钻孔节理裂隙图像进行检测识别，不仅可以有效分割出钻孔节理裂隙轮廓，还可以在此基础上，通过像素点的形态大小提取特定轮廓信息，如节理裂隙所在正弦曲线、极值点坐标等。这些钻孔中裂纹面与钻孔交叉后形成的三角函数曲线，包含了裂隙面相对钻孔的倾角和倾向等信息。

具体计算过程如下：单独取出一条节理裂隙进行分析，如图5.7所示，图5.7(a)为图5.7(b)圆柱体延点 S 所在垂线的展开结果。该曲线最高点为 P，最低点为 Q，起始点为 S，在横轴上的投影分别为 P_0、Q_0、S_0。横轴最大值表示钻孔周长为78.5 cm，纵轴最大值表示根据图片比例得出曲线的上下最大高度差 PP_0 为10.5 cm。将该曲线折叠，可还原成圆柱形虚拟钻孔，得到的是裂隙面与钻孔相交后切得的一个椭圆，椭圆所在的平面就是节理裂隙面。其中曲线图中0 cm与78.5 cm重合得到的直线，就是圆柱图中点 S 与圆柱表面相交的垂直线。

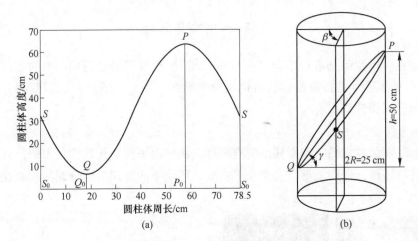

图 5.7 二维曲线与三维裂隙面之间的对应关系

(a) 节理裂隙曲线放大图；(b) 曲线的裂隙面及空间信息

因此，可以计算出裂隙面的倾角 γ 和倾向 β（假设钻孔中心向 S 点方向为0°），如图5.7（b）所示。通过图中的三角关系可以算出两个角度分别为：

$$\gamma = \arctan \frac{h}{2R} = \arctan \frac{50}{25} = 63.43° \tag{5.1}$$

$$\beta = \frac{S_0 Q_0}{2\pi R} \times 360° = 80.25° \tag{5.2}$$

5.2.2.3 节理裂隙贯通特征预测

单一钻孔内裂隙面倾向和倾角不足以描述所需爆区的节理裂隙贯通特征，但大范围钻孔测量的工作量巨大。因此，本书针对这种情况，引入了分形理论的概念，挑选目标岩体内部部分钻孔，辅以分形理论，进而描述整个目标岩体区域内节理裂隙的贯通发展特征。

A 分形理论概述

分形理论（Fractal Theory）是当今十分风靡和活跃的新理论、新学科。分形的概念是美籍数学家本华·曼德博（法语：Benoit B. Mandelbrot）首先提出的。分形理论的数学基础是分形几何学，即由分形几何衍生出分形信息、分形设计、分形艺术等应用。分形理论的最基本特点是用分数维度的视角和数学方法描述和研究客观事物，也就是用分形分维的数学工具来描述研究客观事物。它跳出了一维的线、二维的面、三维的立体乃至四维时空的传统藩篱，更加趋近复杂系统的真实属性与状态的描述，更加符合客观事物的多样性与复杂性。

作为分形理论的奠基者，Mandelbrot 在 1967 年注意到 Koch 曲线中越来越细的锯齿边缘与海岸线测量的相似性，尽管无法测量其长度，但可以找到理论应用描述其特征。为此，Mandelbrot 研究了数学中的一个基本概念——维数，他认为：维数也可以不是整数的，而是分数的，即分数维数或分形维数，简称分维。岩体内部节理裂隙的发育特征，具有分形特点，因此，可以用分形维数对岩体内部节理裂隙贯通特征进行相关描述。

B 分形维数计算

通常情况下，分形维数能够更准确地描述节理的几何分布情况。采用分形维数来对钻孔内部节理裂隙的几何分布进行描述研究，具有很好的适用性。

其计算过程如下：首先，一个正方形盒子将裂隙网络分布的区域覆盖。然后，逐渐减小盒子的尺寸，从而使覆盖面积对应的盒子数有所增加。盒子计数法是用来确定岩石节理的几何分布的分形维数，需确定覆盖区域对应的盒子的个数。最终，通过图形的绘制得到盒子数与覆盖区域图像之间的关系，图像中直线的斜率即为所需要计算的分形维数。

根据 Falconer 等人的研究可知，分形维数的计算公式为：

$$D = \lim_{\delta \to 0} \frac{\lg N_\delta}{-\lg \delta} \tag{5.3}$$

式中，D 为分形维数；N_δ 为覆盖该图形的盒子数；δ 为盒子的尺寸。

C 节理裂隙贯通特征预测

岩体节理裂隙属于具有统计意义的自相似事件，其分维值求取可采用分形盒维数法，即用不同尺度 r 的方格网覆盖所研究的某一区域。如图 5.8 所示，记录每一次裂隙所占的方格数 $N(r)$，两者之间的关系为：$N(r) \sim r^D$，将这种关系表示在双对数坐标系中，如图 5.9 所示，可以得到不同网格下所示的 $\lg N(r) \sim \lg(1/r)$ 关系点，拟合该双对数关系可得到一条直线，其斜率 D 即为该区域的分形维数。从图 5.9 中可见，无论方格数取何值，其分形维数（斜率）始终不变，说明用分形维数可以描述裂隙特征。

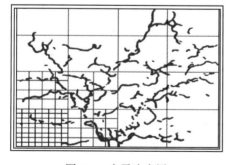

图 5.8 盒子法应用

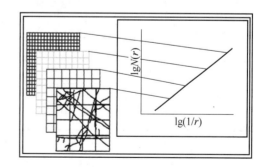

图 5.9 分维值求取过程

岩体节理裂隙分布具有很好的自相似性，具有分形特征。关于裂隙的分形研究，目前国内已经有许多文献论述，但多是用一个整体模型的分形维数来描述节理裂隙的特征，用其描述裂隙演化方面的文献很少。而对于宏观的露天爆区或采场来说，局部区域裂隙是如何变化的，裂隙是如何扩展、贯通的，往往更为重要。

对于所测区域不同钻孔间，若以 D 为该区域裂隙的分形维数，其箭头向上表示分形维数增加，箭头向下表示分形维数降低，以 $D_条$ 代表按条数统计的分形维数，以 $D_面$ 表征按面积统计的分形维数，则有下述两种情况：

（1）若分维值增大，可能是有新的裂隙产生造成的，也可能是原裂隙张开后，其占位面积增大造成的，如图 5.10 所示。

（2）若分维值减小，则可能是已有裂隙扩展贯通，裂隙条数相对减少，也可能是由于裂隙闭合使所占面积变小的缘故，如图 5.11 所示。

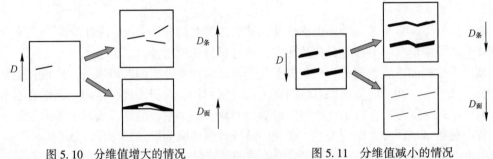

图 5.10 分维值增大的情况   图 5.11 分维值减小的情况

可见，仅凭某一种分维值的变化来判断裂隙的演化状态是困难的，需要同时使用按条数统计的分维值和按面积统计的分维值相结合的办法进行，即"双重分形维"来判断。双重分形维对爆区裂隙贯通特征的判断准则如表 5.1 所示。

表 5.1 分形维数与裂隙状态判断准则

序号	分形维数变化	裂隙状态
1	$D_条 \downarrow + D_面 \uparrow$	裂隙贯通
2	$D_条 \downarrow + D_面 \rightarrow$	裂隙贯通且闭合
3	$D_条 \downarrow + D_面 \downarrow$	裂隙贯通且闭合
4	$D_条 \rightarrow + D_面 \uparrow$	裂隙张开
5	$D_条 \rightarrow + D_面 \rightarrow$	裂隙状态不变
6	$D_条 \rightarrow + D_面 \downarrow$	裂隙闭合
7	$D_条 \uparrow + D_面 \uparrow$	有新裂隙产生
8	$D_条 \uparrow + D_面 \rightarrow$	新裂隙产生且闭合
9	$D_条 \uparrow + D_面 \downarrow$	新裂隙产生且闭合

5.3 爆破智能化设计系统

随着计算机技术的发展，国内外研究人员将工程爆破专业知识和经验与现代计算机辅助设计技术相结合，爆破设计已经从原始的纸面设计发展为计算机设计，并且智能化、自动化程度日益提高。一次完整的爆破设计，包含有参数及布孔设计、装药设计、爆破联线设计等过程，而爆破智能化设计系统的开发也应包括上述过程。爆破智能设计系统一般基于三维数学地质及爆破生产流程进行开发，集上述功能于一身。具体功能及步骤如下：

（1）孔网参数及布孔设计。孔网参数及布孔设计由爆破技术员结合现场地质情况及生产需求确定，通过系统绘制炮孔设计平面图，并将孔网参数及布孔相关设计数据上传至现场钻机进行打孔作业，通过钻机与系统间的数据互通，将位置、孔深及水深等信息传回爆破智能化设计系统中。炮孔分布图如图 5.12 所示。

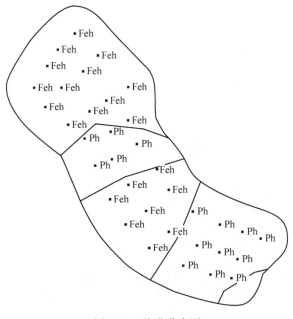

图 5.12　炮孔分布图

（2）爆破装药设计。爆破系统结合三维数字系统，直观显示各炮孔所在区域的岩性，并且根据系统传回的钻孔信息，圈选设置每个爆孔的装药信息（炸药类型、药高等参数），系统将根据设计自动计算每个孔的单耗，优化爆破设计。药量计算表如表 5.2 所示。

表 5.2　药量计算表

孔号	矿岩	炸药类型	设计单耗 /kg·t⁻¹	容重 /t·m⁻¹	孔距 /m	排距 /m	段高 /m	K值	设计药量 /kg	调整药量 /kg	药高 /m	孔深 /m	水深 /m	余高 /m
1	me	铵油	0.280	2.8	7.5	6	15.0	1	529.2	515	10.3	17.3	0	7.0
2	me	铵油	0.280	2.8	7.5	6	15.0	1	529.2	510	10.2	17.2	0	7.0
3	me	铵油	0.280	2.8	7.5	6	15.0	1	529.2	540	10.8	17.8	0	7.0
4	me	铵油	0.280	2.8	7.5	6	15.0	1	529.2	525	10.5	17.5	0	7.0
5	me	铵油	0.280	2.8	7.5	6	15.0	1	529.2	530	10.6	17.6	0	7.0
6	me	铵油	0.280	2.8	7.5	6	15.0	1	529.2	520	10.4	17.4	0	7.0
7	me	乳化	0.250	2.8	7.5	6	15.0	1	623.7	626.7	9.4	17.4	8	8.0

注：me 表示磁铁贫矿。

（3）爆破连线设计。根据现场情况选择起爆点，然后通过圈选或逐个点击的方式，设置炮孔之间爆破延时时间，系统将自动计算出每个孔的爆破时间及顺序，生成爆破动画图，并确认无误后系统将自动生成爆破网路连线图，如图 5.13 所示。

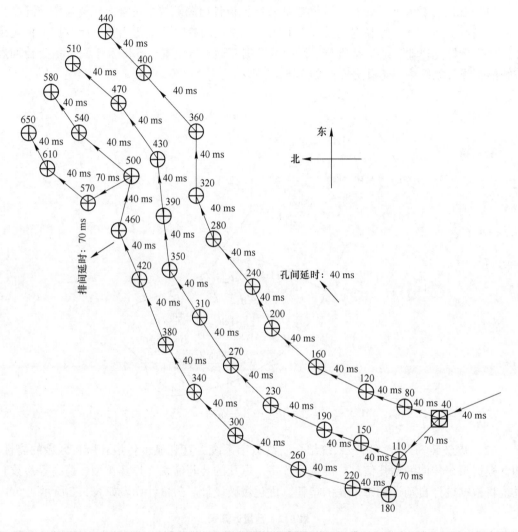

图 5.13　爆破网路连线图

（4）其他设计。爆破智能设计系统还可以实现炮孔实际分布图、剖面图、安全警戒图等的设计。

5.4　爆破三维仿真技术

爆破三维仿真技术是在不同空间和不同时间范围内对目标的反应、爆炸模型进行建模和动态分析，并通过爆炸力学计算，获得爆炸能量和爆炸冲击下的反应参数和破坏模式，为爆破设计提供科学依据。在爆炸力学计算中，通过考虑爆炸产生的能量对各种目标施加不同的力来计算其爆炸破坏力，如冲击波、热冲击波和机械冲击波等；通过分析爆炸冲击产生的热量和能量对爆破近区产生的冲击破坏等，为爆破设计提出安全建议。本节采用爆区三维建模技术，建立矿山三维地质基础模型；采用 LS-DYNA 数值模拟软件，研究爆破应力波传播规律和爆破破坏过程。

5.4.1 爆区三维建模技术

矿山建设的各个阶段所使用的软件、所需要的信息都需要矿山三维模型作为基础载体，建立统一的矿山三维模型体系，用于工程的设计、建造与管理，可以大量减少沟通损耗，降低建造风险，解决目前存在的设计施工过程中专业协同性差、数据不流通的问题，实现矿山真三维协同设计，实现"信息共享、协同工作"的核心理念，这是支撑绿色矿山、智能矿山建设的重要举措，可达到优化设计方案，提高矿山工程的质量管理水平，降低成本和安全风险，提升工程项目效益和效率的目的。矿山地质模型的建立包含建立地质数据库、建立三维矿体模型和建立矿床块体模型三个步骤。

5.4.1.1 地质数据库

矿山地质数据库是矿床三维可视化建模的基础，是实体模型以及在实体模型基础上建立的块体模型的基础，以钻孔信息及现场采集到的地质信息为主，进行矿块模型的构建。块体模型的赋值、体积和储量的计算以及平面图、剖面图的绘制都需要以矿山地质数据库为基础。目前，矿山地质数据库的直接体现就是钻孔数据库，钻孔数据库主要来源于矿山钻孔勘测。通过对勘测结果的统计与分析，逐步完善钻孔数据库，如图 5.14 所示。

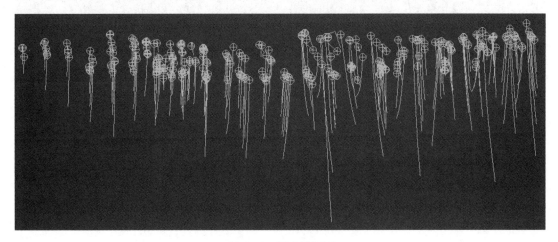

图 5.14 钻孔数据库

5.4.1.2 三维矿体模型

三维实体模型是由一系列相邻的三角面组成的三维空间几何体，在三维空间范围内各个三角面没有交叉或重叠等，各个三角面的顶点必须有里和外，否则实体就是无效；没有封闭；一般用来描述矿体、巷道或采场等空间体。实体模型是根据实际建立一个虚拟的地质体，这样可以直观地展示复杂地质体的实际自然轮廓，以达到三维直观展示，体积计算和剖面切割等对矿山开采的设计和管理。建立完整接近真实的模型对矿山的生产和管理意义是重大的，也是后续构建真实模型的基础。通过建立矿体的三维模型，可以为之后构建块体模型中的相关技术指标的插值提供边界约束。图 5.15 为采用剖面法建立三维矿体模型的结果。图 5.16 为矿山实体模型。

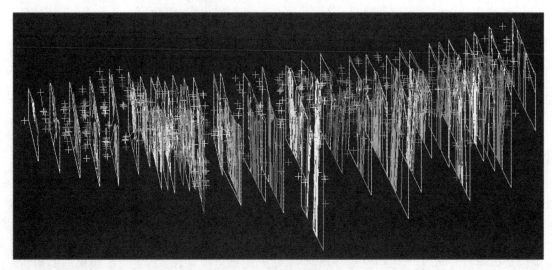

图 5.15   多剖面示意图
(扫描书前二维码看彩图)

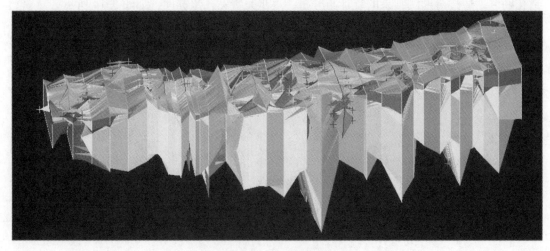

图 5.16   矿山实体模型
(扫描书前二维码看彩图)

5.4.1.3   矿床块体模型

块体模型须在实体模型的基础上构建。因为实体模型展示的是矿体的空间位置和形态等基本特征，而不能展示矿体内部信息，所以据此进行矿山的设计和生产的管理还是不够的，还需要展示矿体内部信息即矿物质的性质和规律等。块体模型就是在矿体三维空间形态的基础上展示内在的性质和变化规律，从而满足矿山设计和生产管理的需要，可见，块体模型是数字矿山建设意义的体现。因此建立完善、利于工作的块体模型才是建立矿岩体真实模型的核心工作。

其主要是建立矿体的块体模型并附加不同的属性约束。可以根据矿体各种属性约束条件，对矿体进行估值运算，建立矿体不同属性的约束模型。例如，矿体的全铁品位、亚铁品位、地质类型、有无裂隙等不同属性条件下的约束模型，如图5.17所示。图5.18为矿山某水平矿岩块体模型。

增加属性					×
属性名	类型	小数位	默认值	描述/表达式	
1 节理裂隙	字符			0=是节理裂隙，1=不是节理裂隙	
2 单轴强度	浮点	2			
3 抗拉强度	浮点	2			
4 弹性模量	浮点	2			
5 泊松比	浮点	2			
6					
				√执行 ✗取消	

图 5.17 块体模型附属性

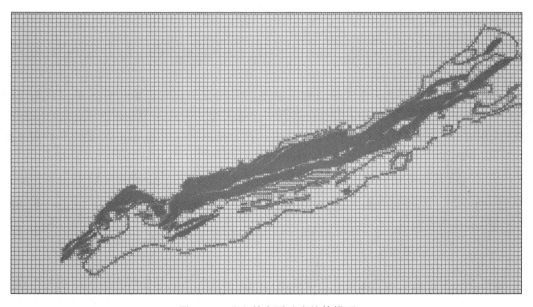

图 5.18 矿山某水平矿岩块体模型

(扫描书前二维码看彩图)

5.4.2 台阶爆破仿真技术

传统的爆破设计方法是根据经验公式和设计者的经验来进行的，其结果不仅依赖经验公式的可靠性，而且还依赖于设计者的经验。为验证爆破参数设计的合理性，科研人员通过软件仿真模拟手段研究爆破参数对爆破效果的影响。LS-DYNA 作为一种通用的显式动力学计算软件，其显式算法适用于瞬时大变形、多重非线性准静态问题以及复杂的接触碰撞问题，如爆炸冲击、结构碰撞、金属加工成形等复杂动态问题。自从 20 世纪 90 年代引进我国后，其计算可靠度已经过了大量的实验验证，被公认为工程上最好的分析软件。本节中台阶爆破仿真就是基于 LS-DYNA 来进行的。

5.4.2.1 LS-DYNA 的计算方法

炸药在介质中的爆炸是一类动态问题，求解该问题时，常借助于数值分析法。目前，在研究弹性体动力学及波动问题时，常使用有限差分方法或有限单元方法。

用有限元法对动态问题进行分析的程序大体上由下列主要步骤组成：

(1) 连续体的离散化；

(2) 选取单元的位移模型；

(3) 用变分原理导出单元的动力学方程；

(4) 经整体集合建立总体运动方程；

(5) 求解本征值问题确定体系的动力特性；

(6) 在时间域上积分离散体系的运动方程。

5.4.2.2 爆炸模拟常用算法

LS-DYNA 程序具有 Lagrange 算法、Euler 算法和 ALE 算法：

(1) Lagrange 算法的单元网格附着在材料上，随着材料的流动而产生单元网格的变形，但是在结构变形过于巨大时，有可能使有限元网格造成严重畸变，引起数值计算的困难，甚至程序终止计算；

(2) ALE 算法和 Euler 算法可以克服单元严重畸变引起的数值计算困难，并实现流体、固体耦合的动态分析，ALE 算法先执行一个或几个 Lagrange 时步计算，此时单元网格随材料流动而产生变形，然后执行 ALE 时步计算，用户可以选择 ALE 时步的开始和终止时间，以及频率；

(3) Euler 算法则是材料在一个固定的网格中流动，在 LS-DYNA 中将有关实体单元标识 Euler 算法，并选择输运（Advection）算法。LS-DYNA 还可将 Euler 网格与 Lagrange 有限元网格方便地耦合，以处理流体与结构在各种复杂载荷条件下的相互作用问题。

5.4.2.3 材料模型及参数

爆破是一个极其复杂的能量传递与耗散过程，利用数值模型能够准确地描述岩石在爆破过程中的动态响应过程，而对于材料模型及参数的选择，是决定爆破模拟仿真准确性的关键。RHT 模型是由 Riedel、Hiermaier 和 Thoma 提出的一种描述混凝土等脆性材料的动态力学行为的本构模型，能够分析岩石在爆破荷载条件下粉碎、破裂与损伤等复杂动态力学过程。

A p-α 状态方程

RHT 模型主要由 p-α 状态方程与本构方程共同描述，在高速冲击与爆炸等问题中，与材料所受的压力相比强度可以忽略不计，材料处于流动状态，这就需要通过 p-α 状态方程来计算材料所受压力。

p-α 方程将这一过程分为弹性阶段与塑性阶段，如图 5.19 所示，其中 α_0 为材料初始孔隙度，α_p 与 p_{el} 为弹性阶段结束时对应的孔隙度与孔隙开始被压碎的压力；当压力超过 p_{el} 后材料进入塑性阶段，随着压力增加孔隙坍缩，孔隙率逐渐降低，当压力增加到孔隙压实压力 p_{co}（孔隙度 $\alpha = 1$），材料完全被压实。

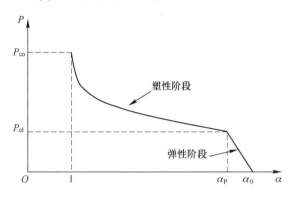

图 5.19　状态方程曲线

对于材料体积压缩与膨胀过程的状态方程可用如下函数表示：

$$P = A_1\mu + A_2\mu^2 + A_3\mu^3 + (B_0 + B_1\mu)\rho_0 e \qquad \mu > 0 \tag{5.4}$$

$$P = T_1\mu + T_2\mu^2 + B_0\rho_0 e \qquad \mu < 0 \tag{5.5}$$

式中，$\mu = \rho/\rho_0 - 1$，$\mu > 0$ 为材料体积压缩；$\mu < 0$ 为材料体积膨胀；ρ 为材料压缩时密度，ρ_0 为材料初始密度；A_1、A_2、A_3、T_1、T_2、B_0、B_1 为状态方程参数。

B　本构方程

RHT 本构模型引入了与压力相关的失效面、弹性极限面与残余强度面，提出了采用弹性极限面方程、失效面方程以及残余强度面方程来描述材料的初始屈服、失效及残余强度之间的变化规律。

基于 Johnson 与 Homquist 提出的等效思想，将 RHT 本构模型分为三个阶段：弹性阶段、线性强化阶段和损伤软化阶段，如图 5.20 所示。

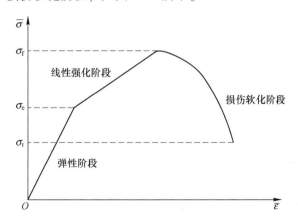

图 5.20　RHT 本构模型

（1）弹性阶段（$\bar{\sigma} \leqslant \sigma_e$）。弹性阶段表示材料处于弹性变形阶段，$\sigma_e$ 为弹性变形阶段结束终点与塑性变形起点，其等效应力值是由弹性极限面的等效应力推导而来。

（2）线性强化阶段（$\sigma_e < \bar{\sigma} \leq \sigma_f$）。线性强化阶段表示材料处于塑性变形阶段，材料开始从弹性极限面向失效面过渡，σ_f 为线性强化阶段结束终点与损伤软化阶段起点，用来描述脆性材料的应变硬化效应。

（3）损伤软化阶段（$\bar{\sigma} > \sigma_f$）。损伤软化阶段表示材料处于损伤累积并软化阶段，此时等效应力强度超出材料失效应力强度，随损伤不断累积使得材料屈服应力不断降低，采用残余强度面方程来描述材料在失效后的应变软化效应。

失效应力表达式如下：

$$\sigma_{fail}(p, \theta, \dot{\varepsilon}) = f_c \cdot \dot{\sigma}_{TXC}(P_s) \cdot R_3(\theta) \cdot F_{rate}(\dot{\varepsilon}) \tag{5.6}$$

式中，f_c 为单轴抗压强度；$\dot{\varepsilon}$ 为应变率；应变率函数 $F_{rate}(\dot{\varepsilon})$ 的表达式如下：

$$F_{rate}(\dot{\varepsilon}) = \begin{cases} \left(\dfrac{\dot{\varepsilon}}{\dot{\varepsilon}_0^c}\right)^\alpha & p \geq f_c/3 \\ \dfrac{p + f_{t,el}/3}{f_{c,el}/3 + f_{t,el}/3} \cdot \left(\dfrac{\dot{\varepsilon}}{\dot{\varepsilon}_0^c}\right)^\alpha + \dfrac{p - f_{c,el}/3}{-f_{c,el}/3 - f_{t,el}/3} \cdot \left(\dfrac{\dot{\varepsilon}}{\dot{\varepsilon}_0^t}\right)^\delta & -f_t/3 < p < f_c/3 \\ \left(\dfrac{\dot{\varepsilon}}{\dot{\varepsilon}_0^t}\right)^\delta & p \leq -f_t/3 \end{cases} \tag{5.7}$$

且需 $F_{rate}(\dot{\varepsilon}) \geq 1$，其中，$f_t$ 为单轴抗拉强度（拉为正），$\dot{\varepsilon}_0^c = 30 \times 10^{-6}\dot{\varepsilon}_0$，$\dot{\varepsilon}_0^t = 3 \times 10^{-6}\dot{\varepsilon}_0$，$\dot{\varepsilon}_0 = 1.0 \text{ s}^{-1}$，$\alpha$ 及 δ 为材料参数。

弹性极限应力表达式为：

$$\sigma_{elastic} = f_c \cdot \sigma_{TXC}(P_{s,el}) \cdot R_3(\theta) \cdot F_{rate}(\dot{\varepsilon}) \cdot F_{elastic} \cdot F_{cap} \tag{5.8}$$

其中，$F_{elastic}$ 的表达式如下：

$$F_{elastic} = \begin{cases} R_c & p \geq f_{c,el}/3 \\ \dfrac{p + f_{t,el}/3}{f_{c,el}/3 + f_{t,el}/3} \cdot R_c + \dfrac{p - f_{c,el}/3}{-f_{t,el}/3 - f_{c,el}/3} \cdot R_t & -f_{t,el}/3 < p < f_{c,el}/3 \\ R_t & p \leq -f_{t,el}/3 \end{cases}$$

$$\tag{5.9}$$

式中，$f_{c,el}/3 = f_c \cdot R_c$，$f_{t,el}/3 = f_t \cdot R_t$，$R_c$ 和 R_t 为材料参数。

残余应力的表达式如下：

$$\sigma_{residual} = f_c \cdot B \cdot (p^*)^M \leq f_c \cdot S_{max}^f \tag{5.10}$$

式中，B、M、S_{max}^f 为材料参数。

C 炸药参数

LS-DYNA 程序通过提供高能炸药材料模型和各种炸药的状态方程，能直接准确地模拟高能炸药的爆炸过程。程序中的 JWL 状态方程能够描述高能炸药爆轰过程。其爆轰过程中，爆破压力与比容的关系如下：

$$P_{CJ} = A\left(1 - \frac{\omega}{R_1 V}\right)e^{-R_1 V} + B\left(1 - \frac{\omega}{R_2 V}\right)e^{-R_2 V} + \frac{\omega E}{V} \tag{5.11}$$

式中，P_{CJ} 为爆炸压力；V 为相对体积；E 为初始比内能；常数 A、B、R_1、R_2 为状态方程参数。

炸药起爆后，产生压力传递给周围介质，任意时刻爆源内任一点的压力可由状态方程求出：

$$P = F_f \cdot P_{CJ}(V, E_0) \tag{5.12}$$

式中，P_{CJ} 为初始压力；F_f 为燃烧系数，且 $F_f = \max(F_{f1}, F_{f2})$。

$$F_{f1} = \begin{cases} \dfrac{2(t - t_e)D_0}{3V_e/A_{emax}} & t > t_e \\ 0 & t \leqslant t_e \end{cases} \tag{5.13}$$

$$F_{f2} = \frac{1 - V}{1 - V_{CJ}} \tag{5.14}$$

式中，t_e 为爆轰波由起爆点传至当前单元中心所需要的最短时间。若 $F_f > 1$ 则取 $F_f = 1$。

5.4.2.4 台阶爆破过程

爆炸波的传播过程如图 5.21 所示，主要给出自由表面位置的爆炸应力波的传播。

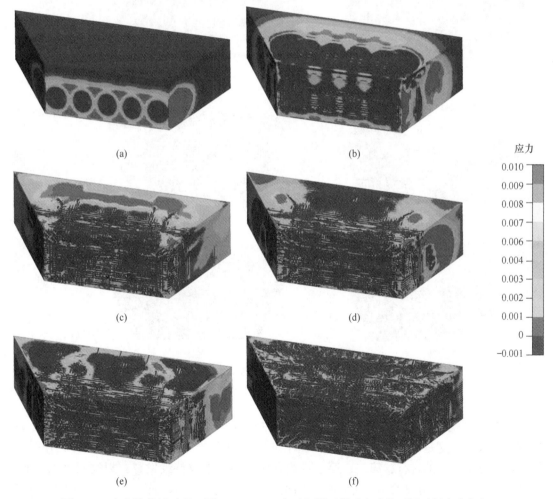

图 5.21 应力波传播过程（图（a）~（f）表示起爆至爆破完成的不同时刻应力分布）

（扫描书前二维码看彩图）

当应力波达到自由面时，压缩应力波从自由面反射成为拉伸应力波（见图 5.22），虽然此时波的强度已很低，但是岩石的抗拉强度远低于抗压强度，所以仍足以将岩石拉断。这种破裂方式亦称"剥落"。岩石表面在多炮孔拉伸波、剪切波等应力波的综合作用下，各种裂纹扩展、贯通形成裂隙网。随后，爆生气体的作用将岩石抛掷，形成最终的破裂区。

为了进一步分析矿岩体内部波的传播过程，对其进行内部剖面分析，图 5.22 描绘了 x-z 剖面应力波传播过程。从图 5.22 中可以看出当炸药在岩石中爆轰时，生成的高压力和高爆速的冲击波作用于周围的岩石，它的强度大大超过了岩石的动抗压强度，因此引起周围岩石的过度破碎。岩石在受冲击波压缩作用后，消耗了大量的爆炸能量。冲击波衰减为压缩应力波，虽然不足再将岩石压碎，却可使粉碎区外层岩石受到强烈径向压缩而产生径向位移。由此而衍生的切向拉伸应力，使岩石产生径向破坏，形成径向裂隙。

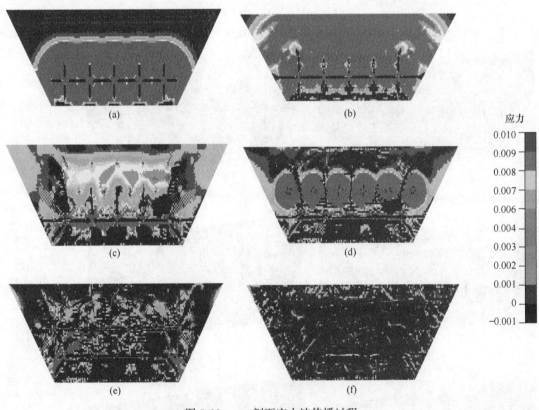

图 5.22 x-z 剖面应力波传播过程
（扫描书前二维码看彩图）

图 5.23 为爆破损伤演化过程。从图 5.23 中可以看出，在第一排孔爆破后自由面出现致密的裂纹网，这是由于多炮孔协同作用下的爆炸应力波与自由面的反射拉伸作用导致的。随着爆破过程的进行，第二、第三排炮孔爆破后，裂纹持续发育，裂纹网更加密集。此外，由图 5.23 还可以看出，上自由面的裂纹网密度低于前自由面。这是由于侧向爆破条件下，爆破载荷在前自由面形成了更强的爆炸波。此外上自由面受填塞的影响，同样导致其裂纹网密度低于前自由面。

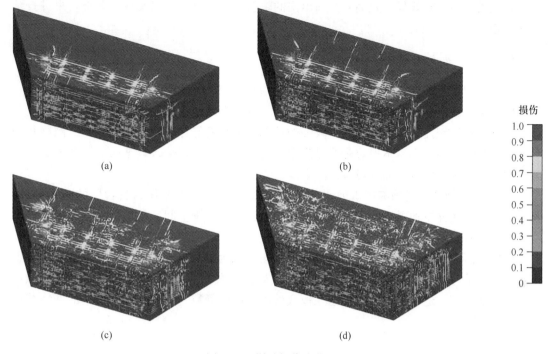

图 5.23　爆破损伤演化过程
（a）第一排孔；（b）第二排孔；（c）第三排孔；（d）整体损伤
（扫描书前二维码看彩图）

5.5　爆破效果预测技术

　　无论是控制爆破还是智能爆破，爆破设计的目的都是要取得某种特定的爆破效果，一方面当矿岩的块度很大时，矿山的铲装生产会遇到很大的阻碍，同时二次爆破量也会相应增加；另一方面如果矿岩的块度尺寸过小，则说明炸药量消耗过多，并且增加相应的爆破成本。因此对爆破效果进行预测是很重要的，但也是非常困难的。众所周知，在矿山生产爆破中，影响岩石爆破性能的因素众多，因素之间的相互影响关系复杂，存在大量的不可定量描述的不确定信息，这些因素难以用一个精确的数学方程式表达出来。同一种岩石，由于其赋存条件不同，地质结构与构造复杂、多变，其可爆性差异很大，这就导致岩石爆破结果有时很难服从经典统计规律。本节采用两种方法进行爆破效果的预测，分别是基于数据驱动的神经网络爆破效果预测以及基于数学模型的块度预测[3]。基于数据驱动的神经网络爆破效果预测方法是以矿山生产历史数据为基础，对神经网络模型进行不断的训练、迭代，从而形成准确的爆破效果预测网络模型。基于数学模型的块度预测方法是利用爆破块度分布的数学预测模型进行块度预测。

5.5.1　基于神经网络的爆破效果预测

　　人工神经网络方法，近年来在采矿领域得到了应用。它是一种有效地探讨多因素、复杂非线性问题因果关系的一种数理方法。本节中，利用 RBF 人工神经网络及其反传算法，建立爆破条件与爆破效果多元输入与输出间的映射关系，进而可以实现对爆破效果进行预测和控制。

5.5.1.1 基本原理

RBF 是目前比较流行的一种网络结构。它由输入层、输出层和隐含层组成，通过节点之间的连接生成一个由神经元构成的网络结构。这种网络结构可以用于学习数据的特征并具有很好的自组织能力，因此其具有较强的计算能力和良好运行特性。RBF 神经网络是一种前向型神经网络，其基本思想是通过隐含层的核函数变换将输入数据映射到新的高维空间，由低维不可分转换为高维可分。

通过 RBF 神经网络预测爆破效果的基本思想就是利用 RBF 作为隐含层的激活函数，将输入的训练集样本通过激活函数非线性地映射到一个高维空间，从而形成维度高于输入空间的高维隐藏空间，使得在低维空间内的线性不可分的问题在高维空间内线性可分。

RBF 神经网络通常由一个三层网络构成，第一层为输入层，它由输入样本信号源节点组成，并将信号传输到隐藏层。第二层为隐藏层，隐藏层节点的激活函数为径向基函数。第三层为输出层，通常是一个响应输入模式的简单线性函数[4]。RBF 神经网络的网络结构如图 5.24 所示。

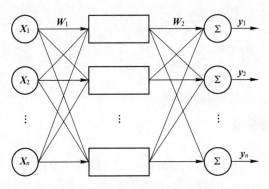

图 5.24 RBF 神经网络的结构

5.5.1.2 模型搭建

RBF 神经网络模型设计包括结构设计和参数设计两部分。结构设计主要是解决 RBF 网络中隐藏层节点数目，参数设计主要是确定各基函数的数据中心、扩展常数，以及输出节点的权值。

本节模型采用自组织聚类方法为隐藏层节点的径向基函数确定合适的数据中心。首先，在聚类确定数据中心之前，需要先对数据中心的个数进行估计（从而确定隐藏层节点个数），通常由"试选法"确定。在确定数据中心的数量后，基于 K-means 聚类中心算法，采用自组织选择数据中心，并在学习过程中不断调节数据中心的位置，最终选择合适的聚类中心。在确定 RBF 神经网络的数据中心后，相应径向基函数的扩展常数根据各中心之间的距离确定，具体如下：

$$d_j = \min \| C_j - C_i \| \tag{5.15}$$

$$\delta_j = \lambda d_j \tag{5.16}$$

式中，λ 为重叠系数，由经验确定。

通过上述方法确定隐藏层神经元的中心和扩展常数后，最后通过伪逆矩阵法求出隐藏层到输出层的权值。设输入为 X_p 时，第 j 个隐藏层节点的输出为 $\varphi_{pj} = \varphi(\parallel X_p - c_j \parallel)$，则隐藏层输出矩阵为 $\hat{\boldsymbol{\Phi}} = [\varphi_{pj}]_{P \times M}$，RBF 的输出向量为 $\boldsymbol{d} = \hat{\boldsymbol{\Phi}} \boldsymbol{W}$，权值 $\boldsymbol{W}$ 可用 $\hat{\boldsymbol{\Phi}}$ 的伪逆 $\hat{\boldsymbol{\Phi}}^+$ 求出，即 $\hat{\boldsymbol{\Phi}}^+ = (\hat{\boldsymbol{\Phi}}^{\mathrm{T}} \hat{\boldsymbol{\Phi}})^{-1} \hat{\boldsymbol{\Phi}}^{\mathrm{T}}$，$\boldsymbol{W} = \hat{\boldsymbol{\Phi}} + \boldsymbol{d}$。

5.5.1.3 模型训练及效果

首先，利用原始数据，在网络训练过程中不断反复调整网络的实际输出与期望输出，经过训练步数的不断迭代，使损失函数收敛，最终能够获得稳定的爆破效果预测模型，如图 5.25 所示。

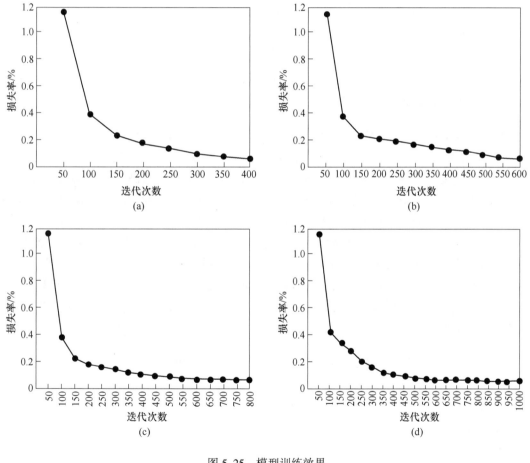

图 5.25　模型训练效果

（a）训练样本迭代 400 步；（b）训练模型迭代 600 步；
（c）训练模型迭代 800 步；（d）训练模型迭代 1000 步

为验证模型的分类效果，通过与传统的 BP 神经网络作对比，分析 RBF 神经网络的适用性与准确性，如图 5.26 所示。从图 5.26 的预测结果可以看出，通过传统 BP 神经网络预测模型得到预测值，准确率为70%。本节所建立的RBF神经网络模型得到预测值，准确率为80%。因此，就爆破效果预测问题而言，RBF神经网络具有更高的适用性与准确性。

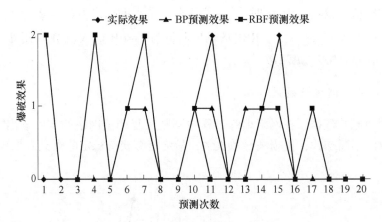

图5.26 测试集预测结果对比图

5.5.2 基于数学模型的爆破效果预测

KUZ-RAM模型的初始模型是由Kuznetsov基于Rosin-Rammler分布函数提出的数学模型，后来Cunningham结合了Kuznetsov模型和Rosin-Rammler分布函数，提出来一个新的预测模型，通常称为KUZ-RAM模型。Kuznetsov模型是研究爆破后平均块度的模型，Rosin-Rammler分布函数是研究爆破块度的分布特征的函数。KUZ-RAM模型首先设定网格尺寸，然后确定通过网格尺寸的爆破碎片的百分比，从而预测爆破块度。该模型有两个十分重要的参数，分别为平均块度大小与均匀性指数，其中平均块度大小的含义为爆破后的矿岩有一半能够通过设定的网格的矿岩尺寸，均匀性指数为爆破后的矿岩分布情况，其值通常在0.8~2.2，均匀性指数决定爆破块度预测曲线的陡缓，即均匀性指数值越大，爆破块度分布越不均匀，爆破效果越不好。KUZ-RAM模型使用RR函数预测爆破块度，RR函数方程如下所示：

$$P(x) = 1 - \exp\left[-\left(\frac{x}{x_c}\right)^n\right] = 1 - \exp\left[-\ln2\left(\frac{x}{x_{50}}\right)^n\right] \tag{5.17}$$

式中，x_{50}为平均块度大小；n为均匀性指数。

通过式（5.17）可知，只需计算平均块度大小与均匀性指数即可计算爆破块度曲线。下面将分别计算x_{50}与n。

（1）x_{50}计算公式如下：

$$x_{50} = AA_t q^{-0.8} Q^{1/6} \left(\frac{\text{RWS}}{115}\right)^{-19/30} \tag{5.18}$$

式中，A为岩石作用指数，计算公式见式（5.19）；A_t为延期时间作用指数；q为炸药单耗；Q为炸药单位能量；RWS为炸药等效作用强度。

其中，A的计算公式如下：

$$A = 0.06 \times (RMD + RDI + HF) \times C(A) \tag{5.19}$$

式中，RMD 为岩石坚硬条件指数，其中，粉状易碎岩石取值为 10，完整岩石取值为 50，有倾角超过 30°裂隙按照式（5.19）计算；RDI 为岩石密度影响指数；HF 为岩石强度影响指数；$C(A)$ 为调整参数，通常取值为 1。

$$JF = (JCF \cdot JPS) + JPA \tag{5.20}$$

$$P = \sqrt{B \cdot S} \tag{5.21}$$

式中，JCF 为结构面结合程度，结合紧密时取值为 1，结合一般时取值为 1.5，结合差时取值为 2；JPS 为岩体完成程度指标，当结构面小于 0.1 m 时，取值为 10，当结构面在 0.1 ~ 0.3 m 时，取值为 20，当结构面在 0.3 ~ 0.95P（P 按式（5.21）计算）时，取值为 50，当结构面大于 P 时，取值为 80；JPA 为倾角影响指数，超过 30°切出边坡时，取值为 40，与边坡夹角 30°以内，取值为 30，超过 30°切入边坡时，取值为 20。

A_t 的计算公式如下：

$$A_t = \begin{cases} 0.66\left(\dfrac{\Delta T}{T_{\max}}\right)^3 - 0.13\left(\dfrac{\Delta T}{T_{\max}}\right)^2 - 1.58\left(\dfrac{\Delta T}{T_{\max}}\right) + 2.1 & \dfrac{\Delta T}{T_{\max}} < 1 \\ 0.9 + 0.1\left(\dfrac{\Delta T}{T_{\max}} - 1\right) & \dfrac{\Delta T}{T_{\max}} > 1 \end{cases} \tag{5.22}$$

$$T_{\max} = \frac{15.6}{c_P} B \tag{5.23}$$

式中，ΔT 为孔间延期时间；B 为抵抗线；c_P 为岩石 P 波波速。

（2）n 计算公式如下：

$$n = n_s \left(2 - 0.03 \frac{B}{d}\right)^{0.5} \left(\frac{1 + S/B}{2}\right)^{0.5} \left(1 - \frac{W}{B}\right) \left(\frac{L_c}{H}\right)^{0.3} \left(\frac{A}{6}\right)^{0.3} C(n) \tag{5.24}$$

式中，B 为抵抗线；d 为炮孔直径；S 为孔距；W 为钻孔偏差量；L_c 为装药长度；H 为台阶高度；A 为岩石作用指数；$C(n)$ 为调整参数，常取值为 1；n_s 计算见公式（5.26）。

$$R_s = \frac{T_r}{T_x} = 6 \frac{\sigma_t}{T_x} \tag{5.25}$$

$$n_s = 0.206 + \left(1 - \frac{R_s}{4}\right)^{0.8} \tag{5.26}$$

5.6　爆破智能施工技术

计算机、网络、软件、通信等信息技术的迅猛发展和无限应用，使得数字化与智能化成为各行各业发展的必然趋势。先进的自动化控制系统、信息通信技术、数码电子雷管等新型的爆破器材与爆破施工相结合，使得爆破施工的智能化已成为现实。在爆破施工环节，主要包含起爆和装药两个工序。现场混装炸药车和电子雷管的全面应用使爆破施工的自动化和智能化程度取得了长足的进展，使爆破工程更科学、精确、安全、绿色环保、经济合理。

5.6.1 起爆系统的智能化

起爆系统的智能化，是采用新型数码电子雷管以及电子起爆系统，以爆破炸药点燃顺序的精准控制为手段，实现爆破炮孔起爆顺序的精准延时作业。并结合数字化电子起爆系统，实现起爆过程的数字化管控，大大提高延时爆破效果以及爆破起爆系统的安全性。

5.6.1.1 数码电子雷管

数码电子雷管用电子延时芯片取代传统延期药实现延期，具有延期精度高、安全性好、网络可检测等优点。早在17世纪采矿和建筑业广泛采用爆破技术，人们很快便认识到：为了获得符合要求的破碎质量，炮孔要按照顺序起爆而不是同时起爆。早期，顺序起爆的唯一方法是将导火索截成不同长度，按照给定的顺序点燃。一直到20世纪初，并没有出现精确的方法。20世纪40年代末，第一批毫秒延时电雷管问世。这种雷管很快被证实可有效降低爆破振动强度并改善爆破效果。到50年代中期，美国主要的炸药厂都研制了按一定的毫秒间隔可使炮孔顺序起爆的毫秒延时电雷管。直到80年代中期，这种雷管（电雷管和非电雷管）仍然是精确的延时手段。此种雷管的延时仍然依靠管内根据延时时间不同安装不同长度导火索来实现。

数码电子雷管按照延期时间的设定可分为三类：第一种是电起爆可编程电子雷管，延期时间在现场按照爆破要求设定，并在现场对整个爆破系统起爆时序进行编程；第二种是电起爆非编程电子雷管，延期时间在工程预设；第三种是非电起爆非编程电子雷管，采用导爆管或低能导爆索等非电起爆器材引爆电子延期体，延期时间在工厂设定。

5.6.1.2 电子起爆系统

数字化电子起爆系统，由数码电子雷管、编码器和起爆器三部分组成。电子起爆系统操作流程分为两个部分——爆前操作和起爆准备。爆前操作步骤有：雷管分发与装孔、漏电检测、雷管编程、分支检测、联网、数码电子雷管信息传输到起爆器；起爆准备步骤有：起爆器开机、输入开机密码、网路检测、充电、起爆。为了提高起爆系统的可靠性，电子雷管加入了在线检测技术，在爆破网路连接之前，对雷管进行在线识别和注册登记；在爆破网路连接完成后，由起爆器通过各铱钵表与每发雷管进行通信，检测每发雷管的工作性能及爆破支网路或整个网路的连接状态，大大提高起爆系统的可靠性。

5.6.2 现场混装炸药管理与控制

炸药现场混装技术，就是在现场混装炸药地面站制备（准备）炸药半成品和原材料，由现场混装炸药车装载炸药原料或半成品，驶入爆破作业现场后，用车载系统将其连续制备成炸药，并完成炮孔装填，实现制药、爆破作业连续化。它具有机械化、高效率作业，最大限度地提高炸药制备、运输和使用安全性等优越性，是矿山炸药使用的最佳选择。

5.6.2.1　现场混装炸药地面制备站

现场混装炸药地面制备站以制备乳化炸药水相、油相、敏化剂、乳化基质，硝酸铵、柴油装车等工作为主，其中以乳化炸药原材料的制备、装车为主要工艺过程。现阶段，现场混装炸药地面站的控制多为 PLC+工控软件控制方式。在地面站建有总控制室，在控制室内控制各种乳化炸药半成品的制备、装车。其中硝酸铵多采用上料塔形式进行补给，柴油采用柴油罐、加油枪形式进行补给，这两种原材料补给方式多为单体控制。

5.6.2.2　现场混装炸药车

现场混装炸药车是把传统的固定式炸药生产工艺过程中的一部分转移到车上进行，并给车增加了装填的功能，提高了生产装填炸药的机械化及自动化水平，从本质上保证了炸药运输、生产、使用的安全性，成为目前爆破业设备的最佳选择。现场混装炸药车的控制系统以 PLC 控制为主，通过 PLC 控制液压系统操作各电磁阀动作，进而控制现场混装炸药的制备与炮孔装填。

5.7　爆后数据采集技术

对爆破效果数据进行采集，是对爆破效果评价的基础，也是爆破设计优化的重要环节，因此，对爆破效果数据进行采集是十分重要的。传统的爆破效果数据采集手段，都需要在爆破后由现场人员使用测量工具或根据以往经验一一测定，不仅占用了人力物力成本，还耗费了大量时间成本，人为测量误差的影响也很难消除。因此，针对爆破效果指标的智能化采集技术是爆破全流程智能化中的关键一环。

5.7.1　大块率、后冲距离、根底率统计

在常见的矿山爆破质量评价标准中，大块率、后冲距离、根底率一直作为重要量化表征参数之一，具有十分重要的意义。但目前无论是大块率、后冲距离，还是根底率数据的获取，都是采用人工统计，耗时耗力效率低。本节介绍爆破效果评价关键指标智能采集方法，基于深度学习算法，搭建深层人工神经网络，创建大块率、后冲距离、根底率识别模型，实现图像的识别、分割与大块率、后冲距离、根底率数据的智能采集。

5.7.1.1　模型搭建及应用效果

本节中大块率、后冲距离、根底率的识别与分割模型，采用 Mask RCNN 网络，在此不做过多赘述，详见 5.7.2 节。大块、后冲及根底检测模型主要用于矿山中的爆堆大块矿石的检测、爆破后冲距离及根底的检测，为了验证该模型准确度是否满足工程需求，从矿山中采集大量爆堆图像，且采集的图像应具备矿石相互堆积、形态不规则等特点，进而能够验证该模型对复杂环境下的矿石图像分割的有效性，具体检测与分割结果如图 5.27所示。

后冲裂隙检测识别与后冲距离，如图 5.28 所示。

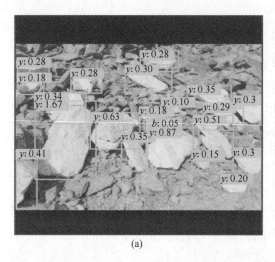 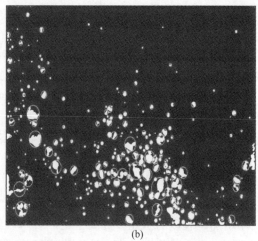

(a) (b)

图5.27 爆堆图像检测结果
(a) 局部示例；(b) 整体示例

 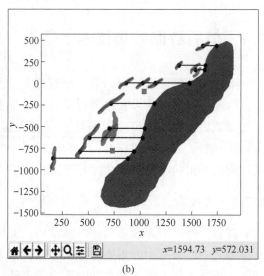

(a) (b)

图5.28 台阶后冲图像检测结果展示图
(a) 台阶后冲检测；(b) 台阶后冲距离计算

根底检测识别与根底率，如图5.29所示。

利用图像识别技术对爆堆图像进行检测识别，不仅可以有效分割出爆堆块体轮廓、后冲裂隙轮廓和残留根底轮廓，还可以在此基础上通过提取像素点信息进行相关数据的计算，如块度大小、后冲距离和根底体积。

5.7.1.2 计算方法

A 大块率测定方法

采用面积比法，识别大块总像素面积与拍摄区域总像素面积之比，这个比值可近似视为爆堆大块率。

 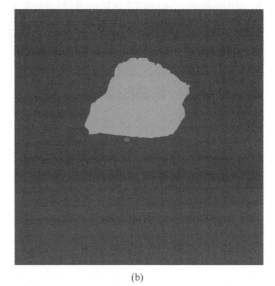

(a)   (b)

图 5.29　根底残留图像检测结果展示图

（扫描书前二维码看彩图）

$$S_{\text{mine1}} = S_{\text{mine2}} \times \frac{S_{\text{markers1}}}{S_{\text{markers2}}} \qquad (5.27)$$

式中，S_{mine1} 为大块矿石的实际面积；S_{mine2} 为大块矿石的像素面积；S_{markers1} 为标志物的外轮廓实际面积；S_{markers2} 为标志物外轮廓像素面积。

　　B　后冲距离测定方法

　　利用像素坐标建立爆堆与后冲纹路坐标方程，计算爆堆后边界至后冲方程之间的像素距离，通过与标志物尺寸的像素值换算，计算出后冲距离。

$$\begin{cases} L_i = |x_{it} - x_{im}|, \quad y_{it} = y_{im} \\ L_i = |y_{it} - y_{im}|, \quad x_{it} = x_{im} \end{cases} \qquad (5.28)$$

$$L_r = 0.3 L_i \max / L_b \qquad (i=0,\ 1,\ 2,\ \cdots)$$

式中，L_i 为各裂隙至坡面的像素距离；L_r 为台阶爆破后冲距离；L_b 为标志物像素距离；x_{im}、y_{im} 为平面直角坐标系中裂隙中点横纵坐标；x_{it}、y_{it} 为平面直角坐标系中裂隙中点到坡面垂点位置横、纵坐标。

　　C　根底率测定方法

　　根底视为圆锥体，获取圆锥体截面三点像素位置并计算根底直径和高度像素值，通过与标志物尺寸的像素值换算，计算根底体积。

$$R = \int_0^{0.28h/L} \pi \left(\frac{D}{2h}x\right)^2 \mathrm{d}x / V_{\text{原}} \qquad (5.29)$$

式中，$V_{\text{原}}$ 为原岩体积；h 为根底高度；L 为安全帽像素长度；D 为根底直径；R 为根底率。

5.7.2　爆堆形态统计

　　在矿山挖掘设备选型已经确定的情况下，要提高挖掘机的采装效率与满斗系数，爆堆形态十分关键，爆堆不宜过高或过散，超过挖掘机的最高挖掘高度会使爆堆上部矿岩滚落坍塌，过散会降低挖掘机的满斗系数，为确定合理的爆堆形态，采集爆堆效果指标，对于优化爆破设计、提升爆堆形态是非常重要的。本节中所采用的方法是利用爆区爆破前、后三维点云数据，对点云进行配准与分割，进而通过对点云样点的统计来计算爆破台阶高度，爆堆高度、宽度等信息。

5.7.2.1 点云配准

爆破前、后所采集到的爆区点云具有不同的坐标体系，无法直接对原始点云进行处理，从而获得爆堆形态相关数据。因此，对爆破前、后爆区点云数据进行配准是必不可少的步骤。点云配准是指将不同位置或视角获取的点云数据进行对齐的过程。其目的在于找到一个坐标变换或刚体变换（如平移、旋转等），使得爆破前、后点云之间的对应点能够准确重合，从而提供更全面、准确的三维信息。

具体点云配准过程如图 5.30 所示。

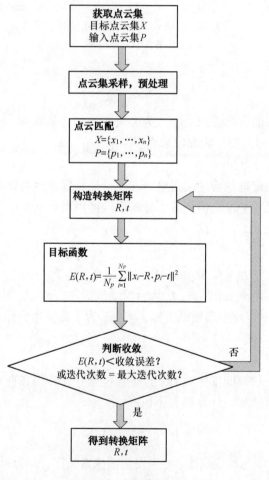

图 5.30 点云配准过程

图 5.31 为配准前的爆破前、后目标区域点云，前、后两幅点云存在较大的错落现象。

图 5.31（b）为配准后的点云，爆破前、后点云形态基本吻合，在此基础上，对爆破前、后的点云进行分割以计算爆堆形态数据。

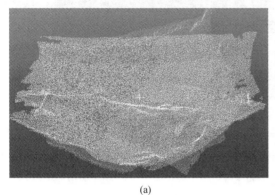 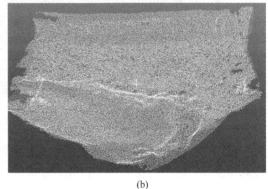

(a)　　　　　　　　　　　　　　　　(b)

图 5.31　配准前、后的点云

（扫描书前二维码看彩图）

5.7.2.2　点云分割

点云分割即根据空间、几何和纹理等特征点进行划分，同一划分内的点云拥有相似的特征。点云分割的目的是分块，从而便于单独处理。点云分割借鉴直通滤波的思路，通过对某一值字段进行大小的比较来获取每一个切片点云，本书对点云数据进行等间距切片处理，以便后续实现爆堆形态分析，如图 5.32 和图 5.33 所示。

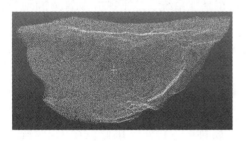 

图 5.32　分割前　　　　　　　　　　图 5.33　分割后

5.7.2.3　统计计算

对于每一段分割区域，结合爆破台阶及爆堆特征，进行爆堆形态计算。水平方向最大、最小值之间的距离，即为爆堆宽度。竖直方向最大、最小值之间的距离，即为爆堆高度。通过对所截取爆堆前、后点云数据的分析来进行爆堆形态的统计，如图 5.34 所示。

5.7.3　爆破散体跟踪

准确获取爆破过程矿岩迁移信息是获取爆破效果指标的重要手段，同时也是研究爆破抛掷过程的重要参考依据。目前获取爆破过程矿岩位置移动信息的方法主要采用标识物与高速摄影结合的方式，但是爆破过程矿岩的运动受粉尘遮挡难以获取全过程准确信息。爆

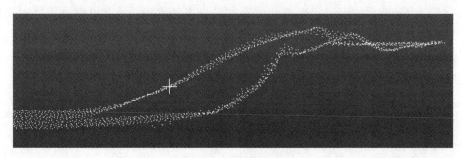

图 5.34 分割体示意图

破散体轨迹跟踪技术采用无线传输技术结合惯性导航技术，实时采集爆破过程的三轴加速度和陀螺仪数据，以惯性导航原理对矿岩石的位置姿态进行数值解算，从而获取爆破过程中矿岩的运动迁移轨迹。

5.7.3.1 惯性导航系统

惯性导航系统 (Inertial Navigation System, INS) 仅依靠陀螺仪和加速度计敏感载体在惯性系下运动，实现全球、全天候地提供全面导航信息，是一种独立自主的导航系统。具备连续输出载体位置速度和姿态信息、短时导航精度高、完全独立自主等突出优点，在车辆、舰船、飞机导航和战术与战略导航等领域应用广泛。近年来，惯性导航系统逐步从稳定平台技术转向捷联技术。捷联惯性导航系统 (Strap-down Inertial Navigation System, SINS) 作为惯性导航技术发展的趋势，其结构简单、性能可靠，随着计算机技术的更新和陀螺技术的发展，进一步拓宽其在机器人技术、汽车悬挂系统、地下矿井及管道勘测等领域的应用。

采用惯性导航的方式来获得稳定可靠的矿岩飞行数据，通过进一步解算获取其运动轨迹。由于惯性导航定位的原理是获取装置在运动过程中的角速度、加速度和时间信息，并依据这些数据，从过去自身的位置，推算现在位置。所以随着时间的增加，会造成空间轨迹误差不断增大。同时，它不能够像卫星定位，时刻对现位置进行修正。但爆破具有瞬时性，爆破过程的时间很短，由于惯导特性所累积的轨迹误差极小。因此，在矿山爆破中，采用惯性导航技术进行爆破矿岩空间轨迹的获取，是完全适合的[5]。

5.7.3.2 散体轨迹跟踪

利用上述的爆破矿岩轨迹跟踪技术研发轨迹跟踪装置，其包含内置的定位芯片以及外部的保护装置，根据不同矿山爆破需求，采用不同的数据存储原理进行设计，其主要区别在于内置的惯性导航定位芯片，分别是 Wi-Fi 无线通信版和 SD 闪存版。这两种定位装置集成了高精度陀螺仪、加速度计，采用高性能的微处理器，内置先进的动力学解算与卡尔曼动态滤波算法，能够快速求解出芯片的实时运动姿态，采用先进的数字滤波技术，能有效降低测量噪声，提高测量精度。芯片内部集成了姿态解算器，配合动态卡尔曼滤波算法，可以在动态环境下准确输出模块的当前姿态，稳定性极高。装置外部设计有具有缓冲作用的保护外壳，防止在矿山爆破剧烈冲击作用下对芯片产生破坏。

A 无线通信版定位芯片

Wi-Fi 无线通信定位芯片可以实现无线连接，远程端实时获取数据，控制模块远程校准，并且可以通过上位机、手机 AP 等多端工具查看数据修改配置，支持互联网，局域网内数据传输，支持自定义接收数据服务器。通过路由器将手机设备与 Wi-Fi 版芯片进行连接，并且手机可以与多个设备同时连接，实时控制芯片进行数据记录，各种参数如表 5.3 所示。

表 5.3 Wi-Fi 无线通信定位芯片参数表

电池	3.7 V–260 mA·h
体积	36 m×51.3 m×21 m
测量维度	三维加速度，三维角速度，三维磁场和三维角度
量程	加速度：±16 g（可选），角速度：±20（°）/s（可选），角度：X 轴±180°、Z 轴±180°、Y 轴±90°
稳定性	加速度 0.1 g，角速度 0.5（°）/s
姿态测量精度	动态 0.1°，静态 0.5°
数据输出内容	时间，加速度，角速度，角度，磁场
数据输出频率	TCP：1~10 Hz，UDP：1~200 Hz

B SD 卡版闪存定位芯片

SD 卡版闪存定位芯片可以不依赖外界信号独立工作，自动记录轨迹数据并存储至芯片内置的 SD 卡中，适用于各种复杂环境中的试验，具体参数如表 5.4 所示。

表 5.4 SD 卡版闪存定位芯片参数表

电压	3.3~5 V
电流	<40 mA
电池容量	200 mA·h
电池电压	3.7 V
体积	51.3 mm×36 mm×15 mm
测量维度	三维加速度，三维角速度，三维磁场和三维角度
量程	加速度：16 g，角速度：2000（°）/s，角度：X 轴±180°、Z 轴±180°、Y 轴±90°
稳定性	加速度 0.01 g，角速度 0.05（°）/s
姿态测量稳定度	0.01°
数据输出内容	时间、加速度、角速度、角度、磁场、端口状态、四元数
数据输出频率	0.1~200 Hz
数据接口	串口（TTL 电平，波特率支持 2400、4800、9600、19200、38400、57600、115200、230400、460800、921600）

C 装置保护方案设计

矿山现场作业环境恶劣，爆破过程中会产生巨大的冲击力，惯性导航定位芯片极易损坏。为了保护芯片良好的定位与信号传输性能，同时兼顾经济成本及所需产品的特异性，结合芯片几何尺寸要求，设计三层结构的定位芯片保护装置（见图5.35）：分别为最内的减震层、中间的骨架层和最外的减震层，最内的减震层尺寸为 100 mm×90 mm×90 mm 的立方体，中间的骨架层尺寸为 110 mm×100 mm×95 mm 的箱体结构，外层的减震层尺寸为 ϕ220 mm。结合保护装置的功能特点，选择三层保护装置的加工方案：内外减震层用珍珠棉轧制成型技术进行加工制作、中间的骨架层用 3D 打印技术进行加工制作。

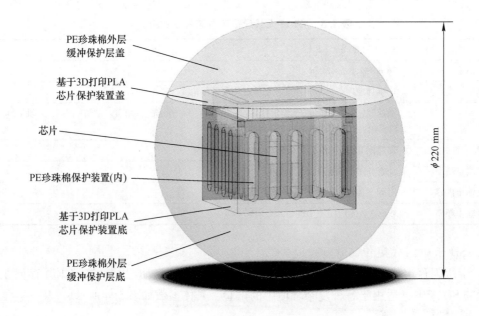

PE珍珠棉外层
缓冲保护层盖

基于3D打印PLA
芯片保护装置盖

芯片

PE珍珠棉保护装置(内)

基于3D打印PLA
芯片保护装置底

PE珍珠棉外层
缓冲保护层底

ϕ220 mm

图5.35　爆破保护装置结构图

5.8　爆破效果评价技术

大型矿山岩石剥离及矿石回采工作多采用爆破进行破岩，机械化程度较高。为了最大限度地发挥铲装设备的生产能力，满足后续生产工艺的要求，矿山对爆破效果的要求越来越高。爆破设计参数是影响爆破效果的主要因素，而对爆破效果的科学、准确评价是爆破设计参数优化的依据，因此建立科学、准确的爆破效果评价方法进而优化爆破设计参数是爆破作业需要持续探索解决的问题。

5.8.1　爆破效果综合评价体系

在爆破作业中，爆破效果的评定是一项重要工作，技术人员要依据一套评定指标，并结合相应的爆破效果要求，对每次爆破进行评价，发现缺陷，不断地优化和完善爆破工艺，最后使各项指标都能达到最优。

目前，大多数的爆破评价工作都是基于以往的经验，对爆破效果作出"好"和"不好"的定性评价，难以对爆破效果作出客观、准确和定量的评价。比如，某一次爆破效果

"基本上满足生产要求"，或者"效果良好"等，其评定结果过于抽象和粗略。同时目前大部分的评价方法都是以某一种或几种爆破数据为指标，而实际工程中的爆破效果评估作为一种多目标、多水平的综合体系，仍有许多不足。

在对爆破效果进行评价时，需对爆破效果的影响因素进行分析，并根据各个因素的影响程度进行排序。因此，建立科学、准确的爆破效果评价体系是爆破效果评价的首要任务。

5.8.1.1 爆破效果综合评价指标体系

根据矿山爆破现有的相关研究成果，并结合实际矿山情况，将爆破效果评价分为三个方面：矿岩破碎后效果（质量要素）、爆破的直接成本（经济要素）和爆破对周围设施的影响（安全要素）。每一个指标因素都连带着多个相关因素，相关因素对应着爆破评价的某一项指标。爆破效果评价三要素及其对应的相关要素如图 5.36 所示。

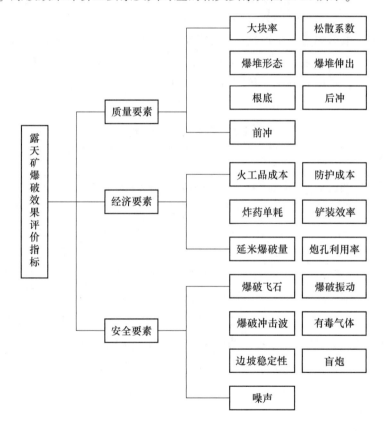

图 5.36 爆破效果评价指标

由图 5.36 可知，对爆破效果的评价指标有很多。在矿山实际爆破作业过程中，将所有的相关的评价数据进行收集，工作量是巨大的，也是不现实的。同时在进行爆破效果综合评价时，不必涵盖所有的爆破效果评价指标，有的指标评价效果相近，或在实际考量中，某项指标的优劣不影响本次爆破的总体效果。例如，大块率与松散系数作用相近，爆破振动与边坡稳定关联紧密，爆破噪声对矿山周边环境影响甚微等。总之，爆破效果评价指标体系的建立应立足于矿山，根据矿山爆破效果评价的实际需求建立。需要在评价指标选取和爆破效果综合评价之间建立动态平衡的关系，这样对于建立爆破效果综合评价体系有着重大的作用。

本节选取 8 个所占比重较大的评价指标，建立爆破效果综合评价体系，包括评价矿岩破碎后效果的大块率、根底、后冲、爆堆形态；评价爆破直接成本的火工品成本、延米爆破量；评价爆破效果对周围设施影响的爆破振动、爆破飞石。

5.8.1.2　爆破效果综合评价指标等级

建立爆破效果评价等级制度，对爆破效果进行详细的等级划分。每次爆破都有明确的爆破效果等级，不仅可以在宏观上、整体上对爆破参数、爆破影响关键因素进行分析，对爆破设计、施工、管理进行指导；还可以具体到每一次爆破，进行爆破技术分析、影响因素分析，在不同次爆破作业之间做出经济、技术比较。建立爆破效果评价等级制度，对提高矿山爆破技术水平、矿山经济效益是非常明显的。

考虑到爆破结束后的实际生产情况及爆破评价等级的多层性、目标性、有效性，进而确立效果的评价等级。爆破效果评价等级一般分为五级：很好、好、一般、差、很差。对爆破效果进行评分，采用十分制，将定性化的评判转变成为定量化的指标，爆破效果等级用罗马数字表示，具体如表 5.5 所示。

表 5.5　爆破效果评价等级

评价等级	爆破效果	评分	具　体　描　述
I	很好 v_1	9~10	爆破效果完全符合预期
II	好 v_2	7~9	爆破效果基本符合预期
III	一般 v_3	5~7	爆破效果一般，对后续作业影响不大
IV	差 v_4	3~5	爆破效果不符合预期，影响后续作业的正常进行
V	很差 v_5	0~3	爆破效果很差，后续作业无法正常进行

由于矿山生产、设备、工艺之间的区别，导致指标评价等级并没有通用性的规律可循，不同的矿山具有不同的标准。因此，只针对各指标评价等级进行划分，对其数值范围不做具体规范。

A　大块率

大块是指爆破后的矿岩块度大小超过了工程界定的最大尺寸的矿岩，一般以铲斗、破碎、运输设备的规格来要求，其标准因地、因时而异。大块率是衡量爆破效果的重要指标之一，根据大块的多少、位置，可以评估爆破参数、孔网参数的好坏；同时，大块过多，铲装效率会降低，二次破碎量增多，铲装成本增加。因此，大块率是爆破效果综合评价模型评价体系重要的评价指标之一。

结合爆破效果评价等级制度，将大块率划分为 5 个等级，同样用罗马数字表示，数字越小，其爆破效果越好。其具体划分如表 5.6 所示。

表 5.6 大块率评价等级

评价等级	大块率 /%	评分	具 体 描 述
Ⅰ	$R \leq a$	9~10	无大块
Ⅱ	$a < R \leq b$	7~9	大块较少,不需要二次破碎
Ⅲ	$b < R \leq c$	5~7	大块数目一般,个别大块需要二次破碎
Ⅳ	$c < R \leq d$	3~5	大块较多,需要进行二次破碎
Ⅴ	$d < R$	0~3	大块多,需要大量二次破碎

B 根底率

根底是指爆破后台阶底盘铲装设备难以挖掘的、在台阶底盘出现的一个或数个岩石凸起。根底对矿山生产的影响也是多方面的,根底的存在会导致台阶采掘工作面不平整,影响铲装的正常进行;一旦出现大的根底,就需要进行二次破碎,增加了采矿成本及工作面的安全隐患。根底是衡量爆破效果的一个重要指标,矿山一般用根底率(根底体积与原岩的体积比)来评价爆破后根底的情况。根底率评价等级如表 5.7 所示。

表 5.7 根底率评价等级

评价等级	根底率/%	评分	具 体 描 述
Ⅰ	0~a	9~10	无根底或根底对后续作业无影响
Ⅱ	a~b	7~9	有小根底,对采掘设备作业影响较小
Ⅲ	b~c	5~7	存在较小根底,可利用机械设备简单处理
Ⅳ	c~d	3~5	出现较大根底,需利用浅孔爆破去除根底
Ⅴ	>d	0~3	根底大,严重影响采掘正常作业

C 爆堆形态

爆堆形态是指爆破结束后矿岩由于爆炸作用力抛掷后的堆积状态。爆堆形态是评价爆破效果的重要指标之一,对挖掘机的装载效率有明显的影响。在矿山挖掘设备选型已经确定的情况下,要提高挖掘机的采装效率与满斗系数,爆堆形态十分关键:爆堆不宜过高或过散,超过挖掘机的最高挖掘高度会使爆堆上部矿岩滚落坍塌,过散会降低挖掘机的满斗系数;因此,应保证爆堆矿岩较为集中,前冲量小,且有一定的松散度,保证爆堆有足够的矿岩储量,避免挖掘机的频繁移动。矿山多用抛掷率对爆堆形态来衡量,划分标准如表 5.8 所示。

表 5.8 爆堆形态评价等级

评价等级	抛掷率 /b·B⁻¹	评分	具 体 描 述
Ⅰ	a~b	9~10	爆堆形态完全受爆破参数控制,前冲量小,爆堆高度适中
Ⅱ	b~c	7~9	爆堆形态基本受爆破参数控制,前冲量较小
Ⅲ	c~d	5~7	前冲量较大,爆堆形态基本符合要求
Ⅳ	d~e	3~5	前冲量大,爆堆高度较低,挖掘机满斗系数低
Ⅴ	>e	0~3	前冲量很大,爆堆过于松散,挖掘机采装效率低

D 后冲

爆破后冲是指工作面前一次爆破后对后续的工作面产生破坏，其主要特征是后续工作面产生不规则分布的龟裂裂缝，一般以最小抵抗线反方向未爆岩体的破坏距离即后冲量来表征。爆破后冲破坏对爆破开采的影响包括以下几个方面：首先，后续工作面的不规则裂缝影响爆破应力波的传播，增加产生大块的可能性；其次，后续工作面的破坏导致下一工作面前两排炮孔布孔困难，发生卡钻、炮孔堵塞等现象；最后，工作面上部破坏坍塌，不仅会产生大块，还会增加下次爆破的底盘抵抗线，划分标准如表5.9所示。

表 5.9 后冲评价等级

评价等级	后冲量/m	评分	具体描述
I	<a	9~10	基本无后冲，台阶顶部完整
II	a~b	7~9	后冲小，台阶临空面完整
III	b~c	5~7	后冲较小，台阶临空面较完整
IV	c~d	3~5	后冲量较大，台阶临空面受到破坏
V	>d	0~3	后冲量大，台阶临空面破坏严重

E 火工品成本

火工品成本主要包括炸药成本和爆破器材成本，是矿山爆破开采重要的控制指标。在露天开采的总生产费用中，爆破作业的费用占15%~20%。炸药单耗是矿山爆破的一项重要的经济技术指标，除炸药消耗外，每次爆破还要消耗大量的雷管、起爆弹、导爆索、导爆管等。因此，考量爆破火工品成本的最佳指标应为爆破单位矿岩所需的总成本，划分标准如表5.10所示。

表 5.10 火工品成本评价等级

评价等级	吨成本/元	评分	具体描述
I	<a	9~10	炸药消耗经济合理
II	a~b	7~9	炸药消耗在额定范围内
III	b~c	5~7	炸药消耗成本在可控范围内
IV	c~d	3~5	炸药消耗较大
V	>d	0~3	炸药消耗过大

F 延米爆破量

延米爆破量是指一次爆破总量与钻孔总量的比值，体现爆破的钻孔成本，计算公式如下：

$$g = V/L \tag{5.30}$$

式中，g 为延米爆破量，m^3/m；V 为一次爆破总量，m^3；L 为钻孔总进尺数，m。

在矿山的实际生产中，常常出现钻进深度不够或超深的现象，导致实际钻孔长度和设计钻孔长度不吻合。因此，在划分延米爆破量评价等级时，采用实际延米爆破量与设计延米爆破量之间的差值 Δg 为标准，延米爆破量评价等级划分如表5.11所示。

表 5.11 延米爆破量评价等级

评价等级	$\Delta g / m^3 \cdot m^{-1}$	评分	具 体 描 述
I	>0	9~10	延米爆破量符合设计
II	−1~0	7~9	延米爆破量略低于设计标准
III	−1~−2	5~7	延米爆破量较低
IV	−2~−3	3~5	与设计标准相差较大
V	<−3	0~3	与设计标准相差大

G 爆破振动

为保护矿山周边建筑及边坡稳定性，矿山对爆破振动有着严格的要求。《爆破安全规程》（GB 6722—2014）对矿山爆破振动安全标准有着明确的规定。部分爆破振动安全允许标准如表 5.12 所示。

表 5.12 部分爆破振动安全允许标准

序号	保护类别	安全允许质点振动速度/cm·s⁻¹
1	一般民用建筑物	2.0~2.5
2	土窑洞、土坯房、毛石房屋	0.45~0.9
3	永久性岩石高陡坡	8~12

爆破振动随着距离的增加，其速率会衰减，因此在评价爆破振动等级时，应以需要保护对象的爆破振动峰值速度为依据，以永久性岩石高陡边坡为例，进行爆破振动评价等级划分，结果如表 5.13 所示。

表 5.13 爆破振动评价等级

评价等级	I	II	III	IV	V
峰值振动速度/cm·s⁻¹	0~4.0	4.0~8.0	8.0~12	12~16	>16
评分	9~10	7~9	5~7	3~5	0~3

H 爆破飞石

爆破飞石指炸药爆炸时，由于强大的爆炸冲击力抛掷到远处的个别岩块，爆破飞石威胁着现场设备及工作人员的安全，《爆破安全规程》（GB 6722—2014）对露天岩土爆破飞散物安全允许距离有着明确的规定。爆破个别飞散物对人员的安全允许距离如表 5.14 所示。

表 5.14 爆破个别飞散物对人员的安全允许距离

爆破类型和方法	个别飞散物的最小安全允许距离/m
浅孔爆破法破大块	300
浅孔台阶爆破	200
深孔台阶爆破	按设计，但不大于200
硐室爆破	按设计，但不大于300

以台阶爆破飞石的控制标准为依据，对爆破飞石评级等级进行划分，如表 5.15 所示。

表 5.15　爆破飞石评价等级

评价等级	I	II	III	IV	V
飞石最远抛掷距离/m	<70	70~120	120~170	170~220	>220
评分	9~10	7~9	5~7	3~5	0~3

5.8.2　基于神经网络的爆破效果评价方法

基于数学、逻辑学等基础学科的理论发展，综合评价方法是目前主要的评价方法之一，综合评价方法也由最初的单指标评价发展到如今的多指标评价，从最初对多个对象抽象的定性评价到如今以定量形式确定效果优劣水平与次序。评价模型的建立对事物效果评价有着重要的指导作用，但仍然存在一系列的问题。第一，一味探索评价方法具备数学形式的多样化，不能有效地确定隶属度函数；第二，建立效果评价模型时，缺乏行之有效的检验合理性与科学性的方法；第三，一般技术人员难以掌握，没有统一的运算模型。结合模糊数学与人工神经网络，建立爆破效果评价模型，是解决当前问题的一条有效途径。

5.8.2.1　模糊神经网络

模糊神经网络是模糊系统与神经网络相互融合的产物。由于二者的相似性，均是具有并行处理能力的非线性输入/输出系统，其之间的融合不仅提高了模糊系统的自适应能力，同时还提高了神经网络的全局性与可观察性。模糊神经网络的结构如下。

第一层，数据输入层。第一层设计 8 个神经元，分别对应 8 个爆破效果评价指标。

第二层，模糊化层。将相应的输入参数模糊化，计算出输入数据对各个语言变量模糊集合的隶属度，隶属度表示为：

$$\mu_{ij} = f_{ij}(u_i) \tag{5.31}$$

式中，$i = 1, 2, 3, 4, 5, 6, 7, 8$，为输入变量的维数；$j = 1, 2, 3, 4, 5$，为每个输入变量对应的神经元个数；$\mu_{ij}$ 为第 i 个输入变量对应第 j 个神经元的隶属度；u_i 为系统的输入变量；f_{ij} 为第 i 个输入变量的第 j 个隶属函数。

第三层，模糊推理层。事实上，本层的每个神经元节点都表示一条逻辑控制规则，假设该层有 m 条规则，即有 m 个神经元，设神经元的输出为 a_k，a_k 为所有输入的乘积，表示为：

$$a_k = \prod_{i=1}^{n} \mu_{ij} \quad (i = 1, 2, \cdots, 8; \ j = 1, 2, \cdots, 5; \ k = 1, 2, \cdots, m) \tag{5.32}$$

式中，a_k 为每个神经元的输出；μ_{ij} 为神经元的输入。实际上，其对应的是模糊系统中的 if-then 模糊规则。

第四层用于表示模糊规则所占的权重，设该层有 n 个神经元，每个神经元的输出为 β_l，表示为：

$$\beta_l = \sum_{i=1}^{m} w_i \alpha_i \quad (l = 1, 2, \cdots, n) \tag{5.33}$$

式中，β_l 为神经元的输出；w_i 为第 i 条规则的权重。

第五层，反模糊化层。该层共 1 个神经元，即整个网络的输出，作用是完成整个网络数据的清晰化输出。

在建立模糊神经网络结构后，需要对神经网络进行训练，以确保网络的可靠性。在此模糊神经网络中，通过训练调整的参数有隶属函数的中心和宽度、神经元的权重，采用有监督的训练方法，模仿 BP 神经网络的误差逆转来对参数进行修正。设 y_d 为系统的预期输出，y_c 为系统的实际输出，则网络的误差 E 可表示为：

$$E = \frac{1}{2}(y_d - y_c)^2 \tag{5.34}$$

对于各指标的隶属度函数，其中心 c_{ij}、宽度 b_{ij} 的学习算法为：

$$c_{ij}(k) = c_{ij}(k-1) - \beta \frac{\partial E}{\partial c_{ij}} \tag{5.35}$$

$$b_{ij}(k) = b_{ij}(k-1) - \beta \frac{\partial E}{\partial c_{ij}} \tag{5.36}$$

神经元的权重 w_n 的学习算法为：

$$W_n(k) = w_n(k-1) - \beta \frac{\partial E}{\partial w_n} \tag{5.37}$$

式中，k 为迭代次数；β 为学习效率，$i = 1, 2, \cdots, 8$；$j = 1, 2, \cdots, 5$；$n = 1, 2, \cdots, 100$。

5.8.2.2 模糊神经网络评价实现

A 模糊规则及其提取

模糊神经网络的结构分为五层，第一层为输入层，用于参数的输入；第二层为模糊化层，即利用各输入的隶属度函数将输入参数模糊化；第三层及第四层叫模糊推理层，即模拟人基于模糊概念的推理能力，根据模糊逻辑法则将模糊规则库中的"if-then"模糊规则转换为某种映射，使用 Takagi-Sugeno（T-S）型模糊推理规则，T-S 型模糊推理系统自适应能力强，不仅可以自动更新，并且可以不断修正模糊子集的隶属度函数。基本的模糊规则表达式为：

if x_i is A_1 and x_2 is $A_2 \cdots$ and $X_k = A_p$, then $y = p_1 x_1 + p_2 x_2 + \cdots + p_x x_k + p_0$ (5.38)

式中，$A_i(i = 1, 2, \cdots, p)$ 为模糊系统的模糊集；y 为根据模糊规则得到的输出；$p_i(i = 1, 2, \cdots, k)$ 为模糊系统参数。

通过对不同的爆破效果评价指标建立隶属度函数，制作出关于评价指标与爆破后的效果等级相对应的模糊规则库，如表 5.16 所示，用于模糊神经网络前期调试与训练的部分模糊规则。

表 5.16 评价指标与爆破效果等级对应关系

序号	U_1	U_2	U_3	U_4	U_5	U_6	U_7	U_8	评分	等级
1	ZO	ZO	PB	PB	PB	ZO	ZO	PB	10	I
2	PB	PS	PMB	PB	PB	ZO	ZO	PB	9	I

序号	U_1	U_2	U_3	U_4	U_5	U_6	U_7	U_8	评分	等级
3	PB	PS	PMB	PMB	PMB	NS	PB	PMB	8	Ⅱ
4	PMB	PMS	PMS	PMS	PMS	NMS	PMB	PMS	7	Ⅱ
5	PMB	PMS	PS	PS	PMS	NMS	PMB	PMS	6	Ⅲ
6	PMB	PMS	PMS	PS	PMS	NMB	PMB	PMS	5	Ⅲ
7	PMS	PMS	PMS	PS	PMS	NMB	PMS	PS	4	Ⅳ
8	PMS	PMB	PS	PS	PS	NMB	PMS	PS	3	Ⅳ
9	PS	PB	ZO	ZO	ZO	NB	PS	ZO	1	Ⅴ

　　B　隶属度函数

　　用模糊神经网络来解决实际问题，正确地确定隶属函数是关键与前提。根据爆破效果评价指标及爆破效果评价等级，对爆破效果评价体系的 8 个指标建立隶属度函数，确定各指标隶属度函数及制定标准。

　　大块率、根底率、延米爆破量和爆破振动的评价值指标选取高斯函数的隶属函数，以大块率评价指标为例，大块率的模糊语言变量为零（ZO），正小（PS），正中小（PMS），正中大（PMB），正大（PB），模糊语言变量的等级分别对应爆破效果评价等级Ⅰ，Ⅱ，Ⅲ，Ⅳ，Ⅴ，其隶属度函数分布如图 5.37 所示。

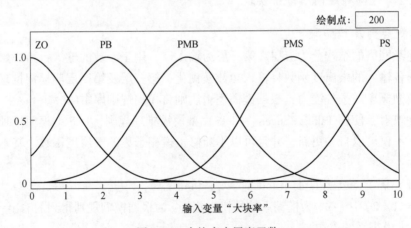

图 5.37　大块率隶属度函数

　　爆堆形态、后冲、火工品成本和爆破飞石的评价值指标隶属度函数采用三角函数，以爆堆形态评价指标为例，爆堆形态的模糊语言为 ZO，PS，PMS，PMB，PB，分别对应评价等级Ⅴ，Ⅳ，Ⅲ，Ⅱ，Ⅰ，其隶属度函数分布如图 5.38 所示。

　　C　模型训练及效果

　　根据网络的特点，初始化权重和阈值为固定值，在训练的过程中，逐渐进化模型权重和阈值，挑选部分数据验证模型的进化程度。分别在模型进化 200 次、1000 次、2000 次、3000 次时，进行模型的验证。具体如图 5.39 所示。

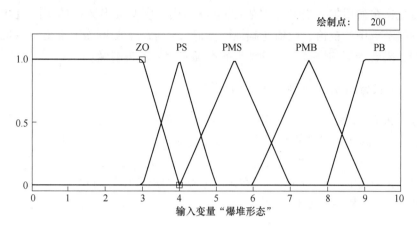

图 5.38 爆堆形态隶属度函数

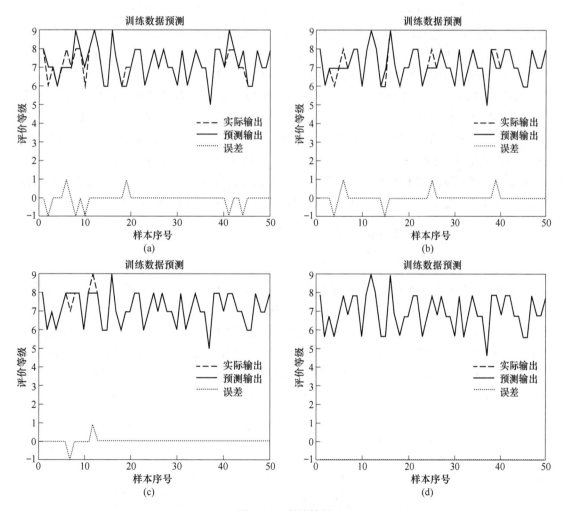

图 5.39 训练结果

（a）进化 200 次的训练结果；（b）进化 1000 次的训练结果；

（c）进化 2000 次的训练结果；（d）进化 3000 次的训练结果

随着进化次数的增加，当进化次数达到 3000 次，模型输出数据的实际值和预测值完全拟合，网络节点中的权值、阈值达到最优，记录此情况下的网络节点值，以便以后的模型预测使用，随着数据的增多，评价结果的准确率会越来越准确。

5.8.3　基于层次分析法的爆破效果评价方法

层次分析法是一种定性和定量相结合的方法，具有系统化、层次化的特性。对于分析和处理复杂的社会、经济和管理等领域内的问题，这种决策方法是十分新颖、简洁、实用的。由于层次分析法理论上的完备性、结构上的严谨性、应用上的简洁性，尤其是在解决非结构化决策问题时，表现出了明显的优势。在矿山爆破效果综合评价的问题上，由于层次分析法的特点，基于层次分析法的爆破效果评价方法具有很大的优势。

5.8.3.1　层次分析法理论

层次分析法（Analytic Hierachy Process，AHP）是 20 世纪 70 年代初，由美国著名运筹学家匹兹堡大学教授萨蒂（T. L. Saaty）在为美国国防部研究课题时，应用网络系统理论和多目标综合评价方法，针对现代管理中存在的许多复杂、模糊不清的相关关系如何转化为定量分析的问题，提出的一种层次权重决策分析方法。

AHP 做到了将人们的思维过程、主观判断变得数学化，不仅简化了系统分析与计算的工作，而且有助于保持思维过程和决策原则的一致性。对于那些难以或者不能全部使用量化处理的复杂问题，能得到比较满意的结果。将 AHP 引入决策，是决策科学化的一大进步。将 AHP 引入爆破效果分析中，既能消除评判过程中的主观性，又能将定性和定量结合起来，使得爆破效果评价结果更加精准，更加符合实际情况，使得爆破效果评价工作在人力物力方面更加经济实惠，在准确度和效率方面更加精确有效。

5.8.3.2　层次分析法评价实现

A　建立递阶层次结构

应用层次分析法分析问题时，必须首先对问题进行组织和排序，对影响问题的因素进行分类，并建立层次分析的结构，基于它们的属性和关系在各个层次中进行配置。前一层因素被用作掌握下一层相关要素的前提，即较低因素属于较高因素的分化。在层次模型结构中，层级之间的关系不需要一一对应，并且允许上层因素控制下一层某些元素，而不是所有元素。要构建层次结构，通常顶层是问题目标层，中间层元素是影响问题因素的主要和次要标准层，递阶层次结构图如图 5.40 所示。

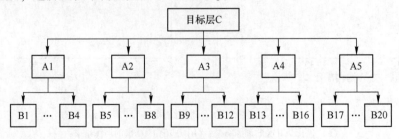

图 5.40　梯阶层次结构图

B 构造判断矩阵

判断矩阵是确定每个元素权重的方法。在建立层次结构之后，下一步是相对于目标因子建立标准级别的权重。在已建立的层次结构中，除目标层外，子条件的每一层都有许多指标，有必要确定同一层的每个指标对前一层指标的影响，并对指标进行定量分析。在建立全面的评估系统之前，需要定量计算各个级别的指标权重。因此，寻求行业专家为指标组分配值，不同的专家通常会赋予不同的权重。具体的评估矩阵应由专家根据评估对象确定，尽可能避免个人主观臆断。判断矩阵表及其取值和含义见表 5.17 和表 5.18。

表 5.17 判断矩阵表

Y	X_1	X_2	……	X_n
X_1	a_{11}	a_{12}	……	a_{1n}
X_2	a_{21}	a_{22}	……	a_{2n}
……	……	……	……	……
X_n	a_{n1}	a_{n2}	……	a_{nn}

表 5.18 判断矩阵的取值和含义

a_{ij} 取值	标度顶底
1	因素 A_i 与 A_j 同样重要
3	因素 A_i 与 A_j 稍微重要
5	因素 A_i 与 A_j 较重要
7	因素 A_i 与 A_j 很重要
9	因素 A_i 与 A_j 极端重要
2、4、6、8	上述两两相邻判断矩阵的中间值

C 建立层次单排序

层次单排序的计算过程是先计算实际判断矩阵的最大特征值和对应的特征变量，然后进行归一化处理得到特征向量。层次排序的目标是将同层的相对应的因素与上一层次对应因素的相对重要性的权重计算所得进行排序。

$$AW = W/\lambda_{max} \tag{5.39}$$

式中，A 为判断矩阵；λ_{max} 为最大特征值；W 为经过归一化处理之后的特征向量。

D 判断矩阵的一致性检验

由于事物的多样性和内置机理的复杂性，人们对同样事物的认知往往表现出不同的判断，所以专家对判断矩阵建立的标准和完整性很难统一。但是判断矩阵的重要性体现在计算加权向量的过程中需要保持一致，当判断矩阵偏离一致性太大时，计算结果不可靠，因此，需要进行一致性检查。

（1）计算一致性指标。

$$C.I. = \frac{\lambda_{max} - n}{n - 1} \tag{5.40}$$

式中，n 为判断矩阵阶数。当 $\lambda_{max} = n$，C. I. 数值为 0，可称为完全一致阵。C. I. 数值越小，判断矩阵最终的一致性越好，相反越差。

（2）检查随机一致性的平均值指标 R. I. 。

在不同的维度矩阵里，一致性数值应是有所区别的，所以层次分析法引入了 R. I. 值。在通过大量重复地随机判断矩阵特征值的运算后，将最终结果取算术平均数得到的一致性指标。表 5.19 列举出了 1～9 正互反矩阵重复 500 次后，所得到的平均随机一致性指标 R. I. 。

表 5.19　平均随机一致性指标 R. I.

矩阵阶数	1	2	3	4	5	6	7	8	9
R. I.	0	0	0.48	0.77	1.03	1.29	1.33	1.42	1.47

（3）计算一致性比例 C. R. 。

$$C. R. = \frac{C. I.}{R. I.} \tag{5.41}$$

当 C. R. ＜ 0.1 时，可以认定判断矩阵一致性是可以接受的，C. R. ＞ 0.1 时，可以认定该判断矩阵的一致性不符合基本要求，应修改判断矩阵直至符合要求。

参 考 文 献

[1] 李萍丰，张兵兵，谢守冬．露天矿山台阶爆破技术发展现状及展望［J］．工程爆破，2021，27（3）：59-62，88．

[2] 柳小波，王怀远，王连成．岩石种类智能识别研究的 Faster R-CNN 方法［J］．现代矿业，2019，35（5）：60-64．

[3] 王国立，申英锋，郭冰若．人工神经网络预测爆破效果［J］．矿冶，2002（2）：12-15．

[4] 柳小波，袁鹏喆，张兴帆．基于 RBF 神经网络的露天矿爆破效果预测研究［J］．中国矿业，2020，29（1）：81-84．

[5] 吴豪，荆洪迪，于健洋，等．基于惯性导航技术的露天矿爆破过程矿岩运动规律研究［J］．金属矿山，2022（4）：180-187．

6 智能铲运关键技术

6.1 概述

露天矿生产过程分为穿孔、爆破、铲装、运输、排卸五大环节，铲装和运输分别是露天开采的第三道和第四道生产工序。在露天矿的生产流程中，铲装作业占据了核心地位。其核心任务是使用装载设备从较为脆弱的岩体或经过爆破破碎的爆堆中提取矿石，然后将其装入运输设备或直接卸载到特定的卸载点。这一工艺流程和生产能力在很大程度上决定了露天矿的开采方法、技术特点、开采强度以及矿山开采的整体经济效益，通俗地讲，铲装的实际生产能力，基本就是矿山的生产能力，提高铲装效率能够直接提高露天矿的生产能力、开采强度和经济效益。运输操作作为铲装作业的后续环节，其核心职责是将已经装进运输设备里的矿石运送至贮矿场、破碎站或选矿厂，并进一步将废石运送到废石场。

随着智能化技术的深入发展，铲运工艺的智能化水平也在不断提升，目前已经在矿山开展运用的智能铲运关键技术主要包括：电铲智能感知技术、铲斗轨迹智能规划技术、电铲装车远程遥控技术、调度技术、卡车装载状态智能感知技术、卡车无人驾驶技术和基于工业短距无线通信的矿用机车辅助驾驶技术等。这些智能化关键技术的应用极大地降低了矿山劳动强度，提高了铲装运输作业的工作效率，同时也化解了矿山风险隐患，增强了矿山安全指标，这有助于资源的合理利用，从而降低矿山资源的浪费和对环境的污染。因此，深入研究智能铲运的核心技术显得尤为关键。

6.2 电铲环境智能感知技术

电铲的智能感知技术结合了人工智能、机器学习、计算机视觉以及自然语言处理等多种技术手段，对电铲装载、卸载过程中的运行信息进行感知、识别和理解。其核心是通过对传感器采集到的各种数据，如图像、声音、位置信息等进行分析，从而实现对电铲工作环境的智能化认知和理解。电铲的环境智能感知研究主要涵盖了三个核心领域，它们是：装载对象感知技术、装载环境感知技术、卸载对象感知技术。

6.2.1 装载对象感知技术

电铲的装载对象是指露天矿爆破作业后形成的爆堆，对爆堆进行感知的过程一般是建立电铲工作范围内静态与移动物体识别模型，利用图像识别技术，有效识别爆堆形态，同时对现场环境范围内障碍物进行安全预警，为后续开挖与卸车景深研究提供有效图像数据。

6.2.1.1 爆堆三维建模与动态更新技术

通过运用三维模型动态构建技术，并结合激光测距以及水平和垂直方向的角距值，计算并记录被测物体表面密集区域的三维坐标和反射率等关键信息，从而能够以点云的方式在计算机中迅速且准确地重建被测物体的三维空间形态。鉴于模型中的每一个点都配备了精确的坐标数据，这使得该技术能够在点云模型上进行精确的测量、设计和分析。在爆破完成后，通过扫描技术，构建爆堆的三维几何模型，并进一步获得关于爆堆的形态、爆破的块度以及其平整度等关键参数。

三维爆堆建模基于图像传感器技术，其核心是获取爆堆的关键信息。通过图像处理技术，可以迅速构建并实时更新爆堆模型，这种方法的主要优点是数据采集迅速且图像处理技术丰富。基于图像识别与三维建模理论，研究爆堆随铲装进行的爆堆形态精准识别、爆堆点云快速提取、爆堆三维模型快速建立技术，并建立基于爆堆形态变化的铲斗挖掘切口位置确定模型与铲斗装载体积计算模型。

6.2.1.2 爆堆图像识别技术

爆堆图像识别技术主要包括基于图像传感器的爆堆识别和基于距离传感器的爆堆识别两种方法。

（1）图像传感器作为相机的关键组件，其成像机制是使用感光二极管将光信号转换为电信号，确保在光线充足的环境中获取的信息与人的视觉感知是一致的。基于不同的相机类型和所使用的图像传感器，可以将其分类为单目摄像机和双目摄像机。单目摄像机为基础的定位方法，在移动机器人的同步定位和环境地图创建中得到了广泛应用；双目摄像设备能够捕捉到物体的深度数据，并在车辆的导航、辨识以及障碍物侦测等领域被广泛采用。

（2）距离传感器是基于飞行时间原理（Time of Flight，TOF）来工作的，它通过测量传感器发射的红外光脉冲到光信号反射回来的这段时间，从而获取目标物体的强度数据，这种技术主要被应用在深度相机和激光传感器上。在地下昏暗的环境条件下，主动式 TOF 相机不需要额外的光源，并且能比立体相机获取更高精度的环境三维信息。距离传感器通过扫描光线在物体表面的反射来获取物体的强度数据，并利用软件对这些数据进行处理，从而生成三维模型。它的主要优点是能够全面收集环境数据，并迅速构建物体的三维外观模型。

6.2.2 装载环境感知技术

装载环境感知技术主要是指对电铲的运行环境进行检测和识别，确保其在安全环境下高效工作。在电铲装载环境中，存在多种检测和识别方法，其中比较受欢迎的感知传感器包括超声波雷达、激光雷达、毫米波雷达和单目摄像头。每一种传感器都有其独特的长处和短处。例如，摄像头能够区分物体的距离、尺寸和颜色，虽然它包含的信息相当丰富，但它对光的反应非常敏感；激光雷达在测距方面具有高精度、高准确性和快速响应的特点，但其成本相对较高，特别是在浓雾和雨雪的天气条件下，可能会受到显著的影响；超声波雷达具有结构简洁、成本低廉和体积紧凑的特点，但其性能受到天气和温度波动的显著影响，并且具有较短的传播距离；毫米波雷达的工作原理不受气候条件的干扰，它可以探测到相当远的距离，并能检测到毫米级的移动，但对于静止的物体，其精确度相对较低，因此研发成本相对较高。

目前机器视觉和雷达目标检测技术在电铲装载周围环境检测识别系统的应用较为成熟，两者相互融合是保证安全、高效铲装的发展趋势。但考虑到矿山夜间、降雨、扬尘、大雾等恶劣的运行环境，以及设备的经济性与实用性，电铲一般在前向采用毫米波雷达结合图像识别方式，在左后右三个方向采用图像识别方式进行环境感知。

6.2.2.1 基于图像识别的装载环境感知

利用图像识别技术对装载环境感知主要过程如下：

（1）采集数据并对电铲周围数据图片进行预处理：在图像处理过程中，数据预处理是一个至关重要的环节。图像预处理的核心目标是减小图像的大小、去除不相关的信息、恢复真实的有用信息、提高信息的可检测性，并尽可能地简化数据。这样可以提高特征提取、匹配和识别的准确性，加快训练和预测的速度。图像预处理的质量也会直接影响到最终的分类效果。

（2）利用卷积神经网络（CNN）进行图像特征分类训练：由于卷积神经网络所含有的卷积核可以获取大量图像中的信息，并且模型具有有效性，选择出卷积神经网络结构模型，就可以实现对电铲周围环境进行特征分类训练，形成相应的特征库。

（3）利用特征结果，通过单次多框检测器算法，实现卡车、电铲等多种元素识别达到感知装载环境的效果。

6.2.2.2 雷达检测感知技术

毫米波雷达作为一种电磁波传感器，其工作机制是电磁波传感器利用振荡器产生的信号，通过反弹和频率比较来测量障碍物的距离。

毫米波雷达具有从 1 cm 至 1 mm 的波长范围，其探测范围相当广泛，能够覆盖超过 200 m 的距离，能够进行目标的有无检测、测距、测速和方位测定。该设备拥有出色的角度识别功能，能够识别小型物体。此外，毫米波雷达具有出色的穿透能力，可以透过光线、雨水、扬尘、雾气或霜冻来精确地检测物体，非常适合矿区的恶劣环境。它同时拥有远距离的目标探测能力，以及高精度的测速和测距特点。

在实际的矿山应用场景中，毫米波雷达通常被放置在铲运车的前端，其主要功能是持续监测电铲前方的行驶范围。单个毫米波雷达的水平角度最大为 90°，针对铲运车车身较宽的特点，采用 3 个毫米波雷达组合实现对电铲前方行驶区域的 180° 覆盖，安装位置和系统覆盖范围原理分别如图 6.1 和图 6.2 所示。

6.2.3 卸载对象感知技术

电铲的卸载对象为卡车，对电铲卸载对象的感知要求首先进行卡车位置的感知，其次通过对卡车周围环境的感知确定卡车状态，最后根据卸点位置确定卸点景深完成对电铲卸载对象的感知。

图 6.1　车前的 3 个毫米波雷达模块与 1 个摄像头模块

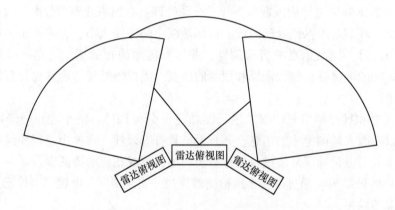

图 6.2　毫米波雷达覆盖区域示意图

6.2.3.1　卡车位置感知技术

卸载卡车的实时定位一般采用 GNSS 卫星定位技术，其中定位信息包括位置、运行速度和方向等。GNSS 接收器的构造由天线部分和接收部分组成。该系统的核心功能是能够捕捉到根据特定卫星截止角选定的待测卫星，并对这些卫星的运行进行持续追踪。一旦接收器成功捕捉到了追踪的卫星信号，它便能够测定接收天线到卫星的伪距离以及距离变化的速率，并据此解调卫星的轨道参数等相关数据。基于收集到的数据，接收机内的微处理计算机能够采用定位解算技术进行精确计算，从而得出卸载卡车的具体地理位置，如经纬度、高度、行驶速度和时间等关键信息。接收机的硬件组件、内部软件以及 GNSS 数据处理软件包共同组成了一个完备的 GNSS 用户设备体系。

为了进一步提升定位的准确性，使用差分技术，将定位的精度从米级提升至厘米级。差分全球定位系统（Differential GNSS），简称 DGNSS。亦即利用附近的已知参考坐标点（由其他测量方法所得），来修正 GNSS 的误差。之后将这个即时（Realtime）的误差数据加入到本体的坐标计算中，可以得到更为精确的数值。CORS 系统代表了卫星定位技术、计算机网络技术和数字通信技术等多种先进科技的综合应用和深度整合。基准站与监控分析中心通过数据传输系统紧密相连，共同构建了一个专门的网络体系。对于卡车的位置感知，使用 CORS 系统来进行差异性分析。定位与 CORS 差分的基本原理如图 6.3 所示。

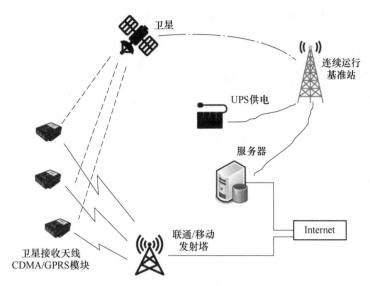

图 6.3　定位与 CORS 差分原理图

6.2.3.2　卡车状态感知技术

卡车状态感知技术包括卡车装车状态识别和卡车卸车状态识别。

（1）对卡车的装车状况进行识别。在卡车进行装车的过程中，卡车与装载电铲之间的相对位置和装载角度基本保持不变，而电铲则具备特定的旋转速度和角度，并且其旋转模式是非均匀角速率的。通过综合分析和处理 GNSS 天线安装在电铲中心与电铲旋转中心之间的位置，以及电铲的旋转角度、速度、GNSS 的位置和卡车的位置，可以智能地识别卡车的装车状态。

（2）卡车卸车状态识别。卡车卸车必须满足两个条件：第一个是重载，第二个是举斗，这意味着在重载的情况下，卡车的举斗是用于卸载的。重载信息是通过装车识别来获取的，而卡车的举斗信息则是通过一个特定的开关量来获取的，这种开关被称为举斗开关。

获取举斗开关信号的方法有两种：一是通过司机的举斗手柄或按钮来获取信号；二是捕获卡车箱斗的升降信号。

开关技术有多种不同的类型，鉴于其通用性、实用性、可靠性和维护方便性，大部分情况下选择使用与霍尔传感器相结合的卸车识别技术。硬件部分由霍尔开关和磁铁组成，并在卡车的箱斗上安装了磁铁。在卡车与驾驶室的近距离位置，安装了霍尔传感器，该传感器与车载终端通过 GPIO 接口连接。以下是其具体的应用方式：

（1）利用霍尔传感器模块识别霍尔传感器的开关量。

（2）利用举斗识别模块读取霍尔传感器开关量，基于时间阈值（可转换为霍尔开关量次数）识别是否举斗。

（3）卸车识别与卸车时间计算。卡车卸车必须满足两个条件：一为重载，二为举斗，即卡车在重载情况下举斗为卸车。如果为卸车，假设举斗开始、结束时刻分别为 t_1、t_2，则卸车时间 $t = t_2 - t_1$。

（4）举斗行车报警。利用 GNSS 获取卡车的运行速度，如果运行速度大于 0 且举斗，则进行报警。

6.3 铲斗装载轨迹智能规划技术

铲斗轨迹智能规划技术涉及在空间坐标系中根据作业需求计算铲斗预期的运动路径，并据此确定铲斗到达目标地点的具体路径点和运动速度等关键参数。此外，该技术还分析了铲斗从爆堆挖掘到卡车上方卸载，再到爆堆挖掘过程中的运行轨迹特性，根据电铲位置、爆堆挖掘形态、卡车位置与姿态，建立铲斗装载轨迹优化模型，从而优化电铲运行轨迹，提高电铲工作效率。

6.3.1 装载切口规划技术

装载切口规划要求有效确定电铲挖掘切口与卸载位置，基于图像识别技术获取爆堆三维形态，基于 GNSS（卫星定位）与图像识别相结合技术获取卡车的位置，辅助人工有效确定并自动记忆铲斗挖掘切口与卸载的位置。对铲斗挖掘切口位置—卸料位置—挖掘切口位置的运行轨迹进行跟踪分析，为电铲一键回转提供铲斗运行轨迹模型。

6.3.2 铲斗轨迹规划技术

铲斗轨迹规划技术指对电铲铲斗运行轨迹进行规划从而对其运行轨迹进行控制的技术，这项技术在电铲的智能工作流程中起到了关键作用，它直接决定电铲的操作效率。

从优化手段来看，轨迹规划技术可以被划分为关节空间与笛卡尔空间的轨迹设计两大类。在关节空间轨迹规划中，关节的角、角速度和角加速度都被考虑在内。由于直接规划了控制变量，这使得控制更为简便，但这需要通过运动学的正解来确定工作空间的轨迹。笛卡尔的空间轨迹规划方法可以直接为铲斗的末端设计位移、速度和加速度，这有助于工作任务的分解。但这种方法需要利用逆运动学来计算关节变量，这导致了较大的计算量和控制上的不便。在进行轨迹规划时，通常会使用 3 次样条插值函数、高次多项式插值函数、B 样条函数以及正弦和修正后的正弦函数。

在实际的矿用电铲采矿项目中，S 曲线在提升电动机和推压电动机的控制曲线中得到了广泛的应用。在目前机器人运动路径设计的实践中，多项式方法得到了广泛的应用。特别是对于矿用电铲这种大型挖掘设备，多项式方法可以被用来确定其最佳的挖掘路径。

常见的轨迹规划方法有：基于多目标的电铲最优轨迹规划、基于七段式 S 速度曲线的挖掘轨迹优化等。以基于多目标的电铲最优轨迹规划方法为例，在实际的挖掘过程中，由于工作环境的复杂性和铲斗本身的结构特点，铲斗的齿尖移动轨迹并没有完全遵循对数螺旋线的等后角切削特性。面对电铲的智能化设计需求，需要根据电铲的操作环境来设计铲斗的移动路线，可以使用多项式的方法实现挖掘轨迹的设计[1-2]。

电铲的铲斗在执行挖掘任务时，通常是从挖掘的起点一直到终点。特别是在考虑到轨迹两端的极端位置限制时，可以采用多项式插值算法来规划铲斗的移动路径。使用 6 次多项式插值技术来进行轨迹规划，并以基于 LHS 和 SQP 的轨迹规划方法为实例进行详细说明。

（1）LHS 方法：拉丁超立方抽样技术（Latin Hypercube Sampling，LHS）有效地解决了由于抽样引起的数据集中问题，并确保了提供的函数值的准确性。LHS 是一种多维度取样技术，它将样本空间划分为多个可能不会重叠的子区域，然后在所有子区域空间内进行采样，以确保样本的随机均匀性。

（2）SQP 算法：序列二次规划（Sequential Quadratic Programming，SQP）是解决带有约束条件的非线性优化问题的关键算法。该方法主要是通过构建一个二次规划的子问题来近似替代原始的优化问题，然后求解出优化问题的一个改进迭代值。接着，通过不断重复"构造—求解—构造"的步骤，最终得到满足收敛条件的近似最优解。该方法能够将无限维度的控制问题转化为有限的非线性规划问题，并允许使用 SQP 算法进行求解。在轨迹在线实时规划方面，它比其他优化算法表现得更为突出。因此，SQP 算法在电铲挖掘路径规划研究方面具有很高的应用价值。

利用 LHS 和 SQP 算法进行轨迹规划的过程：首先，在动力学模型和挖掘轨迹模型的基础上，采用 LHS 方法来选择初始值。其次，采用 SQP 算法进行优化处理，并在此基础上加入对初始值的评估和筛选，直至确定最佳的多项式系数。最后，利用多项式的挖掘路径来确定最佳的挖掘路径参数，从而使电铲能够按照指定的多项式方程进行轨迹规划。SQP 算法高度依赖初始值，这可能导致算法陷入局部最优解或无法收敛。采用 LHS 的采样技术能够有效地解决数据集中存在的这一难题。通过 LHS 方法筛选出分布相对均匀的初始值，并采用 SQP 算法进行迭代优化，这不仅可以快速在线计算挖掘参数，还确保了初始值选择的高效性和有效性。

6.3.3　装车重心规划技术

在露天矿场的挖掘活动中，电铲挖掘是主要的采装运输方式，随后这些物料会被装载到重型汽车中，并运送到矿仓，在没有电铲铲斗动态称重的情况下，需要电铲操作人员依靠经验对矿用卡车载矿量进行估算，这可能导致车辆的载重不足，从而影响装运的效率并增加成本。这也有可能导致车辆超载，从而产生潜在的安全风险。铲斗动态称重技术在装车重心规划中极为重要。

基于提取的装载卡车图像数据，采用摄影测量与三维建模理论，随采装进行卡车装车形态快速识别，计算已装载物料的重心；基于卡车箱斗形态与装载物料形态，确定铲斗卸料重心，指导电铲准确装车。

6.4　电铲装车远程遥控技术

矿山机械设备的智能化是数字矿山建设中的关键环节之一。特别是矿用电铲，作为露天矿山开采生产系统的中心设备，其智能化的实施可以在确保生产安全的基础上，显著提高作业的准确性和效率，并优化整个生产流程。矿用电铲的传动系统主要是通过电子控制的操作手柄来完成挖掘和移动的动作。然而，电铲的操作过程相当烦琐，并且其劳动强度较高，工作效率也相对较低。在面对不断变化的物料堆积形态时，手工挖掘作业面临着满斗率低、容易过载、挖掘效率低和控制精度不高等一系列问题。为了确保电铲能够稳定且高效地工作，降低操作员的工作强度，提升操作的准确性和生产效率，对矿用电铲的远程遥控技术进行研究变得尤为关键。

6.4.1 电铲远程控制关键技术

研究电铲远程控制关键技术，可有效提高电铲操作的安全性，改善司机的工作环境，帮助矿山企业解决招工难的问题。

6.4.1.1 电铲状态感知技术

电铲装车的远程遥控功能可以提取各种传感信息，如电压、电流和液压油位等。驾驶室内的所有压力指示，都会通过工业压力传感器和双轴角度传感器进行采集，并反馈到控制中心。

在液压系统方面，通过安装工程设备常用的液压压力和液压油位油温传感器，可以准确且可靠地获取液压系统的各项参数。传感器利用 $4\sim20$ mA 的模拟信号或数字通信信号来进行数据采集，确保数据采集过程具有良好的抗干扰能力。

对于电源中的电压和电流，主要是通过遵循工业标准的电能采集模块，将这些电压和电流的数据转化为控制器可以接收的信号或数字通信信号来完成采集工作。对于回转电机和行走电机，它们的电流和电压数据主要是通过变频器进行读取的。

6.4.1.2 5G 通信传输技术

通信系统主要包括电铲智能 PC 终端与中控中心无线通信，车载 PC 端终与铲运机 PLC 总线通信网络。

车载 PC 设备通过 5G 无线网络与中控室进行通信，实时上传设备数据并从远程中控室获取操作命令。交互过程是通过工业以太网协议 ADS 来完成的，而在通信过程中加入了心跳机制，以实现掉线时的安全停机。

车载 PC 终端通过 PLC 工业协议实现交互，获取 PLC 采集的传感器数据并下发远端控制指令。

6.4.1.3 避障控制技术

避障控制技术主要集中在定点卸料技术的研究上。远程操作人员通过手柄，可以轻松记录当前铲斗、大臂和转台传感器的角度值。为了确保操作的准确性，他们可以利用"记录当前位置"按钮来保存这些数据。当操作臂被移动到新的位置时，只需点击"复位"按钮，即可重置记录。当传感器的数据发生改变时，该系统会自动生成一条返回至记录位置的路径，以实现对卸料点的精准定位。通过这种技术，操作员能够摆脱系统延迟和网络卡顿带来的限制，对装车过程进行实时监控和控制。此外，通过 3D 景深的准确判断，减少了误判所导致的危险情况，比如误伤卡车等事故的发生。同时，这项技术还可以极大地提高远程装车的效率，使整个操作过程更加快捷和流畅。

另外，为了避免在自动复位过程中出现意外情况，在操作员进行抬臂动作时，设备会自动暂停自动复位功能，以防止操作臂在卸料过程中操作不流畅。为确保操作的顺畅性和便捷性，执行挖斗向外翻的操作将暂停自动复位功能，此功能是通过技术手段实现的，旨在确保设备与操作臂之间的无缝协作。如果电铲的履带发生移动，可能会干扰系统的轨迹设计，此时系统会删除之前记录的位置数据，以防止产生错误信息并保护设备。

6.4.1.4 紧急制动技术

电铲的远程遥控技术涵盖了两大紧急制动功能：一是远程紧急制动，二是本地紧急制动。此外，远程紧急制动和本地紧急制动都是各自独立的功能，只有当这两种功能都被取消时，电铲才能正常工作。

在远程紧急制动的终端设备中，配备了一个自动锁定的紧急制动按钮。当需要进行紧急制动时，操作员仅需按下按钮，即可立即使电铲停止所有的动作，并立即切断挖掘机的总电源。这种功能不仅能够通过远程操作实现紧急制动，避免误操作，还可以在突发事件发生时迅速刹车并停止电铲的操作，从而确保远程操作的安全性。如果需要取消紧急制动，必须重新启动设备。

该本地紧急制动系统配备了一个单独的紧急制动开关，该开关可通过远程控制触发。该开关采用 315 MHz 长波进行通信，并且不会干扰当前的通信系统。在电铲内部或工作区域内工作时，工作人员应按下锁定按钮。这个锁定按钮是一种安全机制，可在接收单元接收到信号后立即切断驱动控制板卡的电源并实现紧急制动，以防止电铲的意外运动。然而，要恢复电铲的正常运行，工作人员必须重新启动设备。

6.4.2 电铲装车远程遥控系统设计

电铲远程遥控系统主要由电铲控制模块、远程操控模块、通信模块三部分组成。

（1）电铲控制模块：对电铲 PLC 和操作台、联动台进行改造，在操作台上增加模拟量模块，并将高压、低压、急停、主令等给定信号接入 PLC，或通过机器人控制操作台。

（2）远程操作模块：主要分为两大部分，远程环境的展示和远程操作的控制。远程显示功能能够全面地远程展示铲斗的运行状况、电铲的周围环境、爆堆和矿车的情况，以及如何优化轨迹和进行动作规划指导等多个方面；远程操作控制系统允许驾驶员根据实时的视频信号来观察远程现场的情况，并通过操作控制台远程操控电铲。

（3）通信模块：将电铲状态信号与视频信号传输给远程控制模块，同时将操作指令传递给电铲执行模块。

6.4.2.1 远程遥控操作平台

遥控操作平台由显示屏、计算机主机和多用途遥控座椅组成。该显示器能够展示作业地图的界面、设备的运行状况参数、驾驶员的视角、作业机构的角度以及周围环境的视频界面。通过手柄和遥控座椅，可以独立地控制设备的启动、停止、移动和其他操作，满足驾驶员在驾驶舱内的操作要求。

6.4.2.2 机载控制系统

机载控制系统安装在受控电铲设备上，包含视频监控模块、GNSS 定位模块、状态感知模块、电铲智能控制模块。

（1）视频监控模块。电铲四周分布多个高清红外摄像头，可满足行走、作业的远程实时监控需求。

（2）GNSS 定位模块。该模块由车载终端（包含天线、定位主机）获取卫星定位信息，并向 CORS 基站（矿山现用测绘基站）发送数据进行 RTK、机身姿态双修正计算，从而实现设备自身的高精度准确定位。

（3）状态感知模块。露天电铲远程遥控系统将提取传感信息，所有驾驶室内压力表指示压力及机身倾斜角度将通过工业压力传感器和双轴角度传感器采集并反馈至控制中心。

（4）电铲智能控制模块。电铲智能控制模块采用工业车载级 PLC 控制，将驾驶舱内所有操作进行信号模拟发送，远程控制与本车控制通过切换开关一键切换，不影响原车任何操作。

6.4.2.3 5G 无线通信传输系统

通信系统主要由铲运车的智能 PC 终端与中控中心的无线通信，以及车载 PC 终端与铲运车 PLC 总线的通信网络组成。该系统使用联通 5G 物联网卡来实现集控中心与铲车机载工控机之间的通信。

6.4.2.4 中央控制系统

中央控制系统主要用于铲车任务文件上传分发、作业统计、报表查阅及大数据展示。

6.4.2.5 远程集控平台

远程集控平台包含硬件系统和软件系统。

（1）硬件系统由操作手柄、操作开关、操作按钮、信号采集控制器、网关、工控主机和液晶显示器组成。显示器为用户展示了设备的运行状态参数、驾驶员的视角以及作业机构的角度，形成了一个视频交互界面。在监控屏幕上，可以看到车辆周围的监控以及电铲装车平台的监视。远程集控平台将操作信息通过基站发送到车载无线终端，然后由车载工控机下发到车载 ECU 进行控制。作业参数信息则由车载无线终端通过无线终端基站返回到集控中心。利用远程操作台，可以实现一人多机的远程移动、定位和铲装操作。通过手柄和遥控座椅，可以独立地控制设备的启动、停止、移动和其他操作，满足驾驶员在不同地点的操作要求。

（2）软件系统包括电铲的远程操作系统以及铲运机的任务管理系统。远程操作系统的核心功能模块涵盖了铲斗运行数据的远程实时解码和实时监控显示，操作信号的采集和实时编码发送，操作按钮和手柄的异常诊断，作业数据的存储和查阅，以及电铲地图任务的提取和显示。电铲任务管理系统的核心功能是上传和管理远程装车作业的地图和铲装任务表，该系统可以部署在任何网络主机上，也可以部署在多功能遥控主机上。

6.5 调度技术

调度技术结合了采矿系统工程技术、计算机技术、定位技术、无线通信技术、电子技术和自动控制技术，是这些技术的综合成果。矿山调度技术不仅是提升设备运行效率、减少生产成本和实现良好经济回报的关键途径，也是间断露天开采工艺达到全球先进水平的核心技术之一。在矿山的调度过程中，经常出现"固定的车辆配置失效、优化调度混乱"的情况。道路网络和它的运行时长构成了优化调度的核心，因此，露天矿的移动道路网络的动态处理成了优化调度中亟待解决的关键技术难题，同时也是一个值得深入的理论课题。

6.5.1 路网矢量化关键技术

6.5.1.1 道路栅格化技术

鉴于矿山路网在空间布局上的复杂性和在时间维度上的频繁变动,针对这些独特性质进行研究,需要采取离散点→栅格模型→灰度图像→二值图像的转换方式进行处理。

A GPS散点数据栅格化

GPS散点数据的栅格化流程主要针对两大核心问题:如何选择栅格单元的大小和确定栅格的属性值,这两个核心问题直接关系到栅格化的实际效果。栅格的尺寸经常是基于过往的经验来确定的;确定栅格属性值主要采用以下两种不同的处理策略。

第一种方式:若某个单元中有GPS点存在或GPS点数超过一定的阈值,则该单元属性值记为1,否则记为0。这种栅格化方式简单易行,尤其是当数据量较大时,能够明显降低计算难度,但当数据量较少时,栅格化结果连通性差。传统栅格模型如图6.4所示。

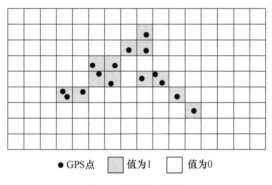

●GPS点　▨值为1　□值为0

图6.4 传统栅格模型

第二种方式:为每一个GPS点创建一个缓冲区,并通过调节缓冲区的半径来确保大部分属于同一路段的轨迹点在空间上能够紧密相连。设定缓冲区内的栅格数值为1,而缓冲区外的栅格数值设置为0。与第一种方法相比,这一方法展现出更出色的连通性,但缓冲区的大小与路段上的轨迹点数量有关,确定缓冲区相对困难,同时,缓冲区的配置也不可避免地会影响栅格数据的准确性,如图6.5所示。

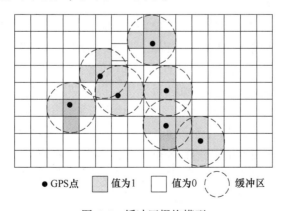

●GPS点　▨值为1　□值为0　⌒缓冲区

图6.5 缓冲区栅格模型

B　栅格信息图像化

栅格化的结果为大型稀疏矩阵，图像化的目的在于将这一稀疏矩阵转化为可以进行边界探测的二值图像。

首先，采用以下方式将栅格模型转换为灰度图像：以栅格化结果中的概率值表示图像中像素点的灰度，将栅格信息 R 转化为可见的灰度图像的初始转化方式为：IMG = 255×R。

按照这种方法构建的初始道路网络是不规则的，道路内部可能有中空点，而道路外部可能有孤立的点，这些噪声对道路网络的提取造成了很大的影响，因此有必要进行滤波处理。中值滤波在某些特定条件下能够解决线性滤波器在处理图像细节时的模糊问题，并且在去除图像中的噪声方面表现出色；对于起始道路上的中空点和孤立点，使用中值滤波方法显得更加合适。

6.5.1.2　道路边界检测技术

道路网栅格图像使用边缘检测算子进行边缘检测，但由于道路网栅格图像比传统图像在图像结构上更简单，具有"非黑即白"的特性，同时道路网栅格图像边缘检测对边缘定位的精度要求更高，因此需要使用双阈值的 Canny 算子对道路网栅格图像进行边缘检测，并对参数进行调整。

对大多数的边缘区域而言，其内部主要是露天矿山道路，但当这些道路网络出现循环时，情况可能会完全相反。因此，面对这样的状况，有必要深入分析道路网络边缘可能存在的拓扑联系。另外，由于边缘检测结果中存在噪声边缘，道路网的边界与噪声边缘的周长有很大的差异，因此，选择道路网边界时，必须以边缘周长为判断标准；考虑到交通网络交汇点可能出现的中空状况，通过在边缘树状结构上对"叶节点"进行边缘识别，从而确定道路网络的实际边界。

6.5.1.3　栅格矢量化技术

A　道路网骨架提取方法

骨架化算法大致分为迭代法、非迭代法、数学形态学算法三大类，其中以 Zhang 快速并行细化法、Hilditch 细化法、OPTA 细化算法及查表法等几种算法比较常用。

B　道路网骨架矢量化

基于细化的结果，首先进行特征点的识别。如果点 P 是细化结果段中的任何一个点，那么与 P 点相邻的八个像素点被称为八邻域。当黑色为 1，白色为 0 时，依次遍历这八个邻域，从而得到点 P 的八邻域值，而 P 点的八邻域值为 3。

通过对图像中各像素点的八邻域值进行分析，得出结论：端点的八邻域值是 1；交叉点的八个邻域的数值超过了 2；在道路上，其他像素点的八个邻域值是 2。

鉴于道路上的每个像素点都具备上述特性，可以基于这些特性对道路上的像素点进行分类。集合 T 被定义为道路网络中的特征点集合，涵盖了道路的交叉点和端点。

接下来是像素的追踪过程：在集合 T 中的某一点 T_1 上，以 T_1 为中心寻找八邻域中值为 1 的点作为下一个点。为了避免重复追踪，需要将当前点设置为 0，并将下一个点设置为当前点，然后重复上述操作，直到当前点属于集合 T。

通过对某段路段的追踪，可以确定从 T_1 点开始的那一段，这段路涵盖了端点和道路上各个位置的坐标数据。通过对集合 T 中的各个点进行连续追踪，能够得到矢量化的道路网络框架。

6.5.2 道路运行时间预测关键技术

6.5.2.1 K 近邻行程时间预测算法

A K 近邻回归

K 近邻算法，也被称为 KNN 算法，在机器学习领域是一种非常成熟的监督式学习方法。由于其高度的精确性、对异常值的低敏感性以及对大量输入的假设，这种方法经常被应用于数值数据的分类任务中。更具体地说，当 KNN 处理分类问题时，它采用了"多数投票"的方式，输入变量的最终类别是由 K 个最近的邻居中占比最大的类别来确定的。选择 K 值、度量距离以及制定分类决策规则构成了 K 近邻算法的三大核心组成部分。

B KD 树搜索

KD 树是一种特殊的树状数据结构，用于存储 k 维空间中的实例点，并可实现快速的数据检索。该树由一系列 k 维矩形区域组成，其中每个区域都代表了 k 维空间的一个划分。构建 KD 树的过程涉及不断划分 k 维空间，每次划分都使用与坐标轴垂直的超平面。这种划分方式使得 KD 树能够高效地支持各种查询操作。

C 构建算法模型

K 近邻回归算法伪代码如下：

（1）计算输入数据和历史数据间的欧氏距离；

（2）交叉验证，计算 RMSE 值；

（3）通过启发式算法选择最优 K 值；

（4）将（1）中所得距离按照降序排序；

（5）选取前 K 条数据并返回；

（6）将时间数据按距离倒数加权平均，返回最终的预测值；

（7）计算评估指标。

均方根误差 RMSE 计算公式为：

$$\text{RMSE} = \sqrt{\frac{\sum_{i=1}^{n}(X_{\text{obs},i} - X_{\text{model},i})^2}{n}} \qquad (6.1)$$

式中，$X_{\text{obs},i}$ 为真实采集值；$X_{\text{model},i}$ 为模型预测值。

紧接着，使用 Python 编写算法模型，并通过 scikit-learn 提供的 K-Neighbors Regressor 类来实现 K 近邻回归。

6.5.2.2 支持向量机行程时间预测算法

A 支持向量机

SVM 最初是基于线性可分的原理发展出来的。简单地说，支持向量机代表了一种双重分类技术，其核心目标是在空间内寻找最大的线性分割间隔。然而，在实际的问题处理中，常常发现有些问题并不适合直接进行线性的分类处理。因此，Bernhard E. Boser、Isabelle M. Guyon 和 Vladimir N. Vapnik 提出了一种新颖的方法，该方法将核技术应用于最大超平面，以构建非线性分类器。虽然该算法在形式上与线性分类器类似，但它采用了非线性的核函数。特征被映射到一个高维的空间中，并通过最大间隔的超平面进行分割。这样的转换在高维空间中呈现为一种非线性的变化。

图 6.6 是用于非线性分割的最大间隔超平面的二维映射，在真实的分割过程中，需要将空心和实心点（特征）通过特征变换映射到高维空间，再找出最大间隔分割超平面。

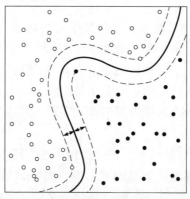

图 6.6 最大间隔非线性分类器

B 支持向量机回归

SVM 支持向量机算法被应用于处理分类相关的问题。事实上，对 SVM 进行轻微的调整同样可以应用于解决回归分析问题，特别是在预测露天矿卡车的行程时间时，这实际上是一个回归分析问题。SMOLA 及其团队最初将支持向量机应用于回归分析问题，并将其命名为 SVR（Support Vector Regression）。

支持向量机回归的目标函数为：

$$\text{Minimize：} \frac{1}{2}\|\boldsymbol{w}\|^2 + C\sum_{i=1}^{l}(\xi_i + \xi_i^*) \tag{6.2}$$

约束条件为：

$$\begin{cases} y_i - \boldsymbol{w}^{\mathrm{T}}\boldsymbol{\Phi}(X_i) - b \leq \varepsilon + \xi_i \\ \boldsymbol{w}^{\mathrm{T}}\boldsymbol{\Phi}(X_i) + b - y_i \leq \varepsilon + \xi_i \\ \xi_i, \ \xi_i^* \geq 0 \end{cases} \tag{6.3}$$

C 核函数选择

当采用 SVR 技术来处理实际问题时，经常会碰到线性不可分的问题。在这种情况下，常见的方法是把测试数据的特性映射到一个高维的空间里。由于其通常具有众多的特性，当这些特性被映射到高维空间时，就可能产生所谓的"维度灾难"。在支持向量机回归中，核函数被引入，这使得高维点积运算被转换为低维核函数运算，从而避免了在高维空间中进行复杂的计算，进一步提高了模型的整体性能。

在利用 SVR 技术解决实际问题的过程中，常用的核函数有三种，它们是高斯径向基核函数、多项式核函数和双曲正切核函数。对于这三种核函数而言，高斯径向基核函数又是最普适和使用频率最高的核函数。原因在于，多项式核函数面临特征量大时，运算量也会变得非常大,对计算资源的消耗大的问题。而双曲正切核函数需要满足 $u > 0$, $c < 0$ 的条件,具有一定的局限性。

D 构建算法模型

通过 Python 编程构建算法模型,支持向量机回归通过 scikit-learn 提供的 SVR 类实现。

6.5.3 调度系统设计

6.5.3.1 系统组成与工作方式

自动调度系统是由移动车辆的车载终端、调度中心系统以及通信系统三个主要部分构成的。

(1)移动车载终端由主机、卫星定位天线、通信天线、电源、卡车举斗开关等几部分组成。该设备主要具备两大功能:首先,它可以收集设备的位置和状态信息,并将这些信息发送至调度中心;其次,它可以接收调度中心发出的指令信息,并向司机进行提示。

(2)调度中心系统的核心功能包括设备运行的实时动态追踪显示、调度指令的优化生成和发送、生产计划的制定和调整、数据查询和报表生成,以及设备运行状态的回放等。

(3)通信系统的核心职责是确保调度中心与移动车辆的终端之间的通信连接,并采纳了中国联通的 4G/5G 通信模式。

通过将该系统与局域网进行连接,能够将显示和查询统计的应用范围拓展至决策者和相关的管理部门。这样,决策和管理人员可以通过网络随时掌握露天矿的生产动态,从而提高矿山决策的质量。

系统工作方式如下:

(1)调度中心会根据实际需求,通过轮询或竞争性的方式来收集每一台车载终端的相关信息。移动车辆的车载终端能够接收来自卫星的信息,并能实时计算出自身的坐标位置。车载终端在接收到轮询命令后,会将其车号、所在位置和当前状态等详细信息发送至调度中心;车载终端也有能力通过定时和定距的机制来竞争性地发送这些信息。在设备需要向调度中心报告各种情况(例如设备出现故障等)的时候,终端设备会通过竞争性的方式将这些信息发送给调度中心。

(2)调度中心会对收到的每一台设备的位置和状态信息进行实时分析,并将分析结果以二维或三维的图形形式展示出来。根据实际需求,系统会自动生成调度命令,并将其发送至车载终端;当车载终端接收到指令时,它会在显示屏上展示并给出相应的语音提示,以帮助司机正确驾驶。

6.5.3.2 调度中心系统

A 调度中心硬件结构

调度中心采纳了微机网的设计方案,这是一个由服务器、实时运行终端、后台服务终端、显示终端、打印机和不间断电源等多个部分组成的计算机网络系统。调度中心系统组成如图 6.7 所示。

基于此,为调度中心制定成分布式的处理策略,并在网络服务器上建立一个共享的数据库,各个终端软件都以这个数据库为中心来实现快速的数据交流;在各个终端上都配置

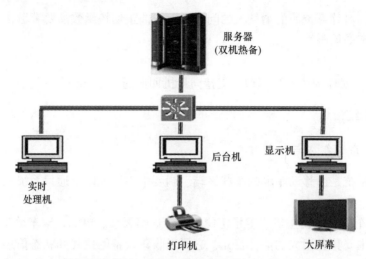

图 6.7 调度中心系统组成示意图

对应的模型库和处理软件，以便更方便地进行扩展、完善和技术升级。该系统的数据库支持 SQL 2012 或更高版本，其服务器操作系统是 Windows Server 2000 或更高版本，而系统的运行环境则是 Windows 7 或更高版本的操作系统。

如果设备数量较多，在调度室可以多设几个显示终端，即可分台阶、分岩种、分设备类型进行显示，又可根据需要（如观察车流）进行集中显示；还可设置专门的维修处理终端，用于对故障检修设备进行监视等。

B　调度中心软件结构

调度中心采用了分布式的处理策略，并在网络服务器上建立了一个公共数据库，各个终端软件都以这个数据库为中心来实现快速的数据交流；在各个终端上都配置了对应的模型库和处理软件，以便更方便地进行扩展、完善和技术升级。调度中心以及相关的系统软件的整体结构如图 6.8 所示。

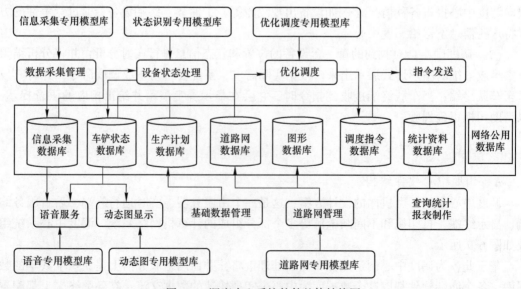

图 6.8 调度中心系统软件整体结构图

调度中心的软件系统是由多个子系统构成的，包括信息的收集和指令的发送、车铲的状态分析、动态图的展示、调度的优化、基础数据的管理、作业数据和道路数据的生成以及查询统计和报表的制作等。

6.6 卡车装载状态智能感知技术

卡车装载状态的智能感知技术利用高清彩色线阵扫描单元、速度传感器和车辆识别设备，对正在行驶的矿山卡车进行实时的扫描和监测，从而生成高清彩色图像。其目的是真实地重现卡车在现场的装载状况。结合深度学习和机器视觉处理等先进的人工智能技术，对矿山运行的卡车图像进行智能化的分析，从而成功地实现了视频的实时监控、图像的智能识别以及隐患的自动报警等多种功能。

卡车装载状态智能感知技术主要包括三方面，即基于传感器的卡车自称重技术、基于TOF相机的卡车装载体积检测技术、基于图像识别的卡车装载率检测技术。

6.6.1 基于传感器的卡车自称重技术

6.6.1.1 系统组成及其工作原理

电动轮卡车的称重系统是由4个悬挂的压力传感器、用于测定倾斜角度的水平倾斜仪、系统数据分析模块、通信端口、操作显示器以及其他相关组件组成的。

图6.9是称重系统的基本原理图。

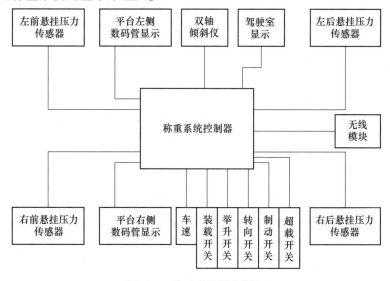

图6.9 称重系统原理框图

称重系统能根据电动轮自卸车前后悬挂压力动态计算出车辆载重，并通过倾斜仪角度数据对计算的载重量进行修正，最终得到实际载重。

6.6.1.2 悬挂压力传感器

称重系统总共有4个悬挂压力传感器，它们被安装在卡车的4个不同的悬挂上。这些传感器的主要功能是在不同的装载条件下测量这 4 个悬挂的当前压力值，并将这些压力数据转化为电信号。之后，电信号经过传输后进入称重系统模块的称重分析模块。该模块通过分析电信号以确定当前的载重量。其中一根导线负责提供+18V 的电源电压，以供称重系统模块使用。另一根导线则充当反馈导线，当+18V 电源电压通过传感器时，反馈电压信号将返回到称重系统模块。

6.6.1.3 称重系统模型

称重系统模型主要原理为：利用 4 个压力传感器来测量车辆的 4 个悬挂所承受的压力；利用倾斜仪来测量车辆与水平面之间的空间角度；基于车辆的结构特点，考虑到车辆的阻尼和摩擦阻力的差异，对系统误差进行修正。

装载物重量与 4 个悬挂压力的关系为：

$$W_{空车} = \left[p_{01} \times k_{101} + p_{02} \times k_{102} + (p_{03} \times k_{103} + p_{04} \times k_{104}) \times k_3 \right] \times k_1 \times k_5$$

$$W_{装载} = \left[p_1 \times k_{101} + p_2 \times k_{102} + (p_3 \times k_{103} + p_4 \times k_{104}) \times k_3 \right] \times k_1 \times k_5 \tag{6.4}$$

$$W_{货物} = W_{装载} - W_{空车}$$

式中，$p_{01} \sim p_{04}$ 分别为悬挂初始压力值；$p_1 \sim p_4$ 分别为装载后悬挂压力值；$k_{101} \sim k_{104}$ 为倾斜角修正，为悬挂空间角对 4 个悬挂气压的影响，与悬挂内部结构有关；$W_{空车}$ 为计算的空车重量值；$W_{装载}$ 为计算的装载后整车重量值；$W_{货物}$ 为所装载货物净重值；k_3 为车辆悬挂角度修正值，根据具体车型悬挂安装情况设定；悬挂本体安装是否与地面垂直，如果不垂直就存在一个角度需要修正，需要乘以一个余弦角度，这个值是固定值；k_1 为悬挂结构特性、阻尼误差修正，一般根据悬挂结构特性、阻尼进行计算，得出一个数值范围；k_5 为总重误差修正，为现场进行标定的值。

6.6.1.4 移动车载终端方案

A 移动车载终端硬件方案

移动车载终端主要构成元素包括核心控制模块、定位模块、数据采集模块、通信天线、电源以及外部接口等几个主要部分，如图 6.10 所示。

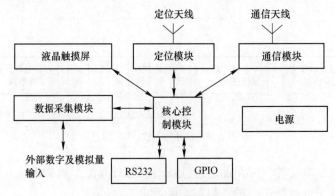

图 6.10 终端主机结构原理图

（1）定位模块：由定位天线、定位模块组成，用于接受导航定位卫星信息，解算设备的三维坐标与运行速度、运行方向等信息。

（2）通信模块：由通信天线与通信模块：通过 4G/5G 通信模块与调度中心进行通信。

（3）核心控制模型块：由核心处理器、总线、高速缓存等组成。

（4）液晶触摸屏：提供显示界面与人机交互。

（5）电源管理：由过流、欠流、过热保护电路，多路 DC/DC 转换电路，整机功耗控制电路等组成。

（6）外部接口模块：系统提供鼠标、键盘、网口、RS232、GPIO 等外部接入端口。

B 移动车载终端软件功能

（1）定位功能：车载终端具备自动寻星、自动定位和自动转换坐标系的功能，并能与车载电子地图相结合以展示其具体位置。

（2）调度和导航功能：该系统能够接收生产调度的指令，并将其以文字形式展示在屏幕上，同时伴随着声音提示司机，还可以通过车载电子地图来展示导航路线。

（3）通信功能：将个人的位置、状态信息、请求和报告数据上传到调度中心，并从调度中心接收相应的命令和反馈。

（4）设备状态智能识别与报告功能：该终端设备配备了必要的智能判断功能，包括但不限于装车、卸车、超速和停车的判断，以最大限度地减少设备操作员的输入；根据不同的终端类型，可以制定相应的状态报告，包括时间、物料类型、设备状态、司机的登录情况、定位和通信强度指示等。

（5）故障上传功能：当设备出现问题时，司机可以通过菜单的方式来选择问题，并将其报告给调度中心。

（6）报警功能：如果出现超速、超车、越界、偏离原定路线、无故停机或超时停车等不正常状况，立即向司机发出报警。

（7）接口扩展功能：根据需要采集 RS232、GPIO、CAN、以太网通信接口信息，实现生产设备的各类信息自动化采集。

终端启动及主体界面如图 6.11 所示。

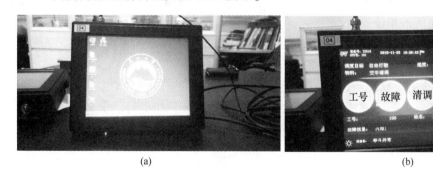

(a)   (b)

图 6.11 车载终端启动（a）与主体界面图（b）

6.6.2 基于 TOF 相机的卡车装载体积检测技术

6.6.2.1 TOF 相机原理

TOF 是 Time of Flight 的缩写，也被称为飞行时间法，这是一种通过测定光的飞行时间来确定距离的技术。TOF 相机使用的是深度感应器，它可以获取深度信息和传感器的距离信息。通过使用 CCD/CMOS 图像阵列和综合激光调制技术，可以得到三维场景的深度信号。通过这种方法得到的深度数据转换成图像，也被称为深度图像。通过连续向目标发射激光脉冲，然后从传感器或图像阵列中接收到反射的红外线激光脉冲，再根据测量目标发出的光脉冲与接收到的光脉冲之间的相位差来计算距离。TOF 相机测量原理如图 6.12 所示。

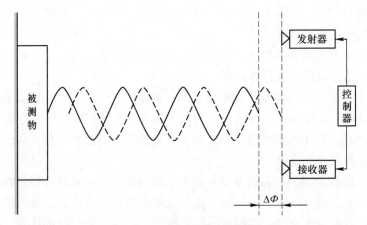

图 6.12 TOF 相机测量原理图

由于发射和接收光脉冲之间的相位差与被测物体离摄像头的距离成正比，直接测量激光的飞行时间是不可行的。因此，在工程实践中，通常会采用调制后再发射光脉冲的方法，然后计算发射光和反射光之间的相位差，以进行深度检测。TOF 测量距离计算公式如下：

$$D = \frac{1}{2} \times C \times \frac{\Delta \Phi}{2\pi f} \tag{6.5}$$

式中，D 为相机与被测物体的距离；C 为光速常量；f 为信号的调制频率；$\Delta \Phi$ 为发射光脉冲信号和接收信号之间的相位差。

根据前述的数学公式，当调制频率保持不变时，测量的距离是由相位差的幅度所决定的。

3D 激光传感器的工作原理与此类似，但 3D 激光传感器的任务是扫描特定的点，而 TOF 相机则负责扫描整个图像并捕捉深度信息。在 TOF 成像阵列中，每一张图像都可以同步地检测与目标相关的灰度和距离信号，TOF 能够提供视场内所有像素点的深度信息，覆盖整个分辨率范围。

6.6.2.2 基于点云数据的装载体积计算

A 点云建模

采用 3DMine 软件建立点云三维模型，如图 6.13 所示。

B 体积计算方法

Cloudcompare 具备计算点云与任意平面（即恒定高度）或两个点云间体积的能力。该方法将点云的底部划分为多个离散网格，并计算每个网格对应单元的体积，然后将这些体

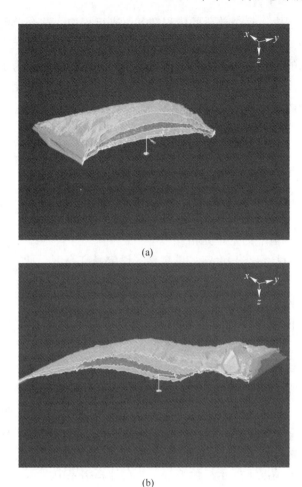

图 6.13 三维模型展示图
(a) 车厢横剖面;(b) 车厢纵剖面
(扫描书前二维码看彩图)

积求和。

栅格数据,也被称为像元结构,是一种把地面均匀划分为相邻的网格阵列,将网格视为像素,并用行列来定义具有属性信息或属性记录指针的数据结构。

点云之间的距离通常是厘米级别,有时甚至可以达到毫米级别,因此,栅格单元的尺寸是由点云的分辨率决定的,也就是扫描的精度。扫描的精确度越高,对物体的描述就越深入,所划分的格子也越小,这有助于在某种程度上降低特征的遗失。首先,根据点云的密度来确定三维栅格单元的大小,并通过点云坐标来寻找相应的栅格索引。利用索引与栅格单元大小之间的关系,可以计算出该栅格的中心点坐标。如果找到了相同的中心点,这意味着该栅格内有多个点,只需进行去重操作,这意味着代表栅格的点就是该区域的中心。根据已有栅格体素降采样算法思想,通过划分好的栅格单元,将原始点云数据映射到所属栅格单元内,并计算每个点与栅格中心点的距离,选出距离最小的点表达该区域中的所有点,即栅格的代表点为该区域的最近点。

在体积计算的过程中，每个单元的体积都需要进行累加。这个单元的体积是由每个单元的面积与其高度的差值来决定的。只有那些底部和顶部点云都显示出有效高度值的单元格，才适合进行体积的计算，而空的单元格则不会被考虑。因此，为了最大限度地减少空头元格的数量，需要设定适当的网格长度，并在必要的情况下填补剩下的空头元格，这样可以最大限度地降低体积计算中的误差。以下是其体积的计算方法：

$$V = \sum_{\substack{0 < i \leqslant n \\ 0 < j \leqslant m}}^{m,\ n \geqslant 1} G_i \times G_j \times \Delta h \tag{6.6}$$

式中，V 为点云体积；G_i，G_j 为网格长度；Δh 为高度差。

栅格化的体积计算步骤如下：

（1）选取两种点云，分别设置其中一种为顶部，另一种为底部；

（2）处理栅格化后留下的空单元格；

（3）多种选择，包括留空、设定最低高度、设定最高高度、计算平均数、选择指定数值以及进行插值等；

（4）选取合适的网格步长；

（5）选取投影平面；

（6）计算体积。

C　体积计算各项参数的选取

在选定点云后，需要处理那些在网格中依然是空的单元。在进行体积计算时，空头元格是不适用的。因此，首先需要确定一个合适的网格长度，以尽可能减少空头元格的数目。在选择网格长度时，不能选择过长或过短的数值。过短的网格可能导致多个单元变为空的元格，而过长则可能形成较大的凸包，从而导致较大的计算偏差。Cloudcompare 会在有大量空单元格存在的情况下展示红色警告，并在计算结果中展示匹配到的所有非空单元格数量。

在处理剩下的空头元格时，存在众多的策略选择。保留空白、选择最小的高度、选择最大的高度、计算平均值，并选取一个需要输入的指定值，进行插值操作。

6.6.3　基于图像识别的卡车装载率检测技术

基于图像识别技术的卡车装载率检测方法是在研究装车率的基础上，进一步深化研究，构建了一个结合 VGG16 与最小二乘法的矿业卡车装载效率检测模型。利用该模型训练拍摄好的装车照片，最终识别装车率与装载体积。

6.6.3.1　数据采集和预处理

A　图像采集

摄像头安装于电铲驾驶室顶部右上角，电铲铲斗在驾驶员正前方，采用斜向俯视方式拍摄铲斗装载时的卡车，如图 6.14 所示。

B　图像预处理

在图像检测流程中，图像预处理环节具有极高的重要性，其预处理结果将直接影响到模型的分类准确性和预测性能。图像预处理旨在降低模型处理所需的数据量，减少图像中

图 6.14　摄像头安装位置与拍摄图像

不必要信息的影响和特征提取的复杂性，从而能够加速模型的训练和预测过程，进一步提升模型预测的稳定性和可靠性。此外，鉴于矿山的灰尘浓度较高和背景的复杂性，图像特征的提取变得更为困难，这使得图像预处理变得尤为关键。基于图像识别的卡车装载率检测技术使用了三种图像预处理方法：小波阈值去噪、双边滤波以及直方图均衡化。

6.6.3.2　融合 VGG16 和最小二乘法的装载率检测模型

这项技术融合了最小二乘法和深度学习中的 VGG16 深度神经网络，从而能够有效地检测装载各种体积的矿用卡车。

矿用卡车的装载率预测模型主要可以划分为两大部分：首先是基于 VGG16 深度神经网络的图像预分类模型，其次是采用最小二乘法的矿用卡车装载率预测模型。

A　VGG16 图像预分类模型

借助 VGG16 深度神经网络技术，对图像进行初步分类，进而成功地为矿用卡车的装载率进行预分类。网络的输入是 5 种不同类别的图像，而网络的输出则是基于矿石装载量的标签制定的。VGG16 深度神经网络由多个卷积段组成，这使其非常适合处理图像数据。通过卷积核对原始图像进行特征抽取，然后通过池化层进行归纳，并将这些提取出的特征传递给前一层。在此过程中，将输出误差逐级反向传递，以更新网络的权重阈值，从而达到网络结构的最佳优化，即最小化输出误差，并确保其具有良好的泛化能力。

B　最小二乘回归模型

图像在经过 VGG16 深度神经网络的图像分类模型处理后，其输出的结果是预测到的每一种类别的概率值。在图像分类预测中，分类的结果和相应的概率值被用作待拟合的最小二乘法数据，而输出的结果则是用于矿业卡车运载计量的预测值。在最小二乘回归模型中，选择最有可能的前两个分类结果以及它们相应的概率值作为待处理的拟合数据。

6.7 卡车无人驾驶技术

卡车的无人驾驶技术主要依赖于感知传感器装备，这些传感器能够综合感知矿用卡车所处的环境。此外，融合定位技术利用多定位系统，协助卡车调度系统明确每辆卡车的装载点和卸料点，然后规划出最佳的运输路径。卡车在接收到无线指令后，会前往指定的装载点装载物品，最后按照预定路线行驶至卸料点进行卸货操作。

6.7.1 无人驾驶主要环节

无人驾驶系统主要包括感知定位（融合定位）、决策规划、运动控制等几个主要方面[3-4]。

（1）感知方面。利用激光雷达、毫米波雷达、摄像头以及车辆之间的综合感知技术，实现了对各种障碍物如挡墙、落石等的精确识别，并能够进行动态障碍物轨迹的预测。

（2）决策规划方面。通过综合全局行驶路径和地图数据，对车辆的多种行为，包括前进、后退、停车、绕障、卸载、路口通行以及避让其他车辆等进行详尽规划，同时利用实时感知的环境数据来规划车辆的实时行驶路径。

（3）运动控制方面。该系统主要负责操控与车辆六自由度运动相关的线控执行器，包括转向系统、制动系统、发动机、变速箱和手刹等。

（4）算法方面。核心的算法主要由云计算平台和车载自动驾驶系统两大部分构成。云端平台主要负责增量地图的更新、全局路径的规划、车流的规划、任务的调度以及自动生成装载位和卸载位等功能。

6.7.2 露天矿协同作业场景

为了成功搭建露天矿山的自动驾驶系统，必须对露天矿山的道路布局以及设备之间的协同操作环境有深入的认识。露天矿山在开采、运输和排土的各个环节中都需要相互合作，这是确保露天矿山能够持续发展的关键因素。露天矿山的道路设计有三种不同的形态，分别是 T 字形道路、汇聚型道路以及十字形道路。涉及采运排设备的协同操作场景：卡车电铲协同作业、卡车排弃协同作业、卡车破碎站协同作业、车辆跟驰协同作业、多车路口会车作业、车辆协同避障超车等[5-7]。

（1）卡车电铲协同作业。在露天矿山采矿过程中，单斗卡车和电铲等设备用于开采和装载矿石。电铲和卡车需要协同工作，以确保高效的装载过程。卡车首先进入指定的装载区域，按照预定的规则等待装载。然后，卡车接收信号，进入装载位置，完成装载操作。电铲负责装车，随后卡车接收离开的信号，最后卡车离开装车位，具体操作如图 6.15（a）所示。

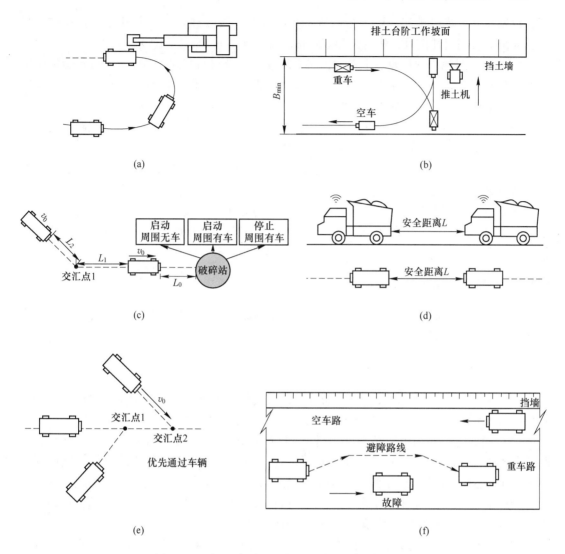

图 6.15　露天矿场中无人驾驶设备的协同作业场景

（a）卡车电铲协同；（b）卡车排弃协同；（c）卡车破碎站协同；
（d）车辆跟驰协同；（e）多车路口会车；（f）车辆协同避障

（2）卡车排弃协同作业。在剥离运输卡车行驶到剥离运输道路的目的地，即相应的排土场时，确保卡车与其他排卸卡车之间的协同工作，并尽量减少与辅助工程设备的互动至关重要。为实现这一目标，需要建立排卸卡车与其他工程设备的空间位置模型，并制定相应的调度规则，以确定排卸卡车的物料进出策略。运输卡车的排卸操作流程如下：首先，卡车驶入指定的排卸区，然后按照排卸规定等待卸货。其次，卡车接收到进入的信号，开始进行卸货操作。最后，卡车接收到离开的信号，并驶离排卸区域，如图 6.15（b）所示。

（3）卡车破碎站协同作业。露天矿山中的运输卡车负责将采集的矿岩从挖掘地点运送出来，然后通过内部的运输道路进入破碎站区域进行卸车操作。确保卸车区域内的各辆卡车能够有效协同工作，对提高进出效率至关重要。运输卡车在破碎站的协同作业流程如下：首先，卡车按照排卸规则等待卸货；其次，卡车接收卸货信号并开始卸货操作；最后，卡车接收到离开信号，然后离开破碎站区域，如图 6.15（c）所示。

（4）车辆跟驰协同作业。卡车在道路上行驶→收集与前车的实时距离→确保运输距离超过安全范围→维持原来的速度行驶→运输距离低于安全范围→降低速度行驶→获取与前车的实时距离→与前车保持相同速度行驶，如图 6.15（d）所示。

（5）多车路口会车作业。进入路口的会车区域→收到会车的指令信号→在路口会车区等候→重型车辆先行→收到启动的信号→离开会车区域。在这一流程中，确立路口的会车通行准则，并实时评估车辆的各种属性、距离和速度信息，以确保车辆在路口能够优先通行，从而保障交通的流畅性，如图 6.15（e）所示。

（6）车辆协同避障。在露天矿山的车辆运输过程中，存在车辆之间的超车行为，同时还可能出现大块岩土散落在运输道路的情况，这要求车辆进行超车和避障操作。这些特殊情况在矿山内的运输过程中发生，如图 6.15（f）所示。

6.7.3 卡车无人驾驶的关键技术

为了实现无人驾驶系统，需要以下技术作为基础支持：车辆定位技术、传感感知技术以及路径优化、车辆调度算法等技术[8-10]。

6.7.3.1 车辆定位关键技术

为了在露天矿山中实施无人驾驶的技术，需要对车辆进行实时的定位。目前，车辆的定位技术主要涵盖了 GPS 定位、磁感定位以及惯性定位等多种方法。

（1）GPS 定位。利用 GPS 定位技术，可以通过全球定位系统对车辆进行精确定位。采用基于 GPS 的定位技术的优势在于它可以在任何天气条件下进行连续定位。利用差分 GPS，可以达到厘米级的定位效果，并适合进行全局定位。但是，这种方法的缺点是它容易受到环境的干扰，例如，高楼、树木和隧道都可能屏蔽 GPS 的信号。由于露天矿山位于开阔地区，所以它对高空的建筑或封闭的硐室的影响相对较小。

（2）磁感定位。在露天矿山的专用运输车道上采用磁感应定位技术，特别是基于磁传感器的技术，通过安装磁钉实现无人驾驶项目中车辆的精确定位。该技术的优势在于利用预先准备的磁性材料可获得稳定和可靠的磁信号位置检测结果，不受天气条件或其他障碍物的影响。然而，这种方法需要对道路进行升级和改造，成本昂贵，且不适合大规模推广应用，特别是在机场、工厂和车间等物流自动导引领域。

（3）惯性定位。运用基于惯性传感器的定位方法，结合陀螺仪和加速度计传感器测量车辆的角加速度和线性加速度，通过对这些数据进行积分处理，可以得出车辆相对于其起始位置的当前位置信息。这种惯性定位方法的明显优势在于它不依赖外部信号，对环境的干扰很小。然而，需要注意的是，这种方法可能会存在误差积累，这些误差会随时间推移而逐渐增大，因此更适合用于短时间内进行局部定位或作为设计的辅助工具。

（4）基于视觉或激光的地图信息匹配定位。利用摄像头或激光雷达进行地图信息的匹配，是一种准确的位置评估手段。通过创建地图信息，并持续地将检测到的数据特性与地图上的信息进行比对和匹配，从而准确地确定车辆在地图上的确切位置。利用地图信息进行匹配定位的方法的一个显著优势是它不会产生累积误差，并且无需对道路进行任何改动；这种方法的不足之处在于需要提前进行地图的采集和制作。由于地图绘制所需的数据量巨大，使得地图的实时匹配和更新变得困难，再加上露天矿山的开采工程持续更新，因此地图的更新成为了限制其进一步发展的主要障碍。

6.7.3.2 数据传感感知技术

无人驾驶技术在露天矿山中的应用需要在矿车上装备高度智能化的感知系统。这个系统由多种传感器组成，包括激光雷达、毫米波雷达、超声波雷达和高精度摄像头。这些传感器之间协同工作，为矿车提供了精准的距离、速度和方向信息，从而有效地增强了对矿山环境的感知和理解。

（1）激光雷达。激光传感器采用激光技术来进行精确的测量。该设备是由激光器、激光探测器以及测量电路所构成的。它的主要优势在于能够进行无需物理接触的长距离测量，测量速度迅速，准确度高，量程广泛，并且具有很强的抗光和点干扰能力。

（2）毫米波雷达。毫米波雷达指的是在 30~300 GHz 频率范围内的雷达设备。它具备多种优势，如波长的长短和频段的宽度，相对容易形成窄波束，雷达的分辨能力强，并且不容易受到外部干扰。通过对接收和发射信号进行相关性处理，能够准确地确定目标的探测方向、距离和相对速度。该系统的一大优点是能够实现对监测区域的无间断、全程覆盖，而且单一雷达设备能够覆盖"360°"的区域。

6.7.3.3 运输路径模型算法

实现露天矿山的无人驾驶任务依赖于先进的路径追踪技术。通过实时感知数据的采集，系统能够精确控制无人驾驶车辆的加速、减速、路径追踪，以及对周围车辆的目标实时感知。这确保了无人驾驶车辆能够安全、可靠地执行任务。安全距离跟驰模型是基于防止碰撞的安全驾驶理念，它建立在运动学公式的基础上。避障安全距离定义了车辆在紧急情况下制动停车所需的距离，以及从当前车速到完全停止的最大滑行距离。这个安全距离主要由三个因素构成，包括算法运行距离 S_1、刹车距离 S_2 和预设距离 S_3。此外，还需要进行一致的运输路线规划，以缩短从采矿场到排土场的运输距离，并选择更合适的路径。卡车的避障措施如图 6.16 所示。

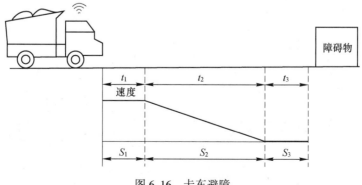

图 6.16 卡车避障

6.7.4 露天矿山无人驾驶系统平台设计

露天矿的无人驾驶远程协作系统主要是基于 5G 网络、云技术、大数据技术和深度学习方法来实现的，主要实现露天矿山工程设备的无人驾驶和工程设备之间的协同作业、协同调度[11-12]。

6.7.4.1 协同系统架构

露天矿山的无人驾驶远程协作平台呈现出以下系统结构，分为三要素：首要是数据通信系统，其次是无人工程设备的合作协同，最后是采用无人驾驶技术的远程开采系统，具体如图 6.17 所示。这一系统的建立对矿山生产设备具有深远的影响，不仅能够显著减少一线工作人员的数量，还能提高设备的可靠性和效率，同时降低了由人工操作引发的不安全风险。

6.7.4.2 协同流程及通信

露天矿山远程无人驾驶协作系统的关键功能是通过对无人驾驶车队的智能调度和管理，实现了整个矿区的矿卡自卸车车队的无人驾驶和智能化网络连接。调度平台负责分配任务给车辆，同时实时监控车辆位置和行驶路径，以确保车辆自动执行任务，实现自动行驶和自动卸料。

露天矿山中的无人驾驶车辆道路通信和外部感知系统具备感知外部环境和辨识信息的能力，从而实现了对矿山无人驾驶车辆的决策规划和控制执行。这一系统成功地整合了矿山车辆控制系统与矿山道路控制系统，在露天矿山环境中实现了无人驾驶功能。相关的道路通信和外部感知系统关联如图 6.17 所示。

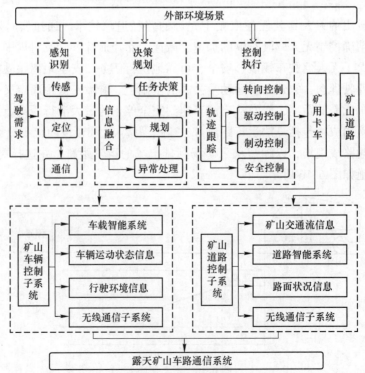

图 6.17 无人驾驶车辆的道路通信和外部感知系统

6.7.4.3 设备作业流程

露天矿山的无人驾驶设备操作流程包括以下几个关键方面。首先，制定车辆的工作计划，然后安排车辆的生产和运营计划。接下来，对车辆的工作计划进行统计分析。随后，进行矿山内的实时路径规划和设备的动态调度。同时，实时监测矿山运营情况，记录必要的运营数据。管理车辆任务，实现自主定位、匀速运行、自主避障、联合装载和卸载，以及设备故障的实时监测都是流程中的重要环节。最后，确保设备的定期维护和保养。在露天矿山中，无人驾驶设备的操作流程并不仅仅是简单的传输，而是涉及各个环节之间的深度整合和关联性分析。露天矿场的无人驾驶设备的操作流程如图6.18所示。

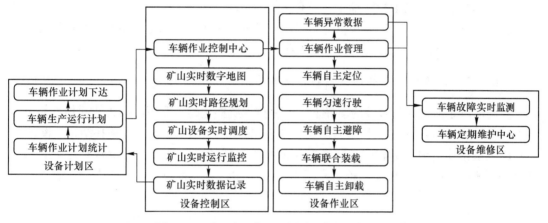

图 6.18 露天矿山中无人驾驶设备的操作流程

6.8 基于工业短距无线通信的矿用机车辅助驾驶技术

在矿山生产活动中，矿用机车作为主要的矿石搬运工具，其在行驶过程中有一半时间是由车尾位于前方，车头位于后方来推动的。为确保行车安全，当机车采用行驶模式时，必须在机车的尾部配置一名调度员，该调度员需要在车斗内全程协助车头的驾驶员完成驾驶任务，这种模式不仅工作环境恶劣，还会降低矿用机车的工作效率。随着智慧矿山的持续发展和"无人化、少人化"的大趋势，目前迫切需要找到解决方案。

工业短距无线通信网络是一种适用于复杂工业环境的无线通信网络协议，它具有高度的可靠性和极低的功率输出。这种网络在时间、频率和空间上都表现出极高的综合灵活性，使得这一相对简单但效率极高的协议拥有嵌入式的自组织和自愈功能，从而确保了无线网络性能的可靠性。

6.8.1 针对矿用机车的工业短距无线通信技术

6.8.1.1 工业短距无线通信网络参数设计

为了满足露天矿矿用机车的通信要求，在国内外标准的基础上，通信网络选用以下的模式和通信参数：

（1）无线电标准：基于 IEEE 802.15.4 标准，通信速率为 250 Kbytes；基于 IEEE 802.11 标准，通信速率 1~54 Mbytes；

（2）频段：2.4 GHz；

（3）网络规模：一个网关有能力管理 100 台或更多的场地设备，并且该系统能够通过以太网连接多个网关，从而构建一个庞大而复杂的网络环境；

（4）传输距离：工业环境室内 200 m，室外 800 m；

（5）可靠性：当数据的可靠性超过 99% 时，采用自适应跳频技术、避免外部干扰、冗余路由技术以及自组织的网络修复方法；

（6）安全性：网络设备鉴权与认证，基于工业认证的数据加密技术；

（7）兼容性：支持 HART 命令，兼容无线 HART 标准；

（8）电源：网络的外部电源供应与现场设备的常规锂电池供电相结合，其使用寿命在 1~5 年，具体的使用情况会受到网络大小和设备数据刷新率的影响。

6.8.1.2 工业短距无线通信网络系统构成

在确保满足前述通信参数的前提下，这项技术所构建的工业短距离无线通信网络具备星型拓扑结构、Mesh 网状拓扑结构以及星型与 Mesh 网状相结合的双层拓扑结构。图 6.19 所示的星型拓扑结构示例表明，网络主要由网关和现场设备（或手持设备）组成。对于 Mesh 网状拓扑结构，其现场设备兼有路由设备功能，而每台现场设备的无线传输路径可能有多条。

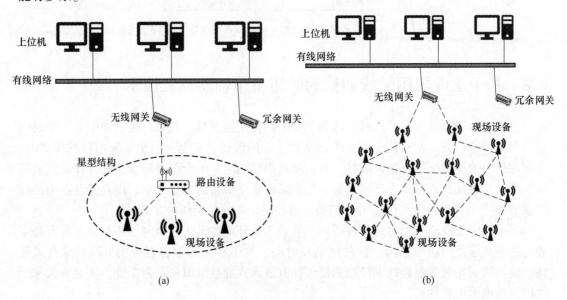

图 6.19 网络拓扑结构

（a）星型拓扑结构；（b）Mesh 网状拓扑结构

星型结构与 Mesh 网状结构的双层拓扑结构如图 6.20 所示，其中，第一层是 Mesh 网状结构，由网关和路由设备组成，用于系统维护的网络和安全管理，在执行过程中可以被安置在网关或主控计算机里；星型结构位于第二层，也被人们称作簇，它是由路由设备、现场设备或者手持设备所构成的，其中路由设备负责簇首的功能，而现场设备或手持设备则负责簇成员的功能。簇结构代表了一种高效的能量利用和简洁的数据传输网络。每一个簇都通过簇首来管理或控制簇内的所有成员，确保成员间的协同工作，并负责收集簇内的信息、处理数据融合以及在簇间进行转发。只有通过簇首，所有的簇成员才能与网关进行通信。

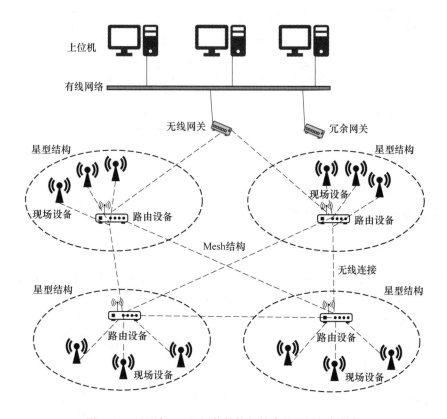

图 6.20　星型与 Mesh 网状结构相结合的双层拓扑结构

6.8.1.3　工业短距无线通信网络报文设计

在 6.8.1.2 节构建出的拓扑结构上，设计针对矿用机车的工业短距无线通信的报文格式，如图 6.21 所示。

报文的设计目标是简洁、高效、准确和可扩展。在五个不同的层次上进行了设计：在应用层，需要传输的内容被封装为应用服务数据单元，然后将包头整合到网络层进行封装；在网络层结构中，以应用层传递的网络服务数据单元为核心，将网络层的数据包整合到数据链路子层以进行更深入的处理；在数据链路的自我描述中，整合来自上层的数据信号显示单元，并在加入包头和包尾后，将其整合到 MAC 层进行处理；在 MAC 层中，MAC 服务的数据单元被进一步封装，加入包头和包尾，最后被传送到物理层；在物理层中，对物理层的服务数据单元进行最终的封装处理，从而生成需要发送的最终报文。五层的设计确保了信息传递的稳定性、高效性和扩展性，为矿用机车的车头和车尾信息整合提供了数据传输的层面保障。

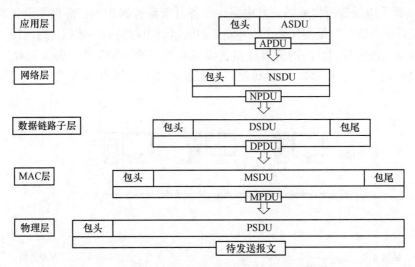

图 6.21 针对矿用机车的工业短距无线通信的报文格式

6.8.2 矿用机车辅助驾驶系统设计

6.8.2.1 系统架构

基于上述设计的工业无线短距通信网络，设计矿用机车辅助驾驶系统架构，基于工业无线短距通信的矿用机车辅助驾驶系统的结构如图 6.22 所示。

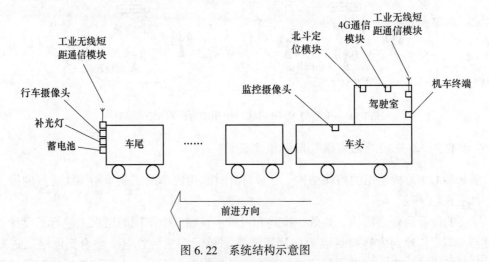

图 6.22 系统结构示意图

从系统结构示意图可以看出，整个系统包括无线通信模块、行车摄像头、补光灯、蓄电池、监控摄像头、北斗定位模块、4G 通信模块、机车终端等几个部分。

（1）无线通信模块。该系统配置了两个不同的通信模块，这些模块被安装在机车的驾驶舱和尾部，目的是实现从车头到车尾的无线实时工业通信；得益于采纳了工业级的无线短距离通信方法，能够在复杂的工作环境中实时地传递机车头和机车尾的信息。

（2）行车视觉信息捕捉模块。在捕捉行车视觉信息的过程中，使用工业级的行车摄像设备。有两个行车摄像头，一个是远焦摄像头，另一个是近焦摄像头。车尾行车摄像头的数据是通过无线通信模块传送到驾驶室内的机车终端的。

（3）监控视觉信息捕捉模块。在捕获监控视觉信息的过程中，使用工业级的摄像头技术。共有7个监控摄像头，它们被安装在机车的各个方向，如上、下、左、右、前、后以及驾驶室的内部，而驾驶室内的机车终端能够提供高清的视频显示。

（4）补光模块。在夜间驾驶时，如果光线不足，补光灯会为行车摄像头提供必要的照明。补光灯配备了柔性开关，允许用户通过驾驶舱内的机车终端来进行开关操作。

（5）电源模块。电源模块采用蓄电池供电。蓄电池用于给通信模块、行车摄像头、补光灯提供电源。

（6）定位模块。方案采用国产的北斗定位系统，北斗定位系统实现将机车行驶时的位置数据传输到机车终端上，机车终端通过经纬度坐标精准定位机车位置。

（7）远距通信模块。远距通信模块采用4G网络实现，4G通信实现与调度中心的数据交互，可以将行车摄像头的视频数据传输给调度中心，也可以将监控摄像头的视频数据传输给调度中心。

（8）机车终端模块。机车驾驶室的集成终端配备了一个带有触摸功能的显示屏，这使得机车驾驶员可以观看行车摄像头的视频、监控摄像头的视频以及行车路线上的信号灯信息。

从另一个角度看，自动辨识机车信号灯成了另一个核心关注点。信号灯的识别功能是由车位信息系统的总模块来完成的。这个模块包含了工业无线短距通信模块、行车摄像头、补光灯和蓄电池，所有这些都被集成在前端矿用机车辅助驾驶装置中，如图6.23所示。这个辅助驾驶装置是通过支架安装在机车车尾面向轨道的箱体上的。

机车上的信号灯可以分为进站信号灯、调车显示灯、发车信号灯、出站信号灯等不同

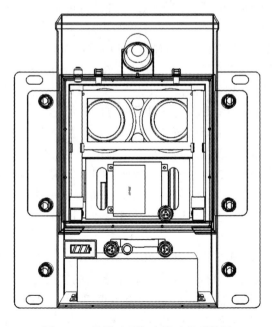

图6.23 前端矿用机车辅助驾驶装置

种类。信号灯由调度中心进行全面的管理和控制，它通过数据收集和机车终端来传输信号灯的信息。在车辆行驶的路径上，存在众多的信号灯。在行车过程中，通过将信号灯的位置与机车的位置进行对比，可以确定哪一个信号灯的信息会被显示出来，从而预测下一个可能经过的信号灯。下面是详细的操作步骤：

步骤一：建立用于机车运输的小型地理信息系统，并根据机车的现场情况，事先取得机车行驶线路上所有信号灯的位置；

步骤二：在机车行驶的过程中，通过机车驾驶室安装的北斗模块获取机车行驶时的实时位置信息，配合地理信息软件准确定位机车在轨道中的位置；

步骤三：建立以信号灯为主体的动态信号围栏区域，初始化时定义信号灯位置与信号灯前方 200 m 范围为信号灯围栏，围栏内的区域为识别警戒区；

步骤四：判断机车行驶时的实时位置是否进入信号灯围栏区域，"是"的情况下，则动态识别信号的类型，并在机车驾驶室的机车终端上显示相应信号灯信息，辅助驾驶；"否"的情况下，机车正常运行，则不显示任何信号灯信息。

通过对机车信号进行智能化的采集，能够在众多的小范围机车信号源中，精确地确定即将经过的机车信号在当前机车车道上的位置，从而确保准确地获取所需信息。为了确保机车的安全行驶和提升行车效率，提供了准确的驾驶指导信息。

6.8.2.2　系统应用

矿山铁路运输作为矿山原材料的主要运输方式，机车在运输过程中存在两种不同的行驶模式：正向推进和逆向推进。在铁运机车的常规操作中，有一个专门的调车员职位。这个岗位的核心职责是在逆向推进过程中，站在最后一个车斗上，仔细观察行驶的道路，并向驾驶员发出旗语和灯语的提示，以帮助他们在推进过程中更好地行进。调车员的另一项职责是在机车进站或进入损坏区域后，立即下车并进行现场协调和指挥。

调车员职位被认为是一个"脏险累"的典型岗位。在夏季的白天，其工作环境的温度可以达到 40 ℃，而在冬季的夜晚，最低温度可以降至 −30 ℃。此外，在雨雪的天气条件下，这个岗位的工作环境是非常恶劣的。车头与车斗的最后一节之间有超过 150 m 的距离，由于车斗之间的不规范更换和连接，使得车斗与车头之间无法通过有线方式实现视频监控功能。因此，迫切需要一个既稳定又可靠的方法来优化这个职位的工作环境。

在机车行驶的过程中，为了降低潜在的安全风险，在车斗的尾部安装了矿用机车的辅助驾驶设备。这种设备能够实现无线的行车安全监控，并与车头进行实时的无线连接画面上传，确保车斗末端距离车头 200 m 外的图像能够实时传输。该技术系统与管控站的铁路信号系统实现了无缝对接，使得远程铁路信号灯的机车前端能够清晰显示。在驾驶室内，人员不仅可以进行外部观察，还可以同时通过屏幕查看铁路信号灯的状态，从而大大提高了机车的行车安全性。

（1）无线远程监控。由于矿山铁路的路线涉及堆体、山体、转弯等遮挡因素，4G/5G 信号存在大量的盲区等问题，而行车安全又要求画面的实时性，因此不能使用 4G/5G 方式进行实时监控。利用图传通信技术，该设备能够实现近地面的无线通信，并将图像传输到车辆的前端。此外，它还配备了电池和远程遥控开关照明灯，允许用户在充电后的 24 h 内持续工作，并在充电后取出电池进行多次使用。

（2）铁路信号车载端远程显示。在铁路 PLC 系统中，安装数据采集设备，并利用物联网接入网关，通过 MQTT 协议实现了铁路信号的远程传输。这些信号首先被传送到厂级数据中心，然后通过 APN 专线技术发送到相应的行驶机车。在机车的前端，使用软件来实时查看铁路信号。结合北斗定位系统，可以识别机车的运行状态，并对行驶中的 100 多个信号进行逻辑分析。这样，前置机的终端可以直接显示下一个正在行驶的信号灯信息，大大减少了人们在目视观察时的错误和在雨雪天气下的辨识困难。

参 考 文 献

［1］张森森．面向自主作业的挖掘机多目标轨迹优化［D］．长春：吉林大学，2022.

［2］公凡波，毕林．露天矿电铲铲装移动轨迹规划研究［J］．黄金科学技术，2021，29（1）：43-52.

［3］杜春雷．基于广电 5G+边缘云的智慧矿山无人驾驶专网研究与应用［J］．广播电视网络，2022，29（11）：28-30.

［4］张伟，樵永锋．露天矿山无人驾驶矿用卡车轨迹跟踪控制［J］．科技视界，2022（33）：244-246.

［5］宋占成，王治国，王鑫，等．我国露天矿山无人驾驶现状及关键技术分析研究［J］．采矿技术，2022，22（6）：14-17，25.

［6］杨雄．基于 5G+无人驾驶铲运机远程出矿技术及应用［J］．采矿技术，2023，23（3）：155-159.

［7］薛棋文，丁震，孙振明，等．露天煤矿无人驾驶运输系统应急管理体系研究［J］．工矿自动化，2022，48（10）：107-115.

［8］高德旭．露天矿山无人驾驶网络通信技术探究［J］．露天采矿技术，2023，38（2）：98-102.

［9］薛忠新，欧阳敏，毕跃起，等．矿用无人驾驶电动皮卡车底层设计与整车改造［J］．煤炭工程，2022，54（10）：188-192.

［10］潘伟，梅贵周，陈成，等．基于数据驱动的露天矿山无人运输系统应用架构及关键技术［J］．物流技术，2022，41（10）：133-137.

［11］杨小江，刘文胜，江登学．和尚桥露天采场矿用汽车无人驾驶技术的设计与应用［J］．现代矿业，2023，39（6）：52-55.

［12］温瑞恒，陈功，张维国，等．矿山有轨运输无人驾驶信息化系统的方案研究［J］．有色设备，2022，36（6）：13-17.

7 选矿黑灯工厂关键技术

7.1 概述

7.1.1 选矿黑灯工厂发展现状

"黑灯工厂"，也叫智能工厂，因车间内的机器可以自动运作、不需要灯光照明而得名。黑灯工厂是在原有自动化工厂基础上，进一步融入了智能制造技术，对原本繁重、高危、具有一定职业危害的岗位进行机器换人，将生产设备、生产线、车间、物流、仓储等一系列生产有关单元与技术进行有机融合，通过泛在技术把各单元、设备、物料、人员连接起来，以数据为纽带，形成一个高度协同、数据驱动、自主决策、可靠安全的智能工厂，实现了柔性化、数字化、智能化、安全化生产的目标[1]。

选矿黑灯工厂是指以"矿石流"为主线，打通配矿、破碎、磨磁、浮选、压滤全生产流程，通过选矿流程智能控制和 ROC 远程集中控制，实现现场操作无人化、指标调控精益化、生产管控协同化、选矿工艺智能化，促进效率、效益最大化。为三项制度改革和人力资源优化提供有效平台。

在工业中做到：生产工艺操作，由选矿大脑下达生产指令，直接作用控制系统，无机旁操作、无作业区操作；选矿生产工艺检测传输全部在线感知，实时检测，无人工取样化验；运营管控实现数字化，生产上云，云上选矿。实现生产操作完全无人、质量检测完全自主、运营管控完全上云。从而打造一个信息全面采集、管控高度智能、生产安全高效、生态绿色可持续的新型选矿工厂。

7.1.2 选矿黑灯工厂总体架构

选矿黑灯工厂通过生产运营与数字管理相互融合，实施运营数据挖掘和运营模型构建，持续促进生产运营与数字管理水平，交互螺旋式上升，增强智能制造能力，形成适用于选矿厂的以工业互联网平台为基础，实现智慧生产、智慧安全、智慧保障、智慧数字、智慧运营的新型黑灯工厂运营模式，如图 7.1 所示。

7.1.2.1 智慧生产

选矿大脑通过机器学习实现，AI 控制代替人工工艺调节。通过采选协同生产，以"矿石流"为主线，结合数字地质指导生产配矿，稳定入选原料，平衡采选达到全局优化。通过选矿优化配矿，生产执行系统，跟踪入选后的矿石流、数据流，利用磨矿缓冲仓进一步精细化配矿，稳定选矿指标。通过工序联动柔性生产。在各工序大闭环 AI 控制的基础上，实现工序间生产联动，优化工序间联动模型，稳质降尾，实现综合效益提升。通过边缘

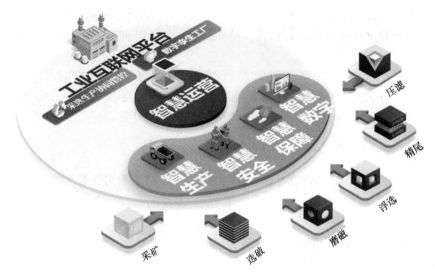

图 7.1 黑灯工厂运营模式

控制系统执行智能控制策略,对破碎、磨矿、选别、精尾工序生产自主控制,代替人工。

7.1.2.2 智慧安全

安全一体化管控系统汇聚选矿黑灯工厂全部安全管理要素,统一安全制度、统一报警预警、统一安全跟踪、统一执行落实,通过信息化手段以及智能预警,识别、监控传统安全管理范畴防护内容,改变安全管理方式,达成一体化安全管控效果。

在线感知、闭环管控,以多种感知手段为支撑,综合全方位安全信息,对安全生产风险监测、预警,实现安全生产。机器换人本质安全,通过机器减人、机器换人,实现生产现场少人化、无人化,确保本质安全。

7.1.2.3 智慧保障

选矿黑灯工厂能够通过实时在线数据采集,24 h 监测与远程诊断,预判劣化趋势,实现预知维修。实现状态感知、在线点检,提升检测精度,缩短故障响应时长,实现设备健康在线分析。并且基于设备状态数据,建立主体设备孪生模型,辅助分析诊断设备故障。形成以定修为主,零修为辅的经济检修模式。同时组建运维保障队伍,实现对黑灯工厂运营模式下的运营作业设备点巡检、缺陷故障抢修的有效支撑。

此外还有磨磁作业平台巡检机器人,对主体设备进行测温、测振,视频、声音巡检,在 ROC 可以随时掌握磨磁作业主体设备情况。胶带巡检机器人,衔接皮带安装轨道巡检机器人,检测温度、声音信息;跑冒滴漏智能监测,利用图像分析技术,实现现场跑冒滴漏事件的实时监测,代替人工常规巡检;尾矿管道漏点智能检测,无人机巡检尾矿沿线管道,对矿浆泄漏及时检测、报警。智能化全方位保障选矿全流程安全生产。

7.1.2.4 智慧数字

持续对运营数据分析与应用,进行数字管理创新,挖掘智能"选矿技术+服务"的创新点，打造行业智能选矿品牌，固化难选矿黑灯工厂运营管控模式，为矿业公司数字产业提供支撑。实现智能选矿技术持续迭代，从业务驱动生产转向数字驱动生产，提升数字精准管理能力。

通过海量数据累积，逐步开展数据增值业务，建设智能选矿技术策源地。为产业链上下游，设备商、外包商、科研院所等提供数据服务。通过数字化管理，持续分析改善，固化黑灯工厂运行模式，为矿业乃至全国提供选厂数字化建设服务。

7.1.2.5　智慧运营

运营板块作为黑灯工厂的核心，通过集中运营，智能决策实现柔性生产，驱动黑灯工厂高效运转。

通过集中运营，实现操作、监控、预警、指挥全功能集中，指挥中枢垂直管控，高效管理。通过智能决策，实现业务流程控制与数据整合分析，提升生产、设备、安全、成本多业务协同决策能力。建立选矿柔性生产体系，增强采选协同控制，根据生产策略，智能动态调节选矿工艺参数，执行柔性化生产，达到效益最大化。

7.2　边缘优化自动控制

运用大数据、云计算、边缘计算、机器学习、知识图谱等技术，将品位、粒度等关键指标预测模型与优化控制策略相结合，实现选矿工艺关键环节 AI 智能调控，稳质降尾，提升综合效益。在"选矿黑灯工厂"工艺流程中，通过磨机智能给矿、磨机智能控制、磁选优化控制、浮选智能控制、压滤机优化控制等关键技术来实现边缘优化自动控制。

（1）磨机智能给矿系统旨在通过优化矿石的处理过程，提高磨机的处理能力。为了实现这一目标，将控制矿仓料位、给料器和皮带速度这几个变量，并通过监控入选矿石的性质来评估系统的输出变量。为了稳定和提高磨机的处理量，将根据矿仓料位的情况实现给料器的无缝切换。通过实时监测和控制矿仓料位，系统可以自动调整给料器，确保始终有足够的矿石供给磨机，从而提高处理量。此外，还将实现各班次矿石性质的跟踪和矿石配比的辅助决策。通过对矿石性质的跟踪和分析，系统可以帮助操作人员根据不同的矿石特性进行相应的调整，以提高磨机的工作效率和降低能耗。这项功能将基于磨机给矿控制知识图谱，结合物料跟踪算法，为操作人员提供精确的数据和决策支持。

（2）磨矿智能控制系统旨在实现对球磨机工作过程的精细化控制，以稳定磨矿的粒度。为了实现这一目标，将调节给矿水量、旋给压力和磨机充填率这几个变量，同时把监控到的球磨机的台时作为系统的输出变量。为了稳定磨矿的粒度，将通过调节给矿水量和旋给压力来控制循环负荷量。利用大数据分析技术，系统将建立稳定磨矿浓度的模型，以确保在溢流粒度合格的前提下，提升球磨机的台时。通过分析磨矿浓度的变化趋势和历史数据，系统可以预测不同给矿水量和旋给压力下的磨矿浓度，从而帮助操作人员调节相应的参数，实现磨矿粒度的稳定。为了实现精细化的控制，磨矿智能控制系统将采用一系列数据模型和算法：循环负荷模型将用于预测不同操作参数下的循环负荷，并为操作人员提供参考。磨矿浓度模型将根据历史数据和当前的工况信息，预测和优化磨矿浓度。粒度预测模型将基于磨矿浓度和其他影响因素，为操作人员提供粒度变化的预测和建议；系统将结合决策树算法和神经网络算法，对各个模型进行训练和优化，以实现准确地预测和精确地决策。通过智能化的控制方法和数据分析技术，磨矿智能控制系统可以有效地实现对球磨机工作过程的粒度稳定控制，提升球磨机的工作效率和产品质量。

（3）磁选优化控制系统旨在实现对磁选过程的精细化控制，以稳定产品品质并降低尾矿含磁性成分。为了实现这一目标，将调控给矿量、运行台数和磁力场强这几个变量，并把监控磁选过程中的给矿浓度作为系统的输出变量。通过调节给矿量，可以控制磁选过程中的给矿浓度，从而实现多台强磁机的智能分量控制。系统将通过大数据分析技术建立强磁机分量控制模型，根据给矿浓度和磁力场强，预测出最优的台数和场强分配方案，以达到稳定产品品质和降低尾矿含磁性成分的目标。此外，系统还将基于在线品位监测实现场强的优化调节。通过实时监测产品品位的变化，系统可以根据不同的工况情况和目标要求，调整磁力场强，以最大限度地提高产品品质。通过建立品位预测模型，系统可以准确预测产品品位的变化趋势，并使用决策树算法进行优化决策，以实现磁力场强的精确调节。

（4）浮选智能控制系统的目标是实现对浮选过程的精细化控制，以提升精矿的合格率。为了实现这一目标，将调节浮选浓度、锥阀开启度、充气量、泵池液位和泡沫流速等多个控制变量，并把监测的药剂制度作为系统的输出变量。通过基于在线品位和泡沫状态的分析，将采用大数据分析和知识图谱技术来调节加药量、锥阀开启度等参数，从而优化浮选过程。系统将建立浮选控制知识图谱，结合品位预测模型，根据历史数据和当前工况信息，预测不同参数组合下的精矿合格率，并采取相应的控制策略。对于药剂制度的控制，系统将根据药剂的特性和浮选过程的需求进行调节。通过机器学习算法，系统可以分析药剂制度与产品质量之间的关系，优化加药量和药剂类型的选择，从而提高精矿的合格率。

（5）压滤机优化控制系统旨在通过对压滤过程的精细化控制，提高压滤机的效率，以实现更高的压滤机台时。在此过程中，将调节给矿浓度、运行台数、注矿时间、隔膜时间和干燥时间等多个控制变量，并以循环时间作为系统的输出变量。为了提高压滤效率，系统将在稳定注矿压力的前提下，通过提高给矿浓度来增加物料的过滤速率。同时，合理安排运行台数以满足不同工况下的需求，以优化压滤过程。此外，系统还将优化设置注矿、隔膜和干燥时间。通过监测和分析压滤过程中的物料状态和干燥程度，系统可以根据实时情况，调节注矿、隔膜和干燥时间，以最大限度地提高压滤机的台时。压滤机优化控制系统将建立压滤机控制知识图谱，结合机器学习算法，从而实现智能化的控制。通过学习历史数据和实时监测信息，系统可以根据不同的工况情况和目标要求，预测和优化压滤机的操作参数，以提高压滤效率。

7.2.1 磨磁中的自动控制

磨磁过程包括一段球磨、粗细分级、重选分级、二段球磨、磁选过程以及磨磁过程全局优化控制。而其工艺流程可具体描述为：粉矿仓 0~12 mm 的破碎产品经皮带输送机给入一次球磨作业，一次球磨排矿泵送至一次分级旋流器组，一次分级溢流给入粗细分级旋流器作业，一次分级沉砂返回一次球磨作业。粗细分级旋流器溢流自流经过弱磁、强磁、浮选筛选出浮精，粗细分级旋流器沉砂经过粗螺、精螺、扫弱磁、扫中磁、细筛、二次分级，得到重精。

磨磁过程中边缘优化方案如图7.2所示，主要由生产过程即时控制模型、全局过程优化调整模型两个部分组成。其中，生产过程即时控制模型实现了各个独立过程的优化控制，有助于提高生产稳定性和效率；全局过程优化调整模型将独立过程的相互关联，通过权重等形式作用于生产过程即时控制模型，从而实现增产节能的目标。将全局优化调整模型的关联关系进一步整理提炼与已有专家知识结合形成故障操作指导模型，保障安全生产。磨磁过程中边缘优化目标、模型及参数如表7.1所示。

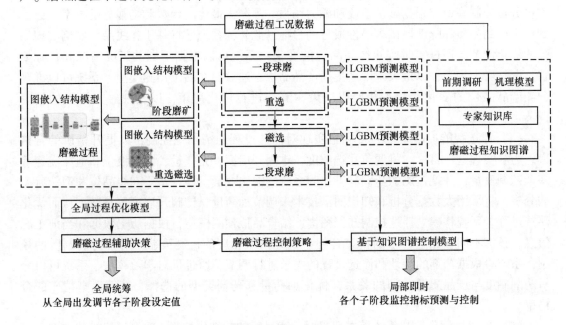

图7.2 磨磁过程中边缘优化方案

表7.1 磨磁过程中边缘优化目标、模型及参数

工艺	优化目标	模型	参 数
一段球磨	控制球磨机矿浆浓度，保证一段溢流细度稳定的情况下，提高球磨机台时	一段溢流粒度预测模型、球磨机矿浆浓度预测模型、异常情况知识图谱指导模型、球磨机状态平衡模型	调节变量：泵池补加水、泵池液位、旋流器给矿压力、旋流器开启台数、磨机台时；监测变量：球磨机矿浆浓度、一段磨溢流粒度
粗细分级	控制粗选分级的分矿比例，提高选别效率，降低选别成本	矿浆流跟踪模型、粗细分级分矿比例寻优模型	调节变量：粗选分级旋流器旋给压力、旋流器开启台数、旋给浓度；监测变量：重精品位、浮选给矿品位
重选分级	精矿品位符合要求的情况下，提高重精筛选率	重精品位预测模型、重选作业异常工况知识图谱	调节变量：扫中磁励磁电流、扫中磁机开启台数；监测变量：重精品位、重精粒度
二段球磨	保证球磨机正常工作和粒度要求的情况下，将一段重选过程中的粗颗粒高效快速地处理	二段溢流粒度预测模型、球磨机矿浆浓度预测模型、异常情况专家系统指导模型、球磨机状态平衡模型	调节变量：二旋给浓度、二旋溢粒度、球磨机电流、二段开启旋器台数、二段旋给压力、二段泵池补加水流量、二段泵池液位；监测变量：二段球磨机矿浆浓度、二段磨溢流粒度

工艺	优化目标	模型	参　　数
磁选	提高浮选前的混磁精品位，兼顾强磁尾矿产出	浮选给矿品位预测模型、异常情况专家系统指导模型、自动调节模型	调节变量：励磁电流、强磁前大井浓度、强磁前大井流量； 监测变量：浮选给矿品位

7.2.1.1　生产过程即时控制

A　一段球磨

a　即时控制模型

该阶段正常生产的即时控制模型主要优化目标是控制球磨机矿浆浓度，保证一段磨溢流细度稳定的情况下，提高球磨机台时。该阶段控制闭环为球磨机的运行状态，通过球磨机的相关输入变量、状态变量、输出变量实现对球磨机矿浆浓度和一段磨溢流粒度的准确预测。

根据上述优化目标，具体的控制模型如下：

（1）一段溢流粒度预测模型：建立预测模型，预测未来半小时的溢流粒度。

（2）球磨机矿浆浓度预测模型：预测未来半小时的球磨机矿浆浓度，监控球磨机的状态。

（3）异常情况知识图谱指导模型：在实现球磨机矿浆浓度和一段磨溢流粒度准确预测的情况下，通过监控这两个球磨过程的关键参数，提前对球磨过程的运行状态进行判断。待遇到异常情况下，通过已积累的专业知识建立的知识图谱，对球磨机的相关控制参数进行调控及故障溯源，使系统回归正常生产状态。

（4）球磨机状态平衡模型：在实现球磨机矿浆浓度和一段磨溢流粒度准确预测的情况下，调节相关控制变量，实现五台球磨机输入输出状态平衡。

b　模型涉及的参数及测量仪器

根据上述优化目标，一段球磨过程相关参数变量有：

（1）输入指导调节变量：泵池补加水、泵池液位、旋流器给矿压力、旋流器开启台数、磨机台时。

（2）输出监测指标变量（即预测指标变量）：球磨机矿浆浓度、一段磨溢流粒度。

涉及的测量仪器：粒度仪（一段磨溢流粒度）、流量计（泵池补加水流量、沉砂补加水流量）、压力计（旋流器给矿压力）、浓度计（旋给浓度）、液位计（泵池液位）。

涉及的自动化改造：旋流器给矿压力远程 PID 调节、泵池液位远程 PID 调节。

B　粗细分级

粗细分级旋流器溢流自流经过弱磁、强磁、浮选筛选出浮精，粗细分级旋流器沉砂经过粗螺、精螺、扫弱磁、扫中磁、细筛、二次分级，得到重精。因为矿石性质原因，需要尽可能使重精浮精比例提高到 7.5∶2.5。

a　即时控制模型

粗细分级主要影响的是重选、浮选的处理量和入选粒度，而重选作业没有药物处理不产生化学变化，所以流程时间短并且单位成本低于浮选阶段，但是选别效果不及浮选。粗细分级阶段的主要优化目标是控制粗选分级的分矿比例，提高选别效率，降低选别成本。

根据上述优化目标，具体的优化模型如下：

（1）矿浆流跟踪模型：根据一段溢流的检测品位推断出当前批次矿石的品位情况，聚类分析抓取不同批次矿石品位对应的控制参数及重精品位、浮选给矿品位，建立大数据模型。

（2）粗细分级分矿比例寻优模型：建立好的矿浆流跟踪模型，根据入选矿石性质，设置合理的粗选分级参数控制分矿比例及对应的重选、磁选、二次球磨、浮选控制参数。

b 模型涉及的参数及测量仪器

根据上述优化目标，粗细分级过程相关参数变量有：

（1）输入指导调节变量：粗选分级旋流器旋给压力、旋流器开启台数、旋给浓度。

（2）输出监测指标变量（即预测指标变量）：重精品位、浮选给矿品位。

涉及的测量仪器：品位仪（重精品位、浮选给矿品位）、浓度计（旋给浓度）。

C 重选分级

重选作业采用粗螺、精螺、细筛产出重选精矿产品，采用扫弱磁、扫中磁两段磁选作业产出扫中磁尾矿产品。粗细分级旋流器沉砂给入粗螺作业，粗螺精矿给入精螺作业，精螺精矿给入细筛作业，精螺中矿返回精螺作业循环，细筛筛下产出的最终精矿产品为重选精矿，经渣浆泵给入浓缩机浓缩。粗螺尾矿经扫弱磁、扫中磁两段磁选作业选别后，扫弱磁与扫中磁的精矿、精螺尾矿和细筛筛上的产品混合经渣浆泵给入二次分级作业。

a 即时控制模型

该阶段的主要优化目标为保证精矿品位符合要求的情况下，提高重精筛选率。

根据上述优化目标，具体的优化模型如下：

（1）重精品位预测模型：建立 LGBM 预测模型，预测未来半小时的重精品位。

（2）重选作业异常工况知识图谱：前期调研、行业专家交流及历史数据挖掘建立重选作业异常工况知识图谱。

b 模型涉及的参数及测量仪器

根据上述优化目标，重选过程相关参数变量有：

（1）输入指导调节变量：扫中磁励磁电流、扫中磁机开启台数。

（2）输出监测指标变量：重精品位。

涉及的测量仪器及自动化装置：品位仪（重精品位）、励磁电流远程调节、扫中磁机远程一键启停。

D 二段球磨

a 即时控制模型

该阶段正常生产的即时控制模型与一段球磨相似，主要优化目标是保证球磨机正常工作和粒度要求的情况下，将一段重选过程中的粗颗粒高效快速地处理。

逻辑闭环为球磨机的运行状态，通过球磨机的相关输入变量、状态变量、输出变量的 LGBM 建模，与一段球磨不同的是二段球磨需要控制泵池补加水（总管有流量计），通过阀门开度控制不同加水点位最大化磨机效率，使得三台球磨机工作状态同质化，以更好地实现对球磨机矿浆浓度的准确预测，保障球磨机的矿浆总量动态平衡和固体物料的动态平衡，满足二段球磨对输入矿浆高效快速处理的工艺需求。

根据上述优化目标，具体的控制模型类似于一段球磨：二段溢流粒度预测模型、球磨机矿浆浓度预测模型、异常情况专家系统指导模型、球磨机状态平衡模型。

b 模型涉及的参数及测量仪器

根据上述优化目标，二段球磨过程相关参数变量如下：

（1）输入指导调节变量：二旋给浓度、二旋溢粒度、球磨机电流、二段开启旋流器台数、二段旋给压力、二段泵池补加水流量、二段泵池液位。

（2）输出监测指标变量（即预测指标变量）：二段球磨机矿浆浓度、二段磨溢流粒度。

涉及的测量仪器：粒度仪（二段磨溢流粒度）、流量计（泵池补加水流量）、压力计（旋流器给矿压力）、浓度计（旋给浓度）、液位计（泵池液位）。

E 磁选过程

a 即时控制模型

磁选过程为粗细分级溢流自流给入弱磁选机，弱磁尾矿自流至强磁前浓缩机。该阶段的主要优化目标为提高浮选前的混磁精品位，兼顾强磁尾矿产出。

该阶段即时控制模型的主要任务是降低尾矿品位，通过监控粗细分级溢流品位，实现在粗细分级溢流品位不同输入的情况下，精准预测最大的浮选给矿品位输出对应的最佳强磁机励磁电流、大井浓度，满足实际生产围绕着最佳励磁电流附近的生产工艺需求。

根据上述优化目标，具体的控制模型如下：

（1）浮选给矿品位预测模型：浮选给矿品位与强磁精矿品位具有强相关性，建立预测模型，预测未来半小时的浮选尾矿品位，监控磁选过程状态。

（2）异常情况专家系统指导模型：在实现精准预测尾矿品位的前提下，当尾矿品位出现波动，通过已积累的专业知识建立的知识图谱，对磁选相关参数进行调控及故障溯源，使系统回归正常生产状态。

（3）自动调节模型：实现对入选品位、强磁前大井浓度、强磁前大井流量，结合大数据模型抓取历史工况，自动调节最佳的励磁电流。

b 模型涉及的参数及测量仪器

根据上述优化目标，磁选过程相关参数变量如下：

（1）输入指导调节变量：励磁电流、强磁前大井浓度、强磁前大井流量。

（2）输出监测指标变量（即预测指标变量）：浮选给矿品位。

涉及的测量仪器：品位仪（浮选给矿品位）、浓度计（浓缩前大井浓度）、流量计（浓缩前大井流量）。

7.2.1.2 全局过程优化调整

上述几个模型只能保证局部最优，但是整个磨磁过程是一段磨磁与二段磨磁构成全局优化的决策闭环模型，这一阶段统筹了整个一段球磨、二段球磨、磁选，最终到浮选前的过程。由于各个阶段的控制逻辑主要是根据该阶段过程的预测模型最优选参数设定值而确定的，这就导致虽然各个过程的工艺控制在局部最优，但由于没有考虑各个阶段的相互联系，其整个磨磁过程的生产指标并没有达到全局最优。比如二段球磨过程就与一段球磨过程和浮选过程紧密相关，有着承上启下的效果。在这一过程中，一段球磨的输出产量与二段球磨的输入产量紧密相关，如果一味地追求一段球磨的产量，则必然导致二段球磨机负荷过高。

从决策层开始，自上而下统筹兼顾地规划相关生产策略，尽可能地提升批次矿石的出货率，根据一段溢流的检测粒度及重精品位推断出当前批次矿石的品位情况，对整个磨磁过程的抛尾率进行推测和判断，确定整个过程的生产轨迹曲线趋势，并通过各个检测点的品位变化调节各阶段的生产情况，适当调节各阶段的最优参数范围，牺牲阶段的局部最优精度来实现整个生产过程的全局最优，最终实现降低相关生产成本，提升生产效率的最终目标。

7.2.2 浮选中的自动控制

浮选机通过挡板调节液位控制泡沫厚度，浮选机精矿从浮选机中部流出，尾矿从上面由刮板刮出。

7.2.2.1 即时控制模型

浮选过程的生产监控指标为最终尾矿和最终精矿。其核心目标是提升整个生产过程的精矿品位和金属回收率，降低药剂单耗和补加水单耗。

由于整个浮选过程是由三个小闭环串联组成一个大闭环，前后环节关系紧密。考虑到浮选机矿浆液位之间存在强耦合特性，以及各锥阀阀门开度之间的非线性特性，选择通过深度学习方法利用大量历史运行数据建立浮选给矿品位的预测模型。同时，采用相关的预测控制方法进行即时控制。在此过程中，必须充分考虑整个串联关系，确保生产过程的即时控制模型能够准确地预测和应对各个环节的复杂互动。

根据上述优化目标，鉴于现场设备调节点较多，优化控制方向着重于药剂调节方式和现场补加水量调节为主。具体的控制模型如下所示：

（1）精准加药量控制：通过大井浓度和流量算出干矿量，进行实时调节加药量。并根据历史工况信息，依托大数据模型选取最优加药量，以达到精准控制加药量、节省药剂、稳定指标的目的。药剂调整的突破在扫选加氢氧化钠上，主要是控制尾矿的产出和尾矿的品位（多加氢氧化钠可使泡沫稳定、尾矿在合理范围内升高，保证一扫精品位），可通过安装 pH 计控制扫选的 pH 值来控制扫选的选别效果。控制尾矿品位，增加产量。

（2）补加水量精准调节：现场补加水量调节，这个应该是重点，若浮选机为刮板式的浮选机，溜槽要加水把泡沫冲走，同时由于药剂原因泡沫黏，所以补加水量不好调节，导致浮选机内浓度不稳定，这是指标波动的主要原因。在浮选流程中（根据现场需要）在几个地点安装浓度计，以控制现场泡沫溜槽的加水量（安装电动阀门）。在溜槽上安装液位探测装置，以保证在矿石性质不好或现场出现异常时保证不出现大量跑槽现象。控制加药量和补加水量两种方式都能解决浮选所面临的难点，特别是扫选浮选机内浓度的控制，以及扫选指标的控制。

（3）浮选给矿品位预测控制：通过预测未来半个小时的给矿指标，实现浮选过程相关控制参数的提前控制。浮选阶段涉及的控制变量较多，且耦合紧密。通过建立大数据模型，对各个变量相关性进行排序。并结合历史数据信息，给出合理的控制策略。

（4）浮选过程监控模型：监控各个过浆管的浓度及 pH 值，根据数据模型实时调整补加水流量，实现各个浮选机浓度稳定、状态最优。

（5）异常情况专家系统指导模型：浮选过程的异常情况专家系统指导模型相对各个环节独立的磨磁过程更需要对整体闭环回路的生产动态特性进行分析，主要是在原矿性质及操作参数变化的情况下，根据大量历史运行数据，深度挖掘各控制参数与性能指标的关联关系，形成知识化的数据库，一方面对生产过程即时控制模型和全局过程优化调整模型进行优化和修正，实现参数调节和故障修正的因果关系推导，另一方面构建并输出加药量和补加水流量的指导性调节规则。

7.2.2.2 模型涉及的参数及测量仪器

根据上述优化目标，浮选过程相关参数变量如下：

（1）输入指导调节变量：浮选前大井浓度、浮选前大井流量、浮选溜槽 pH 值、过浆管浓度、加药量流量及累计量、溜槽补加水流量。

（2）输出监测指标变量（即预测指标变量）：浮选给矿品位、浮选给矿粒度。

涉及的测量仪器：品位仪（浮选给矿品位）、粒度仪（浮选给矿粒度）、浓度计（浮选前大井浓度、浮选过浆管浓度）、液位计（溜槽液位）、pH 计（溜槽 pH 值）、流量计（浮选前大井流量、加药量、溜槽补加水流量）。

涉及的自动化改造：自动加药系统、浮选前大井浓度与给矿频率 PID 控制。

7.2.3 过滤中的自动控制

浮选精矿自流至精矿浓缩机，矿浆浓度达 65% 左右，其中浓缩机底流给入精矿管道输送系统送至过滤间。扫中磁尾矿、强磁机尾矿和浮选尾矿进入尾矿浓缩机。

选矿作业区生产的精矿经过浓密机浓缩形成浓度在 55%~65% 的矿浆。过滤机滤液经浓密机浓缩后底流返回过滤机形成闭路过滤。

主要监控变量：给矿粒度、给矿浓度、真空度、温度、pH 值、控制箱液位、真空泵功率、过滤机功率、出口水分含量、泵池液位等。

主要控制变量：循环水压力、真空泵电流、皮带转速、过滤机电流等。

涉及的自动化改造包括：泵池液位与补加水 PID 控制、温度 PID 控制、pH 值 PID 控制、上述控制变量可远程给定等。

过滤过程方框示意图如图 7.3 所示，主要包含 5 个 L2 设备控制闭环：浓缩机、搅拌桶、过滤机、真空泵以及泵池。

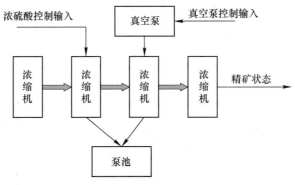

图 7.3 过滤过程方框示意图

浓缩机底流给入精矿管道输送系统送至过滤间，选矿作业区生产的精矿经过浓密机浓缩形成浓度在55%~65%的矿浆。过滤机滤液经浓密机浓缩后底流返回过滤机形成闭路过滤。真空泵将盘式过滤机的矿浆进行压缩。根据生产工艺，该阶段的主要指标为精矿槽中矿石的出口水分。所以，过滤过程的核心是过滤机的运行状况，泵池起缓冲作用。

7.2.3.1 正常生产执行逻辑模型

图7.4为过滤过程图结构示意图。

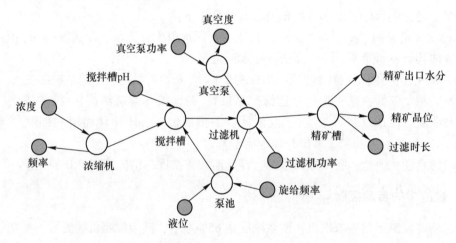

图7.4 过滤过程图结构示意图

过滤过程相关参数变量如下：

（1）过程相关状态变量：浓缩机浓度、搅拌槽pH值、真空泵功率、精矿品位、精矿出口水分、过滤时长。

（2）输入指导调节变量：浓缩机给矿频率、搅拌槽药剂流量、真空泵电流、过滤泵电流、泵池旋给频率、皮带转速等。

（3）其他相关约束变量：泵池液位（不溢出）。

（4）输出监测指标变量（即预测指标变量）：精矿品位、精矿出口水分、过滤时长。

该阶段正常生产执行逻辑模型的主要任务是控制真空度，保证精矿出口水分满足要求情况下，降低过滤时长。逻辑闭环为过滤机的运行状态，通过过滤机的相关输入变量、状态变量、输出变量的LSTM建模，在过滤机矿浆浓度与真空度和pH值成正相关，与入口水量呈负相关的已有逻辑的基础上，实现不同精矿品位、浓度输入的情况下，精准预测最少过滤时长对应的控制变量，满足实际生产工艺需求。

7.2.3.2 异常情况专家系统指导模型

将已有的异常工况调整策略进一步数值化，并根据后续生产记录数据将其提炼为IF-THEN规则。

后续根据后续生产记录数据整理其他新的异常工况调整策略，并提炼为IF-THEN规则。

7.3 浓度、品位、粒度在线检测分析

7.3.1 研究概述

7.3.1.1 矿浆浓度检测

矿浆是矿物颗粒与水组成的非均相固液悬浮液。矿浆浓度是矿浆中固体矿粒的含量占比。为了稳定和提高选矿生产的质量和效率，选矿作业的工艺流程中需要经常测定矿浆浓度。在磨矿过程中，矿浆浓度影响磨机效率和浮选试验指标。浮选作业时，矿浆浓度过低会造成生产效率低、精矿产量少、药剂用量过大，矿浆浓度过高会造成精矿质量差、回收率低。重选作业中，矿浆浓度决定了分级溢流的细度。因此，实时检测并控制矿浆浓度保持在规定的范围内，对指导生产工艺的稳定运行、实现选矿厂智能化、提高精矿产品质量和工厂的经济效益等都有着极为重要的意义[2]。

目前，矿浆浓度检测方法主要有超声波法、射线法、光电法、谐振法、差压法、称重法等，基于这些检测方法开发的矿浆浓度检测仪表被广泛应用于选矿厂。得益于智能化仪表的发展，选矿厂的效益和智能化程度得到提高。在实际应用过程中，不同种类矿石在浮选作业时的矿浆浓度、透明度相差较大，且常常伴有气泡、沉淀、腐蚀和结垢等现象。若仪表选用不当会导致矿浆浓度检测仪安装与维护困难，其长期运行时稳定性和可靠性会变差，影响仪表的检测精度。不同检测矿浆浓度方法在实际应用中存在的优缺点如表7.2所示。

表7.2 不同检测矿浆浓度方法在实际应用中存在的优缺点

检测方法	优　点	缺　点
超声波检测法	安全可靠，检测量程较宽，工作稳定且能连续在线检测矿浆浓度。仪表可采用夹抱或浸入式安装，体积小、安装简单。仪表夹抱式安装时不直接和矿浆接触，所以耐腐蚀性强，使用寿命更长	要求超声波传感器具有全密封、高透声等性能。超声波探头装置需要根据被测矿浆矿物类别给定，并且装置需要经常标定，后期维护很烦琐。矿浆中存在过多气泡会导致检测结果不准确
射线检测法	使用半衰期为几十年的放射性同位素作为放射源，后期很少需要维护。仪器测量精度高，使用寿命长且性能相对稳定，适合大部分矿浆浓度的测量。仪表可安装在直径达几米的容器上，安装过程中不需要中断矿浆的流动	矿浆成分变化、气泡较多和矿浆不均匀时对检测精度影响较大。射线检测法采用放射性同位素，使用前需要向环保部门申请，批准后才能购买使用，使用过程中还需要经常接受有关部门的检查。射线检测法还存在核辐射防护和环保等方面的问题
光电式检测法	非接触式连续在线测量，测量速度快，不受矿浆种类的影响；对低浓度矿浆的检测精度较高且无任何污染，符合矿山绿色发展的主题。仪表不直接与矿浆接触，便于安装维护，仪器使用寿命长	测量量程较小，准确度易受被测矿浆的透明情况和固体颗粒的形状、大小、折射率、气泡等影响；在光源发射的透明窗口易残留矿浆颗粒，会对矿浆浓度的测量造成极大的误差；受矿浆浓度影响较大，对高度稀释的矿浆检测性能更好
谐振式检测法	可实现矿浆的在线连续测量，结构简单，测量速度快。仪表体积小巧，安装简单，即插即用，适用于大部分矿浆浓度的测量；不需要现场标定，测量精度高	由于音叉传感器长时间和矿浆接触，对音叉材料要求很高且音叉的形状尺寸对结果的影响很大，不容易确定。由于音叉长期使用会出现磨损严重或黏结矿浆，会严重影响测量的结果，需要频繁维护。由于矿浆浓度不均匀，谐振式检测法在气泡较多时测量不准确

检测方法	优 点	缺 点
差压式检测法	可实现矿浆浓度的连续在线测量且对人体无危害。仪表结构简单，在保证测量准确的同时经济实惠；安装简单快捷且无须标定，后期维护工作量小；测量量程宽，不受矿浆种类限制	由于压力传感器直接与矿浆接触，压力测量也容易受流动等冲击的影响，对传感器的磨损和腐蚀比较严重，后期维护相对麻烦；需要安装在有高度差的竖直或倾斜管道上，管道的管径摩擦系数、矿浆的流速都会对管道有影响；只有在介质和水的密度差较大且矿浆比较均匀时才适用
称重式浓度检测法	是较为直接的浓度检测法，不会受到矿浆成分变化、矿浆不均匀等因素影响；由于具备消除气泡和沉淀措施，不受气泡和沉淀的影响；可动态连续检测矿浆浓度，检测精度高，系统运行稳定，测量范围宽；相比较其他的检测方法，影响检测矿浆浓度的因素较少，安全环保	涉及器件较多，体积略大，安装时会占用较大场地。取样装置、搅拌装置和冲洗装置等机械式执行机构长期和矿浆接触，后期需要维护。矿浆取样的代表性会影响到总体检测精度

7.3.1.2 矿浆品位检测

在铁矿大规模选矿生产过程中，对选矿自动化的要求越来越高，提高选矿水平、保证高质量的铁精矿尤其重要。

传统的铁品位检测都是离线式的检测方法，一般采用取样化验法和实验室仪器分析法。取样化验法一般是在现场取若干样品，拿回实验室进行化学分析，从取样到铁品位检测取得检测结果的周期从十几分钟到几个小时不等。实验室仪器分析法也可叫作光谱分析法，先将样品预处理，如在机械的压力作用下压制成密度恒定、形状固定的标准样品或者是制作成符合要求密度均匀的溶液。近几年，铁品位检测技术主要分为反射式检测法与透射式检测法两类。反射采集主要利用红外线、激光、X 荧光检测等技术[3]。

其他在线式测量法通常是基于电感传感器的工作原理，包括螺线圈检测法和涡流检测法。根据感应线圈的自感或者互感的输出量反映被测物理量的大小，结合后续电路完成信号变化量输出的转换。对传感器的研究扩大了人类理解的领域，并已成为物联网不可缺少的一部分，为铁精矿铁品位快速检测的实现奠定基础。

7.3.1.3 矿浆粒度检测

颗粒粒度检测一直是选矿工艺中占有重要地位的一项工作。目前，国内外存在许多种颗粒粒度检测的方法，按照检测实时性总体上分为离线检测和在线检测。常用的方法中，筛分法和显微镜法是离线检测，这些方法存在滞后时间长、误差比较大，而且十分烦琐的缺点，因此，光散射法和库尔特法等快速反应的在线测量的矿浆粒度检测方法得到越来越多的应用。下面分别介绍各种检测方法的应用原理。

A 筛分法

筛分法的基本原理是：将待测颗粒依次通过一套筛孔减小的标准筛网，按照颗粒大小不同进行机械分离，根据分离的结果计算粉尘的筛上质量百分比和筛下质量百分比。试样在各级筛孔上的筛上质量百分数，构成了该待测颗粒的筛上粒度分布，相应的筛下质量百分数构成筛下粒度分布。筛分法的优点是简单、直观、操作方便，但是主要适用于直径较大的颗粒，而且易受到操作人员主观因素、试样量和筛分时间等因素影响，精度难以达到很高。

B 显微镜法

显微镜是透光式光学显微镜，显微镜法测量颗粒粒度是通过直接观察颗粒的外表进行测量的一种方法，是唯一的一种可以对单个颗粒测量的粒度检测方法。不仅可以测量颗粒大小，还可以对颗粒的形状，表面粗糙度有一定了解。显微镜法是最直接的一种观测方法，经常作为其他检测方法的校验。由其测量原理可知，显微镜测量颗粒粒度只能得出颗粒的长和宽，而丢失了颗粒的高度信息，并且要得到待测颗粒的粒度分布，需要大量的实验，测量效率低，可靠性差。

C 光散射法

一束光在均匀介质中沿直线传播，当介质不均匀或存在颗粒物时，在光入射方向以外的其他方向可以检测到光强，这种现象称之为光的散射现象。光散射法测量颗粒粒度是应用光的散射原理，经过测量散射到其他方向的光的能量与原来入射光的能量之间的关系来得出粒度信息的一种方法。但由于测量方法本身的限制，光散射法只能局限于实验室使用，并且测试溶液需要进行稀释。

D 库尔特法

库尔特粒度仪的基本原理是：将含有待测颗粒的电解液装在有小孔的带电测量管中，颗粒通过小孔时由于电阻的变化测量电流产生变化，通过检测电流变化得到通过小孔颗粒的大小，对所有颗粒大小检测完成后，统计颗粒粒度分布。用这种方法计算颗粒大小时，将待测颗粒统一假设为规则的球形，因此不适合测量形状不规则的颗粒，该方法适用于直径为 $0.4 \sim 2000~\mu m$ 的颗粒。

现代科学技术发展迅速，矿浆检测方法和理论在科技进步大背景下正在发生突飞猛进的变化，高度集成化的检测手段和实时处理的分析能力是发展的大方向。

磨矿作业过程中对于矿浆溶液的浓度和矿石颗粒的大小进行实时监测和检测分析是选矿作业安全生产的一项重要保证。矿浆粒度、浓度在线检测系统的科研工作，对于提高矿石产品的质量、降低生产企业开发成本和加快我国选矿技术的发展有着十分重要的意义。

7.3.2 浓度在线检测分析

矿浆浓度是选矿流程中重要的判断依据和参考指标。在选矿过程中，选厂磨磁、浮选工区需要经常测定矿浆浓度，根据浓度指标信息调节后续生产工艺，及时准确地在线检测出矿浆浓度对磨矿和浮选等一系列作业有着至关重要的意义。

7.3.2.1 系统构成

A 前端矿浆检测装置

通过流量传感器、温度传感器、压力变送器等装置进行数据采集。采用一体化结构的两线制变送器，无活动部件，维护简单；没有磨损，后期维护少。连续在线测量液体密度无过程中断，可直接用于生产过程控制。

B 智能计算显示装置

外壳采用全封闭不锈钢控制箱，AC220V 供电，独立安装于管道附近，可将浓度信号通过4~20 mA电流输出，也可通过通信方式输出给控制系统。通过HMI触摸屏，实时在线显示浓度数值和设定参数。

C 智能信号分析处理软件

智能信号分析处理软件将现场检测装置采集的信号，通过深度学习分析计算，加以辅助工况修正计算，得到了实时在线的浓度值。精度高，可靠性好，安装使用简单。

7.3.2.2 系统功能

采用非核源新型智能在线浓度检测系统，测量精度高、安装简单、免维护、无辐射，用于在线连续测量矿浆浓度。

7.3.3 品位在线检测分析

品位在线检测分析系统的使用，解决了人工取样化验中存在的弊端，降低了人工成本，减少了化验检测的材料费用，提高了品位检测的准确性、实用性，还可将数据即时传送至内部服务器，以便于实时掌握品位情况，有助于提高品位，最终带来可观经济收益。

7.3.3.1 系统构成

品位在线检测分析系统由取样装置、多路缩分装置、LIBS品位在线分析仪组成。在矿浆管路中安装取样装置，将矿浆引入多路缩分系统，测量样品经过缩分后，进入分析仪进行品位在线分析。通过在线品位分析系统，可使所测量的矿浆品位分析值的获取时间由原有取样化验分析的2 h缩短至5 min，品位信息可快速反馈至生产控制系统，实现对工艺参数调整，最终对选厂稳定生产、提高精矿品位和回收率、降低尾矿品位、提高选厂智能化水平等起到重要作用。

7.3.3.2 系统功能

品位在线检测分析系统实现了无人值守自动取样的同时实现了实时查询功能。该系统节省了取样和制样化验人员的工作，避免人为因素对品位的影响，并且便于管理，安全高效。实践证明，该方法简单易行，可广泛应用于金属矿山井下的原矿品位检测，尤其适用于有独立称重系统的金属矿山[4]。

7.3.4 粒度在线检测分析

磨矿过程的粒度是直接关系到选矿生产精矿品位和金属回收率的重要指标，粒度的在线检测对磨矿过程的优化控制、提高精矿品位和金属回收率具有重要意义。

7.3.4.1 系统构成

该系统一般由取样装置、流量稳定装置、标定取样器、测量头、电子控制显示单元等组成。其核心检测部件测量头部分由马达、减速机构、凸轮、测量柱塞、差动变压器、测量槽组成。将马达的旋转运动转换为柱塞在测量槽中的上下垂直运动，带动陶瓷测量头完成测量动作。直接测径式粒度仪不需要除气装置，不受矿浆磁效应和矿浆中杂质的影响，对浓度变化也不敏感。

7.3.4.2 系统功能

采用机械式在线粒度分析仪，如图 7.5 所示每秒上下敲击 2 次，基于最新 120 个测量大小的分布，每班（缺省设置 8 h）用清水进行零点校验，粒度分布范围 25~1000 μm，精度范围不超过 1%。

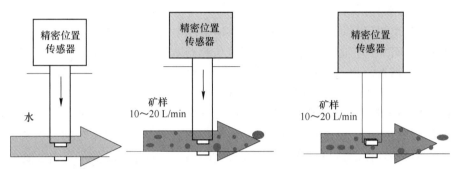

高精度位置传感器通过上下敲击直接测量颗粒大小

■ 每秒上下敲击2次
　基于最新120个测量大小的分布
　每班(缺省设置8 h)用清水进行零点校验
■ 粒度分布范围25~1000 μm，特殊的型号可以测量更小的粒度

图 7.5　机械式粒度在线分析仪工作原理

7.4　电机等设备健康状态在线监测报警

7.4.1　研究概述

设备健康状态在线监测报警技术方案主要包括设备阈值报警、设备特定参数突变报警、多变量联动预警。

（1）设备阈值报警。设备在运行过程中，设备的运行参数，如温度、振动、压力等需要根据相关的标准，设置多级阈值报警。这些标准设置的选择，直接关系到系统报警的准确性。设备健康诊断平台通常会参考现有的标准，其中主要包括：国际标准、国家标准、行业标准、企业标准等；同时，在系统的运行过程中，设备健康诊断平台还会考虑到设备的使用年限、设备工况、行业生产环境和季节因素等多种条件来设计阈值报警方案。其中，报警阈值可分为超限报警和低限报警的多级报警，报警值可根据标准进行设置。

（2）设备特定参数突变报警。生产设备在长期使用的过程中，存在缺陷的设备运行数据会有突然跳变，缓慢升高或其他特定的变化趋势，报警模式可在系统内进行设置。如果设备的运行参数发生突然跳变，系统会进行捕捉并自动报警；如果设备运行参数出现长期的趋势性变化，系统会通过趋势分析对报警模块进行分析和报警。针对特定的故障变化趋势，系统会通过已有的大数据模型进行比对分析，并自动做出报警。

（3）多变量联动报警。关键机组设备相关运行参数一般具有强相关性，正常状态下，某些参数会同步发生变化。通过业务分析及数据相关性分析，利用机器学习算法确定相关参数之间的关系，当其中某些参数的变化与其他参数的变化不符时，均会触发报警。

以电机装置为例，电机运行参数在线监测系统功能工作原理：首先，利用高精度传感器对电机运行过程中的扭矩、温度、速度、电压和电流进行实时测量；其次，传感器输出信号经过信号采集与放大电路、A/D 转换电路处理后传递给 DSP；最后，DSP 对电机运行参数进行运算和分析，将电机运行参数信息在 LED 显示屏上显示出来，同时将运行的结果发送给上位机进行分析处理。

温升是衡量电机运行状态的重要指标。实时监测电机本体、逆变单元等部分的温度是保证电机安全、可靠运行的重要措施。将温度传感器粘贴在电机测量部位，随着电机温度的提升，温度传感器会将所监测的温度信号转换为电信号，经信息采集与自动化处理后，将信息传递至服务器进行分析处理。

传统电路设计时，通常采用串接分压电阻作为传感器来实现对电流信号监测，这种监测方法简单实用，但由于温度影响难以保证电阻值稳定不变，所以采集到的电流值精度不高，且控制系统的反馈电路与主电路若没有经过隔离，一旦功率电路的高电压通过反馈电路进入控制电路，势必会危及控制系统的安全，造成重大损失。所以采用高精度霍尔电流传感器对电机电流进行实时测定，传感器信号传输至服务器进行分析[5]。

7.4.2 系统构成

主要设备状态监测系统通过在设备表面或内部布置传感器和数据采集系统，搭建物联网，实现设备运行中的振动、温度等信号的采集，并将数据上传至现场服务器，通过专业系统软件进行处理和分析。

当设备运行数据异常时，自动触发报警，并可通过短信、邮件以及手机 APP 方式推送至现场相关设备管理人员。现场工程师可通过软件中的分析工具对设备数据进行追踪回溯，判断当前设备状态。监测系统根据设备应用场景的不同，采取不同的监测方式。

7.4.2.1 物联网层：智能感知、获取设备运行状态数据

根据不同工作环境，在设备表面或内部安装传感器和数据采集系统，采集设备运行的振动、温度等数据，也可集成现场已有各类传感器、仪器仪表及控制系统的数据，以特定通信协议接入现场状态监测系统中。传感器与数据采集系统使用有线方式连接，采集系统通过有线传输方式、无线监测器与通信站传输，通信站采用 WIA-PA、光纤等方式，将数据送入现场局域环网，存储到服务器中[6]。

7.4.2.2 数据分析层：状态监测系统

状态监测系统需在现场配套一台服务器，用于存放、管理和分析从采集系统发回的设备运行数据。现场人员可使用 RondsEPM 对设备数据、报警数据等统一管理、分析，以达到了解机组运行状态的目的。

7.4.2.3 远程监测分析系统：数据分析、数据挖掘、容灾备份

现场服务器存放的数据，可通过公网与远程诊断中心交互，一方面，可实现数据的异地备份，容灾容错；另一方面，可以借助远程诊断中心的数据分析专家以及专家系统协助

判断设备状态。使用远程诊断服务，可使现场设备监测工作更加从容，报警信息处理和数据分析结果更及时、准确。

7.4.2.4　通信方式：WIA-PA

采用 WIA-PA 无线通信技术，WIA-PA 是中国科学院沈阳自动化研究所自主研发的一种高可靠性、超低功耗的智能多跳无线传感网络技术，该技术提供一种自组织、自治愈的智能 Mesh 网络路由机制，能够针对应用条件和环境的动态变化，保持网络性能的高可靠性和强稳定性。设备状态监测系统由设备表面安装的传感器采集和其他数据系统接入组成底层数据采集，通过交换机接入工控网联入终端管理设备。

网络拓扑图如图 7.6 所示。

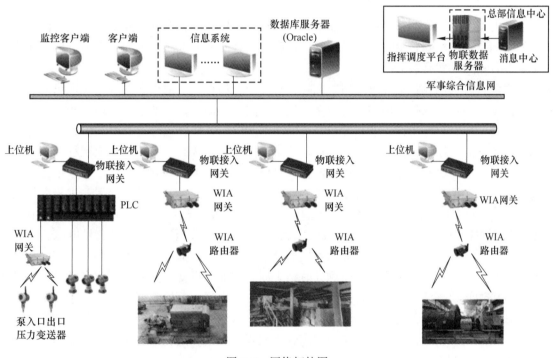

图 7.6　网络拓扑图

7.4.3　系统功能

利用监测系统，实现主要设备的 24 h 连续高密度数据采集，在设备前端即可实现数据报警；可利用现场网络将数据传输到服务器终端，实现监测数据的统一管理，同时也可判断当前设备状态，预测设备未来状态，根据结论，制定科学的维护策略，也可通过长时间的数据积累，不断优化设备运维管理模型，最终实现主要设备的预测性维护。

系统可满足企业关于可靠运行、安全生产的需求。有效实现降低设备过修、失修风险，减少非计划停机次数，避免因设备故障导致事故或设备二次伤害的发生，优化运维检修模式，优化备品备件管理，从而保障连续生产、保障安全、保障效益。系统最主要特点是实现设备管理模式从过去事后维修、预防性维修升维到预测性维护，实现设备状态实时掌控，安全连续生产。

7.5 智能型注油润滑及检测

智能型注油润滑及检测技术是一种用于机械设备的润滑和检测的技术。它通过使用传感器、控制系统和算法来实现自动化的润滑和检测过程。这种技术可以监测设备的润滑状态，包括油液的温度、黏度和污染程度等参数，并根据设定的条件和算法来自动注油或更换润滑油。它可以提高设备的工作效率和可靠性，减少设备故障和维修成本。这种技术在工业生产和设备维护中广泛应用。

7.5.1 研究概述

智能型注油及检测系统可根据设备工作状态、现场环境温振等不同条件及设备注油部位的不同要求，准确、定时、定量、可靠地满足各种注油要求。系统的工作运行模式分为手动、自动两种状态。

手动状态为调试、检修时使用。此时，触摸屏上的每一个轴承点编号对应现场的每一个智能注油器连接到各具体轴承注油点，当开启高压注油泵，注油至主管路，按下注油点供油按键，执行机构动作，油路开通，智能注油器内的计量装置与定量给油装置配合完成油量测定，并将注油脂注入注油点。自动状态为正常工作状态。主控系统依照程控高压注油泵启动，执行机构工作，检测系统监控。具体原理为：高压注油泵开启，1 号定量给油装置打开，按所设定的给油量开始给 1 号注油供油，当给油量达到设定值后，主控系统发出指令，1 号定量给油装置关闭，进入倒计时，2 号定量给油装置打开，当给油量达到设定值后，主控系统发出指令，2 号定量给油装置关闭，进入倒计时，3 号定量电磁给油装置打开……，依次直至最后一个注油点供油结束，所有注油部位都进入倒计时状态，注油泵也停止工作。任何一个注油部位倒计时结束后，注油泵启动，该注油部位自动进入供油状态，供油结束该注油部位重复进入供油倒计时，如出现轴承检测部位温振高于设定值或异常波动，该注油部位将会调用强制维护匹配方进行注油维护，如配方注油制度不能使该注油部位温振或恢复正常，则向系统输出轴承故障信息，如温振恢复正常，该注油部位恢复至原有注油制度进行工作，该事件将会在上位机系统记载。

在自动注油状态下，主控系统显示每一个智能注油器的供油时间和供油状态，同时记录运转信息。当设备出现故障时，主控系统则向上位机发出故障信号，并指示故障点所在位置，以便检修人员进行相应处理。

每个点的供油流量、时间可通过计算机控制中心及主控设备进行修整，循环时间、供油频率也可设定、修改。

系统可以和主机连锁。当主机开始工作时，系统进入自动运行状态，当主机停止工作时，系统自动停止给油。系统或注油点发生故障能够进行声光报警、画面显示并记录故障，便于维修。

储脂补脂系统与高压注油泵油位信号（称重传感器）连锁，当高压注油泵油位到达下限位时，传输信号给注油系统主控柜，主控柜接到信号后，发出加油信号，控制储脂补脂系统给高压注油泵补脂，等到高压注油泵油位到上限位时，给主控发出请求停止信号，储脂补脂系统停止补脂。

7.5.2 系统构成

智能型注油及检测系统由传感器作为检测部分，注油系统作为维护部分，传感器检测轴承的温振、注油状态等参数，根据检测结果智能分析轴承的运行状态，系统优先按照设定注油制度运行，当轴承温振或注油状态异常时，系统智能调整该轴承部位的注油给油制度，进行强制给油，如果轴承温振或注油状态恢复正常，则输出正常信号，如不能恢复正常则输出轴承故障信号。

系统包含 HMI 监视系统+上位机+App、补脂站、注油站、智能注油器、温振传感器、线路、管路管件等几部分，各部分都是模块化系统，系统的最终执行单元是智能注油器，以下为各部分的功能。

（1）HMI 监视系统+上位机+App：通过人机界面，操作员可监视现场轴承及注油部位的温振及注油状态，并可以操作对现场设备强制注油。

（2）补脂站：主要是用来补充注油站的注油脂。

（3）注油站：由高压柱塞泵、称重集成、压力传感器、控制柜等几部分组成，注油站为系统的核心单元，主要作用是提供动力源和指挥各个注油点工作，收集轴承及注油部位温振、信号机注油工作状态，同时承载着与上位机通信及与主机的连锁，当注油泵油位低时发送信号到补脂站开始给注油泵补脂，注油泵是管道压力的动力源，当管道压力低时注油泵开始启动，当管道压力高时注油泵停止运行，控制柜是整个注油系统的核心单元，收集轴承及注油部位温振、信号及注油工作状态，同时也对注油站、补脂站及传感器实时监测，按照既定的逻辑程序执行。

（4）智能注油器：由计量装置、电磁阀和智能信息处理模块组成，电磁阀是给油的执行单元，由智能信息处理模块控制并收集传感器信息，并将工作状态反馈给主控系统。

7.5.3 系统功能

系统通过 CMRC 智能润滑控制器实现对系统的控制和反馈信号的收集，控制外围继电器、润滑泵、电磁阀、流量传感器等部件进行工作。注油参数、时间、运行状态结果等可通过井下环网上传到调度监控中心集中显示，同时可以远程手动注油，也可以下发注油控制参数。系统工作流程图如图 7.7 所示。

（1）逐点工作、按需设置系统可以实现每个润滑点设置不同的供油制度，每个润滑点的供油量和供油间隔（周期）均可以在本地触摸屏和远程控制系统实现参数的调整；

（2）逐点检测、实时反馈每个润滑点的工作状态均可以实现在线的监测和反馈，反馈的结果会显示在本地的触摸屏和远程控制系统中，实现润滑控制的精细化和透明化，出现故障点能及时明确故障点位置以便后续维修处理[7]；

（3）远程监控、故障报警系统可以实现与远程监控的连接，系统运行的所有参数和结果均可以在远程控制系统上进行查看和操作，包含系统的压力、油泵的油量、润滑点的供油状态、系统的启停、系统的故障及系统运行参数等；

（4）独立运行、维修方便系统的每个润滑点均可以实现单独检修，在不影响其他润滑点工作的情况下可实现润滑故障的维修和故障处理；

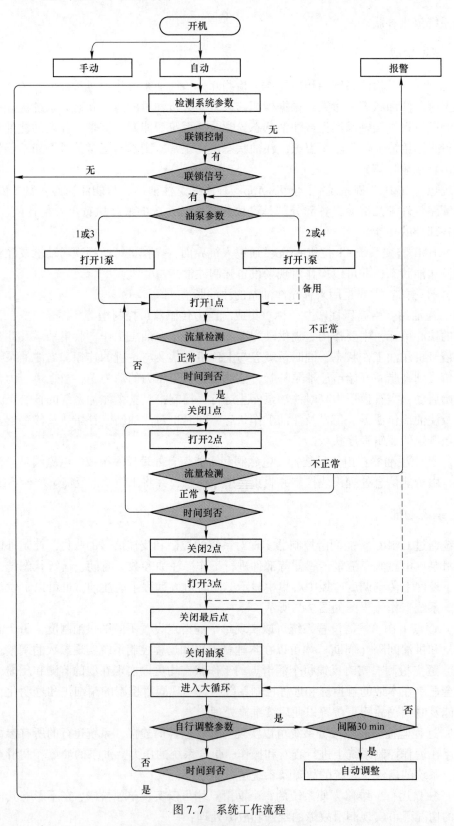

图 7.7 系统工作流程

（5）系统具有手机 App 和远程云平台服务功能，满足移动端系统检测和远程系统运行维护的功能需求。

系统可根据轴承温振及时调整注油制度；每个注油部位的注油制度都可以调整；远程控制每点供油量，实时检测注油点供油状态，如有堵塞，能准确显示故障点位置并输出报警；有完整的超压保护，低压、超低压报警的功能；对分散的注油制度，不同的注油点管理；实现网路挂接，远程维护；运行稳定、可靠，可自行设定或调整每个注油点的供油量；能适应多种注油要求，维护工作量小；安装操作方便，预留接口，可手动、自动互换操作。

7.6 精矿抓斗自动控制

精矿抓斗自动控制技术是一种用于控制精矿抓斗的技术。它可以通过自动化系统来监测和控制抓斗的运动和操作，以提高生产效率和安全性。这种技术通常使用传感器、执行器和控制算法来实现。它可以根据预设的参数和条件，自动调整抓斗的位置、速度和力度，以确保抓取和卸载过程的准确性和稳定性。这种技术在矿山和其他需要进行大量物料搬运的场所非常有用。

自动、远程抓斗可改善作业环境、消除安全隐患，实现自动、远程控制抓取料，符合现代化生产、管理模式。

7.6.1 研究概述

精矿抓斗自动控制的基本工作机制包括环境感知与检测、远程调度控制和系统安全机制三方面。

（1）环境感知与检测：建立过滤作业区铁精矿料堆模型，对矿堆、作业区环境等进行三维扫描与重建，并采集现场音视频。对抓斗的运行情况进行实时检测，实现远端实时状态监测，用于产量监控和管理。

（2）远程调度控制：建立物料跟踪系统，对物料进行精细化管理，通过自动、远端控制实现高效精准的远端抓取作业。

（3）系统安全机制：配合三维系统，现场工作区域增加人员侵入检测与保护，避免人员闯入带来的安全隐患。抗干扰、高可靠通信方案保证数据安全传输，降低数据错误，保证系统安全可靠运行。

各类传感器是精矿抓斗实现自动控制的基础。传感器通过将实时数据传输给控制系统，使其能够实时监测和控制精矿抓斗的运动和操作，从而实现自动化控制。不同的应用场景和要求可能需要选择不同类型的传感器组合来实现最佳的控制效果。

（1）位移传感器：用于测量抓斗的位置和移动轨迹，常见的位移传感器包括激光传感器、光电开关和霍尔传感器等。

（2）力传感器：用于测量抓斗施加在物料或其他物体上的力，以确保适当的抓取力度和保护设备安全。常见的力传感器包括压力传感器、负荷细胞和应变片等。

（3）压力传感器：用于测量液压系统中的液压力，并从中获取与液压系统工作状态相关的信息。

（4）温度传感器：用于监测抓斗和机械设备的温度，以防止过热和提醒维护人员进行必要的冷却或维护。

（5）液位传感器：用于监测液体（如润滑油或液压油）的液位，确保在适当的液位范围内运行，防止液体泄漏或波动导致系统故障。

（6）污染度传感器：用于检测液体中的杂质或污染物，如金属颗粒、沉积物等，以提前发现并排除潜在的设备故障。

7.6.2 实际应用

7.6.2.1 天车硬件系统

天车增加 PLC 控制系统，驱动系统更新为变频调速，配备天车定位、雷达检测、智能防撞等安全系统；新增防摇系统，避免在使用过程中由于速度等因素的变化导致天车的晃动；与主站 PLC 之间采用无线通信，减少通信干扰；实现手动、远程、自动操作三种工作模式，如图 7.8 所示。

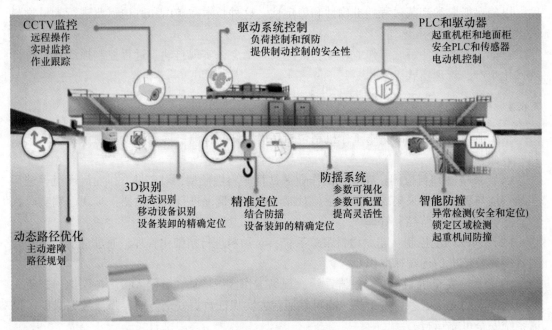

图 7.8 天车系统

A 辅助装置建设

（1）网络：Wi-Fi 网络覆盖摄像头；

（2）定位系统：使用 UWB 技术将精矿仓网格化，精准定位每个区域，将坐标发送给天车。

B 操作台

在作业区主控室内安装带操作手柄的操作台，如图 7.9 所示，对三种操作方式进行选择，配合现场摄像头，实现远程抓斗。

图 7.9 操作台示意图

C 3D 建模及模拟仿真

建立精矿仓三维模型系统,如图 7.10 所示,可实时采集并自动处理采集的三维点云,更新模型,计算精矿仓的物料体积,所有数据可视化,为抓斗无人化提供支撑,同时配合雷达检测和视频监控,并利用虚拟现实仿真系统实现对各个运动模块进行实时仿真,避免抓斗与厂房、护栏等发生碰撞,设定电子围栏,实现远端全过程实时监控。

图 7.10 精矿仓模型
(扫描书前二维码看彩图)

D 安防系统

作业区入口安装摄像头,设置报警区域,对闯入的人员进行声光及语音报警,同时在控制室内实时显示并存储报警记录,提示工作人员进行处理。

E 智能调度模块

根据现场工艺需求、工作计划及作业情况，建立无人操作规程及调度优化算法，如图 7.11 所示，实现检测、调度、倒料、上料智能无人化。例如：单斗运行时间小于 2 min，抓斗的需求量上限为 600 t/(台·h)，单斗的载重量为 10 t，即两台抓斗同时运行，每 2 min 抓一斗即可达到生产上限，完全可以满足下游的生产需求。

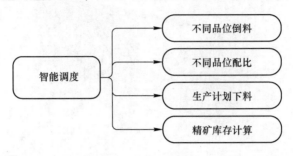

图 7.11 智能调度算法

7.6.2.2 遥操作控制

系统由操作平台、通信系统、操作系统和仿真模型组成，工作人员可以利用操作平台对机器人进行远程操作，依靠机器人完成高危、难进入环境的复杂工作，如图 7.12 所示。

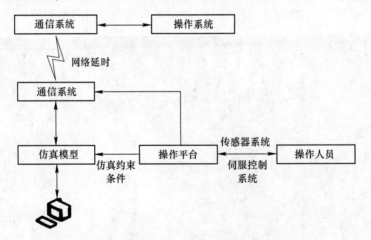

图 7.12 遥操作机器人结构框架图

为保证天车移动的稳定性，提出一种将预测模块和遥操作手柄信号相结合的方法，生成一种无碰撞参考，并将其应用于天车移动机器人的路径规划控制系统中。该控制策略利用遥操作摇杆信号，结合天车前行路径，对无冲突路径进行规划。天车遥操作控制系统框图如图 7.13 所示。

(1) 遥操作摇杆信号采样。为了避免操作人员的重复指令，保证天车控制策略的高效性，系统设置了一定的等待时间，但等待期间必须要求天车缓慢控制或重复发送停止命令。为此，可以在可变的采样时间内对遥操作摇杆信号进行采样，采样时间取决于时间延迟的即时值。

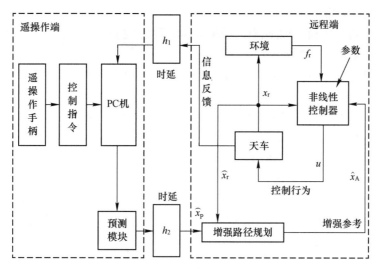

图 7.13　天车遥操作控制系统框图

（2）预测模块。为了保证天车移动的稳定性，提出了预测模块，可以对操作人员希望天车移动到的位置进行估值。该模块是通过对遥操作摇杆信号采样估算出直角坐标系中的位置参考，并对当前天车运动速度和摇杆发送控制信号时的速度进行对比补偿。

（3）天车路径规划。通过设置预测模块的参考点，可以规划天车的运动路径。然而，随着时间延迟的增加，参考点的预测值准确度会降低，而且可能会与环境中的障碍物发生冲突。因此设置天车的路径规划指导天车从当前位置到参考点的运动，而不是直接将参考点传递给模糊模块进行控制。

7.6.2.3　其他应用

精矿抓斗自动控制技术可以实现对抓斗的自动化控制，包括抓斗的开合、倾斜、旋转等动作。通过传感器和控制系统的配合，可以实现精确的控制和操作，提高生产效率和产品质量；可以结合智能算法和数据分析，对选矿过程进行优化。通过实时监测和分析数据，可以调整抓斗的动作和参数，以达到最佳的选矿效果和资源利用率；可以提供安全保护功能，如碰撞检测、防止过载等。它可以通过传感器和控制系统实时监测工作环境和抓斗状态，及时发现异常情况并采取相应的措施，保障工人和设备的安全；可以采集和记录选矿过程中的数据，如抓斗的位置、速度、负荷等。这些数据可以用于分析和优化选矿工艺，提高生产效率和产品质量。

7.7　管道漏点智能检测

7.7.1　研究概述

精矿管道漏点智能检测技术是指利用智能化的技术手段实现对精矿管道中漏点的自动检测和定位的技术。这项技术通常包括：

（1）传感器监测：通过在管道周围或内部布置传感器，监测关键参数如压力、温度、流速等，以便捕捉异常信号；

（2）数据采集与传输：传感器将采集到的数据发送到数据采集装置，采集装置将数据传输到中央处理单元或云服务器；

（3）数据处理与分析：利用机器学习、数据挖掘等技术，对传感器采集到的数据进行处理和分析，从中提取漏点的特征和异常信号；

（4）智能检测与定位：基于数据分析的结果，利用算法和模型来进行漏点的智能检测和定位，确定漏点的位置和程度；

（5）预警与报警：一旦检测到漏点，系统会自动触发预警和报警机制，及时通知相关人员进行处理和维修。

这些技术的应用可以提高漏点检测的准确性和效率，降低人工巡检的成本，保障精矿管道的安全运行。具体实施上，可以根据实际需求选择合适的传感器、数据采集装置、分析算法等，并建立相应的监测系统和报警机制。

7.7.1.1 基于分类的方法

漏磁信号在正常区域、缺陷区域和组件区域会呈现出不同的特征。基于分类的方法可以直接对漏磁信号数据进行处理，提取出数据的特征后进行分类；也可以根据漏磁数据绘制出漏磁曲线图像、灰度图像或伪彩色图像，随后使用图像处理的方法提取特征并进行分类。人工特征提取很大程度上依赖于专家经验，不同的人可能倾向于提取不同类型的特征，这种提取方法存在很强的主观性，因此更加智能的自动特征提取方法走进了人们的视野。卷积神经网络可以实现自动特征提取，能够获取到图像中不同层次的特征，并通过全连接层输出分类的概率，对无缺陷、轴向缺陷、周向缺陷和斜向缺陷的漏磁曲线图像进行分类，该模型可以自动提取漏磁曲线图像不同层次的特征，实现了管道缺陷的快速与批量化识别。

7.7.1.2 基于目标检测的方法

目标检测是图像处理的一项基本任务。基于目标检测的方法可以对漏磁图像进行处理，不仅能检测出图像中缺陷和组件的类别，还可以用矩形框标记出缺陷和组件的具体位置，很符合实际管道检测的需求，且基于目标检测的方法能够在整张漏磁图像上对目标进行检测，其可视化结果显得更为直观，不仅能检测出目标的类别，还可以得到目标的位置。但是目标检测所使用的网络也往往更加复杂，检测时需要耗费更多的计算时间，在一些对实时性要求高的场景中可能会受到限制。

7.7.1.3 多分量方法

漏磁检测器可以测量三维磁场矢量，磁场的 3 个分量都包含了管道的部分信息。多数研究只使用了漏磁信号单个分量的数据，忽略了另外两个分量上所含的信息，或者仅在特征提取时单独提取出不同分量的特征作为网络的输入，而没有考虑分量之间的融合。为了充分地利用漏磁信号中多个分量的信息，使用漏磁信号轴向、径向和周向分量的数据来模拟 RGB 彩色图像的 3 个通道，然后利用卷积神经网络对这 3 个通道的数据进行融合。使用主成分分析方法对漏磁图像的 3 个分量进行融合，相比较于只使用一个分量的图像，融合后的图像可以提供所有关于缺陷形状、边缘和 4 个角的增强信息。该融合方法能够更好地反映出真实磁场的空间分布，提高检测的准确性[8]。

7.7.2 系统构成

泄漏检测系统整体分为室内部分以及室外部分，在现场安装压力传感器，接收现有流量计信号。室内部分安装 GPS 天线和数据采集单元，以及泄漏检测软件。

系统现场安装的压力传感器将负责收集所检测管道的压力信号，并通过信号电缆将信号传递至数据采集单元，同时流量信号也将通过信号电缆以便传递至数据采集单元中，并由数据采集单元对所采集的数据进行初步的打包以及标定 GPS 时间标签。经过打包并标定时间标签的数据将通过 TCP/IP 协议传送至位于室内的泄漏检测电脑中，泄漏检测电脑与数据采集单元将通过 RJ45 网线，并通过交换机或路由器相联通。软件分析所得到的结果都将展示在操作员人机交互界面上。显示的结果包括：泄漏事件、泄漏时间、泄漏位置和泄漏量。

7.7.3 系统功能

泄漏检测系统为双引擎同时工作，即负压波/声波引擎与智能流量平衡引擎。在检测管道的过程中，负压波引擎与智能流量平衡引擎将同时对管道进行实时数据分析，在管道发生泄漏之后，双引擎会对所发生的泄漏给出泄漏报警并提供定位。

特有的数据管理功能软件，可与 SQL 建立完美的连接。并将数据在采集之后存储于 SQL 数据库中，为未来数据的调用提供了可能和保障。

趋势图软件通过与 SQL 的配置连接可使操作人员第一时间将从管道上所采集的数据以图表或数字的形式展现出来，直观地进行分析和回顾，为未来操作人员的培训学习提供了保障。

实时显示系统对管道检测的结果。泄漏检测系统是一套全自动无人干预的泄漏检测系统，所以人机交互界面将提供操作员在监控管道所需的一切数据。

另外，系统还实现了：

（1）泄漏检测系统 24 h 自动、连续监视管道运行；

（2）结合压力波、3D 图形、模拟仿真、智能流量平衡法等多种检测技术和原理；

（3）负压波引擎与流量平衡引擎分别为相互独立的系统，分别提供泄漏报警以及相应泄漏信息；

（4）将 API1130 推荐方法结合于一体；

（5）管道泄漏检测、报警、定位；

（6）所有泄漏全自动定位，无须人工干预；

（7）在管道工况下无误报警发生。

7.8 智能巡检机器人

智能巡检机器人是一种可用于各个领域，可以自主运行的移动平台，根据不同的使用场景，可搭载工业相机、拾音设备、环境类传感器、边缘计算单元等智能化检测或计算设备,实现全天候对设备运行状态数据进行快速采集,并通过软件算法对采集的数据进行实时分析,分析结果可快速传到后台集控中心,从而保障设备运行的可靠性。使用智能巡检机器人是选矿黑灯工厂生产实现智能化和无人化的重要手段,也是未来智慧矿山发展的重要方向。矿用智能巡检机器人是集机电一体化技术、多传感融合技术、机器视觉技术、无线传输技术于一体的复杂系统,技术含量高,研究和开发难度大,是黑灯工厂发展水平的重要标志。我国对巡检机器人的研究始于20世纪80年代,主要应用于电力领域变电站及高压输电线的巡检[9]。

7.8.1 研究概述

在矿山实际开采过程中,为保证生产的高效顺利,一些复杂生产环节仍需要人工干预。矿山环境艰苦,一线综采工作面有许多不确定的自然灾害,因此,现代化矿山的目标是实现综采工作面的无人化与智能化。采矿工作面直线度问题一直是阻碍无人化发展的重要难题,传统矿山采矿效率较低。研究机器人的采矿工作面直线度测量、障碍躲避的控制技术,设计机器人的自动控制系统,实现采矿工作面的无人化值守,利用机器人检测整个液压支架群的直线度,员工在调度室即可远程控制与监视设备,是矿山井下智能巡检机器人自动控制技术研究的主要方向[10]。

轨道交通运营里程和车辆配置数量急剧增加,但既有车辆段检修能力逐渐饱和,地铁车辆检修需求与检修库实际检修能力不匹配。检修作业包含日检、双周检、三月检、年检、定修和架修等;列车组成部件结构复杂度高,检修范围大、零部件数量多,多采取人工目视等传统检修方法。具有周期频繁、劳动强度大等问题,导致在检修效率、安全性、可靠性和人员健康等方面均存在明显不足,因此采用智能巡检机器人辅助人工进行列检已势在必行[11]。

电力是重要的基础设施,关乎国民生计和国家安全。因此,工作人员需每天检查发电厂、发电厂升压站和其他相关设备。但各工作人员在技能上存在一定的差异性,加之工作量较大、工作单一,致使巡检存在错误及漏查问题,导致电力系统存在严重的安全隐患。另外,环境因素对人工巡检效率及精度具有一定的制约,如在面临雨雪天气时,工作人员难以通过肉眼识别设备真实的工作状态。若通过规模化的方式铺设在线检测装置,虽然可有效解决人工巡检弊端,但同时衍生了严重的经济性问题。因此,将具备红外成像技术、可见光技术等多种功能的智能巡检机器人应用于发电厂升压站,以替代传统的人工巡检,增强发电厂升压站巡检的效率及精度,在确保发电厂升压站电力设备的正常运行,监测系统网络安全的基础上,提高经济效益[12]。

7.8.2 智能巡检机器人关键技术

7.8.2.1 无线通信技术

工厂内环境复杂,有线通信布线麻烦,成本高,后期使用过程中容易损坏电缆,导致与设备通信中断,并且工厂内存在许多电缆无法到达的地方。选矿厂的电气设备较多,电机电流信号与环境的噪声较大,会产生严重的电磁信号,导致无线通信信号易受到干扰,影响数据的实时传输。因此,采用有线与无线结合的通信方式,其中,无线通信采用

Wi-Fi 与蓝牙两种通信[10]。

7.8.2.2 避障控制技术

机器人在液压支架平板上行走，会遇到无法确定且分布随机性大的障碍物，因此，判断障碍物位置的类型尤为重要，需要快速帮助机器人在遇到障碍物后做出判断策略。根据障碍物的位置进行分类，可以分为8种类型。类型1表示机器人附近没有障碍物，继续执行直行指令。类型2、类型3、类型4表示机器人遇到1个障碍物，分别位于机器人的左侧、前方与右侧。类型5、类型6、类型7表示机器人遇到2个障碍物，分别位于机器人的左侧和前方、左右两侧、右侧和前方，类型8表示机器人遇到3个障碍物，分别位于机器人左右侧与前方。针对类型3，机器人向右转；针对类型4，机器人向左转；针对类型2、类型5、类型6、类型8，机器人先后退再向右转；针对类型7，机器人先后退再执行左转命令。机器人在左转与右转过程中，需与障碍之间物保持安全距离。

机器人在液压支架平板上行走，遇到障碍物后可选择的路径较多，为了避免不必要的能源浪费，需要在较短时间内选择最优路径，为了解决此问题，研究路径寻优算法，优化局部路径的选择，提高机器人工作效率。例如，利用控制器的路径算法 A* 寻优算法，这是一种全局路径寻优的启发算法，可有效降低不必要的搜索，降低路径搜索范围，减少CPU 的计算工作量。规避障碍的算法流程图如图 7.14 所示。

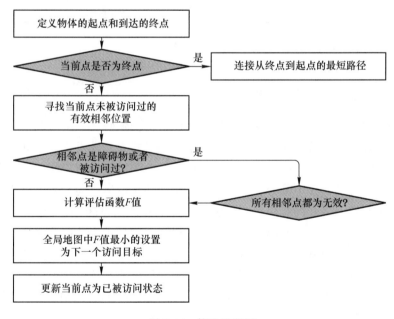

图 7.14 算法流程图

7.8.2.3 控制器控制技术

控制器是机器人巡检系统的核心部分，控制器的先进程度直接决定了机器人的智能水平。根据机器人的功能需求，控制器的硬件结构主要包括微控制器、电源模块、通信模块、数据采集模块、电机驱动模块、摄像头等，硬件结构框图如图 7.15 所示。微控制器负责分析处理采集到的信息，协调各模块完成机器人的预定任务，并对电机下达控制指令，调整机器人的运行轨迹。电源模块主要给微控制器、外设与电机供电，电机采用外部动力锂电池作为电源。通信模块包括 Wi-Fi 模块、蓝牙模块、CAN 通信接口、以太网接口等。数据采集模块包括超声波传感器、红外传感器、环境监测的瓦斯传感器、温湿度传感器等。电机驱动模块负责带动齿轮传动，驱动机器人在平行板上行走，控制电机的正反转与转速，实现机器人的差速控制。

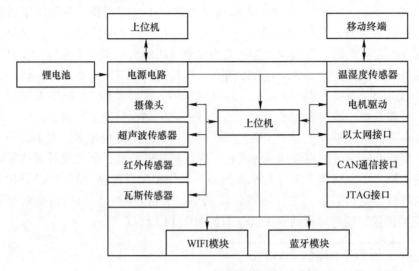

图 7.15　控制器硬件框架

7.8.2.4 传感器的选用及安装技术

机器人在行走过程中，需要利用环境感知传感器检测障碍物，安全绕过障碍物后到达目的地，因此，环境传感器的选择与安装对智能巡检机器人非常重要。例如常选用红外传感器与超声波传感器联合测距的方式来提高障碍物的检测精度。超声波传感器包括超声波发生器、接收器与控制器 3 个部分，可以利用产生的超声波信号向障碍物发射，接收返回信号的时间差来计算两者间的距离。超声波传感器的探测角度较小，约为 15°，需在机器人的左前方与右前方各安装一台超声波传感器，以提高测量角度范围，保证机器人前方探测障碍物的准确性。超声波传感器在机器人近距离处会出现一定盲区，无法对其中的障碍物进行测距，需要红外传感器来组合测量。红外传感器模块包括红外发射端、接收端、可调电阻器等，工作原理类似于超声波传感器，可以利用返回信号的时间差计算障碍物距离。红外传感器测量的角度范围较广，测量的距离只有 2~70 cm，通过调节电阻器可控制测量距离。红外传感器应安装于机器人正前方，用于测量盲区内障碍物[10]。

7.8.3 在黑灯工厂中的应用

智能巡检机器人（见图 7.16）可以在选矿黑灯工厂中进行设备巡检，检查设备的运行状态、温度、压力等参数。它可以代替人工进行高风险、高强度的巡检任务，提高工作效率和安全性；可以监测选矿黑灯工厂的环境参数，如温度、湿度、气体浓度等。它可以及时发现异常情况, 如温度过高、气体泄漏等, 以保障工厂的安全运行; 可以检查选矿黑灯工厂的安全设施和防护措施, 如消防设备、安全标识等。它可以帮助提前发现潜在的安全隐患, 减少人工巡检的工作量和风险; 可以采集选矿黑灯工厂的数据, 如设备运行数据、环境监测数据等。这些数据可以用于分析和优化工厂的运行效率和能耗, 提高工厂的生产效益。

图 7.16　智能巡检机器人

在某选矿黑灯工厂破碎作业区胶带机布置智能机器人巡检系统, 可以替代大量的人工作业, 并且具有较高的稳定性、可靠性。巡检机器人搭载有可见光红外热成像双视摄像机、避障传感器、噪声拾音头、双向语音对讲、烟雾传感器等探测设备。实现在 10 号皮带全线范围内的移动巡检, 并且能够连续采集、传输、存储现场的图像、声音、温度、烟雾等数据, 最终通过实时对数据的分析, 判断出现场是否存在设备故障, 同时确定故障位置。

7.9　AI 清扫机器人

AI 清扫机器人融合了自动清扫技术、自动驾驶技术和人工智能技术。采用多传感器融合技术, 搭载三维激光雷达、GPS、摄像头、超声波雷达等传感器, 使用激光 SLAM 技术、视觉识别等技术, 实现工业高复杂场景的高精地图建立、无人车定位、自主导航、智能避障和自主清扫作业等功能。

清扫车无须人工操作, 可自主完成清扫、垃圾收集、垃圾倾倒、自动加水、自动充电等工作, 可以提高清扫效率、降低人工劳动强度、保障人员安全、节省人力成本。

7.9.1　研究概述

工业机器人在各领域的应用, 极大提升了相关工作效率, 降低了运营成本, 因此工业机器人成为工业发展的重要驱动力。商用清扫机器人不仅广泛应用于普通写字楼、汽车站、高速铁路、机场、日常商业广场以及商务会所等多个场景, 还在医疗、食品制造等对环境有特殊要求的领域得到了推广。商用清扫机器人可降低相关场景的重复人力投入, 减少相关领域隐患, 因此已经成为产业发展的新方向。

随着自动驾驶、无人机、组装机器人等全自动化产业的发展，相关硬件水平已经可以满足商用清扫机器人全自动化运行的需求，但是相关算法仍需要进一步研究。当前商用清扫机器人全自动化运行的两大阻碍分别是定位追踪和路径规划，这也是工人操作商用清扫机器人完成的主要任务[13]。

7.9.2　AI 清扫机器人关键技术

清扫机器人通过无线传感模块将采集的障碍物信息运用无线技术进行传输，并将识别的内容解析和控制指令发送给主控制端实现机器人的转弯、停留以及前进等功能。若检测到前方出现障碍物，主控制端立刻向机器人发出停止指令，并将信号发送给清扫模块，完成清扫。本项目也可集成多种无线模块，实现清扫、物体实时跟踪以及实地信息传输等多种功能。该项目中设计采用无线信息传输模块，主要集成传感器、处理单元和通信模块节点，且各节点通过协议自组成一个分布式网络。无线信息传输模块将采集的障碍物信息经过优化后反馈给主控制器，主控制器把命令处理成对可控设备的相应操作指令，并将操作指令以电脉冲信号形式发出，而执行模块将电脉冲信号转变为角位移或线位移的形式发送给清扫模块，从而实现清扫[14]。

7.9.2.1　行走部位关键技术

行走机构驱动系统可由双步进电动机、蜗轮蜗杆、轴、驱动轮和万向轮组成。步进电动机和蜗杆通过联轴器相连接，动力经过蜗轮蜗杆的啮合运动传递，蜗轮和驱动轮安装在同一传动轴上，具有相同的转速，轴再通过键连接，从而带动两轮驱动，推动机器人运动。图 7.17 为智能清扫机器人行走驱动系统总功能结构图。

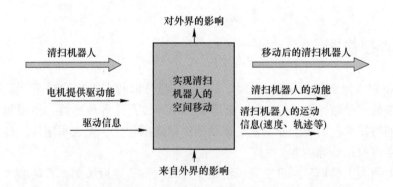

图 7.17　智能清扫机器人行走驱动系统总功能结构图

7.9.2.2　传感器技术

（1）超声波传感器。主控制器产生一个声波用来驱动无线传感器发射检测障碍的声波，声波碰到障碍物反射回无线传感器接收端；若没有检测到障碍物，则输入低电平给主控制器，使得主控制器驱动无线传感器继续寻找清扫对象；若检测到清扫对象，则输入高电平给主控制器，使得主控制器驱动清扫模块进行清扫。

（2）压力传感器。压力传感器可以以一定的规律将压力信号转换成系统可以识别的电信号，在生活中极为常见。清扫机器人在清扫模块备有清理箱，清理箱底部设有压力传感器。压力传感器可将清理箱所承受的质量转为电信号，经过模数转换发送给主控制器。提前预设清理箱的最大承重，传感器将清理箱每清理一次时箱内实际重量反馈给主控制器。当清理箱最大承重——清理箱内垃圾重量大于设定重量，传感器将信息发送给主控制器，主控制器停止检测、清理、行进并驱动蜂鸣器报警，等待下一步处理[14]。

7.9.3 功能特点

AI清扫机器人可以在选矿黑灯工厂的地面进行清扫任务，清除工厂内的灰尘、杂物和污垢。它可以通过激光雷达、摄像头等传感器感知环境，并利用机器学习算法规划清扫路径和避开障碍物；选矿黑灯工厂产生大量的废料和碎石，AI清扫机器人可以帮助清理这些废料，减少人工清理的工作量和风险。它可以通过视觉识别和机器学习算法识别废料，并利用机械臂或吸尘装置进行清理；选矿黑灯工厂可能存在污水和废水的处理需求，AI清扫机器人可以帮助清理和处理这些污水。它可以通过传感器监测水质和水位，并利用机械臂或泵等设备进行清理和处理；可以搭载各种传感器，如温度传感器、湿度传感器、气体传感器等，用于监测选矿黑灯工厂的环境参数。它可以实时监测环境的变化，并将数据反馈给工厂的管理系统，以便及时采取相应的措施。

另外，AI清扫机器人在黑灯工厂中还具有以下功能及特点：

（1）油污深度清洁：可高效清理工业作业区多种油污；

（2）全程无人化：自动充电、补水、排污水；

（3）手/自动模式：支持自动驾驶模式和人工驾驶模式；

（4）安全性能高：多传感器融合，动态识别和避障；

（5）路面适应性强：大电机功率，可越过8°以下陡坡；

（6）智能化管理：支持任务排班、定时作业、远程运维；

（7）数字化运营：精细化、可视化数据管理。

参 考 文 献

[1] 李轩，郑练，李济龙，等．黑灯工厂发展路径探究［J］．新技术新工艺，2022（12）：7-17.

[2] 汪洋，黄宋魏，唐敏，等．矿浆浓度检测技术及其应用研究［J］．自动化仪表，2022，43（10）：96-100.

[3] 朱思露．铁精矿铁品位检测装置研究［D］．哈尔滨：哈尔滨理工大学，2021.

[4] 李宗营，钟卫兵．梅山铁矿铁品位实时监测系统及应用［J］．现代矿业，2019，35（12）：166-169.

[5] 朱剑锋．煤矿电机运行参数在线监测技术研究［J］．中国新通信，2014，16（20）：95-96.

[6] 陈芳．机电设备在线诊断及健康管理系统的探索与实践［J］．价值工程，2022，41（32）：11-14.

[7] 陈一兵．煤矿智能集中润滑系统设计与应用［J］．煤矿机械，2022，43（5）：130-132.

[8] 杜文飞，李春光，万四海．管道漏磁检测的智能方法综述［J］．西南师范大学学报（自然科学版），2022，47（6）：1-7.

[9] 潘祥生，陈晓晶．矿用智能巡检机器人关键技术研究［J］．工矿自动化，2020，46（10）：43-48.

[10] 吴建建．煤矿井下智能巡检机器人自动控制技术的研究［J］．自动化应用，2023，64（7）：40-42.

[11] 曹巍，周治宇，刘辉，等．智能巡检机器人在地铁检修库内的可行性应用［J］．科技创新与应用，

2023, 13 (23): 54-57.

[12] 刘武. 发电厂升压站智能巡检机器人安全监测研究与应用分析 [J]. 电气开关, 2023, 61 (4): 28-33.

[13] 朱波. 全自动商用清扫机器人定位追踪和路径规划解决方案 [J]. 信息与电脑 (理论版), 2023, 35 (6): 103-106, 11.

[14] 孙玉萍, 李宗唐. 畜禽粪便智能清扫机器人设计研究 [J]. 乡村科技, 2019 (16): 125-126.

8 深度学习在矿山中的典型应用

8.1 概述

2006 年，深度学习泰斗 Hinton[1] 提出无监督深度置信网络的训练方法，2013 年深度学习位列十大突破性科技之首，2016 年 3 月，Alpha-GO 打败人类围棋大师，到 2020 年 6 月，OpenAI 公司宣布了 GPT-3 语言模型，使得人工智能拥有甚至超过人类对话的表达机制。在这十几年里，深度学习持续经历着创新与演进，其研究价值和应用潜力不断被深入挖掘。

人工智能（Artificial Intelligence，AI）是一个广泛的概念，指的是使计算机系统具备模仿人类智能行为和决策能力的能力。人工智能的终极目标是使计算机能够执行像感知、理解、学习、推理、决策等人类智能任务。

机器学习（Machine Learning，ML）是人工智能的一个分支，它关注计算机系统，通过学习从数据中提取模式和知识，以改善任务的性能。机器学习使计算机能够通过训练数据自动调整其行为，而不需要明确的编程。机器学习可以看作是实现人工智能的一种方法。

人工神经网络（Artificial Neural Networks，ANNs）是一种受到人脑神经元工作原理启发的计算模型。它由多个互相连接的神经元（也称为节点）组成，这些神经元之间的连接具有不同的权重。人工神经网络在机器学习中被用于模拟和解决各种任务，例如图像识别、语音识别和自然语言处理。

深度学习（Deep Learning）是机器学习的一个分支，它专注于使用深度神经网络来解决复杂的问题。深度学习中的神经网络通常包含多个隐藏层，这些网络被称为深度神经网络。深度学习已经在许多领域取得了显著的成功，如计算机视觉、自然语言处理和强化学习。

图 8.1 为人工智能、机器学习、人工神经网络以及深度学习之间的关系。从图 8.1 中可以明显看出，人工神经网络是深度学习的基本组成部分，而深度学习是机器学习的一种

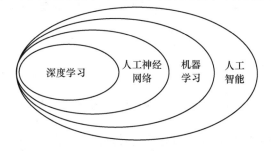

图 8.1 人工智能内的部分分支关系

方法，而机器学习又是实现人工智能的方式之一。这些领域之间存在密切的联系和层次关系，它们一起推动了人工智能领域的不断发展和创新。

动物神经系统中，神经元通常拥有多个树突，其主要职责是接受传入信息。相比之下，每个神经元只有一根轴突，轴突的末端则分布着多个轴突末梢，用于向其他多个神经元传递信息。这些轴突末梢与其他神经元的树突形成连接，这种生物学上的连接被称为"突触"，如图 8.2 所示。在信息传递过程中，经过细胞核的处理，不同信息被赋予不同的权值，即其重要性被赋予不同的程度。一旦这些重要性分配完毕，信息被传递至下一个神经元，直至最终体现为具体的行为表现。

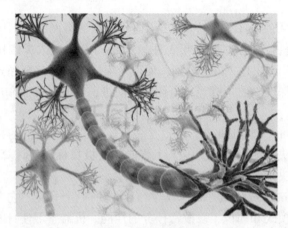

图 8.2 动物神经元

神经网络的原理与动物神经系统有着相似的基本原理。它是一个包含输入、输出和计算功能的模型。可以将输入视作类似于神经元的树突，而输出则类似于神经元的轴突。计算过程可以比喻为细胞核。图 8.3 为一个典型的人工神经网络模型，包含 3 个输入、1 个输出以及 2 个计算功能，连接中的箭头线可被称为"连接"，每个连接具有一个"权值"。这些权值赋予不同的输入值以不同的重要性，然后经过函数计算，最终产生输出结果。如果按顺序输入值 1、2、3，且相应的权值分别为 0.1、0.2、0.7，计算后得到的总和值为 2.6。

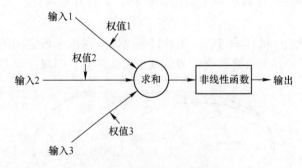

图 8.3 基础的神经网络模型

深度学习是机器学习领域的一个相对新兴研究方向，旨在使机器学习更接近实现最初的目标——人工智能。深度学习通过大量的神经网络模型相互协作，构建和模拟大脑信息处理的神经结构，以实现对外部输入数据的从低级到高级的特征提取，从而使机器能够理解和学习数据并获取信息。深度学习的核心是学习样本数据的内在规律和多层次表示，这些学习过程提供了对文本、图像、声音等数据的深刻解释，为机器具备与人类类似的分析和学习能力奠定了基础。其最终目标是让机器能够像人一样具备识别文字、图像和声音等多种数据类型的能力。图像在经过人眼后通过眼睛识别出的色彩很容易被大脑判断出图像中的物品、相对大小，但是如何将这种信息通过深度学习告知计算机呢？众所周知，图像对于计算机来说就是一大串的数字，不同数值能够代表不同的颜色，在不同物体之间色彩会有明显差异，如图8.4所示，而深度学习就是将这些色彩差异导致的数值差异经过计算机"眼"中的各种计算不断将其放大或缩小，并且通过处理大量的图像样本形成计算机能够识别的"数值差异"规律，从而利用这样的规律形成类似于动物经验、记忆的模型，而当需要计算机对下一次的图像进行识别时，就通过这样的模型将图像中需要的信息识别出来。

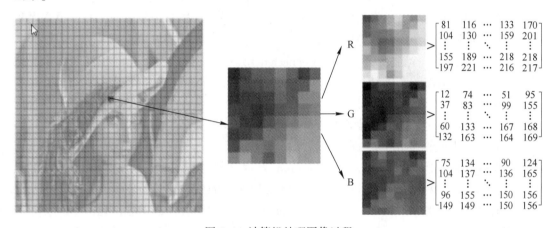

图 8.4　计算机处理图像过程

　　深度学习是一种复杂的机器学习算法，一个典型的深度学习网络结构主要包括：（1）特征提取网络（Backbone）；（2）特征融合网络（Neck）；（3）预测网络（Head）。特征提取网络的作用就是提取图片中的数字信息，并对感兴趣的部分进行分析，并生成多个不同尺寸的特征图，现今较为流行的特征提取网络有 ResNet[2] 系列、VGGNet[3] 系列、MobileNet[4] 等。特征融合网络指的是融合不同尺度的特征以提高图像分割的性能，低层特征分辨率更高，包含更多位置、细节信息，但是由于经过的卷积更少，其语义性更低，噪声更多；高层特征具有更强的语义信息，但是分辨率很低，对细节的感知能力较差，将两者高效融合，取其长处，弃之糟粕，是特征融合网络提升检测性能的主要方式，现今常用特征融合网络主要为 FPN（Feature Pyramid Networks）及其衍生系列。预测网络是利用之前网络提取、融合的特征对新目标进行预测。深度学习图像方面研究的一般步骤为：收集图像→制作训练、测试图像→选取合适的深度学习网络结构→对网络进行针对性改造→获得检测模型。

　　为便于后续理解，对以下深度学习术语名词进行解释：

　　（1）卷积层：卷积神经网络中每层卷积层（Convolutional Layer）由若干卷积单元组成，每个卷积单元的参数都是通过反向传播算法最佳化得到的。卷积运算的目的是提取输入的不同特征，第一层卷积层可能只能提取一些低级的特征如边缘、线条和角等层级，更多层的网络能从低级特征中迭代提取更复杂的特征。

（2）下采样：在深度学习中主要指的是缩小图像信息。

（3）上采样：在深度学习中主要指的是放大图像信息。

（4）池化层：它实际上是一种形式的下采样。有多种不同形式的非线性池化函数，而其中"最大池化（Max Pooling）"是最为常见的。它是将输入的图像的数值划分为若干个矩形区域，对每个子区域输出最大值。

（5）ReLU 层：也称为整流线性单元层，是用于降低过拟合并构建神经网络准确性和有效性的激活函数，具有这些层的模型更易于训练并生成更准确的结果。

（6）特征图：特征图是由一系列卷积核对输入图像进行卷积操作得到的结果。它可以看作是原始图像的抽象表示，其中每个像素点表示一些特定的特征。

（7）感受野：卷积神经网络每一层输出的特征图（Feature Map）上的像素点映射回输入图像上的区域大小。通俗点的解释是，特征图上一点，相对于原图的大小，也是卷积神经网络特征所能看到输入图像的区域。

（8）全连接层：全连接层（Fully Connected Layer）一般位于整个卷积神经网络的最后，负责将卷积输出的二维特征图转化成一维的一个向量，其主要作用就是将前层（卷积、池化等层）计算得到的特征空间映射样本标记空间，简单地说就是将特征表示整合成一个值，其优点在于减少特征位置对于分类结果的影响，提高了整个网络的鲁棒性。

以图 8.5 所示的 YOLO v3 深度学习网络为例，其中最左侧表示输入 608×608 的三通道（通常指彩色）图片；CBL 方块中的 Conv 表示一种卷积层；Res 表示 ResNet 特征提取网络；Concat（梯形块）和 add（椭圆）为特征融合的两种方式，Concat 是直接将两个特征图的数值进行加和（比如 $z = x + y$），而 add 是将两个特征图的数值进行一定函数关系加和（比如 $z = x + iy$，其中 i 是虚数单位）；在 YOLO v3 的结构里，没有池化层和全连接层。

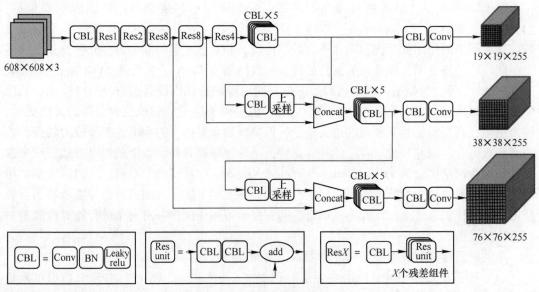

图 8.5 YOLO v3 网络结构

近年来深度学习取得惊人进展，从模型、算法，到大规模的应用都取得了令人瞩目的成果，其中在矿山中的应用与试探更是不胜枚举，目前深度学习在矿山方面的应用以图像为主，如对爆堆块度和传送带矿石块度的分析、岩石种类识别、驾驶员疲劳状态检测与预警等，为矿山带来了新的技术革命，进一步提升了生产效益，增强了生产安全。目前深度学习涉及矿山中的典型技术主要有图像分割技术、图像分类技术以及图像定位技术，接下来本书以这三种技术为中心，分别介绍深度学习在矿山中的典型应用。

8.2 图像分割技术

图像分割技术是将图像划分为相互独立、具有不同特征的区域。这些特征可以包括灰度、颜色和纹理等。图像分割需要满足以下条件：（1）划分后的区域应覆盖整个图像；（2）区域之间不应有重叠；（3）同一区域的像素应共享某种特征，这些特征可以是像素值、颜色、纹理或形状等；（4）同一目标或类别可以对应一个或多个区域。传统的图像分割方法包括基于阈值的图像分割、基于区域的图像分割和基于边缘的图像分割。基于阈值的图像分割方法通过设置多个阈值来划分图像的灰度直方图，从而得到不同的区域作为分割结果。区域分割方法根据像素之间的相似性来划分区域，相似性高的像素被划分到同一区域中。基于边缘的分割方法利用图像中的边缘作为不同区域的分界线，这些边缘划分的区域通常具有明显的灰度值、纹理和颜色特征的差异，从而实现图像分割。这些传统的图像分割方法在不同应用场景中都有各自的优势和限制，选择适当的方法取决于图像的特性和分割任务的需求。

随着深度学习技术的日渐成熟，利用深度学习技术进行图像分割逐渐成为业界主流方法，相较于以上单一的传统图像分割技术，深度学习图像分割具有鲁棒性强、参数需求少、效率高、精准度高等优势。按照任务不同，可以将图像分割分为三类：语义分割、实例分割、全景分割。语义分割[5]是指将图像中的像素分类为语义类，属于特定类别的像素仅被分类到该类别，而不考虑其他信息或上下文；实例分割[6]模型根据"实例"而不是"类别"将像素分类；全景分割[7]是最新开发的分割任务，可以表示为语义分割和实例分割的组合，其中图像中对象的每个实例都被分离，并预测对象的身份。全景分割和实例分割的区别在于，将整个图像都进行分割，以图8.6为示例进行说明。

(a)

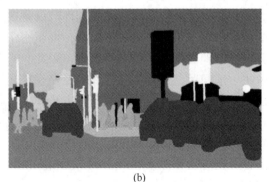

(b)

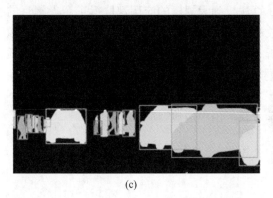
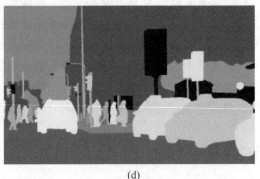

图 8.6 图像分割分类

(a) 原图；(b) 语义分割；(c) 实例分割；(d) 全景分割

(扫描书前二维码看彩图)

图 8.6 (b) 为语义分割，从图中可看到图 8.6 (a) 中的全部物体都被标记了出来，并对同类的物体标记了同种颜色，如"人"为红色，"车辆"为蓝色；图 8.6 (c) 为实例分割，该图片中对感兴趣的目标"人"和"车辆"进行了标记，并对每个不同个体标记了不同的颜色；图 8.6 (d) 为全景分割，结合了语义分割与实例分割的特点，将图片内所有的物体都给予了标记，并对感兴趣的目标个体赋予了不同的颜色。

图像分割技术在矿业领域中具有广泛的应用，有很强的应用价值，诸如计算大块率、岩体节理裂隙分割、矿石粒度信息统计等。大块率计算、岩体节理裂隙分割及矿石粒度信息统计等可以有效指导矿山生产、爆破、铲装、运输等过程，并对保障矿山安全生产具有重要意义。接下来本书以爆堆块度识别、传送带矿石块度分析两个例子具体介绍图像分割在矿山的实际应用。

8.2.1 传送带矿石块度图像分割分析

矿石粒度信息作为反映选矿过程中破碎机工作状况的关键指标，传送带矿石粒度检测的效果好坏对于选矿过程的生产效率起到了决定性作用，好的粒度检测技术能够尽快识别出给矿皮带上过大尺寸的矿石，防止处于给矿皮带和受矿皮带之间的转运缓仓内发生堵料事故。早期的矿石尺寸测量是手工测量，不仅需要大量的人力物力，而且精度和效率都很低，随着计算机的发展，基于图像处理的矿石粒度自动检测方法被提出，作为一种自动化处理手段，其关键环节就是矿石图像分割。在室外环境采集的传送带矿石图像数据中，矿石的形状不规则，堆积密集，复杂度高，这些现象为利用机器视觉手段分离矿石颗粒带来了很大的困难。因此，需要使用一种分割效果好、便于掌握的方法来解决上述问题。近些年来，许多专家在矿岩图像分割方法上取得了巨大突破，其中以分水岭法及其改进方法，阈值分割方法和基于特定理论的分割方法为主，这些方法普遍存在参数设计复杂、分割准确率不高等问题。随着计算机图像处理技术的发展，应用深度卷积网络实现图像分类取得了巨大突破。由于深度学习在图像分类领域的突出表现，且图像分割可看作像素层面上的二分类问题，因此可以采用深度学习解决矿石图像分割问题。

柳小波等[8] 针对传送带矿石图像中矿石粘连和边缘模糊造成的分割不准确问题，提出了一种基于 U-Net 和 Res_UNet 模型的 UR 双模型（以下简称 UR 法）矿石图像分割方法。该方法首先将待分割图像经过灰度化、中值滤波和自适应直方图均衡化等图像增强方法处理后，利用预训练的 U-Net 模型提取图像轮廓；然后将图像轮廓二值化后，利用预训练的 Res_UNet 模型进行轮廓优化；最后利用 OpenCV 得到分割结果，与基于形态学重建的分水岭算法和 NUR 法分别对 10 张测试图进行实验比较，结果表明利用深度学习实现矿石轮廓检测和优化方法分割的结果更加准确，证明了其对传送带矿石图像分割的有效性。

8.2.1.1 方法与模型概述

利用 U-Net 和 Res_Unet 双模型方法实现传送带矿石图像分割的方法可分为两个阶段，分别为训练阶段和测试阶段。

训练阶段共分为两步。第一步，采集传送带图像，将其经过图像预处理后，作为样本集 A 和样本集 B。利用 U-Net 网络训练样本集 A 得到轮廓检测模型 A，利用 Res_Unet 网络训练样本集 B 得到轮廓检测模型 B；第二步，利用轮廓检测模型 A 测试样本集 A 得到轮廓集 A，利用 Res_Unet 网络训练轮廓集 A 得到轮廓优化模型 A。利用轮廓检测模型 B 测试样本集 B 得到轮廓集 B，利用 U-Net 网络训练轮廓集 B 得到轮廓优化模型 B。

测试阶段是利用训练好的轮廓检测模型提取测试图像的轮廓区域得到轮廓图，将轮廓图二值化后，利用已训练好的轮廓优化模型优化矿石轮廓。最后。利用 OpenCV 统计矿石尺寸分布，实现矿石图像分割。具体流程如图 8.7 所示。

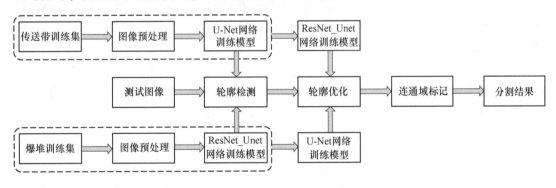

图 8.7 U-Net 和 Res_Unet 双模型方法进行图像分割流程

U-Net 网络是基于 FCN 改进得到的一种全卷积网络，其结构类似于 U 形，因此得名为 U-Net。与其他的卷积神经网络相比，该网络所需训练集少、分割精确度高。U-Net 的网络结构中左侧为下采样结构，用于获取上下文中的环境信息，右侧的上采样结构用于将同一层的下采样信息和上采样信息结合，从而进一步还原图像细节。该结构中采用线性整流函数作为激活函数。如图 8.8 所示，左侧的下采样结构中每两个卷积层后，接一个池化层。而且，在每一次下采样的过程中，特征通道的数量都被加倍。上采样的过程与下采样过程相反，每一次上采样过程，特征通道数量缩小一半，然后将同一层的下采样中的特征图进行拼接，矩形框表示为图像的特征图，矩形框是通过复制后得到的特征图。

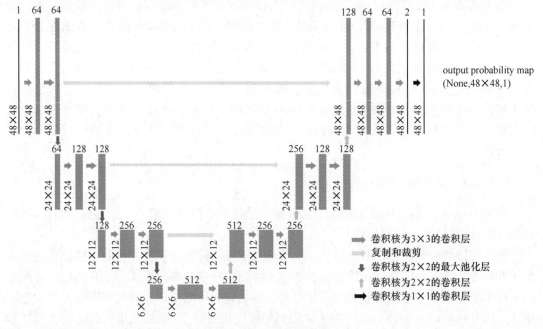

图 8.8 U-Net 网络结构

Res_Unet 网络是对 U-Net 网络的一种改进，网络结构类似于 U-Net。通过将 ResNet（Residual Neural Network）模型中的残差模块引入 U-Net 网络，不仅加深了网络的层数，提高了训练后的模型分割精度。同时，由于残差结构的引入，克服了传统 U-Net 网络中由于网络层数的增加可能产生的模型退化的问题，即训练过程中 Loss 变化缓慢或不再继续收敛，其中残差结构图如图 8.9（a）所示。Res_Unet 网络结构图如图 8.9（b）所示，与 U-Net 典型结构类似，在下采样过程中，设置残差模块（C Block 和 I Block）扩增特征层的尺寸，并采用特征层拼接的方法（Conv）在上采样过程中，与同层的下采样过程特征信息融合，从而有效保证了在下采样和上采样过程中特征层的深度和大小的统一。

8.2.1.2 图像数据的采集与处理

由于不同角度的矿石图像会呈现出不同的矿石尺寸大小，而且矿石品位和光照条件的不同也会导致矿石表面颜色的变化，不同品位和不同角度的传送带矿石图像如图 8.10 所示。为验证 UR 法对于多变环境下的传送带矿石分割效果，需要从多角度采集矿石表面颜色不同的传送带作业视频，并按帧分解成图片。这种图片与普通拍摄的图片相比，环境复杂度更高，更符合现场实际情况。

采集得到的图像原始尺寸是 1920 px×1080 px。为降低训练集的复杂度，提高训练速度，首先从图像中选取互不包含重叠区域的 39 张图像，其中 29 张作为训练集，10 张作为测试集。将训练集中的图像经过预处理后，作为样本集。然后，裁剪得到样本集图像中含矿石的区域，然后将图像插值并调整到 960 px×480 px。最后，利用 PhotoShop 软件手工绘制矿石颗粒的边缘线，制作标签集。将样本集及其相对应的标签集组合成训练集 A，将测试集及其相对应的标签集组合成传送带测试集（即测试集 A）。

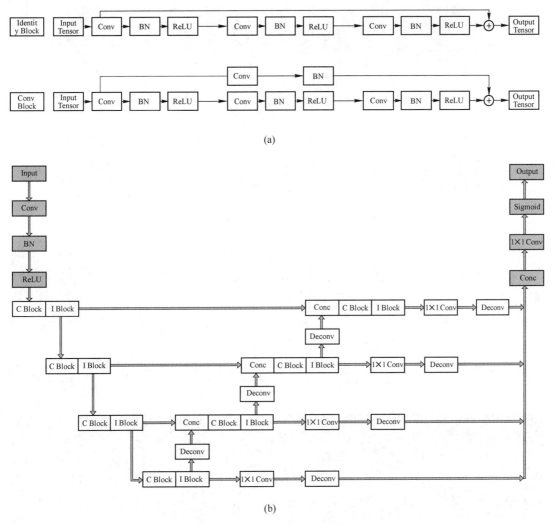

图 8.9 Res_Unet 网络及其残差结构

（a）ResNet 中的残差结构；（b）Res_Unet 网络结构

将训练集 A 经过预训练的 U-Net 模型进行轮廓检测得到 29 张轮廓图后，令阈值为 0.3，将概率图二值化后得到的 29 张二值图及其相对应的标签集组合成训练集 B。U-Net 网络的训练样本总数为 725000 个，训练样本从训练集 A 中的 29 张图片随机截取得到，平均每张图片截取 25000 个样本，每个样本尺寸是 48 px×48 px。Res_Unet 网络的训练样本总数是 29000 个，训练样本从训练集 B 中的 29 张图片随机截取得到，平均每张图片截取 1000 个样本，每个样本尺寸是 240 px×240 px。图 8.10 为不同品位和不同角度的矿石图像。

如图 8.11（a）和图 8.11（b）所示，将测试图像经过灰度化、中值滤波和自适应直方图均衡化的预处理后，降低了图像的噪声，矿石间隙更加明显，同时将单通道的灰度图作为训练集和测试图，也可以降低模型的数据处理量，提高模型训练速度。将传送带图像利用轮廓检测模型进行轮廓检测后，结果如图 8.11（c）所示。

由图 8.11（c）可以看出，利用预训练模型进行轮廓检测后，基本可以得到矿石区域

图 8.10 不同品位和不同角度的矿石图像

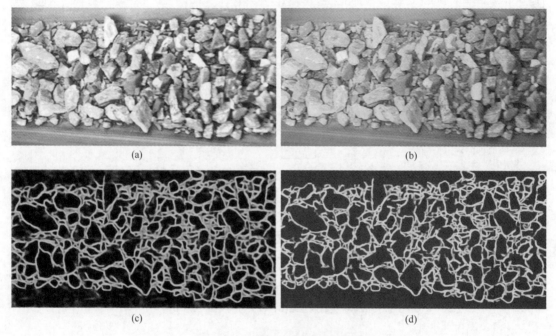

图 8.11 不同图像处理与优化图

（a）传送带原图像；（b）传送带预处理图像；

（c）传送带图像轮廓检测；（d）传送带图像轮廓优化结果

（扫描书前二维码看彩图）

的轮廓，但是仍存在边界不连续和过分割等问题。为进一步精确分割结果，需要对该轮廓进行优化。轮廓优化是将提取的区域轮廓，经过孔洞填充、边缘补齐后，得到闭合且更加准确的矿石区域轮廓。

针对图像过分割问题，解决的算法有多种，但是参数调整复杂且效果一般。本书采用深度学习实现轮廓优化。传送带测试图像经过预训练模型验证得到轮廓图后，利用预训练的 U-Net 和 Res_Unet 的模型优化轮廓图中的矿石轮廓。轮廓优化结果如图 8.11（d）所示。

由于优化后的轮廓图中矿石区域仍存在一些问题，比如含有小孔洞、杂点和传送带区域干扰等，为了进一步提高连通域标记的准确度，提高矿石颗粒尺寸检测精度，需要标记优化后的轮廓图像的连通区域。本书利用 OpenCV 的相关算法实现了对传送带图像矿石轮廓的连通域标记。

需要设置轮廓筛选条件，设定阈值为 0.3，将优化后的轮廓图二值化，得到二值化轮廓图。利用 OpenCV 的相关算法获取二值化轮廓图的参数和 findContours 算法，查找轮廓图中的所有轮廓；利用 boundingRect 算法得到每一个轮廓的最小外接矩形；利用 contourArea 算法得到每一个轮廓的面积；利用 arcLength 算法得到每一个轮廓的周长。同时，针对传送带图像采用连通区域标记方式。具体步骤如下：

设置四个参数，分别是 K、Num、A_1 和 A_2，令这四个参数的初始值为 0。由于新轮廓图的矿石区域含有小孔洞、杂点和传送带区域干扰，为了进一步提高连通阈标记的准确度，提高矿石颗粒尺寸检测精度，需要设置轮廓筛选条件。通过对 K 值的限定，可以排除传送带区域对矿石区域检测的影响，A_1 和 A_2 值的区域限定可以剔除小孔洞和细小矿石对统计轮廓参数的干扰，具体 K、A_1 和 A_2 的限定公式如式（8.1）、式（8.2）和式（8.3）所示。

$$K = \frac{L^2}{4\pi A} \tag{8.1}$$

式中，L 为轮廓的周长；A 为轮廓的面积。

$$A_1 = \frac{X \times Y}{4000} \tag{8.2}$$

$$A_2 = \frac{X \times Y}{20} \tag{8.3}$$

式中，X、Y 为轮廓图的分辨率。

如果任意轮廓 A 同时满足 $A_1 < A < A_2$ 和 $K < 6$ 这两个条件，则令 Num＝Num+1，同时保留该轮廓的最小外接矩形的长、宽及轮廓面积。利用 OpenCV 的 drawContours 算法将该轮廓绘制出来，可以得到分割结果图，且 Num 为最终统计得到的矿石轮廓数量。上述条件的设置，可以更加准确地提取到矿石区域的轮廓，大大提高了矿石颗粒检测的准确度。同时，在确定图像与真实值的比例系数后，也可以得到测试图像中矿石颗粒的数量、矿石颗粒的面积、周长和最小外接矩形的长和宽等参数。

8.2.1.3 模型训练与结果

本书针对传送带图像采用 U-Net 和 Res_Unet 网络训练，但训练参数各不相同。其训练参数如表 8.1 所示。"batch_size"表示每次迭代的图像数量，"epochs"表示样本中所有样本数据被计算的次数，"imgs_train"表示训练样本总数，"Resolution"表示图像训练样本的分辨率。实验采用随机梯度下降法。

表 8.1　传送带图像训练参数

训练模型	轮廓检测模型 A	轮廓优化模型 A
Resolution	48×48	240×240
imgs_train	725000	29000

训练模型	轮廓检测模型 A	轮廓优化模型 A
batch_szie	1	1
epochs	5	7

为实现对图像分割算法的客观评价，需要构建数学模型测试分割算法精度。将经过算法处理后得到的分割结果图与人工描边图分别二值化，使得图像中每个轮廓的内部像素为1，其余部分的像素为0，令分割结果的二值图为算法图，人工描边图的二值图为标准图。本书采用三个性能指标用于对分割算法进行评价，即分割精度（SA）、过分割率（OS）和欠分割率（US）。其定义为：

$$SA = 1 - \frac{|R_s - T_s|}{R_s} \tag{8.4}$$

$$OS = \frac{O_s}{O_s + R_s} \tag{8.5}$$

$$US = \frac{W_s}{R_s + O_s} \tag{8.6}$$

式中，R_s 为标准图中像素值为1的像素点数量；T_s 为算法图和标准图中像素值均为1的像素点数量；O_s 为算法图像素值为1且标准图像素值为0的像素点数量；W_s 为算法图像素值为0且标准图像素值为1的像素点数量。

为了验证 UR 法的有效性，采用基于形态学重建的分水岭法、省去 Res_Unet 轮廓优化的 UR 法（简称 NUR 法）和 UR 法分别验证测试集 A 和测试集 B，得到每张图片与上述三种方法分别对应的性能指标。同时，图 8.12 展示了不同分割方法对测试集 A 中两张具有不同图像采集角度、不同矿石表面颜色图片的分割效果。

从表 8.2 的性能指标数据中可以看出，与其他两种方法相比，UR 法的分割准确率更高，而且过分割率和欠分割率也优于其他两种方法。同时，从图 8.12 可以看出，需要对开闭重构结构要素的大小不断调试的基于形态学重建的分水岭算法，在复杂环境下对矿石边缘的分割结果不好。NUR 法虽然可以较准确地提取矿石轮廓，但是与基于形态学重建的分水岭算法一样都存在过分割严重的现象。UR 法不涉及参数的调试，分割传送带矿石图像的效果更好。

表 8.2 不同方法分割传送带测试集的性能指标

方法	性能指标	图1	图2	图3	图4	图5	图6	图7	图8	图9	图10	平均值
NUR法	分割准确率	0.9801	0.8145	0.8432	0.8271	0.9613	0.9676	0.9444	0.9398	0.9169	0.8844	0.9079
	欠分割率	0.1095	0.2176	0.1849	0.1975	0.1177	0.1211	0.1500	0.1553	0.1594	0.1752	0.1588
	过分割率	0.0915	0.0395	0.0334	0.0297	0.0821	0.0916	0.1000	0.1013	0.0832	0.0673	0.0720
分水岭	分割准确率	0.6935	0.7323	0.7233	0.7702	0.6110	0.5602	0.4470	0.5778	0.6396	0.6850	0.6440
	欠分割率	0.1027	0.1219	0.1142	0.1584	0.1035	0.1089	0.0927	0.1155	0.1172	0.1259	0.1161
	过分割率	0.3132	0.3073	0.3062	0.3157	0.3546	0.3811	0.4158	0.3781	0.3510	0.3353	0.3458

续表 8.2

方法	性能指标	图1	图2	图3	图4	图5	图6	图7	图8	图9	图10	平均值
UR 法	分割准确率	0.9309	0.9197	0.9105	0.9625	0.9394	0.9382	0.9420	0.9106	0.9981	0.9510	0.9403
	欠分割率	0.0690	0.0627	0.1333	0.0990	0.0649	0.0696	0.0848	0.0622	0.1106	0.1377	0.0894
	过分割率	0.1292	0.1324	0.0481	0.0639	0.1183	0.1238	0.1350	0.1392	0.1123	0.0923	0.1095

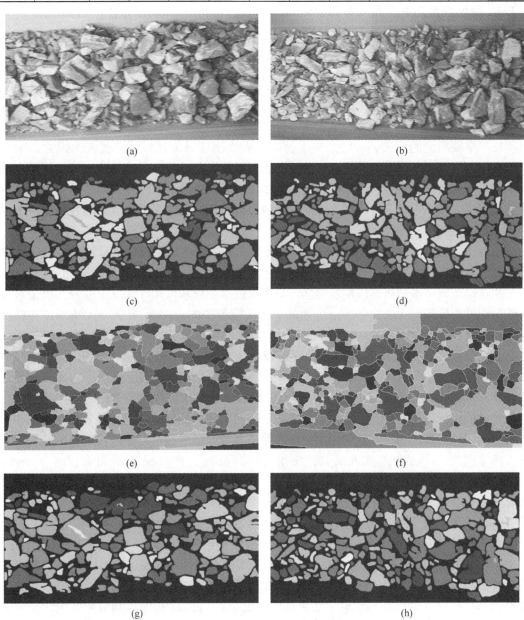

图 8.12 不同方法分割爆堆图像的分割结果

（a）原始传送带图像 1；（b）原始传送带图像 2；（c）NUR 法分割后的图像 1；（d）NUR 法分割后的图像 2；

（e）基于形态学重建的分水岭算法图像 1；（f）基于形态学重建的分水岭算法图像 2；

（g）UR 法分割后的图像 1；（h）UR 法分割后的图像 2

矿山的矿石传送带作为矿石运输的枢纽,对整个矿山生产具有一定"短板效应",且在实际生产中传送带时有发生故障,若因大块矿石堵塞矿石传送带引发设备故障,则会极大地影响矿山的生产效率,而基于深度学习的传送带图像分割技术的出现,解决了人工检查传送带矿石块度效率低、准确性低的问题,从而切实地提升了矿山的生产效率,减少了矿山设备维修的成本。

8.2.2 爆堆块度图像分割与参数优化

爆破效果评价以及参数优化一直是采矿过程研究的重要方向之一。长期以来,矿山企业的爆破效果评价手段落后,并且不能和参数优化进行有机的结合,导致矿山的爆破参数固化,一座矿山几乎使用同一套参数,出现了爆破效果随机性大、可靠性差的问题。为了获得稳定的爆破效果,需要快速、准确地对爆破效果进行评价以及结合爆破效果对参数进行动态优化。在爆破工程中,大块率是评价爆破效果的重要指标之一,大块率的高低可以直接反应爆破质量的优劣。传统条件下,矿山大块率统计方法笨拙,受人为因素影响较大,在生产紧张、多次爆破连续进行的情况下,很难满足矿山高效、经济、智能化生产的要求。图像分割技术能够利用拍摄到的爆破图像对大块进行识别,在识别后利用深度学习快速地对爆破效果进行分析,并动态优化爆破参数,从而实现爆破块度预测、爆破块度评价以及爆破参数的动态优化。

赵胜[9]通过对国内某地下矿的调研,结合爆破块度的分布规律,采用 KUZ-RAM 模型建立了爆破参数(如炸药单耗、孔网参数、装药参数等)与爆破块度信息的定量关系,并使用这种定量关系预测爆破块度信息;基于深度学习技术使用 Yloact 图像分割模型对地下矿山爆堆图像进行大块检测,通过增加 Yloact 模型中的 mask 信息,将大块图片在检测后显示出来,并通过使用 OpenCV 方法获取图片中的轮廓像素面积,通过标志物的像素面积与实际面积比值,计算出爆破实际面积与大块矿石实际面积,之后两者进行比值处理,得出爆堆的大块率。同时结合钻孔成本、炸药单耗、二次破碎以及铲装效率对爆破效果进行块度评价;然后结合 KUZ-RAM 模型建立的爆破参数与爆破块度信息的定量关系,确定参数优选的指标以及权重,针对爆破效果评价的四个等级,分别使用经验公式对爆破初始参数进行四种参数优选,以获取更加合理的爆破参数;最后通过对爆破块度预测、块度评价、参数优选三个方向的深入研究,使用 C#编程语言、Python 编程语言,结合 Visual Studio 2015 开发平台以及 .NET Framework 4.0 框架,使预测的块度信息、检测后大块率可视化,便于爆破参数与块度信息的分析,并最终在系统中实现爆破参数优选。以下主要介绍 Yloact 深度学习网络以及基于此开发的预测、识别效果。

对于爆破块度识别的网络选择了基于 PyTorch 深度学习框架的 Yolact(You Only Look At CoefficienTs)网络。PyTorch 是由 Facebook 开源的神经网络框架,专门针对 GPU 加速的深度神经网络编程,其对于深度学习的作用类似于地基对于建筑,只有打好地基,建筑才能修筑得高而稳(深度学习计算才能快且运行稳定)。Yolact 是由加利福尼亚大学研究人员在 2019 年提出一种实例分割方法,其网络结构主要包括两个分支:预测网络(Prediction Head)、原型网络(Protonet),这两个分支并行工作,因此其分割的速度较快。Yolact 网络结构中(见图 8.13)也包括基础特征提取网络(Backbone),其基础特征提取网络使用的是 ResNet101,其结构图如图 8.14 所示。Yolact 网络结构图 C1~C5,共五个卷积模块，采用了类似 SSD 模型的多个尺度的 Feature Map。这样做的好处是可以检测到不同尺度的物体，也就是在大特征图上检测小物体，在小特征图上检测大物体。P3~P7 代表 FPN 网络。这个网络的生成是由 C5 经过一个卷积层得到 P5 开始的。接下来，对 P5 进行一次双线性插值将其放大，与 C4 经过卷积后的结果相加得到 P4，同样的方法得到 P3。此外，还对 P5 进行了卷积得到 P6，对 P6 进行卷积得到 P7。这里使用 FPN 的原因：更深层的特征图能生成更鲁棒性的掩码（mask），而更大的原型掩码（prototype mask）能确保最终的掩码质量更高且更好地检测到小物体。

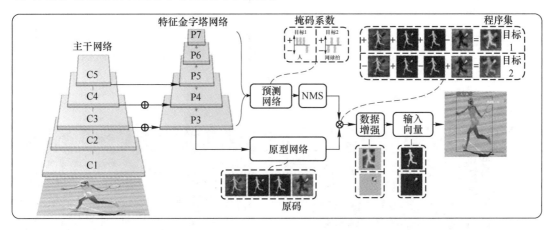

图 8.13　Yolact 网络结构图

layer name	output size	18-layer	34-layer	50-layer	101-layer	152-layer
conv1	112×112	7×7, 64, stride 2				
conv2_x	56×56	3×3 max pool, stride 2				
		$\begin{bmatrix}3\times3,\ 64\\3\times3,\ 64\end{bmatrix}\times2$	$\begin{bmatrix}3\times3,\ 64\\3\times3,\ 64\end{bmatrix}\times3$	$\begin{bmatrix}1\times1,\ 64\\3\times3,\ 64\\1\times1,\ 256\end{bmatrix}\times3$	$\begin{bmatrix}1\times1,\ 64\\3\times3,\ 64\\1\times1,\ 256\end{bmatrix}\times3$	$\begin{bmatrix}1\times1,\ 64\\3\times3,\ 64\\1\times1,\ 256\end{bmatrix}\times3$
conv3_x	28×28	$\begin{bmatrix}3\times3,\ 128\\3\times3,\ 128\end{bmatrix}\times2$	$\begin{bmatrix}3\times3,\ 128\\3\times3,\ 128\end{bmatrix}\times4$	$\begin{bmatrix}1\times1,\ 128\\3\times3,\ 128\\1\times1,\ 512\end{bmatrix}\times4$	$\begin{bmatrix}1\times1,\ 128\\3\times3,\ 128\\1\times1,\ 512\end{bmatrix}\times4$	$\begin{bmatrix}1\times1,\ 128\\3\times3,\ 128\\1\times1,\ 512\end{bmatrix}\times8$
conv4_x	14×14	$\begin{bmatrix}3\times3,\ 256\\3\times3,\ 256\end{bmatrix}\times2$	$\begin{bmatrix}3\times3,\ 256\\3\times3,\ 256\end{bmatrix}\times6$	$\begin{bmatrix}1\times1,\ 256\\3\times3,\ 256\\1\times1,\ 1024\end{bmatrix}\times6$	$\begin{bmatrix}1\times1,\ 256\\3\times3,\ 256\\1\times1,\ 1024\end{bmatrix}\times23$	$\begin{bmatrix}1\times1,\ 256\\3\times3,\ 256\\1\times1,\ 1024\end{bmatrix}\times36$
conv5_x	7×7	$\begin{bmatrix}3\times3,\ 512\\3\times3,\ 512\end{bmatrix}\times2$	$\begin{bmatrix}3\times3,\ 512\\3\times3,\ 512\end{bmatrix}\times3$	$\begin{bmatrix}1\times1,\ 512\\3\times3,\ 512\\1\times1,\ 2048\end{bmatrix}\times3$	$\begin{bmatrix}1\times1,\ 512\\3\times3,\ 512\\1\times1,\ 2048\end{bmatrix}\times3$	$\begin{bmatrix}1\times1,\ 512\\3\times3,\ 512\\1\times1,\ 2048\end{bmatrix}\times3$
	1×1	average pool, 1000-d fc, softmax				
FLOPs		1.8×10^9	3.6×10^9	3.8×10^9	7.6×10^9	11.3×10^9

图 8.14　ResNet101 结构图

接下来是并行的操作。P3 被送入原型网络，P3~P7 也被同时送到预测网络中。原型网络的设计是受到了 Mask R-CNN 的启发，它由若干卷积层组成。其输入是 P3，其输出的掩码维度是 138×138×32，即 32 个原型掩码，每个大小是 138×138。对于预测网络，接下来以 P3 为例，标记它的维度为 W3×H3×256，那么它的 anchor 数就是 a3 = W3×H3×3。预测网络会生成类别置信、位置信息和掩码系数，然后将上述信息进行拼接。最后，可以通过 anchor 的位置加上位置偏移得到 RoI 位置。Yolact 采用了 Fast-NMS（非极大值抑制）筛选算法避免 RoI 重叠所带来的问题。

　　将采集到的地下矿爆堆图像通过数据增广，总共获得 200 张图片，如图 8.15（a）所示，然后对所有图像进行统一分辨率为 550×550 的操作，再使用 labelme 标注软件对图像中的标志物及矿石进行标注，以此获得图像训练集，标注结果如图 8.15（b）所示。将其中 150 张爆堆图像作为测试所需要的训练集，50 张爆堆图像作为测试所需要的测试集，同时对深度学习模型进行了一定改进：通过获取标记图片的 mask 信息，获取图片中目标的轮廓信息，然后使用 OpenCV 方法获取轮廓像素面积，通过标志物的像素面积与实际面积比值，计算出爆破实际面积与大块矿石实际面积，之后两者进行比值处理，得出爆堆的大块率。测试结果如图 8.15（c）所示。

图 8.15　Yolact 模型识别过程

（a）采集的地下爆堆图像；（b）标注的地下矿山爆堆图像；（c）Yolact 模型识别结果

（扫描书前二维码看彩图）

该技术应用到国内某地下矿-177 m 水平的爆破参数设计,现场矿岩的抗拉强度为10.71 MPa,抗压强度为 120.94 MPa,岩体结构面间距约为 0.0618 m,岩石密度为3.3 t/m³。炮孔直径为 76 mm,最小抵抗线为 1.8 m,排距为 2 m,选择粉状乳化炸药,炸药单耗为 0.47 kg/t,选择扇形布孔方式,在输入完爆破参数后,通过 KUZ-RAM 模型预测算得大块率(块度 600 mm 以上)约为 13%,通过爆破后现场标定,实际爆破大块率约为13.42%,具有较高准确率;使用上述参数进行爆破后,进行现场获取爆堆图像,将获取的图像进行大块识别,检测得到图像的大块率约为 12.68%,与实际爆破大块率 13.42%相近。

该技术将爆破参数设计、钻孔、装药、破岩、评价、二次破碎等环节融合为一体,形成一个综合管理平台,基于深度学习的图像分割技术对爆破块度信息进行预测、效果进行块度评价、爆破参数进行优选,快速、准确检测爆破后的大块率,并循环优化爆破参数,使矿山爆破形成良性循环并不断优化,切实有效地提高了矿山企业的生产效率,减少了生产成本。

8.3 图像分类技术

计算机视觉包括一系列重要任务,如图像分类、定位、图像分割和目标检测。其中,图像分类可以被认为是最基本的内容,它构成了其他计算机视觉任务的基础。图像分类是根据特定规则对图像中的像素或矢量图进行分类和分配标签的任务。图像分类主要包含两类:有监督图像分类和无监督图像分类。无监督图像分类技术是一种完全自动化的方法,不需要利用训练好的数据,这也意味着机器学习算法可以在没有人工干预的情况下,探索隐藏的模式和数据组来分析和聚类无标注的数据集。有监督图像分类方法使用预分类的参考样本(基本事实)来训练分类器,之后再对新的未知数据进行分类,所以有监督分类技术是在图像中直观地选择训练数据样本并将其分配各预选类别(包括:植被、道路、水、建筑物等)的过程,这样做是为了创建能够应用于所有图像的统计标准。图像分类,尤其是有监督的分类,也在很大程度上依赖提供给算法的训练数据,与图像标注质量不好的数据集相比,优化良好的分类数据集的效果会更好。

图像分类技术在矿业领域中具有一定的应用,如岩石的种类识别、基于图像分类的卡车装载率检测等。岩石种类识别在矿山地质调查、岩体稳定性评价、地质教学和地质科学普及等方面均能发挥极其重要的作用;卡车装载率检测能够帮助矿山企业精确掌握和控制矿岩产量,并准确给予铲车司机绩效考核。接下来以此两方面为例介绍图像分类在矿山的应用。

8.3.1 岩石种类识别

岩石种类识别工作在矿山地质调查、岩体稳定性评价、地质教学和地质科学普及当中均发挥着极其重要的作用。在矿山地质调查过程中,岩石种类识别是进行地质填图,阐明地质调查区域内的岩石、地层、构造、水文地质等情况相互关系的基础;在矿山生产和基础设施建设当中,为了保护人员、设备安全,保持安全高效地开展各项工作,工程技术人员必须准确掌握工程项目当中的岩体条件,合理安排施工进度与相应的支护方案,而岩体稳定性评价是在已知岩石类别基础上进行的，因此岩石种类识别是掌握工程岩体条件中的一项重要内容与研究基础；岩石类别的区分是地质科学当中一项基础内容，在未知地层岩石种类时，众多地质科学研究无法顺利开展；在地质教学当中，教师不仅要教授学生各类岩石的成岩机理、矿物组成、岩石结构、构造等，还要经常前往实验室或者野外指导学生认识不同类别岩石，工作任务较重；在地质科学普及上，岩石类别的区分是最容易推广的，但是自然界中岩石种类繁多，必须牢记岩石的典型特征才能准确分辨，对于非地质专业人员难度较大。因此对岩石种类识别进行研究具有重要意义。

图像目标分类技术作为人工智能技术的一种已经成功应用在了很多领域之中，而且表现出了不错的效果。以往人们大多通过肉眼观察岩石的颜色、构造、矿物成分、形状等特征，进而根据经验来判断岩石种类，主观因素较多，而图像目标分类以计算机视觉为识别核心，利用不同类别图像或视频数据进行分类器训练，最终实现未知类别物体的定位和类别区分，因此图像目标检测具有计算机自动识别、检测类别多样可扩展、成型模型应用简单等优点，能够解决传统岩石种类识别主观因素大、检测场景单一、检测流程复杂的弊端。

王怀远[10]通过自主研发聚焦网络爬虫程序，获取约 6000 张岩石图像初始数据，利用 Tensorflow 深度学习框架、Faster R-CNN 算法以及改进的 VGG16 卷积神经网络实现了对岩石种类的识别，并实现了应用于实际的高精度单类、多类岩石识别。

Tensorflow 是谷歌公司在 DistBelief 基础上开发出的第二代人工智能框架，提供了大量的 CNN 等深度学习网络 API，利用 Tensorflow 能够将卷积神经网络等深度学习网络或算法快速构建起来，TensorFlow 对于深度学习的作用类似于建筑物的地基，地基打好了，建筑物才能修得又高又稳（深度学习算法才能又快又稳定运行）。Tensorflow 中的模型不仅可以用于深度学习任务，也可以用于其他机器学习任务，例如分类、回归和聚类等。Tensorflow 开源程度较高，因此已经成为目前最流行的深度学习框架之一。Tensorflow 的计算方式是数据流图，数据流图中包含节点和边，节点的含义为数学操作，边代表着节点之间的关系，节点与边之间利用多维数组（Tensor）进行传递计算。这种数学计算机制使 Tensorflow 框架具有很多优点，例如：

（1）机动灵活：事实上无论是何种形式的数据，只要转化成数据流图的形式均可以使用 Tensorflow 计算，当数据流图构建完成后，只需要写好循环代码进行驱动就可以实现计算功能。

（2）适应能力强：Tensorflow 可以在多种设备上运行，包括 CPU、GPU、移动设备、云平台等。

（3）语言适应能力强：Tensorflow 接口种类齐全，包括 C++接口、Python 接口、Go 接口、Java 接口。

（4）资源分配合理：Tensorflow 能够根据计算类型的不同自动寻找适用的硬件设备，从而充分利用硬件计算资源。

Faster R-CNN 是一种基于候选检测区域的深度学习目标检测算法，其主要由 RPN 和 Fast R-CNN 两部分组成。RPN 起着判断图像检测区域中是否包含检测目标的作用，即区分前景和背景。而 Fast R-CNN 的主要作用是检测，具体体现在将检测框进行分类，并修正检测框的坐标和边长。经典的检测方法生成检测框都非常耗时，如 OpenCV adaboost 使用滑动窗口+图像金字塔生成检测框；R-CNN 使用 SS（Selective Search）方法生成检测框，而 Faster R-CNN 则抛弃了传统的滑动窗口和 SS 方法，直接使用 RPN 生成检测框，RPN 通过滑动很少的步数就能遍历整个输出特征图，这也是 Faster R-CNN 的巨大优势，能极大提升检测框的生成速度，图 8.16 为 Faster R-CNN 和 RPN 的结构图。

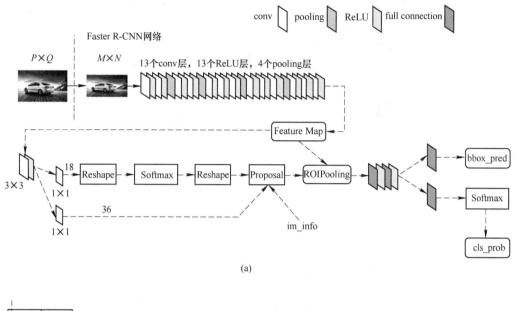

(a)

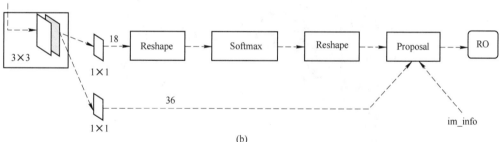

(b)

图 8.16 Faster R-CNN 与 RPN 网络结构

（a）Faster R-CNN 整体结构；（b）RPN 结构

VGGNet 为特种提取网络中的一种，其结构为输入−卷积−池化−卷积−池化−卷积−池化−卷积−池化−卷积−池化−全连接−分类器。VGGNet 揭示了卷积神经网络的深度与其检测准确率之间的关系，通过堆叠 3×3 的微型卷积核和采用最大池化法成功地构建了卷积深度为 11～19 层的卷积神经网络，当采用 VGGNet 式的网络结构时，网络层数越深其检测准确率会更高。VGG16 网络深度适中，并且特征提取效果良好，是当前较为广泛的卷积神经网络模型，其网络结构图如图 8.17（a）所示。

对 VGG16 进行改进，以此作为 Faster R-CNN 算法模型的基础特征提取网络，使得整个网络更加适合检测岩石种类，其具体改进方式为：去掉了全连接层与最后一个池化层和分类器，以堆叠 3×3 小型卷积核的方式构成卷积层，为了适应卷积运算，提高特征提取效率，在图像进行特征提取前添加归一化层，将岩石图像归一化成像素为 500×350 的统一大小图像。其改进目的为摒弃 VGG16 网络中的特征图分类，只需要利用基础特征提取网络提取岩石图像特征，改进后的 VGG16 网络结构参数如表 8.3 所示，网络结构如图 8.17（b）所示，提取后特征如图 8.17（c）所示。

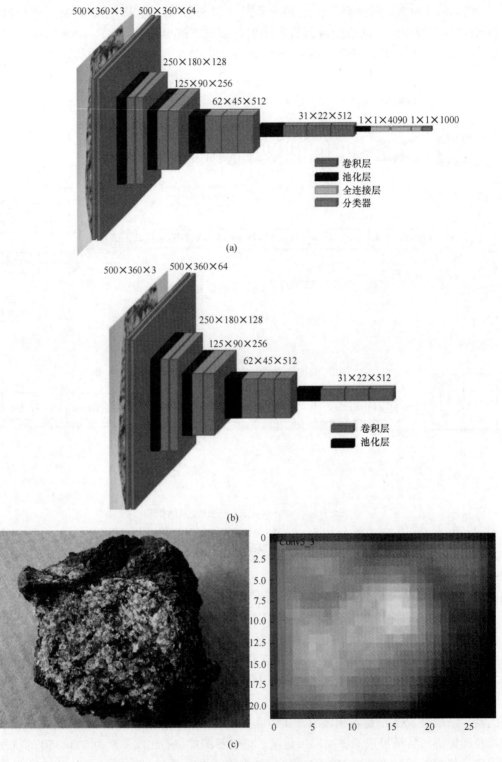

图 8.17 VGG 网络改进前后对比及其特征提取示意图

(a) 原 VGG16 网络结构;(b) 改进后 VGG16 网络结构;(c) 改进后 VGG16 对橄榄岩图进行特征提取

(扫描书前二维码看彩图)

表 8.3 改进后 VGG16 网络结构参数

类型	卷积核数目	卷积核大小	卷积步长	特征图输出大小
Conv1_1	64	3×3	1	500×350
Conv1_2	64	3×3	1	500×350
maxPooling1		2×2	2	250×175
Conv2_1	128	3×3	1	250×175
Conv2_2	128	3×3	1	250×175
maxPooling2		2×2	2	125×88
Conv3_1	256	3×3	1	125×88
Conv3_2	256	3×3	1	125×88
Conv3_3	256	3×3	1	125×88
maxPooling3		2×2	2	62×44
Conv4_1	512	3×3	1	62×44
Conv4_2	512	3×3	1	62×44
Conv4_3	512	3×3	1	62×44
maxPooling4		2×2	2	31×22
Conv5_1	512	3×3	1	31×22
Conv5_2	512	3×3	1	31×22
Conv5_3	512	3×3	1	31×22

利用上述改进后的 VGG16 网络、Tensorflow 框架以及 Faster R-CNN 算法获得了橄榄岩、玄武岩、大理岩、片麻岩、砾岩、石灰岩的识别模型，经过测试当图像是单类岩石图像时，模型对岩石的定位十分准确，很好地将岩石和图像背景区分开来。在进行岩石分类时，模型不仅能够对六类岩石图像均能正确区分其种类，而且识别的分概率均超过 96%，说明模型对单类岩石的检测效果较好，能够切实应用，效果如图 8.18 所示；当图像是多类岩石图像时，岩石定位准确且无错误识别，而且大部分岩石的识别概率得分大于 80%，一定程度上解决了前人的检测方法无法针对多岩石混合图像进行检测的难题，检测效果如图 8.19 所示。

(a)   (b)

图 8.18 单类岩石检测效果

（a）橄榄岩；（b）玄武岩；（c）大理岩；

（d）片麻岩；（e）砾岩；（f）石灰岩

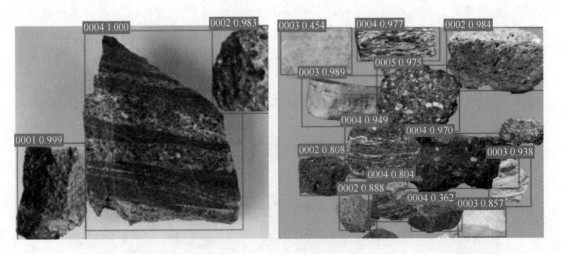

图 8.19 多类岩石检测效果

8.3.2 基于图像分类的矿用卡车装载率检测

运载计量是矿山的一项日常生产管理工作，精确掌握和控制矿岩产量，对矿山生产任务完成与车铲司机绩效考核具有重要意义。由于露天矿山目前所使用的车铲装运设备缺乏有效的在线计量装置，对每个工作面的矿岩采出量采用运载车数乘以约定的单车装载量进行粗略计量。这不但使露天矿生产数据严重失真，影响配矿的准确进行，同时也造成了油料消耗量与司机运营考核的不准确；此外，还有使用激光扫描技术或地磅来精确测量矿石量，这些方法的测量精度和效率较高，但测量设备购置和系统维护成本高，同时易受到雨雪等恶劣天气和矿山中粉尘及细碎矿渣的影响，给日常维护和生产管理带来不便。相比之下，使用深度学习的图像技术可以低成本、便捷和自动化地实现测量运载计量，其边际成本几乎为零，只需在新的测量点添置摄像头，卡车不用像地磅称重那样停下来，实现过程不需要人工参与。

马连成等[11]利用 VGG16 深度神经网络模型以及最小二乘法数据驱动模型对装载率 0%、装载率 25%、装载率 50%、装载率 75%、装载率 100% 进行了识别，并取得了良好的识别效果，VGG16 网络在上一节已有过介绍，此处不再赘述。团队采用 TFRecord 格式文件生成训练集、测试集，通常使用训练集和测试集需要额外的记录文件，而 TFRecord 格式文件中的数据都是通过 tf. train. Example Protocol Buffer（一种 API）的格式存储的，TFRecord 格式是一种二进制文件，它能够更好地利用内存，更方便复制和移动，并且不需要单独的标签文件，对于深度学习来说将数据集转换为 TFRecord 格式能够使得数据集能够更快速地被读取，这就意味着它能够缩短训练模型的时间。

矿用卡车装载率检测模型主要由两部分组成：第一部分基于 VGG16 深度神经网络的图像预分类模型，第二部分基于最小二乘算法的矿用卡车装载率预测模型。第一部分应用 VGG16 深度神经网络进行图片初步分类，实现对矿用卡车装载率的预分类，将 5 种类别的图像作为网络的输入，对应矿石装载量标签作为网络输出。VGG16 深度神经网络包含多个卷积段，适用于处理图像数据，将原始图像通过卷积核进行特征提取，经池化层归纳，将提取的特征向前层传递。同时将输出的误差逐层反传，对网络的权重阈值进行更新，最终实现网络结构的最优化即输出误差的最小化。第二部分图像经过 VGG16 深度神经网络图像分类模型，输出结果为所预测的每种类别的概率值。图像分类预测的分类结果及对应的概率值作为最小二乘法待拟合的数据，输出结果为矿用卡车运载计量的预测值。选取分类结果中可能性最大的前两个分类结果及其对应的概率值作为最小二乘回归模型的待拟合数据。公式（8.7）中的 X、Y、Z 即为待拟合的三个系数。待拟合公式为：

$$V = (X + YC_1P_1 + ZC_2P_2) \times V_m \tag{8.7}$$

式中，V 为装载矿石体积；V_m 为矿车最大装矿体积；C_1 为最大概率类别；C_2 为第二大概率类别；P_1 为最大概率类别的可能性；P_2 为第二大概率类别的可能性。

目前还没有具体的理论来帮助神经网络针对不同的数据样本确定出有效的参数。其中，学习率是最影响性能的超参数之一，它以一种更加复杂的方式控制着模型的有效容量，当学习率最优时，模型的有效容量最大。设置不正确的学习率可能会使得模型收敛速度过慢或震荡，甚至无法收敛。同时，随着模型可处理的数据量的增加以及电脑内存的限制，一次性将过大的样本数据输入进网络中会严重影响模型的处理速度，因此每次送入网络的样本数量直接影响模型分类正确率和训练总体时间，因此，选择适当的 BatchSize 大小可以实现对模型的优化，提高网络的检测速度。R 是一个评价拟合好坏的指标，通过拟合结果和实测值的相关系数来反映拟合结果和实测结果的相关程度，R 越接近于 1，网络的检测效果越优。RMSE 反映了预测值与实际值之间的误差大小，RMSE 越接近于 0，网络的检测效果越优。R 和 RMSE 公式分别由公式 (8.8) 和公式 (8.9) 给出。

$$R = 1 - \frac{\sum_{i=1}^{L} (\widehat{y_i} - y_i)^2}{\sum_{i=1}^{L} (y_i - \bar{y})^2} \tag{8.8}$$

式中，y_i 为原回归值；$\bar{y}$ 为原回归值的平均值；$\widehat{y_i}$ 为预测回归值。

$$\text{RMSE} = \sqrt{\frac{1}{L} \sum_{i=1}^{L} (\widehat{y_i} - y_i)^2} \tag{8.9}$$

式中，y_i 和 $\widehat{y_i}$ 分别为原回归值和预测回归值。

通过改变 VGG16 深度神经网络的以上超参数，以及不同的激活函数针对性地提高了网络检测矿用卡车载重的性能。表 8.4 为具有不同学习率的 VGG16 网络的性能。其中学习率为 0.003 的模型有最大的 R 值和最小的 RMSE 值，分别为 0.9990 和 0.0090。

表 8.4 学习率对 VGG16 模型的影响

学习率	R	RMSE
0.001	0.9972	0.0152
0.003	**0.9990**	**0.0090**
0.005	0.2429	0.2503
0.007	0.0064	0.2876
0.01	0.2831	0.2436
0.1	−4.885	0.2879
1	−9.5479	0.2879

非线性激活函数使得深度学习模型具有更强的表达力，具有更好的拟合效果。对于深度神经网络，适用范围最广的激活函数是 Sigmoid 函数、ReLU 函数等。综合考虑激活函数对于网络的影响，对 6 种不同的激活函数进行实验。从表 8.5 可以得出，具有不同激活函数的网络的 RMSE 和 R 差异很大。值得注意的是，Elu 函数可以极大地提高预测性能。

表 8.5 激活函数对 VGG16 模型的影响

激活函数	R	RMSE
Tanh	0.7157	0.1529
Sigmoid	−3.7470	0.2879
Relu	0.4576	0.2119
Elu	**0.999**	**0.0090**

激活函数	R	RMSE
LeakyRelu	−4.885	0.2879
Selu	0.7993	0.1254

BatchSize 是机器学习中一个重要参数，选择合适的 BatchSize 可以有效地提高内存利用率，更准确地朝向极值所在的方向。不正确的 BatchSize 值可能会使模型无法达到全局最优或者无法收敛。如表 8.6 所示，选择不同的 BatchSize 分别开发和训练 VGG16 网络，BatchSize 为 20 时产生最大的 R 和最小 RMSE。

表 8.6　BatchSize 对 VGG16 模型的影响

BatchSize	R	RMSE
10	0.9975	0.0144
20	**0.9990**	**0.0090**
30	0.9984	0.0123
40	0.9956	0.0190
50	0.9961	0.0179
100	0.9980	0.0130

综上所述，通过进行大量的网络拓扑生成实验及其对应的结果分析，选择最优的网络模型参数：学习率 0.003、Elu 激活函数、BatchSize 为 20，此时网络拟合度较好，模型预测矿用卡车载重准确性良好，其实际应用到矿用卡车的检测效果如图 8.20 所示。

图 8.20　矿用卡车装载率检测实际效果

8.4　图像定位技术

图像分类指的是对整张图片中的目标进行分类，图像定位则是在图像分类的基础上，进一步判断图像中的目标具体在图像的什么位置，通常是以定位框（bounding box）的形式出现，例如在动物识别中，如果一张图片中有多只猫和多只鸟，则会被定位框分类为猫和鸟的多类别。与图像分割不同的是，图像定位需要用边框将目标框起来，且实际输出的图像是带有位置信息的分类边框；而图像分割需要知道具体的哪个像素是不是属于目标的一部分，且输出的图像为掩码图像，其具体区别如图 8.21 所示。

图 8.21　图像定位与图像分类和图像分割的区别
(a) 原图；(b) 图像分类；(c) 图像分割；(d) 图像定位

　　图像定位实际上有两方面：一是关注目标物体的分类；二是目标物体的定位。如图 8.21 (d) 所示，图像定位不仅可以知道图片中目标物体是猫，还可以通过红框标出其位置，图像定位是可以处理多个物体实例的，这种能够处理多个实例的技术被称为目标检测。语义分割与图像定位的区别是注重像素级别的物体分割和类别标记，无法区分不同实例，若图 8.21 中有两只猫则其表现的颜色就相同。实例分割在语义分割的基础上，能够区分不同物体实例，为每个实例提供唯一的标记，若图 8.21 中有两只猫则其表现的颜色不同。这些任务在不同场景和应用中具有广泛的应用，并且各自有着独特的特点和目标。

　　图像定位技术在矿业领域中具有广泛的应用，例如电铲斗齿识别、矿山爆破现场安全预警、矿山运输皮带异物识别等，电铲斗齿识别可以及时发现斗齿脱裂情况，并防止其斗齿部分或其他异物混入破碎机、传送带等设备造成电机故障；矿山爆破现场安全预警识别能够进一步提高矿山的工作、运输安全，减少人员伤亡；矿山运输皮带异物识别可以增加皮带使用时间，防止电机故障，减少矿山维护成本。接下来本书以岩石种类识别、电铲牙尖缺失识别、矿山爆破现场安全预警和异物检测为具体例子介绍图像定位技术在矿山中的实际应用。需要说明的是，本部分介绍的实例也会涉及图像分割和图像分类技术，在实际应用中这三者并非泾渭分明，往往是互相关联的。

8.4.1 爆破现场安全预警

随着矿山开采的快速发展，矿山爆破工程的数量大大增加，矿山爆破作为一种高风险行业，其爆破过程中产生的各种安全问题不容忽视。对矿山爆破现场进行危险预警，能极大地提升矿山爆破安全性，也能提升露天矿管理水平。然而矿山爆破工程具有数量繁多、现场情况复杂、工期短、爆破现场位置频繁变化、限制人员进入等特点，经常出现爆破现场无法顺利搭建视频危险预警系统，人工监测漏查漏看的问题。在危险预警领域，以往大多研究都是利用 FRID（射频识别系统）、UWB（超宽带）等定位技术获取人和机械的位置信息，然后通过监理人员人工进行监察，然而在露天矿施工面积大、施工环节多的情况下，监理人员难以做到全面到位。因此，需要一种适应矿山爆破现场环境的智能实时危险预警方法以提升矿山爆破的安全性。智能危险预警系统需要实时检测周围环境的状态并进行实时识别人员、车辆等目标，为预警的决策提供依据，而目标检测算法正是实现矿山智能安全报警的一种较为合适的技术。

杨航远[12]利用改进后的 PG-YOLO v3 网络实现了一系列露天矿爆破现场危险预警功能，包括爆破预警、危险滞留预警、安全帽与口罩检测、人员异常行为报警、人员车辆统计等。首先收集了不同尺度、角度和光照条件的露天矿爆破现场人员、车辆图片，具体为660 张施工人员图片，470 张混装炸药车图片，530 张铲车图片，共 1660 张图片，为了降低训练集复杂程度，并提高模型训练的速度，将图片大小统一调整到 512 像素×512 像素，并使用数据标注工具 LabelImg 对图像文件进行标注，在进行一个图片标记之后会自动生成一个和所标注的图片文件名一样的 xml 格式文件，xml 文件中包含标注的位置信息以及所标记目标名称。

在对图片进行标记后，利用 Gaussian YOLO v3 网络进行试训练，结果显示 Gaussian YOLO v3 使用的基础特征提取网络 DarkNet-53 对小目标检测效果差，于是对 DarkNet-53 网络进行了改进：将输入图像的尺寸改为 512×512 以避免多次下采样后发生小目标特征消散，提高对小目标的检测精度；对网络结构中的残差结构数量进行简化，把网络中 2，4，8，16，32 倍下采样后的残差结构的数量分别精简成 1，2，6，6，4，卷积层中滤波器的数量也降低了一半，简化的 Darknet 运算复杂度有一定的下降，检测速度更快，精简后的 Darknet 网络结构参数如图 8.22 所示。

为了进一步提高网络对爆破现场小目标的检测准确率，以 Gaussian YOLO v3 为其主框架，基础特征提取网络则采用的是上文中所提出的简化的 Darknet，为了防止多次下采样后小目标特征消失，将输入图像的尺寸改为 512×512，并将检测尺度设置为 16×16、32×32 和 64×64，此修改后的新网络结构取名为 PG-YOLO v3，其网络结构如图 8.23 所示。

IOU（交并比）是算法生成的预测框与目标真实框的交集与两个框并集的比值，如图 8.24 所示，通常 IOU 大于 0.5 时即可认为是良好的检测结果。而 YOLO 系列算法随着 IOU 的增大算法检测目标位置的精度会有所下降，当算法计算得到的预测框的 IOU 大于设置的阈值时，认为预测框内存在目标，否则认为没有目标。

Score（置信度）为检测框内目标位置及类别的置信度，当预测框的 Score 小于设置的阈值时，该预测框不显示在画面中。为了减少多检、漏检的现象，需要重新设置 Score 和

	类型	滤波器	大小	输出
	卷积层	16	3×3	512×512
	卷积层	32	3×3/2	256×256
1×	卷积层	16	1×1	
	卷积层	32	3×3	
	残差			256×256
	卷积层	64	3×3/2	128×128
2×	卷积层	32	1×1	
	卷积层	64	3×3	
	残差			128×128
	卷积层	128	3×3/2	64×64
6×	卷积层	64	1×1	
	卷积层	128	3×3	
	残差			64×64
	卷积层	256	3×3/2	32×32
6×	卷积层	64	1×1	
	卷积层	128	3×3	
	残差			32×32
	卷积层	512	3×3/2	16×16
4×	卷积层	256	1×1	
	卷积层	512	3×3	
	残差			16×16

图 8.22 简化后的 Darknet 网络

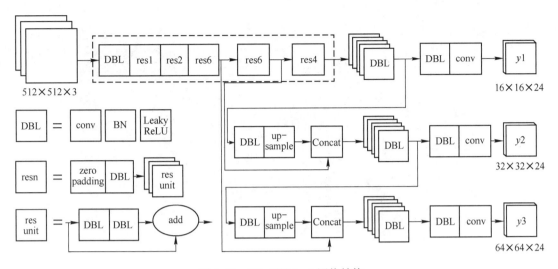

图 8.23 PG-YOLO v3 网络结构

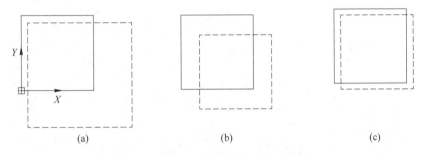

图 8.24 IOU 效果比较图（实线框为真实框，虚线框为验证框）

（a）IOU：0.4；（b）IOU：0.7；（c）IOU：0.9

IOU 的阈值，将 IOU 值设置为 0.52，Score 值设为 0.29，检测车辆和人员的效果得到明显的改善，多检、漏检现象较少出现，多检、漏检、正常现象图的对比如图 8.25 所示。

（a）

(b)

(c)

图 8.25 多检、漏检、正常现象图的对比

（a）车辆、人员被多次标记；（b）圆圈部分被漏检；（c）调整 Score 和 IOU 后正常标记

将网络调整至适合检查爆破现场的参数后，便能够利用新网络训练出的模型实现危险滞留预警、安全帽与口罩检测、人员车辆数量统计、人员异常行为报警四项功能。

8.4.1.1 爆破车辆超速预警

为了防止爆破材料因运输颠簸发生爆炸，爆破车辆如混装炸药车和雷管运输车运输爆破材料时，如果视线良好，行驶速度不能大于 20 km/h（5.56 m/s），爆破车辆在施工区域内行驶速度不得超过 15 km/h（4.17 m/s）。当视线受到粉尘、雾霾影响，或者行驶到恶劣路况时，爆破车辆行驶速度应更低。为了保证爆破安全，需要对爆破车辆的行驶速度进行检测，当爆破车辆发生超速时，及时发出报警，防止事故发生。

本书利用深度学习技术进行爆破车辆超速预警，首先通过 DG-YOLO v3 检测目标可得到目标在视频每一帧的位置，结合不同帧图像中同一目标在不同时刻的位置（目标的外接矩形框），计算同一目标前后不同时刻坐标的变化，就能得到目标的运动位移、运动速度等。

假设目标在 t_1 时刻的质心位置是 $R_1(x_1, y_1)$，在 t_2 时刻的质心位置是 $R_2(x_2, y_2)$，

则目标在 t_1 与 t_2 时刻的位移 S 和速度 v 可分别用如下公式计算：

$$S = \sqrt{(x_{t_2} - x_{t_1})^2 + (y_{t_2} - y_{t_1})^2} \tag{8.10}$$

$$v = \frac{\sqrt{(x_{t_2} - x_{t_1})^2 + (y_{t_2} - y_{t_1})^2}}{t_2 - t_1} \tag{8.11}$$

车辆超速是通过计算车辆一小段时间的平均速度判别的。在 t_1 时刻（t_1 帧）时外接矩形的中心点坐标为 (x_{t_1}, y_{t_1})，在 t_2 时刻（t_2 帧）时外接矩形的中心点坐标为 (x_{t_2}, y_{t_2})，用 t_1 到 t_2 时刻车辆平均移动的像素距离表示车辆运动速度 $v(t_1, t_2)$。

通过调查发现，露天矿常用的混装铵油炸药车外形尺寸长×宽×高为 9930 mm× 2500 mm×3800 mm。通过混装铵油炸药车在视频图像中的像素占比，结合混装铵油炸药车的实际尺寸，可以换算得到目标的实际位移和实际速度。若 $v(t_1, t_2)$ 大于超速阈值 V_T，则表示该车处于超速状态；若 $v(t_1, t_2)$ 小于超速阈值 V_T，则表示该车处于正常状态。

8.4.1.2 危险滞留预警

露天矿场在圈定爆破施工区域后会严格控制该区域人员和车辆的出入，装药之前，应该检查爆破区域附近环境，撤离与爆破作业无关的车辆，清退无关的人员，保证爆破作业区域的可靠性和规范性。本书将爆破工程分为"施工""装药"及"起爆准备"三个阶段，利用机器视觉网络模型来检测爆破区域存在的车辆和人员，根据爆破进度对爆破现场存在的车辆和人员进行滞留预警。爆破人员在"施工"和"装药"两个阶段存在于露天矿爆破现场是合理的，不会触发滞留预警，而在"起爆准备"阶段，处于露天矿爆破现场的人员会触发滞留预警。

根据车辆与爆破作业的相关性将车辆分为"爆破作业车辆"和"爆破作业相关车辆"两种类型。如图 8.26 所示，爆破作业车辆是爆破施工必须要用到的车辆，包括混装炸药

类别	部分图像
混装炸药车	
雷管运输车	
铲车	

图 8.26 爆破作业车辆

车、雷管运输车、铲车。爆破作业车辆在"施工"和"装药"两个阶段存在于露天矿爆破现场是合理的，不会触发预警。在"起爆准备"阶段，处于露天矿爆破现场的爆破作业车辆会触发滞留预警。

如图 8.27 所示，爆破作业相关车辆主要是爆破施工过程中运输人员、物资和工具的车辆，包括工人班车、SUV（运动型多用途汽车）、卡车、皮卡车等。爆破车辆在"施工"阶段存在于露天矿爆破现场是合理的，不会触发预警。在"装药"和"起爆准备"两个阶段，处于露天矿爆破现场的爆破作业相关车辆会触发滞留预警。

类别	部分图像
通勤车	
皮卡	
未佩戴安全帽	

图 8.27 爆破作业相关车辆

图 8.28 为利用 PG-YOLO v3 检测"爆破作业车辆"和"爆破作业相关车辆"的分类效果，不同车辆的外接矩形框显示不同。

(a)   (b)

图 8.28 爆破车辆（a）和爆破相关车辆（b）

8.4.1.3 安全帽与口罩检测

在露天矿爆破现场有各种机械伤害的可能,如果施工人员没有正确地佩戴安全帽,就有可能会在爆破现场发生严重的安全事故,因此露天矿爆破时施工人员佩戴安全帽是十分必要的。露天矿爆破现场还存在粉尘等有害因素,其中粉尘的危害几乎贯穿爆破的整个过程。露天矿爆破现场粉尘会造成中毒性肺炎、硅肺、肺癌等职业病,佩戴口罩可以起到良好的保护作用。因此,是否佩戴口罩和安全帽对露天矿爆破施工人员的生命健康影响巨大。然而人工逐个检查爆破施工人员是否佩戴口罩和安全帽费时费力,很难做到爆破施工全过程的把控,可以利用 PG-YOLO v3 目标检测算法对露天矿爆破人员的安全帽和口罩佩戴情况进行实时检测,当一名爆破人员的安全帽和口罩都被正确地佩戴时,用一个蓝色框标注人体,代表该爆破人员处于安全的状态;当一名爆破人员只是佩戴安全帽而没有佩戴口罩时,用一个黄色框标注人体,代表该爆破人员正处于一般危险状态;当爆破人员没有佩戴安全帽时,用一个红色框标注人体,代表爆破人员正处于严重危险中。

8.4.1.4 人员车辆统计

在露天矿爆破现场危险预警的过程中,爆破现场的人员、车辆的实时数量是非常重要的参数。矿山爆破作业管理者如果能够实时掌握人员和车辆在时间、空间上的分布,可以极大地提升爆破安全性。矿山爆破作业管理者还可以利用这些数据进行更合理的人员和车辆调度,实现更高的爆破效率。此外,还可以根据矿山爆破现场的人员、车辆数量实现后续更丰富、更深层次的危险预警。统计露天矿爆破现场人员、车辆的数量对于危险预警和生产管理都具有十分重要的意义。图 8.29 是利用 PG-YOLO v3 训练好的模型检测出人体和车辆目标,并使用 Python-opencv 调用 Python 接口读取检测结果中的目标类别和对应类别下的目标个数,汇总后在画面左上角显示目标类别和数量的效果图。

图 8.29 露天矿爆破现场两种目标数量统计效果

(扫描书前二维码看彩图)

8.4.1.5 人员异常行为报警

在露天矿爆破现场,由于地面不平整,会出现人员跌倒现象。人的跌倒行为至少具有三种特征，即重心下移、移动状态变为静止状态及人体处于拉伸状态。正常人在跌倒后会在短时间内自行站立起来，而人在受伤、失去意识、疾病发作等异常状况下无法在短时间内自行站立。关于异常行为检测主要涉及三方面：（1）人体运动特征的提取；（2）人体行为的刻画；（3）跌倒持续时间阈值的设定。可利用人员跌倒时高宽比、重心、形心位置的变化和其变化速度设计一种算法并融入 PG-YOLO v3 算法中，从而实现图 8.30 的检测效果，人员处于正常状态时，外接矩形框为蓝色；人员处于跌倒状态时，外接矩形框为红色，当跌倒状态持续一段时间后（如设置为 10 s），会触发人员异常行为预警。

图 8.30　人员跌倒行为检测

此目标检测技术实现了露天矿爆破现场智能实时危险预警的各项功能，成本仅为传统露天矿爆破监管方法的 1/25，响应时间仅需数秒，可以一定程度上提升露天矿爆破事故处理的效率和效果，对于保障露天矿生产安全具有重要意义。

8.4.2　矿山运输皮带异物识别

矿山运输中的皮带系统造价高昂，但常常受到异物的损害，这可能导致皮带的磨损甚至撕裂，从而引起运输问题，造成矿山企业巨大的经济损失，甚至威胁工作人员的安全。因此，矿山企业需要一种实时监测掉落到皮带上的异物的方法，以提前警告和处理潜在的问题，从而降低事故的发生概率和严重性。这对于提高矿石产出、延长皮带的寿命以及确保工人的人身安全至关重要。

目前的皮带机保护系统通常只能检测皮带机本身的故障，并且通常是在故障发生后才进行干预。传统的异物检测方法包括人工检测、金属探测和雷达探测等。人工检测效率低，存在安全隐患；金属探测方法检测类型有限，部署困难；雷达探测成本高，维护困难。这些方法难以在矿山企业中广泛推广。

基于深度学习的图像目标检测技术具有高效、低成本和易于部署的优点，因此成为可能的皮带异物检测方法。已经开发出的异物检测模型可以分为有锚框式和无锚框式两种，有锚框式模型如 SSD、YOLO v3、Faster R-CNN，而无锚框式模型如 CornetNet、Center-Net 以及中心域法 FCOS 等。这些技术有望为矿山企业提供更有效的异物检测方法，提高生产效率、延长设备寿命，并确保员工的安全。

带式输送机上的异物包括钻根、铲牙、工字钢、支护材料等，卢才武[13]等针对这些异物提出了一种改进的无锚框式金属矿带式输送机异物检测方法，提出的方法对钻根、铲牙和工字钢的检测精度（AP）分别达到80%，95%，98.3%，该学者采用目标检测算法为Center-Net，并使用Hourglass-104网络结构作为特征提取网络。

Center-Net模型的工作分为两个主要步骤。首先，模型使用热力图来预测生成目标检测物体的中心点，然后基于这些中心点生成目标物体的识别框。图像首先经过主干网络进行特征提取，然后分别输入关键点生成模块和目标框生成模块。在关键点生成模块中，使用热力图来预测中心点、中心点偏移量和目标尺寸，从而得到对物体关键点的预测。在目标框生成模块中，通过匹配热力图中的角点，生成目标框，而无须使用非极大抑制值（NMS）等后处理技术，从而大幅提高了目标检测模型的检测效率。

Hourglass-104网络结构由两个类似沙漏（Hourglass）的模块叠加而成。每个Hourglass模块由一系列的卷积层、残差单元模块、特征融合模块和上采样层组成。Hourglass-104的工作步骤如下：首先，原始图像被输入到Hourglass-104的预处理模块，其中图像的分辨率降低了3/4。其次，输入残差单元模块，通过进行5次步幅为2的卷积下采样操作，逐渐减小图像分辨率，同时增加特征图的通道数。最后，进行5次上采样操作，使图像的分辨率回到预处理后的大小，同时减少了特征图的通道数量。

无锚框式方法虽然高效，但由于池化层特征提取网络的感受视野受到限制，导致丢失了大量的异物细节特征。此外，无锚框式方法中，检测目标通过热力图预测出与中心位置相对应的点，从而导致了异物样本的极端不平衡问题，使得损失函数难以收敛。为了应对这些问题，卢才武等人对Center-Net网络进行了两方面的改进：

（1）为了解决池化层损失异物细节信息的问题，他们引入了扩张参数（Dilation Rate）。通过引入这个参数，他们将原始卷积转变成具有扩张参数为2的空洞卷积，如原始卷积层为3×3，引入扩张参数为2，则变为5×5的空洞卷积，其示意如图8.31所示。这样可以增加卷积操作的感受视野，有助于捕捉更多的细节特征，尤其是对于小尺寸的异物目标。

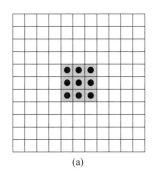 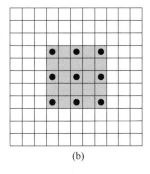

图8.31　原始卷积层（a）和扩张率为2的空洞5×5卷积（b）

（2）通过引入α_1、α_2、β_1、β_2、δ参数优化训练过程中正负样本的比例，降低算法整体损失函数值，提高算法检测准确率。

在调整好网络后，使用labelImg对数据集进行标注，标注完成后的图像以xml格式储存，xml文件中包含了标注的图像特征、位置信息，并通过改进后的Center-Net网络进行了模型训练，并最终得出了该方法对钻根、铲牙和工字钢的识别精度分别达到80%、95%和98.3%，实现了对金属矿带式输送机异物的高精度识别。

除了上述方法外，还可以通过图形分割的方式获取运输皮带上物体的形状特征判断异物的存在。通常在工业破碎中每一级破碎矿石粒度尺寸有大概范围，因此判断杂物与矿石的指标之一就是区域面积，针对矿石所具有的形状特征，虽然凹凸不平具有一定棱角，但是对比木头等杂物还是相对圆润，因此圆形度和长宽比可以作为另一个区别杂物与矿石的判断指标，所以首先利用深度目标检测技术，检测出矿石输送履带上的连续区域部分面积大于某个阈值以及圆形度和长宽不同于破碎矿石的目标，并将其设定为目标异物。在进行面积判定时，可能之前在破碎矿石的过程中仍然有小部分大矿石没有被破碎就直接输送了，所以在之后的优化部分可以再对所标记的目标区域进行识别，进一步判断该区域是否是异物。该技术整体解决方案如图 8.32 所示。

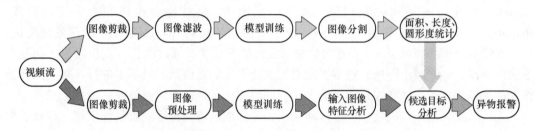

图 8.32　运输皮带异物识别方案

8.4.3　电铲斗齿缺失识别与爆堆异物检测

在露天矿中，电铲设备是常用的铲装工具，它的开采效率和技术水平对露天开采的经济效益有着重要影响。电铲已经有一百多年的历史，它是一种使用钢滑索、齿轮和链条传动的挖掘机，通常与矿用重载卡车一起使用。电铲的各个部件中，铲斗是主要的采掘部件，它位于电铲的斗杆上，通过钢滑索的拉拽来采挖物料和矿物。在电铲进行铲装作业时，铲斗齿负责切割矿石，由于坚硬的矿石与铲斗齿之间的相互作用，铲斗齿承受着来自矿石的切割、剪切和挤压力，同时还要承受来自载荷冲击的压力。在这些作用力和载荷冲击的共同作用下，铲斗齿的受力环境变得非常复杂，容易导致铲斗齿的松动、脱落或断裂。一旦铲斗齿松动、脱落或断裂，会导致一系列问题。首先，铲斗失去了切割矿石的重要部件，会增加铲斗与矿石之间的摩擦阻力，使矿石难以剥离，加速了铲斗的磨损，影响了铲斗的寿命，从而带来经济损失。其次，铲斗齿通常由高强度锰钢或合金材料制成，脱落的铲斗齿混入矿石中，装入矿用重载卡车，这可能导致破碎机或传送带的机械故障。这会破坏采掘、破碎和输送的生产线，维修成本高昂，生产线停滞，导致严重的经济损失和资源浪费。因此，确保电铲铲斗齿的稳固和持久，以及有效地预防和处理铲斗齿脱落问题，对矿山生产效率和经济效益至关重要。

除了电铲斗齿脱落外，在露天矿的生产过程中产生的其他异物对于设备安全生产以及产品质量也会产生一定的影响。这些具有危险性的异物可能来自各个环节，例如露天矿爆堆中散落的机械零件、遗落的工具等，这些异物不仅会对破碎机、皮带等生产设备产生严重的安全隐患，而且对最终的产品质量危害极大。矿用挖掘机体积庞大、工作环境复杂，不便于电铲操作人员通过人工观察的方式对斗齿的工作状态进行监视，对爆堆的检查也会出现人工疏忽和漏查，而结合计算机视觉对在工作过程中的斗齿和爆堆进行实时监控，可以在斗齿发生脱落和爆堆出现异物时发出报警信息,指示工作人员及时进行处置,防止造成更大的经济损失,对露天矿的安全生产有着重要的实际意义和经济价值。因此,团队基于深度学习技术设计了一种实时检测电铲牙尖缺失和爆堆异物检测的方法。通过定位在设备上的图像采集装置,建立电铲牙尖质量评估特征模型和爆堆特征模型,使用多任务深度学习模型完成定位、分割和分类等任务。通过大量标记数据完成模型训练,并利用后端优化技术完成对电铲质量评估等工作,提升安全保障水平。整体采用的技术解决方案如图 8.33 所示。

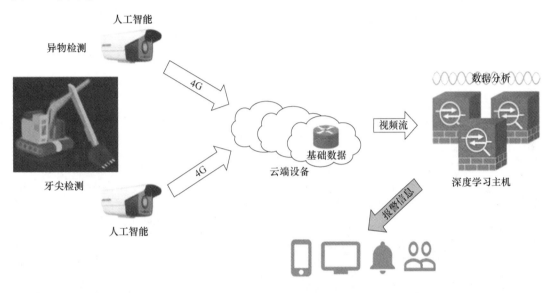

图 8.33　整体技术解决方案

　　安装高清云端摄像头是整个方案实现的基础,也是整个"端边网云"技术架构中的"端"部基础。摄像头的安装位置位于电铲大臂的下方和回转部位,以确保获得清晰的电铲斗齿图像和爆堆图像,具体的安装过程和结果如图 8.34 所示。

　　对于爆堆异物检测问题而言,其难点在于提升检测算法的结果精度与检测效率。可以

图 8.34 电铲斗齿监控方案实施过程与结果

通过对传统基于人工智能的计算机视觉检测方法进行优化，同时利用云端与终端增强边缘计算能力，大幅度提升算法精度与平台的计算能力。检测过程采用了优化后的 Faster R-CNN 算法，生成多个候选框，通过逐个候选框内容的分类识别以及候选框位置回归，准确生成目标的位置预测信息。具体的实践结果如图 8.35 所示。

图 8.35 爆堆异物检测效果

电铲斗齿缺失实时检测技术的难点之一是对目标区域的准确提取。在大多数情况下，电铲处于非兴趣区域内，如果对视频流逐帧分析，势必造成数据平台巨大的计算开销，科技成果难以大规模应用。该问题可以通过目标显著性检测方法解决，例如 DeepLab 模型。但如果直接使用该模型无法取得理想的效果，其原因是 DeepLab 模型包含空洞卷积较少，而牙尖较为清晰的位置出现在图像下方，导致传统方法检测准确率较低，需要进行优化。因此，课题组对 DeepLab 模型加入更多的具有不同空洞率的卷积，并增加特征融合水平，得到了改进后的 DeepLab 模型，其结果对比情况如图 8.36 所示。

电铲斗齿缺失实时检测技术的另一个重点是如何选择基准图像，完成图像配准，有效估计牙尖缺陷部位。利用改进后的模型进行了实验，发现该模型可以快速识别出斗齿的缺失状态与缺失位置，如图 8.37 所示。

简而言之，电铲斗齿缺失检测技术先利用基于深度学习分割网络模型在视觉数据中快

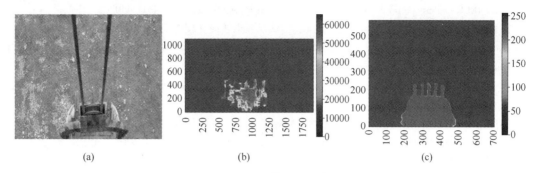

图 8.36　DeepLab 模型改进效果对比

（扫描书前二维码看彩图）

（a）电铲斗齿；（b）模型改进前检测效果；（c）模型改进后检测效果

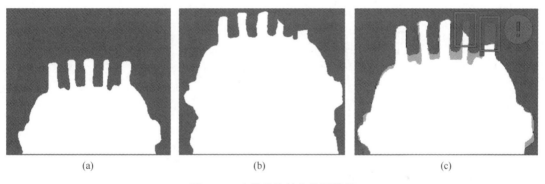

图 8.37　电铲斗齿缺失检测结果

（扫描书前二维码看彩图）

（a）基准图像；（b）检测图像；（c）配准图像

速定位锁定兴趣区域，寻找牙尖位置点，再通过基于卷积神经网络的图像配准技术，评价目标的实际基准物边缘与标准形状之间的差异，快速检测并及时发现缺陷。通过进一步的实际应用表明，斗齿监测系统在运行过程中，摄像机捕获的视频流数据可以通过神经网络进行预测，并且预测的缺失结果是正确的，这能够为矿山电铲的正常生产、破碎机设备的正常运行保驾护航。

参 考 文 献

［1］Hinton G E，Salakhutdinov R R. Reducing the dimensionality of data with neural networks［J］. Science，2006，313（5786）：504-507.

［2］He K，Zhang X，Ren S，et al. Deep residual learning for image recognition［C］//Proceedings of the IEEE conference on computer vision and pattern recognition. 2016：770-778.

［3］Simonyan K，Zisserman A. Very deep convolutional networks for large-scale image recognition［J］. arXiv preprint arXiv：1409. 1556，2014.

［4］Howard A G，Zhu M，Chen B，et al. Mobilenets：Efficient convolutional neural networks for mobile vision applications［J］. arXiv preprint arXiv：1704. 04861，2017.

［5］Long J，Shelhamer E，Darrell T. Fully convolutional networks for semantic segmentation［C］//Proceedings of the IEEE conference on computer vision and pattern recognition. 2015：3431-3440.

［6］黄鹏，郑淇，梁超．图像分割方法综述［J］．武汉大学学报（理学版），2020，66（6）：519-531.

［7］Kirillov A，He K，Girshick R，et al. Panoptic segmentation［C］//Proceedings of the IEEE/CVF conference on computer vision and pattern recognition. 2019：9404-9413.

［8］柳小波，张育维．基于 U-Net 和 Res_UNet 模型的传送带矿石图像分割方法［J］．东北大学学报（自然科学版），2019，40（11）：1623-1629.

［9］赵胜．地下矿山爆破块度智能识别与参数动态优化［D］．沈阳：东北大学，2021.

［10］王怀远．基于图像目标检测技术的岩石种类智能识别研究与应用［D］．沈阳：东北大学，2020.

［11］马连成，刘洪臻，陆占国，等．融合 VGG16 和最小二乘法的露天矿卡车装载率识别研究与应用开发［J］．有色设备，2023，37（2）：50-56.

［12］杨航远．基于改进 YOLO v3 的露天矿爆破现场智能实时危险预警方法研究［D］．沈阳：东北大学，2021.

［13］卢才武，闫雪颂，刘力，等．一种改进的无锚框式金属矿带式输送机异物检测方法［J］．采矿技术，2022，22（1）：150-154，162.

9 其他新技术在矿山的应用

9.1 扩展现实技术

扩展现实（Extended Reality，XR）代表了虚拟现实（Virtual Reality，VR）、增强现实（Augment Reality，AR）和混合现实（Mixed Reality，MR）等众多沉浸式技术的综合名称，通过结合硬件设备和多种技术策略，实现了虚拟内容与真实场景的结合。

在当前智能矿山建设的大环境下，地下矿山正在加快 5G 网络和物联网的建设进程，这也意味着 XR 技术在矿山的各个关键工艺环节将得到更广泛的应用。工信部、国家发改委和自然资源部联合发布了《有色金属行业智能工厂（矿山）建设指南（试行)》，这为矿山的虚拟仿真研究提供了高层次的设计参考和建设指导。

9.1.1 VR、AR 和 MR 简介

9.1.1.1 VR、AR 和 MR 概述

虚拟现实，Virtual Reality，简称 VR，最早由美国 VPL 公司创建人拉尼尔（Jaron Lanier）在 20 世纪 80 年代提出。随着科技进步，它逐渐演变成了一种通过计算机开发，并与计算机图形学、传感器技术等多种信息技术相结合的三维虚拟仿真技术。这种技术通过计算机开发创建了一个虚拟的三维仿真领域，让用户能够身临其境地体验。虚拟现实的研究内容涉及到计算机科学、人工智能、视觉理论及心理学等多个方面。其核心技术主要涵盖了实时三维计算机图像技术、感知反馈技术以及头部追踪技术，其基础特性包括沉浸、交互和想象。

增强现实这一概念最初是在 20 世纪 90 年代被提出的。它可以将真实世界的物理信息与计算机生成的文本、图像、三维虚拟模型、视频和其他虚拟世界的信息融合在一个统一的画面或空间中，同时用户可以轻松捕捉到这些信息，从而获得比现实更强烈的体验感。增强现实的核心技术主要涵盖了实时追踪技术、可视化技术和虚拟信息叠加技术，其基础特性包括虚拟与现实的融合以及三维注册。

多伦多大学的教授 Steve Mann，被尊称为"智能硬件之父"，首次提出了混合现实这一概念。经过众多学者的持续探索和研究，1994 年，加拿大的 Paul Milgram 和日本的 Fumio Kishino 在他们的著作《混合现实视觉显示的分类》中首次引入了"真实-虚拟连续统一体"的思想。图 9.1 为 VR、AR 和 MR 三者之间的相互关系，并通过两种不同的现实形式来定义混合现实的两个极端范围：一侧是物理现实，另一侧是相应的数字现实，其中混合现实位于这两种现实之间，也就是说，混合现实是虚拟现实和增强现实的有机结合。混合现实就是将虚拟现实与增强现实结合起来并实现两者优势互补的新型虚拟现实系统。

这项技术是一种新兴的虚拟现实技术，能够将真实的物理世界和虚拟世界的信息叠加在一个视觉空间内，实现可视化，并能进行实时交互，它是一种处理多源、多层次信息数据的过程。这种方法不仅可以将虚拟对象从一个环境转换为另一个环境，同时还能把真实世界的场景还原到一个理想的状态。混合现实技术可以对各种不同类型的信息进行深入的分析、辨识、侦测、追踪、映射和实时反馈，从而确保输出信息的处理更为精确和细致。

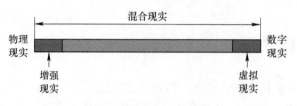

图 9.1　混合现实光谱
(扫描书前二维码看彩图)

9.1.1.2　VR、AR 和 MR 对比

VR、AR 和 MR 在虚拟化水平、交互模式以及感官体验等多个方面的侧重点不同，根据这些不同的侧重点，能够有效地进行 VR、AR 和 MR 三者之间的比较分析，如表 9.1 所示。

表 9.1　VR、AR、MR 对比

项目	虚拟现实（VR）	增强现实（AR）	混合现实（MR）
场景现实	数字现实	物理现实+数字现实	物理现实+数字现实
设备代表	HTC Vive	Google Glass	HoloLens
技术应用	头部追踪、感知反馈等	光学投影、虚实融合等	虚实融合、实时交互、三维注册等
场景应用	游戏、影音	医疗、手机 App	商业、军工、医疗
交互方式	手柄控制	程序控制	眼动、手势、语音
感官体验	沉浸	现场增强	逼真
开发平台	较多	较少	较多
优点	沉浸感	便捷性	交互性

虚拟现实的核心目标是提供一种完全沉浸式的体验，它模仿了人们在听觉、视觉和触觉等多个感官方面的认知行为。由于与外界环境的隔离，所有的观察、感知和体验都是由虚拟环境提供的，因此在虚拟现实环境中，人们只能体验由计算机生成的数字化体验，而无法真正地感受到真实世界的存在。

增强现实作为对真实世界的一种补足，并不是像虚拟现实那样与真实世界完全隔离。该技术可以将虚拟模型叠加到真实世界的物体上并进行简单的展示，这有助于人们通过虚拟信息更清晰地了解真实的环境或物体，但是它无法建立与真实环境的空间映射关系，也不能实现虚拟信息与真实环境之间的交互。

混合现实则可以将真实的物理世界和虚拟的数字世界完美地融合在一起。它不仅包含了人与计算机之间的交互、计算机与环境之间的认知，还将人与环境之间的现实结合在一起，借由三者之间的相互联系，创造了一个人可以通过多种交互方式从计算机认知真实环境的混合现实世界。人、计算机与环境之间的交互如图 9.2 所示。

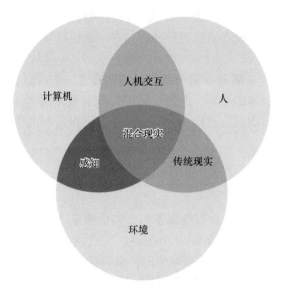

图 9.2 人、计算机与环境之间的交互

(扫描书前二维码看彩图)

9.1.1.3 混合现实对于矿山领域的意义

21世纪,以互联网产业化、工业智能化和工业一体化为代表,以人工智能,清洁能源,无人控制技术,量子信息技术,VR、AR、MR技术以及生物技术为主的全新技术正在引领人类社会的第四次工业革命。大数据和云平台由于具有应用领域的广泛性,技术之间的融合性和发展空间的无限性,已成为全球发展的必然趋势。为了在信息时代获得竞争优势,全球各国纷纷加大投资力度,从而在相关产业占得先机,努力步入现代化强国行列。我国也早在2000年就提出了"以信息化带动工业化,发挥后发优势,实现社会生产力的跨越式发展"的发展战略。在2015年国务院印发的《中国制造2025》中再次明确提出运用最新信息技术改造传统产业的战略方针。中国正在实现从富起来到强起来的重大转变,走新型工业化道路是社会主义中国的必然选择。

采矿行业作为国民经济的支柱产业,正处在向智能化、无人化开采转型的关键时刻。混合现实对于矿山领域主要有以下意义:

(1)指导矿山开采。目前,传统的采矿管控平台中仍然采用2D屏幕,数据的可视化及画面的显示效果不佳,混合现实中良好的显示效果和优秀的信息可视化能力将能极大丰富采矿作业显示画面,并能为矿山的开采提供指导作用。

(2)远程协同作业。采矿工程是一个"大"工程,其涵盖的专业和工艺流程均十分广泛,另外,采矿中的场景范围也较其他行业庞大,在这种情况下,采矿中的协同过程比较困难,而混合现实技术,可以融合现实环境与虚拟环境,能够让我们在室内环境中全方位地查看现场的工作状况。

(3)协助设备检修。在采矿作业环境中,如果设备出现故障,现场的维修将费时误工,而且,维修过程中,现场工作人员往往缺乏维修经验。鉴于上述原因,引入混合现实技术,结合图像识别功能,将维修的步骤进行标注,将极大减少维修时间。另外,也可以在混合现实系统中添加远程协助系统，利用混合现实中的摄像头，将损坏设备的画面传输至专家一端，由相关专家对设备故障进行分析，并由远程指导现场工作人员进行维修，从而极大缩短维修周期。

（4）加快信息化建设。随着我国信息化进程的推进，传统行业将面临着转型，而 5G 时代的到来更是加快了技术的革新，此时，将混合现实技术应用于矿业中，结合 5G 网络数据传输，将极大提高矿山的信息化，为矿山的智能化和无人化开采助力。

9.1.2 MR 开发关键技术

9.1.2.1 三维注册跟踪技术

注册（Registration）是指在虚拟坐标系与真实坐标系之间进行实时对齐的操作。通过对目标进行跟踪定位，并将其映射到一个新的三维空间上，以获得更多的有用信息。在 MR 技术中，当用户改变其空间定位和姿势时，必须确定虚拟信息在融合环境中的具体位置，以确保虚拟景观与真实景观能够实时同步。

在混合空间中，虚拟信息的具体位置是预先确定的，因此在数据融合的过程中，用户的空间定位和姿态显得尤为关键。系统需要实时获取用户头部的位姿来计算虚拟物体的位姿，实现虚实融合，这就是跟踪（Tracking）。经历了一系列的坐标变换，即完成了三维的注册，这使得虚拟世界的数据能够与实际世界完美结合。

9.1.2.2 空间映射技术

当谈及空间映射技术时，HoloLens 2 这一经典设备是绕不开的。它主要依赖摄像头进行实时的环境信息扫描和识别，并收集真实环境的位置坐标等关键数据，从而达到空间映射的目的。这些信息传输到全息处理单元（Holographic Processing Unit，HPU），生成一套可以用来渲染、碰撞、遮挡的周围环境 3D 模型。为了解决虚拟物体只跟随虚拟空间所产生的不稳定现象，空间锚（Worldanchor）技术应运而生。

空间锚技术的核心思想是选择现实与虚拟之间的连接点作为空间锚点。尽管在 Unity 空间中，空间锚点的坐标一直发生变化，但其在真实世界中的位置始终保持稳定，以此为参考点的坐标系也随之稳定。空间锚技术的主要目标是为真实世界提供一个相对稳定的坐标系。这确保了在混合现实的视角下，虚拟物体不会因为人员的移动或系统的重启而产生偏移或错位，从而实现了视觉的锁定和场景的保持。

9.1.2.3 人机交互技术

在混合现实技术中，人机交互技术被视为核心技术之一，并为混合现实的成功实施提供了关键的支持。传统的交互方式如 GUI，已经不能满足混合现实在虚拟和现实融合场景下的交互需求。随着混合现实技术的持续进步，微软公司推出了 HoloLens 设备，该设备主要提供凝视（Gaze）、手势（Gesture）和语音（Voice）等交互功能。

A 凝视交互

凝视交互是 HoloLens 2 混合现实设备最为核心的交互方式，也是实现人与设备交互的首要输入机制，设备通过凝视能够接收到用户即将进行的操作并做出反馈，类似于电脑上的鼠标指针,因此凝视交互能够很好地帮助用户建立起与虚拟对象的交互体验。凝视交互功能是基于 Unity 引擎的射线碰撞原理来实现的。在 HoloLens 2 眼镜中,用户可以启动眼动追踪功能,实时追踪眼球的方向和位置。通过 Unity 引擎中的摄像机,可以向眼球凝视的方向发射一条射线,然后与添加了碰撞器的虚拟对象发生碰撞,生成一个光圈。同时,用户可以根据碰撞物体的空间位置信息进行颜色或形状等方面的反馈,从而实现用户和系统虚拟对象之间的交互,如图 9.3 所示。

图 9.3　凝视交互效果图

B　手势交互

手势交互是 HoloLens 2 设备重要的交互方式之一,也是最常被采用的交互方式。利用手势交互用户能够以更自然的互动方式进行混合现实体验。

HoloLens 2 设备景深摄像头的深度感应器 Kinect 有两个信号发生器,一个正对前方用于深度感应;另一个向下倾斜,其精度更高,帧率也更高,用来追踪手势。为了减少电量消耗,HoloLens 2 上有两个神经网络来识别手势。一个神经网络是时刻运行,负责初步判断。只有通过了初步检验,才会打开第二个神经网络来精确识别手势。一代只能识别两种手势,特别是其中的鹤嘴式识别成功率低,破坏了用户的操作体验。HoloLens 2 更精准的手势识别让用户能以最自然的方式进行交互。

当用户想要与混合现实系统中的全息虚拟物体进行交互的时候,首先需要进行凝视交互,选中目标对象。当射线生成的光标与全息虚拟物体表面发生触碰时,该物体会有音效、放缩、颜色改变等反馈,此时摄像机发出的射线已经与虚拟全息对象完成了凝视交互。下一步,可以通过手势来操纵目标物体,开发手势操作技术,从而让用户与计算机的互动变得更为流畅和方便。手势交互如图 9.4 所示。

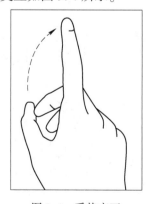

图 9.4　手势交互

C 语音交互

利用语音进行交互是 HoloLens 2 设备实现人机交互最便捷的一种方式，它可以使用户解放双手，通过语音的方式将命令传输给系统并得到相应的反馈。从交互方式角度出发，语音交互可以分为语音命令和语音输入两种方式。

语音命令的使用通常是与凝视交互相结合，首先利用凝视的交互方式选择需要进行语音命令的虚拟全息目标对象后，该对象就可以执行语音命令并反馈相应的信息；语音输入是不需要进行凝视交互的一种独立的交互方式，用户只需要输入关键词就能够使系统执行相应的命令，比如开启场景命令"start"，返回菜单命令"go home"等。语音输入相比于手势交互输入能够更加高效地向应用程序输入文本，可以极大地加快用户的输入速度。

9.1.3 混合现实在指导井下避灾中的应用

传统的避灾方式中避灾路线固定，避灾效果不佳，大多针对单一阶段实行避灾模拟，避灾路线往往是单一起点和终点，没有从整体上利用动态规划的思想考虑避灾线路的选择问题。井下人员无法安全、高效撤离灾害发生现场。而利用 MR 技术及相关设备，可以实时动态地指导井下工作人员选择最合适的路线进行紧急避险，降低井下安全事故的危害性，保障工作人员的人身安全。为此作者团队在分析当前矿山模拟避灾机制的基础上，利用三维建模技术，构建了地下矿山三维模型，并结合混合现实技术，实现了矿山模拟避灾系统的研发。该系统主要包括模型展示及模拟避灾功能。系统允许使用者通过穿戴 HoloLens 设备，自由查看井巷及矿体模型；通过输入相关参数，实现避灾路线及避灾信息输出。提供使用者直观、生动的模拟避灾环境。

9.1.3.1 地下矿三维模型的建立

先通过前期调研方式获取所指导矿山的开采设计资料，建立所指导矿山的矿体、井巷及硐室三维实体模型，然后利用 3Dmax 软件对模型的面片数量、法线方向、轴心位置等参数进行了修改和优化。最后导入 Unity3D 引擎，建立基于混合现实的矿山三维模型，如图 9.5 所示。

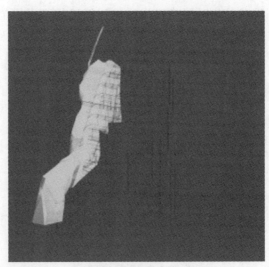

图 9.5 地下矿山三维模型

9.1.3.2 避灾指导系统需求分析

系统应主要包括井巷及矿体具体信息的查看及模拟地下矿山避灾功能，系统允许使用者通过穿戴 HoloLens 设备，自由查看井巷及矿体模型，通过输入相关参数，实现避灾路线及避灾信息输出等功能，提供使用者直观、生动的模拟避灾环境。

综上，系统所需满足功能如下：

（1）交互功能。混合现实中的交互方式主要有凝视、手势、语音等交互方式。凝视是交互的第一步，用户通过 HoloLens 的头盔发射一条射线，与虚拟图像发生碰撞，之后就可以利用手势或者语音与虚拟物体进行交互。手势是系统中的主要交互方式，系统不用借助于手柄、数据手套等设备，在需要强跳转的时候，可以借助于语音命令，实现场景的快速切换。

（2）虚实结合功能。混合现实是继虚拟现实之后的又一革新技术，其特点在于将虚拟的物体与真实的物体相结合。系统需要考虑如何设计并制作虚拟的矿山模型，围绕该模型设计一系列的界面和布局，并与日常的办公环境相结合。另外，还需要针对特定的场景，对模型进行不同的修改，例如，为了将模型放置于桌面上，需要将模型的大小和材质进行修改和处理，保证模型整体落在桌面上且与物理环境协调起来，同时，还需要结合 MR 中的空间扫描获取物理环境，利用空间锚点功能，将物体固定于空间特定位置。

（3）第三视角功能。第三视角功能主要是为了使其他未穿戴该设备的人员在 2D 屏幕上看到穿戴 HoloLens 设备人员的视角。第三视角的实现对于系统日常的使用十分有益，鉴于现今 HoloLens 头戴显示设备仍然十分昂贵，若是通过穿戴 HoloLens 人员的操作，其他人员分享该操作人员的视角，将会使得模拟避灾工作或者讨论的进度同步，大大提高了工作效率以及节省设备采购开支。

（4）模型展示功能。井巷整体模型查看功能：该功能模块主要是提供矿山设计人员直观的三维井巷环境，通过该模块了解巷道的拓扑结构。

（5）阶段巷道及硐室信息查看功能。该功能模块是针对具体阶段巷道而设计，提供该阶段的所有井巷、硐室的位置、尺寸、支护方式等信息，以使得设计人员充分了解巷道及硐室的构造及具体信息，方便设计人员针对特殊的灾害制定相关方案。

（6）矿体及剖面模型查看功能。矿体及剖面模型是避灾模型中的一部分，主要作用是为避灾提供参照物，由于系统中并未建立矿山的围岩模型，所以，矿体作为地下矿山的主体部分，该模块的设立显得十分重要，另外，矿体模型的建立为后续程序的扩展提供了模型基础。

（7）模拟避灾功能。该部分包括井巷节点数据的建立、人员及设备速度参数的设定、避灾方案的选择、灾害发生时对于各巷道中逃生速度影响的权重、避灾硐室的设立及选择、路径规划算法的选取等，上述参数可以在程序中进行调整。避灾路线及信息的显示主要是为了将避灾路线及信息可视化并显示在三维的物理空间中，方便设计人员利用该路径和输出信息对逃生方案进行设计和演练，为避灾工作提供模型和数据的支撑。该部分要求模型的大小适中，井巷模型及避灾路线清晰、直观，方便查看，对不同阶段、不同位置的最优路径规划更新及时，对于到达不同位置的路线标注明显。

基于以上需求，不仅需要建立地下矿三维模型，并对模型进行修改和优化，导入 HoloLens 头戴显示设备中，还需要实现与虚拟图像的交互过程及与物理世界的融合过程。

此外，需要研究模拟避灾理论知识，实现最优避灾路径的规划，并通过相关算法实现避灾路径的可视化过程。

9.1.3.3　避灾指导系统功能架构

系统的功能模块主要分为以下几个部分：

人机交互模块：包含了系统中用到的凝视交互、手势点击、模型移动、缩放功能以及语音控制场景的切换等。

显示模块：包含程序的初始化过程，系统界面及模型的设计以及着色过程，三维动画、粒子效果等特殊显示效果。

模型查看模块：该模块主要包含整体的井巷模型、阶段巷道模型、矿体及其剖面信息模型三个子模块，提供矿山的概述信息以及三维井巷结构信息。

模拟避灾模块：该模块包含井巷网络图的初始化过程、最短路径算法的选取、避灾参数设定和路径结果输出子模块，主要提供发生灾害时的逃生路径及逃生信息。

第三视角模块：该模块的搭建能够使得没有携带 HoloLens 的人员观看到系统画面，第三视角的搭建可以使得多人协同设计和讨论变为可能。

9.1.3.4　模拟避灾功能设计

A　巷道节点设计与网络图初始化

井巷是矿山生产的重要通道，井巷之间相互连通，形成了一个具有网络特征的三维空间。相应地，井巷中线也形成了一个中线几何网络。可以利用 Unity3D 编辑器对井下各巷道两端的节点编号，并将编号及其对应的位置坐标进行存储，若是巷道模型中存在弧形或弯曲地段，则需要对该段巷道进行插值处理，增加节点的数量。

路径的初始化首先要遍历编辑器中存储节点的父物体，并将所有父物体的名字存入集合 List<string> strName 中，然后，初始化顶点 $side[i, p]$，如果 $i = p$，即顶点数组为 $side[i, i]$，此数组表示该顶点到自身的距离，如果不考虑有回环的话，那么这个点到自身的距离是 0；如果 $i \neq p$，将点 i 到点 p 的距离初始值设置为 inf（无穷大），其次，遍历所有子节点，通过 List<Vector3[ ]> listPoint 存储每一条巷道上的点所组成的数组的一个集合，再次，将 listPoint 集合中的三维向量数组按顺序编号，由于三维向量数组存储的信息为顺序排列的巷道节点坐标，所以，两节点之间坐标之差即为相邻节点的距离，由此，即可计算出每个队列的相邻边 $side[kk, kk + 1]$ 的值。路径规划算法流程图如图 9.6 所示。

B　最短路径算法

最短路径算法最常用的有 dijkstra 和 floyd 算法。下面简单介绍一下这两种算法。

a　Dijkstra（迪杰斯特拉）算法

Dijkstra 算法是典型的单源最短路径算法，用于计算一个节点到其他所有节点的最短路径。主要特点是以起始点为中心向外层扩展，直到扩展到终点为止。Dijkstra 算法是很有代表性的最短路径算法。该算法要求图中不存在负权边。

通过 Dijkstra 计算最短路径时，需要指定起点 s（即从顶点 s 开始计算）。

其算法思想是：引进两个集合 S 和 U。S 的作用是记录已求出最短路径的顶点（以及相应的最短路径长度），而 U 则是记录还未求出最短路径的顶点（以及该顶点到起点 s 的距离）。

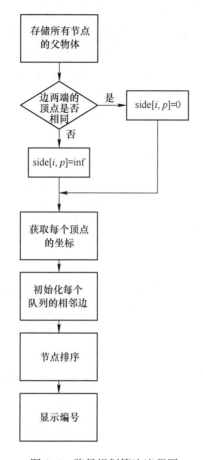

图 9.6 路径规划算法流程图

初始时，S 中只有起点 s；U 中是除 s 之外的顶点，并且 U 中顶点的路径是"起点 s 到该顶点的路径"。然后，从 U 中找出路径最短的顶点，并将其加入到 S 中；接着，更新 U 中的顶点和顶点对应的路径。然后，再从 U 中找出路径最短的顶点，并将其加入到 S 中；接着，更新 U 中的顶点和顶点对应的路径。重复该操作，直到遍历完所有顶点。

b　Floyd（弗洛伊德）算法

Floyd 算法是由弗洛伊德提出的解决多源最短路径的一种算法。该算法实现思路如下：

（1）从任意一条单边路径开始。所有两点之间的距离是边的权，如果两点之间没有边相连，则权为无穷大。

（2）对于每一对顶点 u 和 v，判断是否存在一个顶点 w 使得从 u 到 w 再到 v 比已知的路径更短。如果是则更新它。

Floyd 算法是一个经典的动态规划算法，它又被称为插点法。该算法名称以创始人之一、1978 年图灵奖获得者、斯坦福大学计算机科学系教授罗伯特·弗洛伊德命名。Floyd 算法是一种利用动态规划的思想寻找给定的加权图中多源点之间最短路径的算法，算法目标是寻找从点 i 到点 j 的最短路径。

从任意节点 i 到任意节点 j 的最短路径不外乎两种可能，第一种是直接从 i 到 j，第二种是从 i 经过若干个节点 k 到 j。所以，算法假设 $\mathrm{Dis}(i, j)$ 为节点 u 到节点 v 的最短路径的距离，对于每一个节点 k，算法检查 $\mathrm{Dis}(i, k) + \mathrm{Dis}(k, j) < \mathrm{Dis}(i, j)$ 是否成立，如果成立，证明从 i 到 k 再到 j 的路径比 i 直接到 j 的路径短，便设置 $\mathrm{Dis}(i, j) = \mathrm{Dis}(i, k) + \mathrm{Dis}(k, j)$，这样一来，当遍历完所有节点 k，$\mathrm{Dis}(i, j)$ 中记录的便是 i 到 j 的最短路径的距离。

考虑到地下矿山逃生路线应该根据操作人员位置的变化实现动态更新，且避灾硐室及竖井路径的查找需要进行动态的规划，故该问题的求解为多源路径动态规划问题，所以采用 Floyd 算法。该算法是一种动态规划算法，其边权既可以是正的，也可以是负的，当初始化井巷网络图后，可以多点同时规划路径，其效果优于执行 N 次的 Dijkstra 算法。且算法的典型特点为三重循环，易于编写，简单高效。

可以将 Floyd 算法的节点排序与路径回溯过程分割成两部分，节点的排序放入程序初始化过程，并在节点排序的三层循环结构中添加协程机制，利用 Unity3D 的协程，使得初始化程序得以在后台运行，这将极大地提高系统的流畅度。路径的回溯由于占用的资源和运行的时间均比较少，因此，可以在需要对路径进行显示时，进行调用。

C 避灾参数

对于地下矿深部井巷来说，主要的开拓方式为竖井和斜坡道联合开拓，因此，避灾的路径可以是竖井，也可以是斜坡道，同时，避灾硐室也可以作为临时的避灾点，所以在规划逃生路线时，需要考虑井巷各部分人员行走（车辆运输）的速度，表9.2为常规情况下巷道中人员行走和车辆运输的速度。

表 9.2 人员行走（车辆运输）的速度表

行走/运输方式	速度/m·s^{-1}	速度/km·min^{-1}	备 注
行走	1.0~1.7	0.06~0.10	
奔跑	2.0~5.0	0.12~0.30	
上坡	0.7~2.5	0.04~0.15	坡度：8°
井筒运输	3.0~6.0	0.18~0.36	运输方式：罐笼

事故灾害发生时，考虑多种因素的影响，包括时间、距离以及灾害类型，其最优路径遵循下列公式：

$$P(X) = \lambda_1 S + \lambda_2 T \tag{9.1}$$

$$S = S_1 + S_2 + \cdots + S_n \tag{9.2}$$

$$T = \alpha_1 T_1 + \alpha_2 T_2 + \cdots + \alpha_n T_n \tag{9.3}$$

式中，λ_1，λ_2 为最优路径中时间和距离的影响权重；S_n 为经历各巷道的距离；T_n 为经过各巷道所用的时间；α_n 为矿山灾害类型对逃生时间的影响因子。

在实行避灾硐室最优路径规划过程中，由于井下避灾硐室较多，需要选择与井下人员最近的避灾硐室，图9.7为避灾硐室选择流程图，该流程主要思想为冒泡排序，首先，声明一个存储所有避灾硐室编号的数组 BiZai，并将数组的第一个元素赋值给整型变量 num 和中间变量 temp，然后进入循环，依次比较由起点到达 temp 和到达数组中元素 BiZai[i] 的距离长短，若起点到 temp 的距离大于起点到 BiZai[i] 的距离，则将起点到 BiZai[i] 的最短距离赋值给 temp，且将 BiZai[i] 的编号赋值给 num，反复进行上述过程，直至循环结束，返回 num 的值。

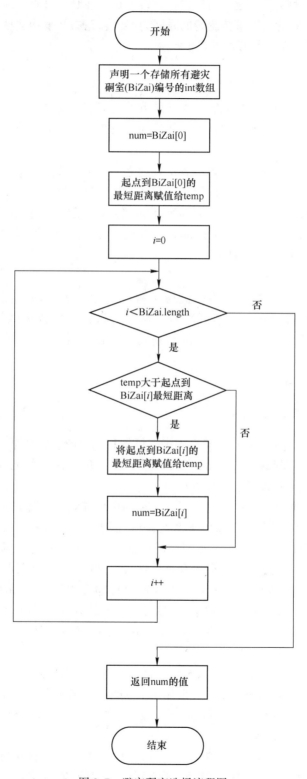

图 9.7 避灾硐室选择流程图

竖井是发生灾害时主要的逃生路径之一，设人员前往竖井过程中的平均速度为 v_1，由路径规划计算出的路程为 s_1，等待罐笼的时间为 t_2，罐笼提升平均速度为 v_3，提升高度为 s_3，则所需的总时间和总路程遵循下式：

$$s_总 = s_1 + s_3 \tag{9.4}$$
$$t_总 = s_1/v_1 + t_2 + s_3/v_3 \tag{9.5}$$

竖井逃生的路线规划必须要确定与人员最近的巷道节点编号，编号的获取思路为冒泡排序方式，依次遍历井筒编号数组模型，找到与人员相距最短的井筒编号。

D 路径回溯过程

路径回溯过程是指在利用最短路径算法规划之后，按照节点的排列顺序依次回溯节点指向数组，并得到避灾路径中经过的节点信息和路程信息的过程。

路径回溯过程如图 9.8 所示，首先利用 While 循环，反复回溯 path 路径节点数组，直至中间变量 temp 等于 path[temp, endPoint]，在此过程中，记录路径中经历的路程，以及经过的节点编号，程序返回最短路径值。

E 路径的可视化过程

当完成路径回溯后，需要对路径进行可视化显示，流程图如图 9.9 所示，首先，通过 While 循环得到路径中的顶点的数量，然后，将顶点的数量赋值给系统图形绘制程序，并连接相邻的顶点，输出顶点的数量用于调试，并开启路径显示的方法，程序结束。

图 9.10 为避灾系统路径图。

9.1.3.5 第三视角功能

当一个人戴上 HoloLens 时，他能看到虚拟场景和现实场景的叠加，但是，其他人无法看到他所观察到的虚拟场景。SpectatorView（第三方视角）允许其他人通过 2D 屏幕看到 HoloLens 用户在头戴显示设备里的场景。

系统中的第三视角功能主要考虑井下人员在利用系统对井下避灾方案进行研究时，需要携带 HoloLens 眼镜，且多人携带将无法统一画面的问题，利用第三视角功能就能够在 2D 屏幕上看到穿戴 HoloLens 的人员视野中的画面。该方案的搭建能够大大提高协同设计的效率。第三视角的实现主要分为硬件和软件部分，硬件部分除了计算机和 HoloLens 设备外，还需要采集卡（将从相机中采集的视频实时传输至 PC 端）、相机（录制视频）和 HoloLens Mount（将 HoloLens 固定起来）。软件部分安装调试包括以下步骤：

（1）将相机架在三脚架上，使用 MINI HDMI→HDMI 线将相机和视频采集卡的输入口连接。

（2）下载 Blackmagic Capture Card SDK。该软件的主要功能是调试相机是否与 PC 连接完成，若已完成连接，则通过该软件，调用 PC 中的视频采集卡，将相机中的视频流实时传入 PC 中。微软建议使用 Blackmagic Design 官网上的最新版 SDK，这里使用的是 Blackmagic_DeckLink_SDK_10.9.11。

（3）Blackmagic Desktop Video Runtime。该软件的作用是检测安装在电脑上的采集卡是否接收到来自于照相机的 HDMI 信号，通过它也可以得到不同摄像设备所对应的分辨率，以便后期调试，这里从官网上下载了 Blackmagic Media Express。

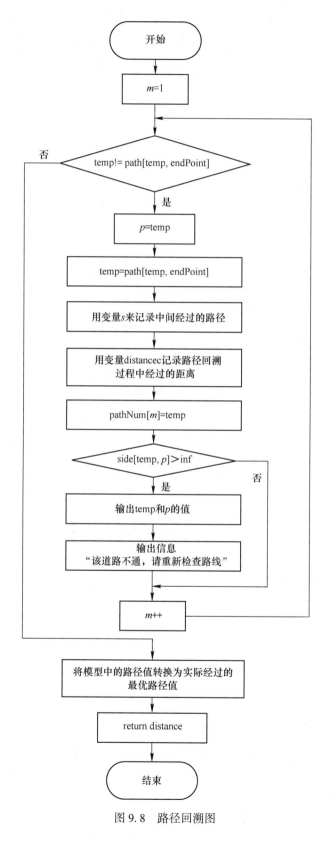

图 9.8 路径回溯图

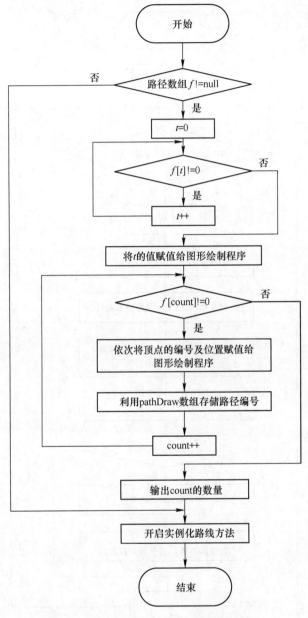

图 9.9　路径可视化流程图

（4）OpenCV3.4.1。该接口提供后期调试和合成时所需要的与图像处理有关的函数库，这里建议将 x86 版和 x64 版都下载下来，注意，此处不要使用 3.4.3 或以上版本，编译时会报错。

（5）visual studio 2017。使用 visual studio professiona 2017，VS 主要用来编译微软提供的实例文件，本书相关编译工作几乎均在 VS 中进行，编译器的版本不能低于 2015 版本。

（6）PC 版本，使用的是 Windows10 17134.407，要求 1709 以上版本。低于该版本无法支持 XR 相关功能。

最终运行的结果如图 9.11 所示。

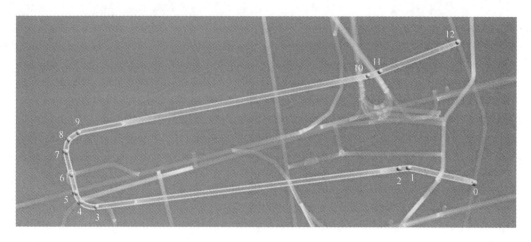

图 9.10　避灾系统路径图

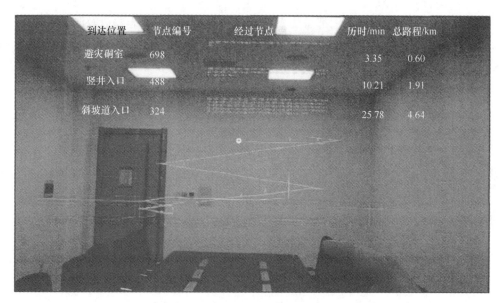

到达位置	节点编号	经过节点	历时/min	总路程/km
避灾硐室	698		3.35	0.60
竖井入口	488		10.21	1.91
斜坡道入口	324		25.78	4.64

图 9.11　第三视角中的系统运行状态

　　总体来说，本节分析了地下矿山模拟避灾系统需求，并以此为出发点，建立了基于混合现实的模拟避灾系统体系和功能架构，依据该架构，设计了系统中的交互、显示、模型展示及模拟避灾功能模块。利用 C#语言、Unity3D 引擎及混合现实工具包 MRToolKit，完成了系统功能模块的开发。通过软硬件配置、文件编译及图像校准工作，完成了系统第三人称视角的搭建，利用该功能，使得其他人员能够在 2D 屏幕上看到 HoloLens 中的画面。通过系统控制台和仿真机测试，验证了本书中避灾模型的可靠性和系统的稳定性。

　　系统能够在日常办公环境中使用，不必使用手柄等传统交互设备，仅用语音和手势等交互方式就能操作虚拟图像。系统中的模型展示功能能够加深矿山工作人员对井下巷道结构的认识，为使用者提供沉浸式的设计和探索体验；模拟避灾功能能够分析灾害发生地点与人员所在位置的关系，智能选择前往地下矿山斜坡道、竖井及避灾硐室的最优逃生路径，并在 HoloLens 中可视化避灾路径及相关信息，为井下避灾工作提供数据和技术支撑。

9.1.4 混合现实在矿山中的其他应用

9.1.4.1 信息化展示，无纸化办公

混合现实技术可以将数字信息与真实世界相结合，以更直观、生动的方式呈现信息。利用虚拟实体、模型或图形，能够在显示屏上将复杂数据进行可视化展示，从而让人们更轻松地理解和分析这些信息。混合现实技术能够直接将数字信息投射到真实的环境中，从而避免了传统办公环境中的纸质文件和文档的存在。此外，利用虚拟现实技术还能够为用户创造一种更加逼真的工作氛围。借助虚拟屏幕、手势识别以及语音控制等先进技术，能够实现办公过程中的无纸化，从而增强工作的效率。并且在有限的物理空间内展示大量的信息和内容，可以节省办公空间，并提供更多的展示和交互可能性。

9.1.4.2 辅助数据采集

传统地下矿山爆破块度识别都需要人工深入危险区域设置标志物以及测量，如图 9.12 所示，给现场技术人员人身安全带来极大的不确定性。采用混合现实的手段，依靠 MR 眼镜设置虚拟标志物并进行图像数据采集，可以在保证人员设备安全的基础上极大地提升工作效率。

(a)   (b)

图 9.12 现场人工设置标志物测量
(a) 爆堆大块；(b) 溜井大块

如图 9.13 所示，地下矿山在复杂的工作环境中进行了虚实结合的训练：利用混合现实的空间扫描功能来扫描物理空间，并将这些扫描得到的物理图像转化为三维模型文件。接下来，在混合现实环境中利用空间锚点的特性，将虚拟物体置于系统所识别的物理空间内，以确保虚拟物体与实际物体的位置能够完美融合。每台设备中的锚点可以相互共享，这使得所有混合现实设备之间能够看到相同的虚拟模型叠加效果，利用三维注册技术实现模型和混合现实设备的同步更新，运用交互实现三维虚拟模型与真实物理世界目标物相协调，随后调用混合现实设备的图像采集功能获取虚实融合实景图，最后可以将带有混合现实标志物的现场采集图片数据用于深度学习训练。

具体操作过程如下：

（1）佩戴并开启 HoloLens 可穿戴设备；

（2）将 HoloLens 视场对准待采集标地；

（3）进入数据采集功能菜单，选择合适的测量标志物；

（4）移动混合现实测量标志物至适当位置，使之与待采集标地存在一个较好的空间位置关系；

（5）语音或手势控制 HoloLens 采集矿山现场图像数据。

图 9.13　混合现实标志物辅助数据采集过程

(a) 选择标地并开启 HoloLens；(b) 进入数据采集界面；
(c) 调出混合现实标志物；(d) 移动标志物并采集数据

9.2 数字孪生技术

数字孪生（Digital Twin），也被称为数字映射、数字镜像。它的定义是：充分利用物理模型、传感器更新、运行历史等数据，集成多学科、多物理量、多尺度、多概率的仿真过程，在虚拟空间中完成映射，从而反映相对应的实体装备的全生命周期过程。

简而言之，数字孪生是基于一个特定的设备或系统，创造出一个数字化版本的"孪生克隆体"。所谓数字孪生是指将实体和信息结合起来。实体的即时状态，加上外部环境的因素，都会在"孪生体"上重新显现。当遇到特定事件时，"孪生体"就能做出相应的反应。如果想对系统进行设计上的调整，或者想了解系统在特定外部环境下的响应，可以在孪生体上进行相关的"试验"。通过这个虚拟原型，就能了解整个系统运行情况，甚至是故障所在。这种方式不仅消除了对本体的干扰，还有助于提升工作效率和降低成本。

作为传统产业中实现创新和变革的核心技术，数字孪生技术已经在智能制造和智慧城市等多个领域得到了广泛的应用。数字矿山是数字孪生技术在工业领域的重要实践，能够有效提升资源利用率和经济效益。矿业是一个具有传统特色的行业，利用数字孪生技术来指导矿山的安全生产和智能管理决策，将极大地推动数字矿山建设的进程。

9.2.1 地下矿山数字孪生技术

在矿山生产中，数字孪生技术以矿山物联网为基础，通过广泛分布在矿山各空间位置的传感器获取海量数据，并将数据进行集成、分析、优化，驱动虚拟数字孪生模型同步动作并进行分析，形成从数据反馈至智能决策的信息流，人员通过操作数字孪生模型下达指令来控制真实物理设备，达到以虚控实的效果。

9.2.1.1 矿山数字孪生模型构建技术

在矿山应用环境中，需要建立4种三维模型：矿山环境三维模型；矿体与井巷工程三维模型；设备三维模型；生产过程动画。对于地下矿山而言，矿山环境三维模型分为地表实景、井下环境。使用倾斜摄影技术可以有效建立矿山地表"全要素、全纹理"实景三维模型，且经济适用性良好。基于三维矿业软件可以绘制矿体与井巷工程三维模型。最后将3dsMax、Unity3D等三维建模软件与VR仿真技术结合，建立井下硐室、设备三维模型及生产过程动画，实现矿山全要素在空间中的有机耦合。

9.2.1.2 数字孪生远程遥控监督技术

矿山数字孪生系统的基本功能是虚实交互同步、以虚控实。即数字孪生模型与矿山物理实体在物理、几何、动作、时空状态方面时刻保持一致。在实现此功能过程中，物理、几何方面可以利用三维建模技术实现，动作、时空状态方面则通过物理实体与数字孪生模型数据双向通信实现。以设备为例，设备端PLC控制系统与数字孪生系统Cache缓存通过Socket传输建立双向通信，Socket传输是一种长连接，系统终端与物理实体端在Socket传输中经过三次握手建立连接后，除非任意一方主动断开连接，否则连接状态将一直保持，这样可以保证从物理实体端持续获取实时数据，以及系统终端随时快速发送设备控制指令。用户通过三维模型发送控制指令至PLC以控制设备，同时利用PLC读取设备及安装在设备上传感器的数据，经由OPC标准化通信协议传输至系统终端，由前端数字孪生模型读取实时变化数据，使数字孪生模型发生相应的改变，以保持与物理实体的动作一致。

9.2.1.3 数字孪生矿山安全预警技术

矿山环境复杂，随着国家各项安全政策的推出，矿山纷纷建立了多种环境监测系统。基于数字孪生系统，集成所有环境监测系统数据。从空间位置缓冲区分析、相近位置多要素加权叠加分析、多要素关联性分析等多维度视角，辅以三维可视化分析技术，以网络

BP 算法建立安全预警模型，精准预测矿山风险发生的概率及严重程度。并立体化展示矿山安全隐患空间位置，为矿山人员提供智能化安全防护保障。在实际应用环境中，需要将所有环境监测传感器数据集成到同一环境中。由于矿山环境的复杂性，在集成过程中需要对数据进行清洗、降噪。数据集成后将数据进行融合，增强数据鲁棒性，随后通过 Cache 高速缓存传输至数字孪生系统安全预警模块及数据库中进行分析与储存，并通过大量数据训练，逐步提高预测结果准确度与适用性。

9.2.1.4 数字孪生设备性能评估技术

矿山正常生产离不开各类设备的正常运转，精准维护设备可以延长设备使用周期。基于数字孪生系统，可以精准评估每台设备运行状态。系统通过设备通信系统与传感器获取关键运行参数，利用网络 BP 算法分析参数数据，在数字孪生模型中显示设备性能评估结果以及精准仿真设备故障位置，为维护人员提供高效决策依据。以长距离输送皮带组为例，由于输送距离过长，某一皮带机发生故障后，维修人员需要花费大量时间及精力寻找皮带损坏位置，工作效率极低。在数字孪生系统中，通过 PLC 与 OPC 将皮带组中每一条皮带机的关键运行参数集成后传输至 Cache 高速缓存，随后传至数字孪生系统中，经安全预警模块内置的 BP 网络算法分析，最后将分析结果与精准设备损坏位置进行三维展示，指导工作人员快速排除故障。

9.2.1.5 基于数字孪生的矿山大数据分析技术

数字孪生技术与矿山物联网系统融合后，数据量与数据种类增量巨大。基于数据孪生的矿山大数据智能分析技术主要从以下几方面展开研究：

（1）充分利用数据可视化分析技术。基于数字孪生技术的应用，矿山各类生产经营数据展示不再局限于传统表格或图表的形式，而可以通过三维模型立体直观地展现出来。对于分析算法而言，数据分析与挖掘不应局限在原始数据层面，而更应在孪生数据之间以及孪生数据与原始数据之间的高维度分析数据。

（2）全要素流程数据联合分析。矿山大数据来源于生产与经营两大环节，生产环节包括人、机、物、环四个部分，每种数据之间关联性强，必须从数据间的关系着手才可以挖掘出深层次有用的信息。

（3）基于机器学习提高系统迭代优化算法能力。矿山在生产经营过程中会积累海量历史数据，包括设备运行历史数据、环境监测历史数据、矿石回采历史方案等。利用机器学习算法使系统从历史数据中学习一般规律，基于规律动态迭代优化算法，使得设备性能评估、井下安全预警、生产经营分析等功能越发精确、智能。

9.2.2 露天采场数字孪生技术

露天矿的数字孪生模型是基于工业互联网构建的，它构建在真实的露天矿采场之上，融合了采场的基本设备、采矿工具和生产操作数据，并与三维数字地质系统相结合，从而展现了一个三维的露天矿采场。该模型可用于矿山开采规划、安全监测、应急管理等领域。露天矿的数字孪生建模方法涵盖了采场实景建模、矿体模型的构建、模型的整合、设施模型的创建、单体设备模型的还原、数据的接入以及 WEB 还原生产现场七个主要步骤。

9.2.2.1 采场实景建模

用无人机倾斜摄影技术对露天矿采场进行实景建模,获取详细的影像数据,经过计算获得二进制存储的、带有嵌入式链接纹理数据(.jpg)的 OSGB 格式模型。采用精确的控制测量技术及等高线测量技术,保证空中三角测量精度、确定地物目标在空间中的绝对位置,控制模型整体误差在 10 cm 以内。经过地形修正,去除采场中无关机械设备(如牙轮钻、电铲、卡车等)对地形的影响,最终得到精确的露天矿采场数字孪生模型。

9.2.2.2 构建矿体模型

利用露天矿生产执行模块中的三维地质系统,基于矿山勘探的钻孔、化验、岩性等地质数据,构建地质数据库。在三维空间显示勘探线各剖面的钻孔岩性、品位数据,不同地质岩性按照不同颜色进行显示,根据钻孔岩性、品位图像进行矿体解译,判断矿体走向,进而构建矿体模型。

9.2.2.3 模型整合

将构建的地质模型添加至露天矿采场数字孪生模型,不仅可以查看露天矿采场地表模型,还可以直观地获取隐藏在地下的矿体、矿脉分布信息。通过对不同种类矿体进行颜色区分,可呈现出不同种类、不同颜色的矿体交织在一起的孪生影像。

9.2.2.4 创建设施模型

根据露天矿参与采矿作业设施的实际位置和实际三维尺寸,创建对应的数字孪生生产设施模型,定义每类生产设施物理实体和与数字孪生生产设施模型之间的数据接口,使得数字孪生生产设施模型能够显示实时的业务数据。

9.2.2.5 还原单体设备模型

根据露天矿生产现场每类单体设备的实际三维尺寸、相关数据和作业动作,1:1 还原单体设备模型。定义每类单体设备物理实体与数字孪生单体设备模型之间的数据接口,使得数字孪生单体设备模型能够与实时的业务数据相结合。采用亚米级定位装置对设备位置信息以秒为单位的频率进行实时采集反馈。

将数字孪生生产设施模型与单体设备模型构成数字孪生实体设备模型,加入露天矿环境数字孪生模型中,得到露天矿数字孪生模型。最终通过 Web3D 动画技术,以业务数据及定位数据为支撑孪生控制各单体设备,展示孪生动画。

9.2.2.6 数据接入

以人员管理为例展示数据接入方法。通过实体设备中的定位装置以及视频监控设备,接收定位装置和传感器获取的数据,对露天矿现场作业人员进行健康监控及位置监控。通过智能健康腕表及人员定位卡扣,对露天矿现场作业人员进行健康监控及位置监控。将人员健康腕表及定位卡扣反馈的健康信息,显示在露天矿采场数字孪生模型上,健康信息包括人员位置、血压、血氧、心率、体温、步数。同时系统设定了人员健康预警上下限值,当健康监控数据超过预警范围时，系统将产生预警信息并将其发送给该人员所在作业区的作业长及安全员。

9.2.2.7 WEB 还原生产现场

将上述步骤生成的模型和定义的数据，基于 WEB 进行开发，采用 WebGL 三维动画技术，以整体矿山倾斜摄影模型为基础，以露天矿生产业务数据及卫星定位数据为支撑，对设施模型、设备模型进行孪生动画控制，真实还原露天矿采矿作业生产现场，如图 9.14 所示。

9.2.3 选矿数字孪生技术

选厂数字孪生技术是选矿厂在智能工厂建设中的一个关键环节。通过运用数字孪生技术，选矿厂的工艺生产装置、流程和管网实现了实体虚拟化。通过整合虚拟现实、模拟仿真、实时数据和视频监控等多种综合技术，数字孪生工厂平台能够将实体空间内的生产过程进行虚拟展示，从而为矿山企业的生产、运维和管理人员提供了一个形象直观、数据同步和协同共享的数据集成应用平台。通过对国内外选厂数字化改造情况以及选厂数字孪生的关键技术现状进行了研究后，做了分析总结。数字孪生选厂的构建主要涵盖了孪生数据层、孪生模型层以及业务应用层。

9.2.3.1 数据底座

数据底座能够从工厂中提取设计数据，实时收集机器的运行数据、设备维护的历史记录、生产过程中的矿产质量和能源消耗等信息。经过高效的数据清洗和整合，通过统一的数据编码技术，这些数据与孪生的工厂实体紧密结合，并根据数据的不同种类被存储在各种数据库中。数据底座可以实现对企业各种异构数据源的集成，满足了大数据分析和处理需要，提高了企业管理信息化水平，促进企业发展。在数据底座中，数据被细分为多个不同的业务领域，以供高级业务应用进行检索。

9.2.3.2 三维场景构建

三维模型被视为数字孪生场景中的关键数据，它不仅可以清晰地展示实体设备内部的复杂构造，还可以直观地揭示实际设备间的相互关系。因此，如何建立一个高效、可靠和实用的三维模型已成为工业领域亟待解决的问题。三维模型不仅是数字孪生展示的主要载体，而且以其为中心来呈现工厂在整个生命周期中的各种数据，因此，为选厂创建数字化的三维模型显得尤为关键。通过分析选厂各环节的业务需求，确定了数字化建模的目标和流程。数字化的三维模型需要依赖数字化设计来完成，这在新建工厂时具有固有的优势。从项目的规划和设计阶段开始，就已经融入了数字化设计和施工，确保了各个阶段的数据都得到了完整的保存。同时，还可利用数字化建模软件进行生产过程模拟及优化控制。对于那些已经运作多年的老工厂，可以利用现有的设计图纸来对其进行数字化的重塑。通过建立全景图来辅助建模，使生产过程更加直观化。面对设计图纸版本陈旧或缺失的问题，可以利用建筑倾斜摄影或激光扫描技术，首先构建三维参照模型，然后将其与工厂的运营系统或设备管理系统结合，从而构建出一个相对完整的数字化三维模型。不仅将现实选厂的产线、设备实现可视化，同时在三维模型中打下锚点，勾连出所有的产线、设备、零部件间的网状关系，且为数字孪生场景中的数据驱动打好关联基础。

图9.14 露天矿数字孪生WEB展示

关于模型的存储、传递和组装。模型信息和属性信息都是按照一定规则组织起来，形成一个完整的三维数据模型。数字化的三维模型经过了轻量级的处理，将图元和数据分开，并分别存储在数据底座的不同数据库中。图元部分被压缩后以模型文件的方式存储在文件服务器里。同时采用了分布式存储和云计算架构，实现了大数据量下的数据传输，提高了工作效率。数字孪生工厂系统会根据工厂的模型列表，通过网络请求从文件服务器中获取相应的三维模型，然后在应用端完成解压缩。由于选厂工艺的复杂性和设备的大量存在，相应的三维模型体积也相当庞大，这对网络传输提出了极高的要求。采用高压缩比的三维模型可以显著提高三维模型的传输效率。通过在数据底座中构建的知识图谱来定义工厂对象的坐标和关系，可以将完成网络传输的三维模型组装成一个完整的数字孪生选厂。

9.2.3.3 数据驱动

在数字孪生的场景中，厂内的运营数据可以被划分为两大类：动态的运行数据和静态的维护数据。静态维护数据指的是设备在正常工作时产生的各种信息，如操作人员位置、设备故障状况以及相关的历史维修记录等。动态运行数据涵盖了破碎、磨矿、筛分、分级、选别、浓缩、过滤等设备运行的动作信号，以及设备的温度、压力、振幅等实时数据。通过这些数据，可以建立现实工厂中设备的空间运动、状态感知与虚拟孪生体的映射关系，从而同步显示工厂的生产运行节奏和状态。在此基础上，构建了一种基于物联网技术的数字化选厂智能监控平台。工艺控制模型利用收集到的设备和物料数据来实时估算物料的各种状态，而前端展示系统会根据这些计算数据来动态调整物料三维模型的形状。选厂运维所需的静态维护数据涵盖了物理位置、设计规格以及维护记录等多个方面。

在数字孪生选厂的平台上，各种数据类型会根据其应用场景选择不同的传输策略。在处理动态运行的数据时，确保虚拟孪生工厂与真实工厂之间的设备动作节奏和状态保持一致是非常重要的，这对数据的实时性有很高的要求。应用端在使用相应功能时会向服务端订阅主题数据，而数据底座中的接口服务则采用 WebSocket 方式，将数据推送到订阅相关主题的应用端。在处理静态维护数据时，由于没有实时性的需求，可以通过 http 接口根据需要从数据底座中提取相关数据。

9.2.3.4 智慧决策

数字孪生智慧决策层，也被称为孪生系统的"大脑"，是孪生系统的主要分析和决策中心。它基于数据底座、大数据和人工智能技术，构建了一个智能的分析预测模型，用于对孪生工厂的各种业务数据进行深入的监控、分析和预测。通过建立数学模型实现了从海量数据到优化模型的逆向推理过程。与此同时，将选厂的现有信息系统中的工艺控制模型与工业专家的经验相结合，整合到大数据平台中，从而构建工厂的数字知识资产，并对工厂的生产活动产生反向影响。在数字化制造时代，如何通过构建数字孪生智慧决策层，为企业创造更大价值成为了当前制造业关注的重点问题之一。尽管当前智慧决策层的某些工艺模型已经能够满足反向控制的需求，但由于工厂的某些实际因素，这些模型仍然不能完全替代控制系统的功能。随着工厂数字化转型步伐的加快，以及工业互联网技术在制造业领域内应用范围的扩大，工厂通过数字化改造升级后的智能化水平会得到进一步提升。在未来，随着预测结果的持续验证，智慧决策层的模型控制精度将逐步提高，数字孪生平台将逐步实现部分业务反向控制的局部智能，直到实现基于工厂运营数据的全面智能自主决策。

9.2.3.5 系统功能

选矿数字孪生系统的核心功能涵盖了工厂的全面展示、生产流程的仿真监控、设备的智能维护以及虚拟的培训和考核等方面。

数字孪生平台作为矿业企业在生产和运营管理方面的信息集成平台，不仅展示了工厂和生产线的三维可视化地图，还在这些三维地图上按照不同的场景展示了生产线的关键信息，如生产运营、设备管理、能源使用和管道安全等。用户在点击工厂模型结构树中的特定节点或在整体三维模型中选择某条生产线或设备时，可以从数据底座中实时获取该生产线或设备的关键运行信息，并将这些信息展示在与三维模型相关的信息面板上，实现秒级的动态数据更新。此外，用户还可以利用各种动态曲线图、柱状图和饼状图来对关键设备进行动态追踪，展示其变化趋势和幅度等信息。

对生产流程进行仿真监控。利用工业大数据分析技术对采集到的海量数据进行分析处理，建立相应的数学模型，并结合现场实际应用效果来验证数学模型的准确性和可靠性。数字孪生工厂平台能够通过破碎、磨矿、筛分、分级、选别、浓缩、过滤相关设备和生产的实时运行信息，与三维场景进行关联和绑定，在平台中可以实时查看设备的运行状态，显示重点工序和重点设备的运行情况。通过可视化手段对生产流程进行动态模拟。此外，利用数据来驱动三维模型，确保了现场的关键设备与数字孪生工厂的虚拟设备能够同步运作。数字孪生选矿系统采用工业以太网作为网络传输通道，以工业计算机为核心，构建了一套基于云计算的数字孪生选矿系统，并利用大数据分析技术建立了智能决策支持层。用户可以基于此便捷地浏览各个车间在生产、能源消耗和质量方面的操作数据，同时也能了解各关键设备的工作状况。数字孪生选矿系统不仅具备实时监控现场生产状况的能力，还可以实时跟踪设备的运行状况。在智慧分析决策层，工艺控制模型能够根据选矿设备的实时运行数据进行专家的预测和预警，从而帮助操作人员及时调整设备和工艺参数，确保选矿设备能够高效稳定地运行。

在数字孪生工厂平台上，设备信息主要由设计信息、运行信息和运维信息组成。设备孪生模型在设计阶段会注入设备编码，通过设备编码实现与设计信息的绑定，结合现场设备运行点位的位置编码，实现设备全生命周期信息的综合管理。利用可视化技术对这些信息进行展现，使用户能直观了解设备的工作情况。业务人员在点击特定设备时，能够迅速获取该设备的设计特性、设计图纸、当前运行状况以及实时的运行数据等详细信息。设备检修人员可根据检修记录快速查找出存在安全隐患的设备。数字孪生平台整合了设备管理系统的相关数据，并将设备的点检信息整合到平台上进行展示。该系统能够连接到设备管理系统的相关点检任务。当现场设备在操作过程中出现故障，并且不能迅速判断出相应的问题时，管控大厅的调度平台能够接入设备的故障信息，并同时获取出现故障的设备信息。调度人员和设备管理人员可以利用数字孪生平台快速定位故障，并结合大数据以最快的速度确定故障问题，从而提高设备的运维效率。

在设备操作的培训模块里，业务人员可以利用虚拟现实和增强现实技术进行虚拟操作、虚拟培训和虚拟考核。通过使用 AR/VR 设备，业务人员能够对关键工序和主要设备进行虚拟操作，这有助于他们迅速掌握关键工序和设备的工作状况以及操作流程。对于从事设备检修的工作人员，他们可以利用 AR/VR 技术进行设备维修的培训。通过虚拟界面展示和互动设备的图纸、组装流程和注意事项，这种方式可以迅速增强设备检修人员的培训成果，并减少培训的总成本。在此基础上，根据不同岗位特点，制订出针对性强的专项培训计划，并结合具体实际情况开展有目的的专项培训活动，以达到更好的学习效果。在完成了阶段性的培训课程之后，可以利用 AR/VR 技术来进行培训效果的考核和评估。同时还可以通过该系统实现远程监控和管理设备的功能，方便管理人员随时掌握现场情况。在完成了培训和考核之后，相关的操作人员开始了他们的工作职责，有助于减少培训的总成本并提升培训的效果。

9.3 三维激光扫描应用技术

三维激光扫描应用技术又称实景复制技术。通过使用高速激光扫描测量技术，能够以大范围、高分辨率和快速的方式获取物体表面各点的坐标、反射率和颜色等关键数据，这为迅速重建 1∶1 真彩色的三维点云模型提供了一种创新的技术途径。

9.3.1 三维激光扫描技术工作原理

三维激光扫描技术代表了 GPS 技术之后的又一次技术革新，其扫描系统主要由激光扫描仪、电源供应系统、计算机和相应的配套软件组成。三维激光扫描仪是该系统的核心组成部分，它通常由激光测距组件、激光扫描组件和自动控制系统等组成[1]。

9.3.1.1 激光测距原理

扫描仪所使用的激光测距组件与传统的电子测绘设备是一致的，其测绘的基本原理涵盖了脉冲测距法、相位测距法以及激光三角法[2]。

脉冲测距法。扫描仪首先发出激光脉冲信号，然后通过旋转的棱镜将其投射到扫描的物体上，再通过接收器接收返回的脉冲信号，并计算信号的往返时间差，这样就可以使用公式（9.6）来计算扫描仪和被测点之间的距离。根据此公式可以得到被测目标在一定距离处所需测量时间及相应位置坐标。这种测距技术因其激光的发射角度较小、脉冲功率较高和射程较远而受到青睐。因此可以应用于测量近距离目标和运动目标之间的相对位移或相对速度。在当前阶段，中远距离扫描仪普遍采用这种测距技术。测距原理如图 9.15 所示。

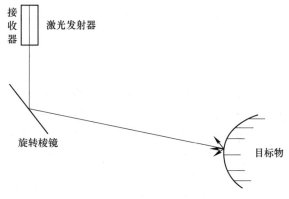

图 9.15　脉冲测距法原理示意图

$$S = \frac{c \cdot \Delta t}{2} \tag{9.6}$$

式中，S 为激光发射点与被测点的间距；c 为光速；Δt 为脉冲信号往返时间差。

相位测距法。通过调节无线电频段的频率来调整激光束的强度，并确定在光束往返时产生的相位差。通过调整光的波长并结合光束的相位差，就可以确定激光的往返时间差。利用数学公式来确定发射点与被测点的距离。利用此方法可以完成对远距离目标进行定位和测量，并具有精度高、操作简便等特点。测距原理如图 9.16 所示。

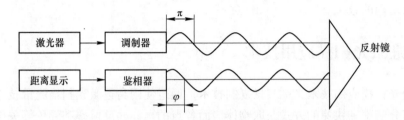

图 9.16 相位测距法原理示意图

激光三角测距法。激光三角测距是根据三角几何关系计算出扫描仪和被测点之间的距离。由激光发射器、目标以及电荷耦合元件（CCD）的位置点形成三角形。基于发射路径与 CCD 接收线之间的角度，并结合棱镜的反射点与镜面位置的基线长度，可以计算出激光发射点到目标点的实际距离，其测距的基本原理如图 9.17 所示。这种测量技术的精确度可以达到亚毫米的水平，通常被应用于逆向工业的测绘工作中。

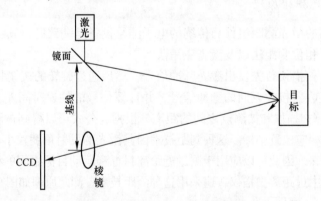

图 9.17 激光三角法原理示意图

9.3.1.2 点坐标计算原理

使用三维激光扫描仪对目标物体测绘时，启动三维激光扫描仪，由激光发射器发出激光束，通过两个高速旋转反射镜扫描目标物体表面。通过应用激光测距的基本原理，能够精确地计算出被测物体与扫描仪之间的距离 S。在测距同时，三维激光扫描仪中的编码器记录测距光束横向扫描角 α 和纵向扫描角 θ，以激光发射点为坐标原点，X 轴与 Y 轴构成 XOY 水平面，Z 轴与 XOY 面垂直，从而构建了一个空间三维的右手坐标系，这样就可以计算出被测点的三维坐标值。计算如下列公式所示[3]。

$$\begin{cases} x = S \cdot \cos\theta\sin\alpha \\ y = S \cdot \cos\theta\cos\alpha \\ z = S \cdot \sin\theta \end{cases} \tag{9.7}$$

9.3.2 三维激光扫描仪分类

应用户多样化的需求,市场上涌现出各式各样的激光扫描仪,而每一种扫描仪都拥有其独特的功能属性。激光扫描仪的分类通常是基于激光测距的基本原理、扫描平台以及扫描的距离来进行的。

(1)根据激光测距的不同原理,激光扫描仪可以被分类为脉冲型、相位型以及激光三角型。

(2)根据扫描平台的不同,三维激光扫描仪主要可以分为固定式和移动式两个主要类别。固定式以地面三维激光扫描仪为主;移动式包括手持、机载和车载三维激光扫描仪。

(3)依据激光扫描仪的测距范围差异,三维激光扫描仪被具体地划分为近距离、中近距离、中远距离以及远距离四个不同的类别。手持式扫描仪的扫描范围约为 2 m,属于一种近距离的扫描设备,其主要功能是在扫描过程中连接计算机,对较小的区域进行多次扫描,并及时补充扫描中的遗漏部分;扫描距离在 25 m 范围内的被称为中近距离扫描仪;中远距离扫描仪扫描范围在 40~1000 m,例如地面式扫描仪;远距离扫描仪扫描范围在1000 m 以外,例如机载式扫描仪。

9.3.3 点云数据

9.3.3.1 点云数据概述

点云数据指的是在一个统一的空间参考系中,用于描述目标的空间分布和表面特性的点集。每一个点都含有三维坐标,这些坐标可能包括颜色或强度的相关信息。点云数据通常是由多行组成的数组,每一行至少包含三列。如果每行都与一个独立的点相对应,那么就使用至少三个值的空间位置点 (X, Y, Z) 来进行表示。

在这之中,点云数据是基于摄影测量的基本原理生成的,这些数据涵盖了三维坐标以及颜色的具体信息。利用这些数据可以实现对目标物体进行识别、定位以及三维重建等功能。首先利用相机捕获彩色图像,接着把相应位置的像素颜色数据传递给点云中的相应点;在此基础上,利用空间滤波方法去除噪声,获得包含真实物体几何形状特征的点云数据。基于激光测量的基本原理,可以得到点云数据,包括其三维坐标以及激光的反射强度。获取强度信息是通过激光扫描仪的接收装置获取的回波强度,其与目标物体的表面材料、表面粗糙度、入射角的方向,以及仪器发射的能量和激光的波长都有关联;而结合激光测量和摄影测量原理得到的点云,包括三维坐标、激光反射强度和颜色信息。另外,点云的属性包括空间分辨率、点位精度、表面法向量等[4]。

点云数据作为三维激光扫描技术的成果,具有多种应用场景,包括但不限于制造部件、质量检查、形状检测和分类、多元化视觉、语义分类、立体视觉与立体匹配、卡通制作、三维制图、运动恢复结构(SFM)、多视图重建和大众传播工具应用等。

除此之外,点云数据的存储、压缩和渲染等方面也成为研究领域的关注焦点。在工业领域中，点云数据已经被广泛地应用到了产品建模与制造方面，如三维测量、逆向工程以及虚拟装配等。随着点云数据采集设备的广泛应用、双目立体视觉技术、VR 和 AR 技术的不断进步，点云数据处理技术逐渐崭露头角，成为最具发展潜力的技术之一。

9.3.3.2 点云数据主要格式

目前，点云数据格式主要有五种：pts，LAS，xyz，PCD，txt。另外，也包括 *.asc，*.dat，*.stl，*.imw。

（1）pts 数据格式。pts 数据格式是保存点云数据最快捷的方式，因为其直接按 XYZ 顺序存储点云数据，可以是整数型或浮点型，以 ASCII 码方式储存，以空格分隔，即 point($x\ y\ z$)。

（2）LAS 数据格式。LAS 数据格式属于激光雷达数据，已成为雷达数据的工业标准格式，相比 pts 数据格式较为复杂。

（3）xyz 数据格式。xyz 数据格式和 pts 数据格式、txt 数据格式相似，但是 xyz 数据格式一般每行有 6 列数据，前 3 列分别为点的 x，y，z 坐标，后 3 列为法向量，一般以空格分隔，即 point($x\ y\ z\ a\ b\ c$)。

（4）PCD 数据格式。PCD 数据格式也是支持 3D 点云数据的文件类型之一。相对于其他数据格式，具有适应性强、存储类型多样等优点。

（5）txt 数据格式。txt 数据格式一般每行有 3 列数据，分别为点的 X，Y，Z 坐标，可以以空格、逗号等分隔，和 pts 数据格式类似，即 point($x\ y\ z$) 或 point(x, y, z)。

9.3.3.3 点云数据采集

在进行三维激光扫描之前，主要的前期准备工作涉及场地的初步勘查和控制点的布设等方面。

（1）场地踏勘。为了顺利完成工程的整体扫描工作，必须深入了解实际的形态，并对外部场地环境有深入的了解。在施工过程中，由于地质条件复杂，因此需要使用相应的测量工具对施工现场地形和地貌进行全面了解，所以有必要前往实际的扫描位置进行场地的初步勘查。并根据勘测报告，绘制出一份现场平面图，结合图纸进一步分析场地情况。

（2）扫描控制网布设。在大多数情况下，由于目标扫描的体积庞大和结构的复杂性，激光扫描仪的扫描角度和距离限制使得单次扫描无法全面捕获目标物体的点云数据。因此，需要在多个不同的位置建立站点，以便从多个不同的视角全面完成对目标物体的扫描任务。在后期的数据处理中，需要将多个站点的测量数据统一到同一个坐标系中，所以要提前布设扫描站点控制网。在控制网络中，站点的位置和数量需要根据现场实际状况来进行配置。如果站点数量较少，就很难获得整个目标物的扫描数据，而站点数量过多则会导致测量时间过长和数据配准困难，从而造成资源和技术的浪费。因此，完成扫描任务需要布设合理数量和位置的扫描站点。

数据的采集为后续的数据处理提供了坚实的基础。按照要求获取高品质的点云数据不仅可以减轻数据处理的负担，还可以增强后续三维建模的准确性。因此，必须严格按照扫描的步骤来操作。

扫描过程中的详细操作步骤如下：

（1）展开支撑架并安装扫描设备。为了保证数据的准确性，扫描前应确保扫描仪的支架稳固，并持续调整支架至水平位置。根据扫描任务的复杂情况，来确定特征线、特征点以及扫描站点的位置，并决定是否在本次扫描中设置标靶（标靶的主要目的是提供清晰且容易识别的公共点，以实现多站点坐标的转换）。

（2）扫描仪定位。根据现场踏勘报告确定最佳扫描位置，布设扫描仪，确保每次扫描的重叠度在合理范围内。为了更好地进行点云拼接，扫描的范围应当涵盖多个特征区域。当面临如矿车或柱状物这样的大型障碍时，通常需要重新定位测站点的位置，以确保扫描的目标位于预定的扫描范围之内。

（3）设置参数。每一次的扫描任务都需要对扫描的距离和点之间的距离进行重新配置。扫描分辨率（dpi）是指扫描仪物理器件所具有的真实分辨率。根据项目要求的扫描精度，扫描仪到被测物体的距离来选择合理的分辨率。按照室外或室内空间进行分辨率的设置，同时按照相应测量标准设置测量次数，一般选择重复扫描 3 次，以提高扫描精度。在扫描过程中要激活颜色传感器，以确保获得的点云模型具有更高的真实性。

（4）开展扫描。一旦扫描参数设置完成，扫描仪便会自动扫描目标物体，以获取所需的点云数据。在每个测站点完成扫描之后，根据相同的参数配置，将其迁移到下一个测站点进行相关作业。

（5）获取现场照片。对现场扫描完成后，使用数码相机或者高分辨率手机对现场进行正射测量，并记录每张照片的位置，以便建立三维模型与所采集影像在空间中的匹配关系。

扫描过程中所需注意事项如下：

（1）坐标系选择。当激光扫描仪在不同的测站点执行扫描任务时，它会在数据库中自动构建一个独立的空间直角坐标系。这个坐标系中，Z 轴代表扫描仪的旋转轴，XOY 平面则是其旋转平面，而激光的发射点则是原点。在这个坐标系中，每个测站点所扫描到的数据都会被记录下来。因此，在每一次对点云数据进行扫描时，所使用的坐标系都是相对的，而在后续的点云配准过程中，这些坐标系统需要被统一到绝对坐标系里。如果使用传统的方法进行点云配准的话，由于没有考虑坐标系之间的转换关系，导致误差较大。所以选择扫描仪的相对坐标系统是非常关键的。

（2）各个测站点的扫描次序。通过合理地安排测站点的位置，可以显著提升点云拼接的准确性和工作效能。站点位置布设方式：一是环绕目标对象，减少测量死角。二是沿目标内部结构特征线合理布设。在进行作业时，必须按照踏勘测站点的相邻顺序进行扫描，否则会增加后续数据配准的难度。此外，由于受地形起伏较大等因素的影响，不同测点间存在一定差异，导致部分区域内无法获取精确点云图像。因此，在进行扫描之前，根据实地考察选择合适的测站点，并根据测站点的顺序以及工程的实际需求进行扫描，可以显著提升点云模型的质量。三是要注意点云之间的距离关系。在进行站点转换测量的过程中，应尽量将扫描设备安置在同一水平线上，以避免垂直方向的移动对点云数据的准确性产生不良影响。

（3）场地环境因素。三维激光技术是由光电测距原理发展形成的。在扫描湿度较高的场景中，空气中的水蒸气会吸收激光的能量，导致激光衰减。同时，目标表面的水珠也会通过镜面反射，使得测距的发射光束和接收光束的差异增大，从而影响扫描仪的测距长度，进一步影响扫描点云的精度。因此，在执行扫描任务时，应选择适宜的气候条件，避免在潮湿的区域进行，尤其是避免在封闭的潮湿环境中进行扫描。

9.3.3.4 点云数据预处理

点云数据预处理。在获得点云数据之后，接下来的步骤是进行扫描点云数据的初步处理。这个阶段是构建三维模型的关键时期，它直观地展示了建模的准确性。点云数据具有庞大的数据量，通常高达数千亿。由于不同站点的点云数据并不处于同一坐标系统，为了更有效地利用和储存这些数据，需要对点云数据进行一系列复杂的数据处理步骤，包括数据配准、数据分割、去噪处理、数据简化以及在数据模型重构过程中的数据处理等。

点云数据配准。在使用三维激光扫描仪收集实际的点云数据时，单一的测站不能完整地获取目标区域的点云信息，因此需要建立多个测站来收集所有目标物体的点云数据。各种不同的点云数据都处于各自独立的坐标系中，因此需要进行点云数据的配准，以便将多个站点的点云数据合并到一个统一的坐标系中，这一过程也被称为点云数据拼接[5]。

点云数据分割。在使用三维激光扫描仪进行点云数据采集的过程中，由于目标物体的周围环境和扫描仪的扫描范围等因素，可能会收集到大量非目标物体的冗余点云数据。这些冗余数据不仅没有作用，还会占据大量的存储空间，从而严重影响点云数据的计算和处理效率。因此，需要对这些点云数据进行分割，以提取保留目标物体的点云数据。点云数据的分割主要有两种方式：人工手动分割和自动分割。人工手动分割的自动化程度相对较低，因此需要大量的人工目视识别来完成点云数据的分割工作；自动分割是利用机器视觉技术对获取的点云数据进行分割。自动分割技术具有较高的自动化水平，它可以利用聚类、边缘、区域增长和颜色等算法来进行点云数据的分割。但是，根据不同的环境和目标物体，需要使用不同的算法，并且在处理复杂环境的点云数据分割时，准确性可能会受到影响。

点云数据去噪。由于三维激光扫描仪内部的固有特性以及外部如空气状况的影响，原始数据中充斥着大量的噪声信息。为了降低这些噪声对点云数据的使用和模型重建的干扰，需要对这些点云数据进行去噪处理。针对各种不同的点云数据格式，可以采用各种不同的去噪算法。这些算法主要包括：有序的点云数据去噪算法，如高斯滤波算法及散乱的点云数据去噪算法，例如孤立森林算法，如表9.3所示。

表 9.3 点云去噪主要方法的适用性与特点

方法	适用性与特点
双边滤波	将距离和空间结构结合去噪，只适用于有序点云
高斯滤波（标准差去噪）	适用于呈正态分布的数据
条件滤波	条件滤波器通过设定滤波条件进行滤波，当点云在一定范围则留下，不在则舍弃
分箱去噪	适用于呈偏态分布的数据
DBSCAN	基于聚类原理去噪，复杂度较高
KD-Tree（孤立森林）	复杂度高，构建 KD 树，随机取点求平均距离，删掉所有大于二倍平均距离的点，适用于无序点云去噪
体素滤波	可以达到向下采样同时不破坏点云本身几何结构

方法	适用性与特点
半径滤波	运行速度快，依序迭代留下的点一定是最密集的，但是圆的半径和圆内点的数目都需要人工指定
直通滤波	适用于有一定空间特征的点云数据
统计滤波	考虑到离群点的特征，则可以定义某处点云小于某个密度，即点云无效
随机采样一致滤波	需要设定阈值与迭代的次数
VoxelGrid 滤波（体素栅格法）	通过在点云数据中创建三维体素栅格，再用每个体素的重心来近似表达体素中的其他点。同时，比体素滤波的速度较慢，却对采样点对应曲面的表示更为准确

点云数据精简。三维激光扫描仪成功地捕获了目标物体的大量点云数据。尽管这些数据为技术人员提供了关于目标物体的详尽和完整的信息，但这也给数据处理和实际应用带来了不小的挑战。因此，必须通过一定方法对这些点云数据加以有效地压缩来提高其利用率并使之更好地为后续的数据处理和分析服务。点云数据精简压缩的核心思想是在不损害目标物体的点云数据特性的情况下，最大限度地减少数据的总量，这对于点云数据的各种应用、处理、计算和存储都提供了巨大的支持[6]。点云数据的精简压缩可以根据数据格式分为网格数据和离散数据两大类。基于三角网格的精简方法首先是将点云数据建立拓扑网格关系，形成三角网格数据，然后再对三角网格数据进行压缩和删减。对于基于离散点云数据的简化，它涉及直接计算点云数据的信息，并根据这些信息直接进行数据的压缩和删除。基于点云数据的简化方法不仅效率更高、效果也更出色，所以当前应用范围也更广。

点云数据模型重构。虽然预处理后的点云数据可以展示目标物体的形状和轮廓，但这些点数据之间存在一定的间隔，缺乏联系和连续性，因此不能准确地展示目标物体的真实特征。这就需要对这些点云数据进行点云数据模型的重构，以生成更加真实和形象的目标物体模型。在点云数据的重构过程中，主要涉及多边形网格的重构、网格模型的进一步优化、孔洞的修复以及曲面的重建等步骤，最终构建出目标物体的点云数据重构模型。

纹理映射。基于点云数据中的颜色、全景和照片信息，对重建的三维模型进行了纹理图片的映射，这使得三维模型显得更为真实和美观，也与目标物体的真实外观更为接近。

9.3.4 三维建模

9.3.4.1 三维建模概述

三维模型是物体的多边形表示，通常可以通过计算机或其他视频设备进行显示。显示的物体可以是现实世界的实体，也可以是虚构的物体。三维模型的组成包括网格与纹理。网格是由物体的众多点云组成的，通过点云形成三维模型网格。网格主要包括三角形、四边形与其他简单凸多边形。纹理既包括通常意义上物体表面的纹理即使物体表面呈现凹凸不平的沟纹，同时也包括在物体的光滑表面上的彩色图案即纹理贴图。三维模型已经应用于不同的领域，例如：制作器官的精确模型，三维动画电影的制作，游戏视频产业的发展等。同时，也逐渐应用于构建三维地质模型。

近年来，随着三维激光扫描技术在矿业领域的应用研究越来越广泛，以三维激光扫描点云数据为基础，逐渐形成了逆向建模技术。逆向建模技术是指以现存物体为基础，通过获取点云数据和现存物体的真实照片，进而在建模软件上实现虚拟重构。逆向建模方式通常分为两种：对结构规则的物体，获取该物体的平面图、立面图和剖面图等二维视图，在此基础上实现三维建模；对结构不规则物体，直接在扫描出的点云数据中利用逆向建模技术将点云之间进行拓扑联系，由点成面，从而生成三维模型。图 9.18 为某矿山逆向建模模型。

图 9.18　某矿山三维点云模型图

9.3.4.2　三维建模工具

三维模型一般用三维建模工具生成，目前比较知名的工具有 3DMAX、SoftImage、Maya、UG 以及 AutoCAD 等。这些软件中都有一些常用的三维建模功能，但是它们各有优缺点，需要根据具体应用进行选择使用。三维建模工具主要依赖于基础的几何元素（如立方体、球体等），通过执行平移、旋转、拉伸和布尔运算等多种几何操作，以构建出复杂的几何环境。

利用建模构建三维模型主要包括几何建模（Geometric Modeling）、行为建模（Kinematic Modeling）、物理建模（Physical Modeling）、对象特性建模（Object Behavior）以及模型切分（Model Segmentation）等。其中，几何建模的创建与描述，是虚拟场景造型的重点。

此外，采用图像或视频进行三维建模（Image-Based Modeling and Rendering，IBMR）已经成为当前的研究热点。利用 IBMR 技术进行三维建模，不仅绘图速度极快，而且具有极高的真实感。基于图像建模的主要目的是由二维图像恢复景物的三维几何结构。

随着倾斜摄影测量技术在测绘领域的蓬勃发展，倾斜摄影测量技术凭借其角度多、范围广、精度高、清晰度高等优势成为建立三维模型的首选技术。利用倾斜摄影测量技术建立三维模型具有采集数据快、自动化程度高、建模所需时间短等特点，以及可以对大范围复杂地形地貌进行真三维模型的构建。

目前，IBMR 的建模软件主要包括法国 Acute 3D 公司的 Smart 3D、德国的 INPHO 等模块、美国的 3DF Zephyr 和俄罗斯 Agisoft 公司的 PhotoScan 等。

9.4 无人机应用技术

9.4.1 倾斜摄影

倾斜摄影测量技术是一种在无人机飞行平台上使用具有不同视角的多镜头相机或可调整拍摄角度的单镜头相机，在特定的飞行高度上对兴趣物进行拍摄以获取地物信息的方法。这种技术解决了传统正直摄影测量在获取建筑物侧面几何结构和纹理信息方面的不足。倾斜摄影测量最常用的影像采集系统是五镜头相机[7]，该采集系统具有前、后、中、左、右五个镜头对地物进行影像采集，与单一镜头的倾斜相机相比，它显著提升了现场工作的效率，其数据收集方法和不同视角的影像都有一定的升级。此外，倾斜摄影测量技术结合了全球卫星导航系统（GNSS）和惯性导航单元（IMU）等先进技术，能够捕捉到多角度影像数据在拍摄曝光时刻的具体位置和姿态信息，从而实现了对地表物体的直接量测。

倾斜摄影测量技术因其低成本、高效率和高精度的操作模式，已经被广泛应用于古建筑保护、不动产登记、数字矿山、地质灾害检测、电力巡检等多个行业。

9.4.1.1 倾斜摄影的特点

通过应用倾斜摄影测量技术进行三维重建，不仅可以捕获地物的丰富纹理信息，还可以获得高精度的地理位置信息，从而有效地展示地物的纹理和几何信息，高度还原了现实场景，为人们提供了一种沉浸式的享受[8]。倾斜摄影测量三维重建与其他建模方式相比，其具有以下特点。

（1）成本低廉、工作效率高、真实性强。减少了传统建模方式采集数据大量人力物力的投入。高度精确的位置数据和真实的纹理信息可以真实地展现地表物体的实际状况，为人们带来一种真实和沉浸式的体验，有效地弥补了传统三维建模在真实性上的不足。

（2）数据成果多样。利用倾斜摄影测量方法，可以获得多种多样的研究成果。不仅能够进行高精度的实景三维场景重建，还能根据实际需求生成各种不同的数据成果，仅需飞行一次就能获取多套测绘数据。具备满足测绘领域多样化数据需求的能力。

（3）信息共享。传统人工构建的三维模型数据量往往较大，因此在进行网络发布和共享之前，需要对模型进行轻量化处理，这将不可避免地影响模型的精确性。采用倾斜摄影测量技术三维重建的模型数据量较小，生成的数据成果格式便于网络发布和信息共享。

（4）单张影像的可量测性。通过无人机飞行获取的图像数据，在经过相关软件的计算和处理之后，能够确定每一张地表物体图像的外方位元素，然后利用这些外方位元素来完成单张图像的量测工作。可以在成果影像中测量地物的各种基本信息，如长度、高度、角度和面积等。这种测量方法不仅精度高，而且非常可靠，有效地弥补了传统正直摄影测量在影像测量应用上的局限性[9]。

9.4.1.2 倾斜摄影测量系统组成

倾斜摄影测量系统由 GNSS 导航系统、惯性导航系统、倾斜摄影系统三个主要部分组成[10]，这些系统通过特定的技术整合，为获得高精度的倾斜图像创造了条件，并为矿山的三维建模提供了坚实的技术基础。倾斜航摄仪通过利用飞行平台拍摄获取地物影像，为三维重建提供丰富的纹理信息，同时利用 GNSS 导航系统和惯性导航系统确定影像的位置和姿态，为后期的空中三角计算提供准确的初始数据，从而实现真正意义上的"非接触量测"。

A GNSS 导航系统

GNSS 导航系统的完整名称为全球导航定位系统。在全球尺度上，所有基于捕捉和追踪卫星信号来进行定位的系统都可以被纳入 GNSS 导航系统的分类，其中涵盖了全球、区域以及增强版的卫星定位系统。GNSS 导航系统构成了一个高度复杂的综合系统，与其他测量工具相比，它拥有独到的优势，能够为用户提供全时段、全气候和实时的精准导航和定位功能。

从 GNSS 导航系统的组成结构来看，它可以被划分为三大部分：空间部分、地面操作部分和用户设备部分。其中，用户设备包括接收机和天线两个方面的内容。卫星构成了空间部分，其核心职责是向地面站传递导航和定位的信号；地面控制系统由全球多个跟踪站构成，其主要职责是监测卫星的运行状况，并负责编制和输入导航电文；用户设备则是接收并处理这些数据的终端，由 GPS 接收器和其他相关设备构成，其主要功能是接收来自卫星的导航和定位数据。

B 惯性导航系统

惯性导航系统（INS）属于自助导航系统的一种，它的内部构造主要包括惯性测量单元（IMU）以及计算机、控制显示器等相关设备。它能够获取关于移动物体的速度、姿态以及相对位置的导航数据。IMU 是由陀螺仪、加速度仪、CPU 和数字电路四个部分组成的，它基于惯性空间的力学原理，可以直接测量运动物体在惯性坐标系下的姿态和加速度。在这之中，姿态角由航向角、俯仰角和翻滚角这三个角度组成，而加速度则是由三个相互垂直的方向上的加速度组成。通过进行坐标的转换，并在坐标系中对加速度进行时间上的多次积分计算，就可以按顺序确定移动物体的速度和它们的相对位置。

考虑到惯性导航系统中的惯性元件在移动时可能会出现漂移，这可能导致系统的累计误差。为了降低误差的负面影响，可以采用 GNSS 技术获取的高精度位置数据来频繁地调整 INS，确保 INS 在移动时能够持续进行初始对准，从而提高测量的准确性。其次，高频率的 INS 测量数据也可以通过特定的方法求得参考中心的瞬时位置，最常采用的是在 GNSS 的定位结果中进行高精度内插的方法[11]。当 GNSS 信号受到外部干扰时，INS 同样能够增强 GNSS 接收器的追踪性能。综合来看，定位系统与惯性导航系统能够互相补充各自的优点，极大地增强了倾斜摄影测量在拍摄瞬时影像时的位置和姿态信息的准确度。

C 倾斜摄影系统

无人机倾斜摄影系统作为倾斜摄影测量系统的一个关键组件，其主要功能是收集地表物体的影像。根据所使用的相机数量的不同，该系统通常可以被分类为单目、三目和五目倾斜摄影系统，每一种倾斜摄影系统都具有其独特的特性。

单目倾斜摄影系统是一种安装在无人机云台上的相机，该相机具有可调整拍摄角度的功能，既能进行垂直方向的拍摄，也能进行倾斜角度的拍摄。三目倾斜摄影系统采用特定的技术手段，将一台具有垂直视角的相机和两台具有倾斜视角的相机进行了集成，其中倾斜相机的视角与垂直线大致呈 45°的角度。该影像数据采集系统是通过一个往返飞行架次或者通过两次调整相机位置的单航线飞行两个架次来完成的。五目倾斜摄影系统整合了五台大幅面数码相机，包括一台垂直角度的相机和四台倾斜角度的相机，其中倾斜角度通常为 45°，但也存在设置为 30°和 60°的情况[12]。与单目和三目倾斜摄影系统相比，这一倾斜摄影系统能够在数据采集过程中从五个不同的方向同时捕捉地物，仅需进行一次飞行操作，就能全面采集该区域的所有影像，特别是在大型场景下，其数据采集效率相当高。

9.4.1.3 倾斜摄影三维建模关键技术

无人机倾斜摄影测量的三维建模方法是通过无人机装备倾斜摄影系统来捕获具有特定航向和旁向重叠度的有序地物影像数据，然后运用特定的技术手段来恢复相邻影像之间的三维关系，从而实现实景三维模型的构建。在倾斜摄影测量的三维建模中，关键的技术步骤通常涵盖了影像的预处理、多视影像区域网络的联合平差、多视影像的密集匹配以及纹理映射等步骤。

（1）影像预处理。无人机搭载的摄影系统在完成数据采集后，应立即对收集到的影像数据进行整理，以检查是否存在漏拍或模糊的情况，如果出现上述问题，则需要进行补飞。在收集到数据之后，由于数据会受到太阳光照射和倾斜角度的影响，因此在构建实景三维模型之前，需要对图像进行预处理，这主要包括纠正畸变差和处理匀光匀色。

（2）特征点提取和匹配。特征点的提取与匹配是从两张或更多的图像中抽取同名像点的技术，这也是构建倾斜摄影测量三维模型的核心步骤之一。在过去，传统的垂直摄影主要依赖于基于灰度或不能抵抗仿射的特征匹配技术。但是，倾斜影像的固有特性可能导致影像出现旋转、缩放、遮挡等不规则的畸变，这与传统的垂直影像匹配有所不同。因此，在倾斜影像匹配中，选择一个能够适应影像畸变的特征匹配方法显得尤为关键。

（3）空中三角测量。空中三角测量方法是基于有限的控制点，在室内对这些控制点进行加密，从而确定加密点的具体平面位置和高度。利用这种技术，可以显著减少实际测量中的像控点工作量，并对影像数据进行高效处理。在摄影测量中，空中三角测量的精度对整个过程至关重要，数字线画图、数字正射影像和实景三维模型等各种数字产品的质量都受到空中三角测量精度的影响[13]。空中三角测量技术有多种不同的方法，包括航带法、独立模型法以及光束法等。在空中三角测量中，光束法区域网是一种将多个航带连接为一个整体区域进行平差的技术，与其他测量方法相比，这种技术更为严格，加密结果的精确度也更高，因此在空中三角测量中得到了广泛的应用。

（4）光束法区域网空中三角测量的基本原理是以一张图像中的所有光束作为基础的平差单元，并以摄影中心、像点和物点的共线作为其基础方程。依据实地测量的控制点，在空中对每一张影像进行了旋转和平移操作，以确保与同一物点交汇的光线能够达到最优的交汇效果。最终，将平差模型迁移到像控点所处的坐标系统中，从而实现了物点坐标的精确计算。

（5）纹理映射。在成功构建三维格网之后，为了更准确地再现实际场景，有必要对三维格网进行进一步的纹理映射处理。因为所采集的倾斜图像本身就包含纹理信息，只需将三维空间的表面与二维空间的纹理信息进行一一匹配即可。选取合适的纹理数据集并通过实验验证该算法可以有效地获取高质量的三维建模成果。在倾斜摄影测量模型的纹理映射过程中，主要步骤包括选择最佳的纹理图像以及纹理的裁剪和贴合。

9.4.2 矿区遥感

无人机遥感，也就是我们所说的通过将无人驾驶的飞行器与遥感传感器结合在一起，再加上通信技术和 GPS 定位技术，将获取资源和获取信息的过程简单化、智能化，通过获取的信息使现在的工作更简单便捷的技术。无人机遥感技术融合了多种先进技术，包括无人驾驶飞行器技术、遥测遥控技术、遥感传感器技术、通信技术、GPS 差分定位技术以及遥感应用技术等，能够实现国土、资源、环境等的空间遥感信息的自动化、智能化、专题化快速获取，并完成遥感数据的处理、建模和应用。

无人机遥感技术利用无人机作为其飞行平台，并搭载多种传感器来捕获地面的遥感数据。通过计算机图形图像技术对这些遥感图像进行进一步的解读，并根据需求生成相关的专题遥感数据，为遥感技术的应用提供了关键的基础信息。

9.4.2.1 无人机遥感特点

与其他的遥感技术相比，无人机遥感技术具有以下几个显著特点：

（1）便捷性和机动性。无人机的起降场地要求相对较低，无论是广场还是运动场这样的平坦区域，都可以作为无人机的起降场所。此外，无人机从组装到飞行所需的时间相对较短，操作也相对简单，特别适用于建筑物密集、地形复杂或云层较多的区域。

（2）安全性和实时性。工作人员无须承受工作中的风险，而控制无人机的操作员和研究人员仅需在地面执行相关任务，因此很少出现人员受伤或死亡的情况。因此，在应急救灾中，无人机成为最有效的手段之一。对于需要获取实时信息的任务，例如地震、洪涝、泥石流、森林火灾等紧急航拍任务，在车船无法进入的情况下，无人机可以在确保人员安全的前提下，第一时间对现场进行航拍摄影，实时传输现场数据，为救援行动部署提供具有时效性的基础资料。

（3）具有高清晰度的多角度遥感图像。无人机与高精度的数码成像设备相结合，不仅能够从垂直方向捕获平面图像，还能利用倾斜摄影技术从多个视角获取地面高分辨率图像，其分辨率可以达到厘米级别。无人机遥感技术可以有效地解决卫星影像和普通航空影像容易被遮挡物遮挡的问题，例如高层建筑遮挡低层建筑，导致低层建筑无法识别，利用获取的影像数据可以建立高精度、高质量的三维数字地理模型。

（4）性能优异。无人机具有体积小，质量轻，续航能力强，机动性好，操作简单，使用成本低，维护方便，便于携带，易于部署，安全可靠等优点。在执行各种飞行任务时，无人机有能力预先设定飞行路径、摄影角度和拍摄频次等因素。在整个飞行过程中，如果没有出现任何意外情况，无人机将能够自主并平稳地完成其飞行任务。无人机的飞行高度和信号传输距离可以达到几千米，而其控制的精确度都控制在米级之内。高性能的无人机承载质量可达数十公斤，能够连续飞行数千公里，并且不会受到多云天气的干扰，能够完成大范围和长时间的监控任务。若超出飞行范围或信号丧失，无人机的自动返航功能可以使无人机自动飞回到起飞点。如果出现无人机在野外坠落的情况，可以利用 GPS 定位系统将其找回，并且可以使用黑匣子来记录整个飞行过程，以便分析无人机坠落的原因。

（5）成本、维护及影像数据处理费用较低。与用于监测的有人驾驶飞机相比，无人机及其相关控制设备的成本明显较低，仅为巡逻直升机成本的20%。无人机一般使用价格更为亲民的普通汽油或电力，因此飞行成本和能源消耗都相对较低。对于无人机飞手来说，他们只需要获得无人机飞手证，获取无人机飞手证难度相对较低，学习和培训的时间也相对较短，从而降低了人员成本。无人机体积小，质量轻，便于携带和操作。大多数无人机的机身是由高强度、轻质的碳纤维材料制成的，这使得机身的维护变得简单和方便。对于处理无人机的遥感数据，所需的设备标准并不严格，只需配置普通的高端电脑即可。

9.4.2.2 无人机遥感系统组成

（1）飞行平台。飞行平台作为无人机系统的主要支撑平台，主要由飞机主体、电力供应设备、动力系统、定位装置以及导航系统等多个部分构成。无人机可以根据其机翼被分类为旋翼无人机和固定翼无人机，而根据其动力系统则可以进一步划分为电动无人机和燃料无人机。另外，根据发电机的数量，无人机也可以被分类为单发无人机、双发无人机以及多发无人机。通常用于监测的无人机，其总质量要超过2 kg，飞行速度介于60~160 km/h，其持续飞行的时间超过90 min，并能在4级风速的条件下正常飞行。

（2）飞行控制系统。飞行控制系统的主要功能是确保无人机能够自动维持其飞行姿态，它由GPS模块、陀螺仪、地磁感应飞控、加速计、气压传感器、光流传感器、超声波传感器以及控制电路所组成。飞行控制系统通过地面控制软件实现无人机自主巡航与定点降落。在飞行控制系统中，GPS模块负责对无人机的水平位置高度进行大致的定位，陀螺仪则负责感知无人机的实时飞行姿态，气压传感器负责对悬停高度进行初步控制，光流传感器负责对悬停水平位置进行精确定位，而超声波传感器则负责精确控制低空飞行的高度。飞行控制系统拥有GPS导航定位功能，能够在飞行过程中完整地记录数码相机拍摄时的POS数据，这包括了空间三维的地理坐标、仰俯角、航向角以及侧滚角。通过使用加速计、陀螺仪和地磁感应飞控等先进设备，无人机的飞行过程变得更为稳定，从而提高了飞行效率和飞行质量。

（3）遥感传感器。遥感传感器负责为遥感提供信息，要获得好的遥感信息，需要为无人机配备合适的遥感传感器。1980年以来，世界上计算机技术快速发展，因此逐渐出现越来越多的高精度、小体积的传感器。在20世纪80年代，传感器大多是利用胶片制成，不仅获取信息的质量低、速度慢，同时体积也较大。随着当下科学技术的飞速发展，无人机的传感器已经具备八千多万像素，为拍摄高精度的航片提供了硬件支持。不仅如此，包括相机云台、红外线扫描仪以及三维的扫描仪等在内的新兴技术，当下遥感传感器技术提供了更好的选择，也促进了无人机遥感技术的发展。

（4）地面控制站。地面控制站作为无人机系统的核心控制单元，确保了所有功能的流畅执行，它在无人机系统中是最不易出现突发事件的部分。地面控制站要能够确保飞行器处于正常的飞行状态，通信链路能够正常运行，并且能够接收和处理有效的载荷数据。另外，在面对不确定因素的干扰时，地面控制站需要战胜各种挑战，确保飞行任务能够高效地完成。

9.4.2.3 矿区遥感数据获取与处理

获取遥感数据主要涉及飞行前的预备工作以及实际的飞行任务。在开始航飞之前，首先要明确航飞的具体任务，并在实地勘查后进行航线的规划设计。

无人机通常被用作主要的信息采集平台，根据特定的作业需求，来配备各种遥感硬件，并与地面辅助设备相结合，共同构建了一个无人机信息采集系统，用于捕获被监测矿区的倾斜影像、热像数据、光谱特征以及其他相关图像信息。

工作人员需要对作业区及其周边环境进行实地考察，提前了解包括地形类型、海拔高度和相对高度在内的各种地形地貌信息。此外，还需要对植被、道路、居民区和水系等具体的地理分布有充分的了解，以便为飞行计划的制定提供必要的基础数据。这将帮助工作人员有针对性地选择起飞、降落和起降的地点，并科学地制定航线和应急响应方案。如果有禁止飞行和限制飞行的区域，必须事先向有关机构提交空域申请。

航线的规划和设计需要综合考虑天气状况、风向、航测范围以及重叠度等多个因素。主要的航飞参数包括航高、起飞速度、航线速度、航线角度、航向重叠度、旁向重叠度和边距等。图 9.19 为以某广场为例进行的航线规划设计图。

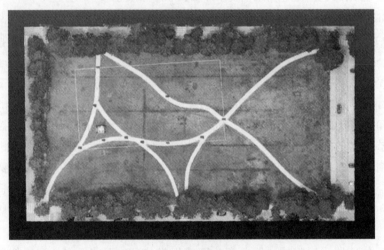

图 9.19 某广场航线规划设计图

飞行作业包括以下几个步骤：

（1）飞前检查测试。在飞行前一天对所有无人机的用电设备进行充电，包括无人机动力电池，遥控器，相机电池，操作地面站电脑等。为了确保飞行任务能够按照预定的计划顺利完成，要在开始作业之前，对无人机进行组装和航电测试，并仔细检查无人机的配件，以保证无人机能够正常进行外出作业。在航线上传完成之后，需要重新检查无人机的组装是否稳固，相机的挂载是否正常工作，以及遥控器的挡位和遥感设备是否都在正常工作状态，全部符合标准后进行下一步工作。

（2）飞行实时监控。基站人员、飞手以及地勤人员相互配合，分工协作，进行空中速度的校准和围观群众的疏散，确保无人机的正常起飞和作业。起飞后飞手实时观察飞机姿态，把遥控器切到应急挡位，使油门杆保持在中间位置。地面站操作人员查看飞行空速、地速、飞行姿态、飞行高度等数据，做好应急措施。当无人机飞到预定的航线高度并进入该航线时，检查数据传输是否处于正常状态。

（3）飞行成果导出。航飞完成后，工作人员应对收集到的数据进行质量检查，以确定数据的完整性、图像的清晰度、颜色的均匀性以及是否有遗漏或偏差的情况。如果这种情况确实存在，那么应当实施相应的纠正措施；如果数据达到合格标准，应当及时下载并分类储存，以便进行后续的数据处理。

（4）设备回收保养。完成作业之后，需要将无人机收好，取下电池，接着拆解螺旋桨、折叠机臂等部件，然后按照规定将无人机放回机箱，并在后期对电池进行充电和保养。

在收集到数据之后，需要及时地将倾斜影像数据、光谱特征、图像信息、气体参数以及红外热像图等相关遥感数据进行备份和导出，然后对这些数据进行进一步的解读和处理。具体的处理步骤需要与倾斜摄影和三维建模技术相结合，以生成有用的空间数据。

9.4.3　智能验收

目前，国内外露天矿采场验收测量外部作业数据采集主要采用全站仪和GPS动态测量对坡顶、坡底线进行测量，一般每间隔20 m测量一个点。这种测量方法存在人员多、工时长、数据采集效率低及各个验收点间距大等劣势。另外，采场验收只考虑矿岩量的计算，而未具体考虑矿石的质量（如矿石类型及品级分布信息），使得验收信息不够全面和准确，影响了对于各个采场的采矿情况的全面了解，这对后续的指导生产存在诸多不良影响。

随着无人机技术的飞速发展，基于无人机摄影点云数据及遥感可见光-近红外光谱数据的露天采场验收方法已成为必然的发展趋势。一般以无人机摄影点云数据及遥感数据为数据源，开展三维建模与可视化技术、遥感识别技术及遥感定量分析技术研究，旨在解决基于无人机遥感数据的露天采场大尺度矿岩识别及矿体品位分析的关键问题，为露天采场高效智能验收提供多源精细的数据支持。其对减小矿山损失贫化率，开采、运输、选矿成本具有重要的意义。

9.4.3.1　露天采场验收测量概述

露天矿在工作中，必须及时地测量工作面的位置，验收工作面规格质量，计算岩土的剥离量和矿物的采出量。这些测量工作，统称为采剥场验收测量。其主要任务是：测量采剥工作面的位置并绘制采剥工程平面、断面图；按区域、阶段平盘、工程项目、电铲号等计算实际采剥工程量；在验收测量图纸上量取实际工程技术指标，如工作线长度、阶段平盘宽度、剥离进度、采宽、采高、工作帮坡度、阶段高程等。为了检查计划执行情况，计算实际的剥采比以及安排后续的生产计划，必须按每旬、每半月或每月进行一次验收测量。

验收测量的主要对象为采剥阶段的段肩和段脚、阶段平盘上的岩石堆、主要机械的位置、露天矿坑内的运输线路、崩岩及水源、露天坑内的排水设施及泄水井巷、绞车道、栈桥、变电所和车库等位置、爆破用的井巷和闲室。

采场验收测量时，一般均采用极坐标法，用全站仪直接测出各测点的坐标；或者用经纬仪测量水平角，用光电测距仪测量距离后，用极坐标法计算公式算出各测点的坐标；在一些小型露天矿或没有全站仪（测距仪）的露天矿也可采用经纬仪测角，视距法测距来确定各测点的坐标。

采剥工程平面图绘制的传统方法是：根据外部作业测量出的水平角、水平距离和高程等测量点展绘要素，将所测出的各碎部点依比例尺展绘在图纸上，并在点旁注出高程，将坡顶线和坡底线分别用实线和虚线连接起来，就绘制成了采剥工程平面图。采剥工程平面图是绘制其他矿图的基础。

验收量（采剥工程量）的计算，传统的方法是图解法。所谓图解法，就是从采剥工程平（断）面图上量取有关数据，计算验收量。图解法又分为垂直断面法和水平断面法。当采剥平盘的坡顶线和坡底线近似呈直线且较长时，宜采用垂直断面法；否则宜采用水平断面法。目前在大型露天矿中计算验收量时，一般均采用垂直断面法，如图 9.20 所示。

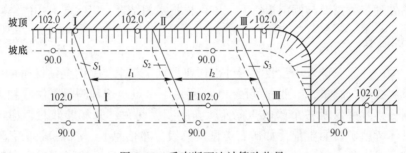

图 9.20　垂直断面法计算验收量

由于图解法计算验收量误差大，计算烦琐，效率低下，已越来越不适应露天矿生产现代化的需要。随着全站仪、电子计算机等现代化设备的普及以及数字测图系统、地理信息系统的推广应用，验收量的计算由图解法向解析法发展是必然趋势。

所谓解析法计算验收量，就是利用全站仪或光电测距仪等仪器设备采集验收台阶各碎部点的平面坐标和高程；根据验收台阶上、下盘边界线上各点的平面坐标，采用解析法，计算出上、下盘的面积，然后再计算出上、下盘间的平均高差；最后利用水平断面法计算公式计算验收量体积。

9.4.3.2　采场智能验收技术路线

采场智能验收技术路线包括以下步骤：

（1）采集数据建模。利用无人机倾斜摄影测量采集采场的三维点云数据，对点云数据进行处理，包括：点云滤波算法及纹理差异算法、露天采场的无人机多期点云配准技术等。研究基于无人机点云数据的露天采场三维可视化技术，进行三维建模。

（2）分析矿岩样本光谱特征。采集采场的典型围岩（花岗岩、千枚岩、绿泥石）及铁矿测试样本，测试样本光谱数据，分析矿岩光谱特征。

（3）获取采场光谱信息。利用无人机采集的采场光谱数据，分析采场不同区域的岩石光谱特征及不同品位矿石的光谱特征。

（4）比对数据，建立分析模型。以测试样本的光谱数据及无人机采集的光谱数据为数据源，以随机森林、支持向量机等算法建立基于机载光谱仪的矿种及典型围岩的识别模型以及磁、赤铁矿品位分析模型。

（5）自动提取矿岩及品位区划界限。利用矿岩分类模型提取矿岩界限，为现场确定矿岩界限提供信息支持。以无人机点云数据建立的露天采场三维精细表面模型为基础，采用不规则三角网（TIN），提取品位区划界限。形成矿岩及品位区划界限的自动提取技术。

（6）统计矿岩量，智能验收。在露天采场三维模型上叠加矿岩界限及品位区划界限，利用多期三维模型差分实现对矿岩量的统计，实现露天采场高效智能验收。

参 考 文 献

[1] 朱庆伟，马宇佼. 基于三维激光扫描仪的建筑物建模应用研究 [J]. 地理与地理信息科学，2014，30（6）：31-35.

[2] 陈朋. 应用三维激光扫描同步监测矿区地表与建筑物形变的研究 [D]. 北京：中国矿业大学，2018.

[3] 刘家全. 基于三维激光扫描的石窟寺病害建模及可视化研究 [D]. 上海：上海师范大学，2023.

[4] 王丽辉. 三维点云数据处理的技术研究 [D]. 北京：北京交通大学，2012.

[5] 史皓良. 三维点云数据的去噪和特征提取算法研究 [D]. 南昌：南昌大学，2018.

[6] 张成国. 逆向工程中数据拼接与精简技术研究 [D]. 青岛：中国海洋大学，2005.

[7] 黎亮. 北斗/GPS 双模差分定位系统及卫星导航天线研究 [D]. 成都：电子科技大学，2020.

[8] 符钟壬. 基于倾斜摄影测量与激光雷达点云匹配的建筑物三维模型研究 [D]. 昆明：云南大学，2021.

[9] 蒯通. 轮廓线约束的倾斜摄影测量三维模型立面修复方法 [D]. 成都：西南交通大学，2021.

[10] 宰春旭. 基于多种摄影方式的精细化三维模型构建方法研究 [D]. 昆明：昆明理工大学，2022.

[11] 项小伟. 近景摄影辅助倾斜摄影的影像匹配及三维建模研究 [D]. 太原：太原理工大学，2019.

[12] 缪玉周. 消费级无人机倾斜摄影测量技术在构建城市真三维模型中的应用研究 [D]. 南昌：东华理工大学，2018.

[13] 周杰. 倾斜摄影测量在实景三维建模中的关键技术研究 [D]. 昆明：昆明理工大学，2018.

10 工业互联网数字矿山示范工程

10.1 鞍钢矿业数字化转型

2023 年中共中央、国务院印发《数字中国建设整体布局规划》，标志着国有企业数字化转型不仅是构筑竞争优势的内在要求，更是实现全面建成社会主义现代化国家的重要支撑。

鞍钢集团以提高我国铁矿资源保障能力、维护钢铁产业链供应链安全为己任，实施"钢铁+矿业"双核战略，鞍钢矿业以建设世界一流资源开发企业为目标，提出聚焦"世界级成本、世界级规模、世界级产品"三个决定性因素，探索打造"五个一流"实施路径。依托数字化转型，全面提高矿业生产管理水平，是鞍钢矿业完成历史任务的必然选择。

作为冶金矿山数字化应用的先行者，鞍钢矿业在 2007 年发布了《数字矿山建设规划》，率先建成了以 ERP 为核心的矿业管理信息化 AMS 系统，推动基于自动化和信息化的五级管理体系，在 2015 年，入选国家《钢铁工业调整升级规划》，先后被评为"首批国家智能制造试点示范"和"智能制造标杆企业"。

"十四五"时期以来，鞍钢矿业围绕实体路径和管控路径两条主线进行系统建设。

所谓实体路径，就是对"矿石流"的智能管控，鞍钢矿业对 18 个主体产线进行了梳理，选出 4 个典型工艺产线作为试点，进行了探索建设，成熟后复制推广到同类的基层矿山。

（1）第一个试点，鞍钢矿业在齐大山铁矿进行露天采矿数字化转型建设。

在传统模式下，鞍钢矿业露天开采各工序之间通过图纸、作业单来传递信息，通过人工经验、调度指令进行管控，关键环节比如爆破、穿孔点位选择和确定需要人工现场排定。智能化改造后，露天开采工艺没有变化，但生产方式完全不同了。

1）真正做到了每块石头的身份认定、蜕变规划和路径跟踪。露天开采主要的工艺有计划、穿孔、爆破、铲装、运输，在这几个工序中，鞍钢矿业做到了两级配矿和三个智能。

首先建立三维地质模型，对采场每一个点位矿石、岩石的属性、品质、组成状态清楚掌握，这为第一次配矿创造了条件，因为在地质模型上，采用计算机智能地做采掘设计，可以为未来的选厂需要做第一次优化。

接下来，在地质模型的基础上，做穿孔设计，坐标通过系统发布给钻机，钻机精准定位，并实施穿孔作业，然后将穿孔信息发布给爆破系统，根据孔深、孔距及矿石性质进行爆破演算，进而确定爆破药量及配比，实施更为有效的智能爆破作业。

鞍钢矿业建立了智能的铲装运输系统，自动确定更为合理的铲车比、行车路线，车和铲的匹配更为合理，行车路线由计算机自动确定，司机根据计算机指挥操作，即使行车路线最短，又尽量减少交叉，生产效率最高。在这个过程中，鞍钢矿业又实现了第二次配矿，系统根据每台铲位不同的矿石属性，再次调度车辆运输的最终目的地，达到最终配矿要求。

有了地质模型做依托，可以实现对矿堆级的矿石流跟踪，对矿石流既有规划，又有过程管控。

2）真正做到了远程集控操作。过去鞍钢矿业露天采矿有若干个车间、作业区，设若干个调度室，大家独立指挥，信息存在壁垒，改造后鞍钢矿业在远离采场4 km外建立了"采矿ROC中心"，结合三维仿真、北斗定位等技术，融合视频、生产、设备、安全数据，将露天采场生产环境进行1∶1孪生还原，以宏观视角全面掌握采场边坡、装备运行和作业人员实时动态，形成集中操作。另外，开发了一拖二牙轮自主作业遥控系统，单人可远程同时控制两台钻机作业，人员远离恶劣环境。

3）真正做到了采场安全的实时监控及管理。采场建立了边坡监控系统、人员信息实时采集系统、车辆防碰撞管理系统、铲齿脱落监测系统，使鞍钢矿业的劳动对象、劳动工具、劳动者都在实时监控范围内。以铲齿脱落监测系统为例，过去铲车司机每铲装一次都要将铲斗抬到眼前，用人工的方法看看铲齿是否脱落，增加劳动量，也不准确，经常发生铲齿脱落后知后觉，很难查找。现在鞍钢矿业通过图像识别技术，训练20多种脱落检测模型，对电铲铲齿完整情况进行实时自动监测，减去了人工识别环节，减少了劳动量，提升了准确率，从源头上降低矿山过铁风险。

（2）第二个试点，鞍钢矿业在眼前山铁矿进行井下开采数字化转型的建设。

井下生产过程中，传统的放矿、运输、破碎、提升和公辅系统设备多在现场操作，自动化程度较低。随着露天矿山陆续进入开采末期，未来露天转井下将成为大势所趋。井下生产过程智能化也是鞍钢矿业当前和未来建设的重点攻关方向。井下开采的特点是存在3D岗位多、地质环境恶劣，安全风险高等问题。所以过去鞍钢矿业信息化建设重点关注井下人员的定位，现在鞍钢矿业是想方设法不让人员下井操作。

鞍钢矿业在眼前山铁矿的综合楼6楼开辟了专门的区域，建设了国内最先进的井下矿地表ROC远程集控平台，平台分三个区域：

第一个区域是集控区域，通过现场感知和AI指挥调度模型，基于数字孪生技术，实时掌握井下生产状态，建立了优化调度系统。鞍钢矿业实现了按需通风、自主排水、自动供电，在提升环节，两个主井已实现自动运行，ROC远程监控钢绳和闸控等关键部位的劣化情况。利用UWB定位+射频技术实现精准装车，根据视频图像识别检测料位，自动进行装载，井下电机车已经实现了无人驾驶，自动运行。使井下驻守人员得到精减。

第二个区域是管控区域，鞍钢矿业整合了矿级和作业区级的生产、设备、能耗、安全等管理，实现扁平化。建立了即时指挥调度中心。

第三个区域是操控区域，井下生产操作使用全新的遥控技术，配合雷达扫描成像，实现铲运机、凿岩台车在地面远程操作、连续作业。

目前眼矿-235 m水平已打造成国内首个井下无人综合示范采区。

（3）第三个试点，鞍钢矿业在关宝山公司进行了全流程选矿生产数字化转型建设。

选矿是矿山企业的重要生产环节，也是一块石头真正完成蜕变的关键环节。选矿和采矿不同，采矿生产是离散的，选矿生产是连续的，是典型的流程性生产，鞍钢矿业提出"黑灯"和"智慧"两步走战略，来打造智慧化选矿场景。

"黑灯"工厂的核心目标是实现现场操作无人和设备预知维修。"智慧"工厂，是指在黑灯标准的基础上，通过人工智能技术对工业数据资源实现价值化应用，利用数据模型在生产和管理上实现智能化操作决策。

鞍钢矿业在关宝山公司做了如下探索：

一是所有环节实现了自动化改造，所有数据实现了自动采集，在此基础上，建立了远程集控中心，撤销了作业区、班组建制，精减了作业区级调度和岗位操作人员。同时，开展了备件长寿命周期升级，建立了设备预知维修系统。初步实现了黑灯工厂的建设目标。

二是在关键环节，建立大数据优化控制模型，实现选矿生产智慧管控。选矿的智能控制一直以来都是攻关的难点，主要原因是检测难、变量多、时间延迟长，过去没有大数据技术，在关键环节上无法建立有效的机理模型，鞍钢矿业这次攻关取得了很好的效果。

鞍钢矿业建立了配矿模型，根据料仓不同部位矿石的性质、选矿流程的适应特点，以物料数据、各流程的选别指标及最终选别指标的大量数据进行训练，按照"案例推理+人工蜂群寻优"的原理建设优化控制模型。

鞍钢矿业建立了磨矿分级大数据控制模型，在一段磨矿建设了磨矿控制知识图谱，实现对台时、补加水、旋给压力等工艺参数的智能调控。二段磨矿结合关宝山公司工艺特点、粒度趋势以及磨机负荷，自动保持立磨给矿浓度和旋溢粒度平衡，实现二段磨矿 $-45\ \mu m$ 粒级含量合格稳定，6 台立磨相差不超过 5% 的效果。2022 年磨机台时提升 2.3 个百分点，创历史最高。

鞍钢矿业建立了磁选大数据优化控制模型，通过调节强磁机给矿胶堵开度和底流泵频率，稳定强磁机液位与大井浓度、流量。通过磨磁、浮选工艺指标综合设定一、二段场强，稳定磁选和浮选整体选别指标，降低强磁尾品位约 0.2 个百分点。

鞍钢矿业建设了浮选大数据优化控制模型，经过 300 余次更新迭代，根据泡沫流速、品位综合控制粗选、扫选、精选的循环量，稳定浮选精矿品位。通过加药量与泡沫流速、厚度与 pH 值关联分析，对执行机构进行智能调节，初步实现完全代替浮选人工操作效果，2022 年精矿品位合格率提高 6%，药剂单耗下降 8%。

数字化转型不仅是实体路径上的革新，更是对企业管理模式的全面创新，鞍钢矿业作为国内最大的铁矿石生产企业，采、选产线分布相对集中，具备大矿群协同管理的天然条件，在管理支撑蜕变方面鞍钢矿业着重解决以下两方面问题：

一是如何利用好"大矿群"体量下日积月累产生的"海量数据"。

二是如何通过"大模型"，在采、选、球多链条交互生产的"复杂场景"下，实现矿群间的最优化经营。

所以，鞍钢矿业的目标就是通过大矿群的大数据，建设大场景的大模型。

在管控线建设实践中，鞍钢矿业以"数智管控中心"为核心：

一是集中生产、设备、安全等 6 类调度于一体，推动核心业务管理部门联合办公，形成公司集中管理模式，打破专业部门壁垒，提高业务协同效率。

二是整合业务管理信息化系统，形成一体化信息应用平台，聚合监控、预警、分析、决策等功能，自顶向下完成厂际间生产调度指挥与监督协调任务。

在生产管理方面，鞍钢矿业建立了"矿群动态联动生产模型"，突破传统一个区域采—选—球线性管理思维，以全局生产优化为目标，根据矿群内各采场出矿能力和选厂特长及产能优势进行合理分工、交叉配矿、联采联选，最大化发挥资源和装备利用效率。

在物流管理方面，鞍钢矿业建立了动态柔性协同的管理系统，除了前面介绍的采场采运实现矿石流动态跟踪，合理配矿之外，厂际之间同样实现矿石流动态跟踪和整体优化配矿。物流系统和质计量系统有机结合，使在途产品质量和数量均有迹可循，出现问题可以追溯源头，查找原因，也可为外销产品的质量提供分析预警。系统实现磅站无人值守，进厂、过磅、装车、化验等环节移动端提交审批，提高了工作效率。

在安全管理方面，鞍钢矿业建设了公司级视频分析平台，通过 AI 视频分析建立电子围栏，自动识别违章行为，实现生产检修现场安全主动防范。

对矿山生产重大危险源进行实时监测，目前各单位边坡在线监测已达到 197 处，高陡边坡实现 100% 监控；4 座尾矿库通过 34 个监测点实现对坝体安全的实时有效监控。

在设备管理方面，设备管理经历了事后检修、计划检修、点检定修到预知维修的发展历程。鞍钢矿业的信息化也是随着这几个历程的变化而建设，目前已经建成了基于数字孪生和在线监测基础上的设备预知智能维修系统。

在能源管理方面，信息系统对生产过程中 6 种主要能源介质消耗实施有效管控，数据实时采集并上云存储，通过工业互联网平台进行可视化监测和超限报警分析，依托系统全面开展能耗对标和绩效评价，促进工艺技术创新、淘汰高能耗设备；同时也促进了清洁能源使用占比的增加，各单位主动谋划绿电开发应用，现有清洁能源月发电量达到 150 万千瓦时，实现降本增效与节能降碳双赢。

在成本管控方面，一是通过数字化财务一体管控平台，不依赖人工操作直接调取生产、设备、质计、能源数据，为全面落实单机台成本核算奠定数据基础。二是建立成本目标管控体系，利用大数据分析技术，内部实时对比各厂矿同工序综合经营成本，外部对标世界一流标杆企业。

通过数字化转型建设，鞍钢矿业取得了整体性提高，重点体现在以下四方面：

一是促进装备水平得到本质提升。鞍钢矿业进行黑灯工厂建设，生产控制可以远离厂房，但如果备件寿命短需要频繁进入厂房检修，那也难以实现黑灯工厂效果。所以目标倒逼鞍钢矿业进行备件长寿化攻关，最终效果明显，磨机衬板、给矿弯管等备件寿命显著提高。另外鞍钢矿业还通过建立系统，优化备件使用周期，使之逐渐趋于同步，形成最佳停产检修方案。不仅保证了生产效率，还使单位产品修理费同比降低 9.5%。

二是促进企业生产执行效率显著提升。通过精准的数字化管控与单机台绩效管理，职工从"排号干"到"抢活干"，电铲和汽车效率增幅均超过 5%，金属回收率提高 1.3%，2022 年齐大山矿铁矿石产量同比提高 23%，增幅明显。

三是促进一流体制机制的建设。在项目建设过程中，黑灯工厂必须有与之相适应的一流体制机制，关宝山公司、齐大山矿都进行了体制上的改革。关宝山公司成立了三个中心，一是运行中心，二是保障中心，三是管控中心。原有 331 人，生产岗位精简 38%，还剩 205 人，劳动生产率在行业排名第一；另外眼前山矿井下减少 82% 的 3D 岗位设置；能源管控中心通过一个集控中心，实现对 17 个变电所的无人值守，远程点检。

四是明晰矿业数字化转型方向与原则。通过实体线和管控线的交织升级，鞍钢矿业得出了更加清晰明确的建设经验，即对生产管理实现安全、高效、预知、受控，这也将成为鞍钢矿业今后数字化建设的总体要求。

目前鞍钢矿业已累计获得国家级优秀场景案例 3 项，冶金矿山科学技术奖 9 项，入选辽宁省数字标杆企业。先后被《人民日报》等国内数十家知名媒体报道，得到了行业的广泛认可。下面几节将分别针对齐大山露天矿、眼前山地下矿和关宝山选厂进行详细的介绍。

10.2 齐大山露天矿

10.2.1 概述

齐大山铁矿是我国特大型贫赤铁矿山，隶属于鞍钢集团矿业公司，是集采矿、选矿为一体的现代化、大型化冶金矿山企业，是鞍钢集团重要的铁矿石和铁精矿生产原料基地之一。占地面积 11.2 平方公里，铁矿石地质储量达 19 亿吨，拥有固定资产 55.7 亿元。主要生产指标：一期铁矿石设计能力为 1700 万吨/年，二期铁矿石规划能力为 2700 万吨/年，现自产铁精矿能力为 440 万吨/年。

该矿山围绕铁矿资源的开发利用，大力开展自主创新，曾先后获得"国家级绿色矿山试点单位""全国冶金矿山十佳厂矿""全国文明单位"和"中央企业先进集体"等荣誉称号，具有较强的技术力量，拥有众多国际先进的设备和技术，拥有教授级高级工程师、高级工程师、工程师等百人团队。

近年来，国家推动以战略为主导的系统变革，在设备大型化、自动化运行等方面得到了较大提升，但是面对新发展战略所提出的新要求，齐大山铁矿原先在以下几方面还存在着较大的提升空间。

（1）安全生产管控信息技术相对落后，存在大量数据孤岛现象，不能整体化管控。

（2）生产工序缺乏协同联动，没有实现矿业核心指标动态优化。

（3）采场新技术应用滞后，缺少人工智能、数字地质等新技术应用。

（4）缺少智能控制，作业需要大量人工调控，自动化设备超期服役。

（5）缺乏精细化管理手段，未能通过体制、机制变革提升管理水平。

（6）现有信息承载方式大量使用公网和普通以太网通信，安全性差。

矿山生产现场迫切需要新的管理理念、新技术、新装备为转型升级提供新动能，需要通过以数字化、智能化为核心的信息技术改造提升矿业的传统管控模式，实现信息全面采集、管控高度智能、生产安全高效、生态绿色可持续的新型矿山建设。

齐大山铁矿针对生产工序多、工艺复杂，调度环节多、安全管理难度大等生产管理特点，以及人员老龄化、自动化设备陈旧、管理信息化不足等问题，基于"中科云翼"互联制造云平台，打造了基于工业互联网的智慧矿山露天开采智能生产平台，建成了矿山行业智慧采矿示范标杆。在平台基础上，构建智慧生产、智慧安全、智慧保障、智慧运营四个中心，通过"一平台四中心"新型生产管理模式（如图 10.1 所示），重塑现有矿山生产管理流程。

图 10.1 齐大山铁矿新型生产管理模式

主要建设内容如下：

（1）构建统一工业互联网平台，实现齐大山铁矿应用上云，进行大数据分析处理，信息互联互通，打破信息化建设"烟囱林立，数据孤岛"状态。

（2）构建地质资源数字化系统，精准管理地质资源，科学制订生产计划，建设智能爆破、牙轮5G远程遥控、智能配矿、智能卡调等模块，通过三维孪生采场，对现场进行真实比例还原，十里矿山尽收眼底。

（3）统合生产安全管理要素，增强工业安全生产的感知、监测和预警能力，应用危险源巡检，边坡在线检测，卡车防碰撞，人员安全定位等系列安全系统，通过互联平台做到统一报警、统一分析、统一管理，全面提升了安全管理水平。

（4）构建新的保障管理体系。投运自动巡检机器人，大型设备增加在线感知监控，实现在线检测实时报警。对核心工艺，建立物联感知，支撑工艺专家控制系统落地。

（5）建设ROC远程操作控制中心，将四级调度改为两级垂直调度，提升管控效率。构建采选MES生产执行系统，从生产和管理两线进行融合，有效解决管理滞后问题。

10.2.2 总体架构

齐大山铁矿的示范工程以"端边网云"为建设顶层设计架构，对全流程生产工序进行数字化建设，如图10.2所示。采场设备通过智能化升级实现以数据为支撑的强大交互能力，提高了智慧化管理效率，完成了管理流程优化再造。通过数据链条贯通，发挥工业互联优势，依靠三维技术实现矿山资源的数字化管理，与生产管理系统的无缝融合有效提升了矿山资源开采的全流程闭环管理，提高矿山生产的整体运营能力。

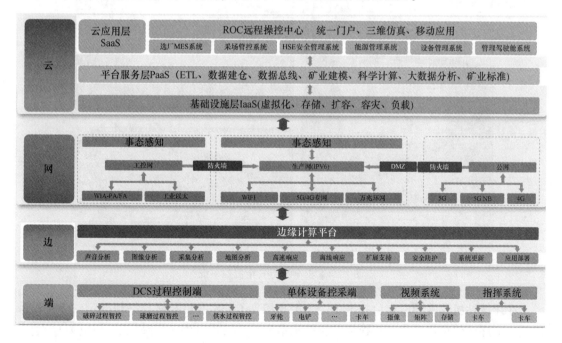

图10.2 齐大山铁矿数字矿山建设架构

10.2.2.1 端层

端层承载矿山建设现场自动化控制体系、单体设备控采体系、现场视频监控体系，通信指挥调度体系等现场直接设备控管作业项，以工业互联网的构架思想管理整体设备端。齐大山铁矿"端层"设备如图 10.3 所示。

PLC　　DTU　4G路由器　网关　激光测距仪 倾角传感器 GNSS卫星定位 超声波液位计 智能终端　摄像机　磁盘录像机

图 10.3　齐大山铁矿"端层"设备

为了进一步说明齐大山铁矿在端层典型建设内容，以机车推行安全监控系统和牙轮钻机寻孔导航定位技术为例进行简单说明。

在机车推行安全监控系统中（见图 10.4）使用先进的 2.4G 网络通信方式将前方车厢前摄像头图像无线传输到机车头，通过远程 Wi-Fi 网络 IO 控制器控制摄像头和补光灯电源达到节能目的，延长设备使用时间。通过网络通信技术采集铁路信号灯信号，结合机车车头 GPS 高精度定位技术，精确显示机车行驶前方铁路信号，保证行车安全。

图 10.4　机车推行安全监控系统

在牙轮钻机寻孔导航定位技术中，采用高精度 GNSS 卫星导航仪，精准定位牙轮钻头位置，指挥牙轮司机操纵牙轮根据导航指示精准移动转机，到达爆破设计下达的点位，并在完成钻孔作业后自动完成钻孔深度的测量。

10.2.2.2 边层

边层与端层进行互联互通，前移人工智能技术，包括声音分析、图像分析、采集分析、地图分析等技术应用落地，构建快速响应，离线响应的边缘计算设备，实现可以快速扩展、快速部署、快速更新的自动管控体系。

边层涉及的典型关键技术包括深度学习和机器视觉等。深度学习是一个复杂的机器学习算法，在语音和图像识别方面取得的效果，远远超过先前相关技术。针对露天采场的应用，典型案例之一是采用 SSD 目标检测方法实现对矿用电铲铲齿和破碎口的识别。SSD 网络结构如图 10.5 所示。

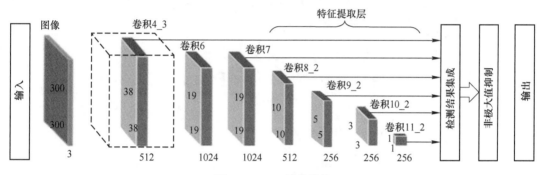

图 10.5 SSD 网络结构

机器视觉就是用机器代替人眼来做测量和判断。机器视觉系统是通过机器视觉产品将被摄取目标转换成图像信号，传送给专用的图像处理系统，得到被摄目标的形态信息，根据像素分布和亮度、颜色等信息，转变成数字化信号；图像系统对这些信号进行各种运算来抽取目标的特征，进而根据判别的结果来识别现场的设施或设备。基于机器视觉结合深度学习，实现了矿用电铲铲齿脱落的识别及报警以及破碎口蓬料的报警，如图 10.6 所示，达到国际先进水平，已经应用于全部 11 台电铲和 3 个破碎口。

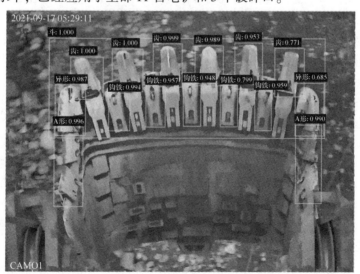

(a)

(b)

图 10.6　矿用电铲(a)和破碎口识别结果(b)

10.2.2.3　网络层

对于网络层的建设，齐大山铁矿综合采用了工控网、办公网、公共网和数传电台的综合布置。工控网具体包括 WIA-PA/FA 网和工业以太网，用于完成工控设备的控制和监控功能；办公网具体包括 Wi-Fi、5G/4G 专网、万兆环网，用于完成露天矿企业的日常管理活动；公共网具体包括 4G 和 5G，用于个人移动设备访问因特网或语音通话；数传电台具体包括数传电台主站和中继站，作为工控网和公共网的补充，保证露天矿生产数据传输的实时性和完整性。其中，数传电台通信具有成本低、建设周期短、适应性好、扩展性好、维护方便等特点，能够适应露天矿采场特殊的地理条件和采矿设备的作业特点，能为露天矿数字孪生提供高效、稳定、可靠的数据传输服务。

数传电台网络主要由三类节点组成：（1）主站，直接和光纤网络接通；（2）中继站，一边通过无线连接到主站，另一边通过无线连接到从站，完成数据的中继转发功能；（3）从站，安装在所有需要有数据交互的设备上，通过中继站或主站完成数据通信。网络的拓扑结构如图 10.7 所示。

主站和中继站的建设既要考虑露天采场的信号覆盖和通信质量，又要兼顾未来一段时间采场的不断变化，以避免建设不合理导致设计变更、返工和重复建设问题。根据齐大山铁矿实际采场环境，经过现场对 4G/5G 信号覆盖的实际测试后，在岩破位置设置电台主站，覆盖排岩场区域，此处有光纤接入点，数据可以直接接入。在矿破位置建设一个中继站，覆盖矿破区域，实现该区域采掘设备数据的上传下达。在北破区域建设另一个中继站，覆盖北破区域，实现该区域采掘设备数据的上传下达。两个位置的中继站一边连接主站，一边连接采掘设备，实现数据的中继转发。

露天矿采场每台需要有数据通信的设备都要安装通讯从站和配套的天线。根据齐大山露天矿采场实际情况，共在以下设备安装通信从站：牙轮钻机、电铲、机车、卡车、油罐

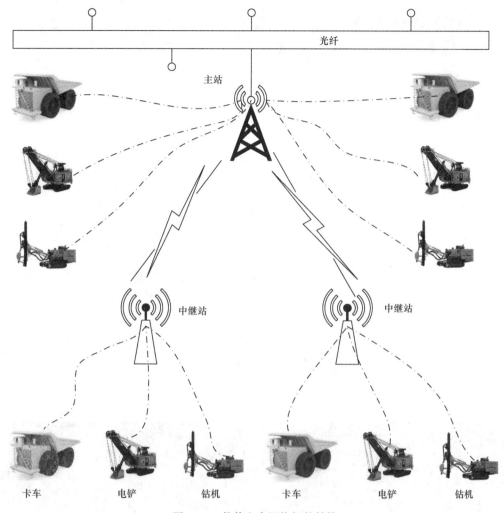

图 10.7 数传电台网络拓扑结构

车、工程车。

10.2.2.4 云层

云层以标准的三层服务体系作为基础，构建矿业的 IaaS、PaaS、SaaS 云体系。矿业 IaaS 提供基础的设备虚拟化、容灾、负载等硬支撑服务，矿业 PaaS 提供数据交互、矿业应用建模、大数据计算、矿业数据标准等软支撑服务，在共同支持软硬的平台基础上，构建核心矿业 SaaS 云应用，从采矿、选矿、安全、能源、设备、决策等维度建立一体化的矿业应用，通过统一平台门户、三维仿真、移动应用等形式，实现矿业生产的遥控作业方式，实现统合化、精细化管理的新模式。

云层的主要关键技术是构建统一工业互联网平台，实现齐大山铁矿应用上云。提供运算平台和解决方案等服务、提供云中完整开发和部署环境、提供大数据流式处理响应、平台管理监控、单点登录、物联接入、数据流处理引擎、审批流引擎、图形可视化组件、科学计算支撑等一系列可共享服务，如图 10.8 所示。

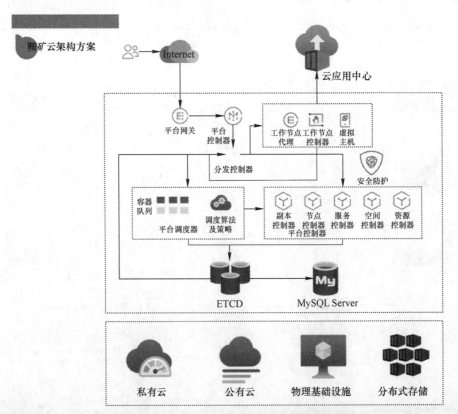

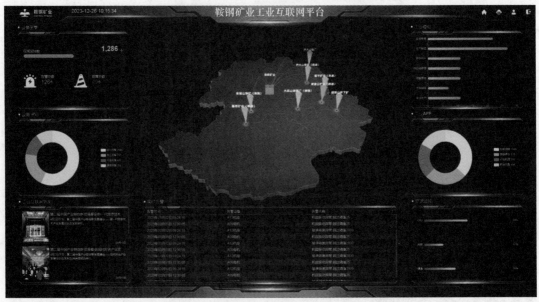

图 10.8 工业互联网平台示意图

(扫描书前二维码看彩图)

10.2.3 建设成果

10.2.3.1 智慧生产中心

智慧生产中心是生产经营的核心引擎，驱动着齐大山数字化矿山转型稳步推进。面向采场"矿石流"，从地质管理、资源计划、穿孔爆破、铲装运输到采场验收逐个业务流程开展智慧化建设，达成了矿产资源数字化、指挥平台可视化、调度指挥智能化的建设效果。

A 矿产资源数字化

矿产资源数字化（见图 10.9）是智慧采矿的基石，根据已掌握的勘探信息，使用全新的三维数字地质技术，对全采场建模，共 33 条勘探线，覆盖齐大山矿所有区域，最深的勘探钻孔为-700 m，建模储量 16 亿吨，可精准掌握矿产资源分布，为"二次"精准质量配矿提供依据。

在齐大山铁矿地测科、爆破公司、测量验收队、质计中心部署了资源数字化系统，实现地、测、采矿过程资源的闭环管理。

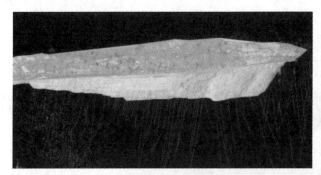
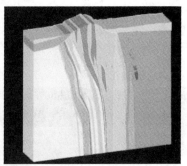

图 10.9 资源数字化系统示意图

（扫描书前二维码看彩图）

对矿石依次进行取样、标记、化验、结果录入，同时自动更新三维地质模型，随着生产更新品位，指导生产计划的制订，提高地质信息对生产决策分析的支撑，实现智能布孔对矿石、岩石设置不同孔距、排距，布孔数据提供给智能牙轮定位穿孔，合理指导爆破作业，如图 10.10 所示。

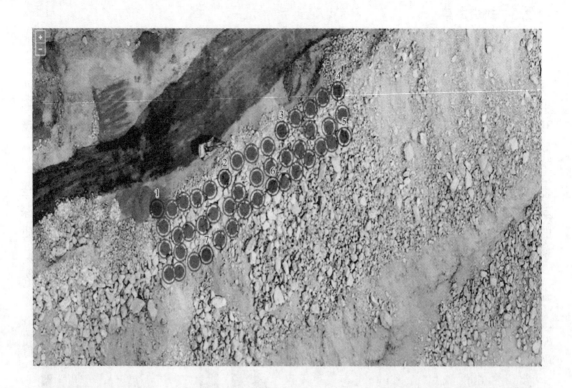

孔号	样袋编号	全铁品位(%)	亚铁品位(%)
11o	1	36	12
6o	2	35	15
1o	3	38	21
45o	4	39	25
40o	5	36	24
31o	6	37	11
30o	7	38	12

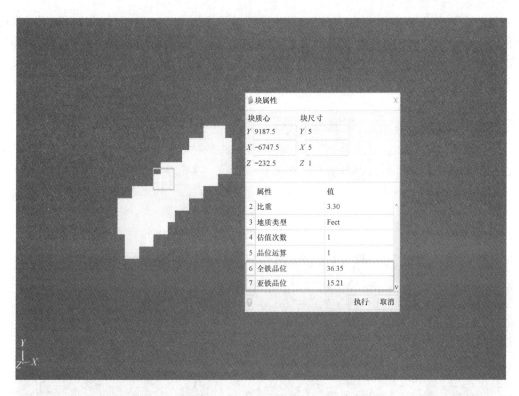

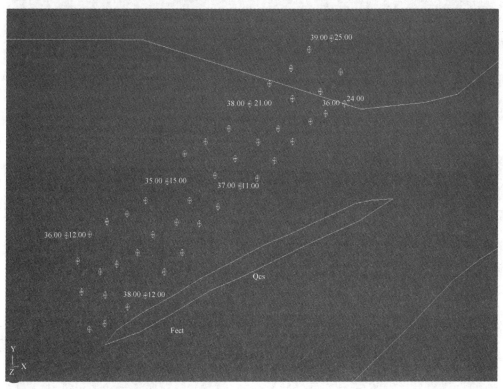

图 10.10　模型品位更新与智能穿孔联动

利用该技术进行爆破设计，可以自动生产爆破前冲线、后冲线，并根据上期的坡顶坡底线，生成本次具体三维爆区范围，回更到数字地质的采场模型中，大幅度提升矿产地址工作效率。

B 指挥平台可视化

通过三维仿真技术、北斗定位技术、无人机建模技术，将采场实时地、动态地展现在人工智能大屏幕上，通过人工智能技术实现智能管控，实现采场一张图。

平台将参与生产和检修的电动轮、工程车辆、车轮钻机、电铲、电机车及工作人员呈现在三维虚拟矿山上。通过差分基站获得高精度定位，实现动态监控。

同时还集成了矿山内鹰眼摄像头、6 m 杆高清摄像头、外来车辆、内部位移监测设备、移动式表面位移监测设备、固定式表面位移监测设备等多种实体，全天候监控整个矿山作业情况及报警响应，真正实现了指挥平台可视化，如图 10.11 和图 10.12 所示。

图 10.11 钻孔可视化

图 10.12 整体可视化

C 调度指挥智能化

在工业互联网架构下将数字地质、爆破设计、穿孔、爆破、铲装、运输和验收贯穿起来，形成生产闭环管理。自动生成生产组织计划，指挥设备高效、协同作业，实现综合效益最大化。

智能指挥调度系统对采装设备（电铲）、移动运输设备（卡车）、卸料点及生产现场进行实时监控和优化管理。同时具备司机绩效统计、油耗精细监测、生产信息自动汇总统计等功能，如图 10.13 所示。

该系统实现齐大山矿全部采场设备全覆盖。建立了一种新的集生产监控、智能调度、生产指挥为一体的生产管理模式，是智慧化矿山建设的重要基础。

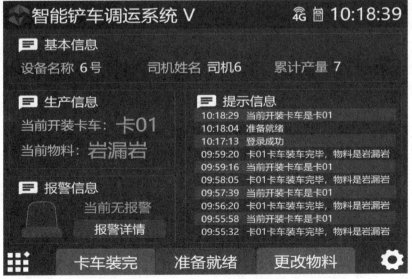

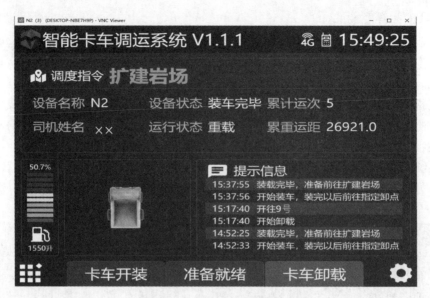

图 10.13 调度指挥智能化

10.2.3.2 智慧安全中心

智慧安全中心是生产经营的命脉底线，围绕安全生产全要素，以安全管理系统为载体共同建立了危险源巡检、矿山边坡在线监测、鹰眼安全监控、卡车防碰撞报警、人员安全定位及健康监测五大模块，运用信息技术实现采场本质安全，达成了安全管理透明化的建设效果。

A 危险源巡检

通过信息化手段建立多级点检规则，设定巡检路线、频次等，自动生成巡检计划，手机扫码进行现场巡检，系统可实现隐患及时上报、跟踪处理，有效落实管理，避免事故发生，如图 10.14 所示。

该系统已在齐大山铁矿作业区全面推行使用。各作业区安全员收集作业区级危险源数据，并通过对危险源的固有安全风险等级和残余安全风险等级的划分，总共制定巡检危险源点 1840 个，涵盖生产行为、生产设备、生产环境、安全设施等方面。

B 边坡在线监测

在全采场所有高陡边坡区域，全部安装了在线监测终端，如图 10.15 所示，实施稳定性监管，并实时将数据传送到 ROC 管控中心和手机终端，一旦报警，及时推送给监管人员和现场作业人员，启动应急预案。

监测设备数据采用 4G 通信传输到服务器，位移结算软件通过监测点数据和基站数据计算出每个监测点的位移变化情况。实现 24 h 连续的位移实时监测。

实现采场危险区域全覆盖，包含内部位移和表面位移共计 30 余处。

C 卡车防碰撞报警

矿卡超宽、超高，在前后存在多处视觉盲区，为了消除视觉盲区，在矿卡的上部安装了视频监控，下部安装了雷达系统，实时将行车状况反馈给驾驶员，确保安全行车，如

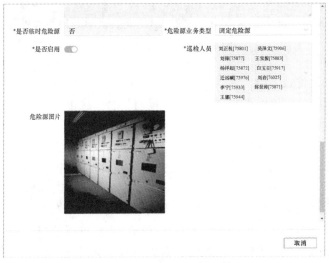

图 10.14 危险源巡检系统

图 10.15　边坡在线监测系统示意图

图 10.16 所示。

在齐大山矿汽运作业区共安装了 48 台卡车防碰撞系统以及疲劳驾驶系统，一旦发生疲劳驾驶，系统会提示驾驶员并将视频截取。

图 10.16　卡车防碰撞报警

D　人员定位及健康监测

通过物联技术，实时跟踪员工位置信息，同时结合爆区电子围栏，有效进行爆破避炮管理。员工健康监测异常时，会实时发送报警信息，如图 10.17 所示。

人员定位及健康监测系统目前已经对整个矿山 800 余名员工在作业范围内进行实时定位监控，并对 300 名重点岗位及重点健康监控人员进行健康监控。

系统对定位设备、健康手环统一登记管理，实现人员与设备一对一绑定，配合人员空间定位提供电子围栏功能。将重点监控区域设定电子围栏，当有人进入时，系统发出重点提示。人员健康设备对作业人员心率、血氧、血压、步数进行监控，并采用独立数据上传方案，不依托于个人手机之类的其他设备，数据可靠性有保障。系统后台配有健康指标监测系统，发现指标异常项及时预警。

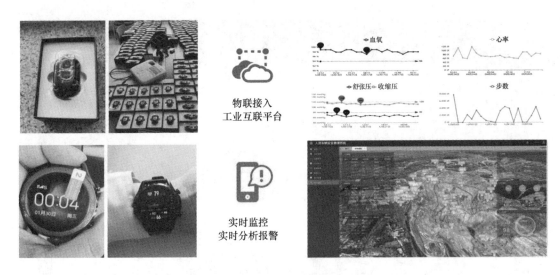

图 10.17 人员定位及健康监测示意图

10.2.3.3 智慧保障中心

智慧保障中心是生产经营的护航使者，设备保障能力是安全生产稳定运行的必要前提。针对设备保障、运行保障、人本保障三个维度开展智慧化建设，引入 AI 技术提升智慧保障水平，达成了设备管理高效化的建设效果。

A 设备管理高效化

通过 5000 余点的数据采集，实现设备信息的实时感知和在线协同管理。实施设备预知性维修和区域一体化检修模式。打造"标准化+智能化+人机协同"的现代化设备管理新模式，提升设备的综合效率和生产率。

B 机车推行安全监控机器人

调车员属于典型的高危作业岗位，通过开发机车推行智能监控系统，如图 10.18 所示，取消了调车员 3D 岗位。

机车逆行时，车头距离车斗最后一节有 150 m 以上距离，因车斗间的无序更换挂接关系，导致车斗到车头间无法通过有线连接实现视频监控。在行驶过程中为减少安全隐患，在最后一个车斗安装视频监控机器人，与车头进行无线连接实时监控，实现车斗末端距车头 200 m 外图像实时传输。该系统与矿山站中的铁路信号系统进行对接，实现远程铁路信号灯的提示告警，提高机车行车安全。

C 铲齿脱落智能识别

电铲铲装时，在铲斗上有铲齿、齿座、钩铁等部件，这些部件在生产过程中会发生脱落，如果不能及时发现会造成后续工艺破坏皮带或者破碎机，导致生产事故。通过人来进行监测，每一次铲装后都会增加司机负担而且漏掉的可能非常高，通过卷积神经网络进行易脱落件的 AI 识别，当发生脱落时立即通过电铲上的前置机进行报警，识别率 100%，误报率 20%。以 2022 年 6 月为例，发生脱落 5 次全部被系统捕捉并报警，增加生产安全的同时也大幅度降低工人的劳动强度，不用每次铲装后全程盯着视频去看是否脱落。铲齿脱

图 10.18 机车推行安全监控机器人

落智能识别系统如图 10.19 所示。

图 10.19 铲齿脱落智能识别系统

10.2.3.4 智慧运营中心

智慧运营中心是生产经营的指挥中枢和大脑，ROC 集远程控制、远程调度、远程协同指挥功能于一体，融合生产、设备、安全、成本多元化信息形成综合决策指挥能力，实现矿山协同一体化运营管控。达成了人力资源集约化、运营管理协同化的建设效果。

A 人力资源集约化

数字化矿山建设给生产组织和调度指挥带来全新的架构转变，如图10.20所示，将原有的四级调度指挥模式改造为对岗位机台的垂直管理，取消采矿作业区调度室和调度，实现大集控，全面优化人力资源，提升管理效率和全员劳动生产率。

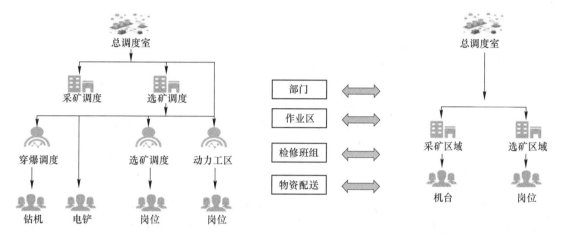

图10.20 生产组织和调度指挥新架构

B 运营管理协同化

"业、管、财"三线深度融合，解决管理滞后的问题。实现多维生产和管理指标同频、实时、在线管控，深挖数据价值，助力业务流程优化再造，构建精益管理与业务流程相匹配的管理新模式。

生产管理系统主要对生产运营过程中的各种资源进行管理，如图10.21所示。管理流

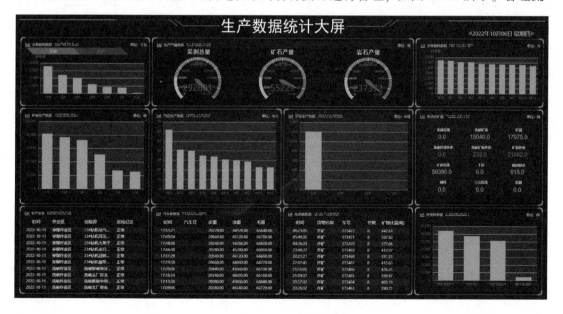

图10.21 生产管理系统

（扫描书前二维码看彩图）

程从生产计划开始，贯穿整个生产过程，最后对生产的结果进行统计分析，包括生产产量、设备成本、人员绩效等方面。利用生产运营数据，对生产过程不断优化，提升生产管理水平。

10.2.4 价值成效

10.2.4.1 经济效益

经济指标提升。通过齐大山铁矿智慧采矿项目建设，实现科学质量配矿，2022 年同比 2021 年降低贫化率 0.5%，提高回收率 1.2%。

科学组织生产，提高系统设备效率。其中，2022 年同比 2021 年，钻机效率提高 4.8%，电铲效率提高 6.5%，汽车效率提高 6.4%，矿破效率提高 17.41%。

通过自动调度矿车并结合油耗管控，改变车辆的加油模式，减少集中加油怠速损耗，减少集中加油等待工时，自动调整车辆路线，减少车辆运载过程的排队，从而提高矿车效率。

10.2.4.2 转型变革

实现管理体制变革，管理流程再造，突破传统层级管理架构，实现垂直管理，提高管理效率。在生产组织环节，实现数据融合应用、业务融合，当设备发生故障时检修和物质保障体系由平台同步进行管控，生产管理效率大幅度提升。

10.2.4.3 社会效益

该项目获得以下奖项："数字孪生工厂建设、能耗数据监测、数字基础设施集成"智能制造三个场景被工业和信息化部授予"2022 年度智能制造优秀场景"；"工业互联网的智慧矿山露天开采智能生产平台创新应用"被工业和信息化部授予"2022 年度工业互联网平台创新领航应用案例"；"齐大山铁矿 5G 全连接智慧采矿项目"被工业和信息化部授予"工业互联网 5G 全连接工厂试点"；"鞍钢矿业采选工业互联网平台"应用案例，在（第四届）全球工业互联网大会上被评选为十佳典型案例；"齐大山铁矿 5G 智慧采矿项目"2023 年被工业和信息化部授予"5G 工厂名录"；《大型矿山企业依托智慧矿山建设驱动管理升级》管理成果获 2023 年辽宁省管理创新成果奖二等奖。

科学技术成果评价。2022 年 5 月 7 日，中国冶金矿山企业协会召开"金属露天矿智能开采基础关键技术与应用研究"项目成果评审会，与会专家对依托本次建设落地应用的若干关键技术进行了评价，最终结果为："该成果整体上达到国际先进水平，其中电铲斗齿智能检测技术达到国际领先水平。"

2022 年冶金矿山科学技术一等奖。在由中矿协举办的 2022 年冶金矿山科学技术奖评比活动中脱颖而出，经评审委员会对其项目的创新性、先进性、实用性等多次投票选举，最终获得一等奖。

10.3 眼前山地下矿

10.3.1 概述

鞍钢集团矿业有限公司眼前山分公司（简称眼矿）位于祖国钢都鞍山千山风景区东北

5 km 处，矿区中心地理坐标为东经 123°09′30″，北纬 41°04′，矿区占地面积为 9.13 km²，因其丰富的铁矿素有"十里铁矿山"之称，也是鞍钢集团重要铁矿石原料基地之一。

眼前山原名铁石山，主要产品为磁铁矿，地质储量 2.28 亿吨，矿体走向长度 1400 m，矿体平均厚度 120 m，地质品位 29.76%。矿床发现于 1908 年，始建于 1960 年 8 月。原为露天生产，设计年产铁矿石 250 万吨，于 2012 年 9 月露天闭坑。52 年共完成采剥总量 3.75 亿吨，其中生产铁矿石 1.03 亿吨，岩石 2.72 亿吨，为鞍钢钢铁生产提供了重要矿石保证。2009 年为适应鞍钢做大做强资源产业、建设最具国际竞争力的世界级矿山企业发展战略，眼矿由露天生产转井下生产，设计规模为 800 万吨/a，服务年限 29 年。露天转井下的过渡期采取平硐的井下开采方式，即挂帮矿井下开采。挂帮矿于 2012 年 5 月竣工投产，成功实现了由露天生产向挂帮矿井下生产转型，开启了井下生产的新纪元。2017 年 8 月转入井下深部开采，采矿方法为无底柱分段崩落法，阶段高度 180 m，分段高度 18～22 m，深部井下全线投产后，产量逐年提升 2022 年锚定以高端化迈进、智能化升级、绿色化转型为目标，建设"一流智能制造"矿山为着力点，全面开启数字化转型和智能化变革。2023 年 6 月，建成井下智慧矿山示范基地，实现井下智能化开采。

党的二十大胜利召开，擘画了中国式现代化的宏伟蓝图，也为发展数字矿山带来新的战略机遇和广阔前景。鞍钢矿业以建设世界一流资源开发企业为目标，提出聚焦"世界级成本、世界级产品、世界级规模"三个决定性因素，探索打造"五个一流"实施路径，依托数字化转型，是贯彻落实鞍钢集团"双核"战略、全面提高矿业生产管理水平的必然选择。眼前山铁矿作为鞍钢矿业的主要矿石供应矿山，通过全面智慧化升级，实现安全、高效生产是企业高质量发展的需要，也是未来生存发展模式转变的需要。

从国家到行业再到企业对于智能制造场景的需求迫切，加之黑色金属矿山逐步转向地下开采大趋势，建设一个具备示范引领作用的更先进的地下铁矿山是一个巨大的机遇和挑战。在这种背景下，必须改变过去眼前山铁矿存在的井下作业人员多、产线设备自动化程度低、信息孤岛严重等短板，按照综合集成、融合创新的建设思路，把眼前山铁矿建设成设备运行自动化、业务流程信息化、生产管理数字化、企业决策智能化的"安全、高效、绿色、智能"的国际一流、国内领先的地下金属矿山。

10.3.2 总体架构

眼前山铁矿的数字矿山建设采用 $1+1+1+1+N$ 的整体架构，具体的建设内容如图 10.22 所示。

具体的建设内容可以解释为：

（1）建设一个智慧管控中心，实现生产操作、生产运营、安全管理等为一体的经营管理中枢；

（2）构建一个多元融合网络，融合 5G、有线、Wi-Fi 6+UWB，搭建高速的信息传输通道；

（3）建设一个智能控制系统，实现智能采矿、提升、运输及公辅系统融合控制，建立基于"矿石流"全过程的数字管控和服务体系；

（4）搭建运营一体化平台，实现全矿资源、生产运营、安全、能源等信息化协同管理；

（5）N 应用为眼矿智慧决策，包括生产、安全、设备维护、成本绩效等方面的决策数据，为矿山领导者和管理者提供更加清晰的决策支撑。

图 10.22 眼前山铁矿数字矿山建设架构

10.3.2.1 ROC 智慧管控中心

ROC 智慧管控中心是智慧矿山生产经营管理的中枢，统筹考虑运营管理和现场作业两大板块，将全流程、全系统纳入智慧化升级范畴，如图 10.23 所示。通过智慧管控中心管控、集控、操控区三个区域，实现管理集中、操控集中、信息联动，井下设备作业效率、生产运营组织效率、本质安全保障能力、企业管理变革效力、运营数字驱动效力全面提升，达到全程动态可控、工序精准协同、单体性能最优、全局效益最大。

图 10.23 ROC 智慧管控中心

10.3.2.2 多元融合网络

通过一体化融合技术，实现 4G/5G+Wi-Fi 6+定位+有线的多元融合，建设一张"有线+无线"的工业互联网，覆盖整个矿山生产、业务、管理流程，消除"信息孤岛"，有效简化网络结构、提高数字融合程度，实现控制网、管理网统一架构，按需进行分层分区的管理，如图 10.24 所示。

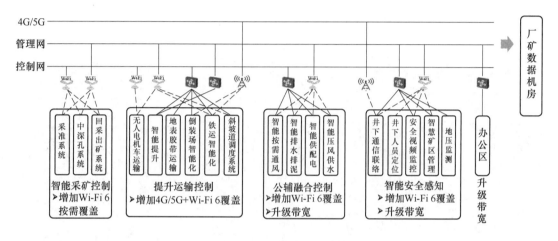

图 10.24　多元融合网络

10.3.2.3 智能控制系统

建立基于矿石流全过程的数字管控和服务体系。通过对自动化和信息化系统的更新改造和智能化生产、安全系统的应用，实现从现场层到管理层的采矿生产全要素数据采集与过程控制。智能控制系统融合形成矿山综合集控系统，提高各系统间的协调性，提升矿山生产和运维效率，如图 10.25 所示。

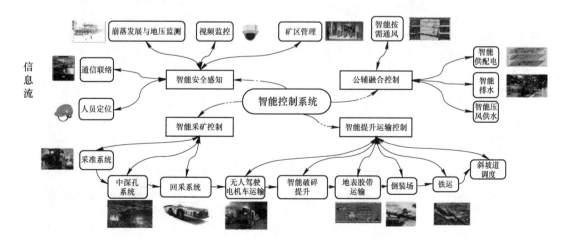

图 10.25　智能控制系统

10.3.2.4 运营一体化平台

采矿运营管理一体化平台将全信息可视化地质资源、生产运营、设备运维、能源管理、人资绩效、安全环保等功能集成在同一个平台进行统一管控，融合了安全监测监控、设备智能运维以及生产运营三大类职责，通过数据共享、协同运营、质量管控以及生产要素（人财物）管理，达到全信息透明，如图 10.26~图 10.28 所示。

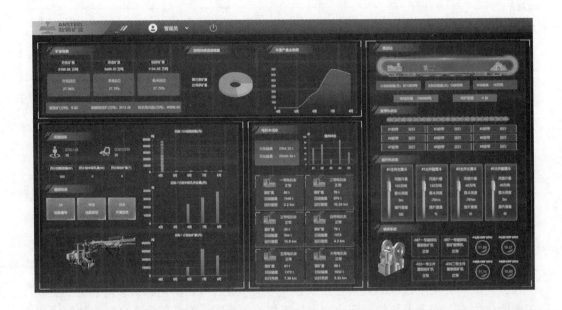

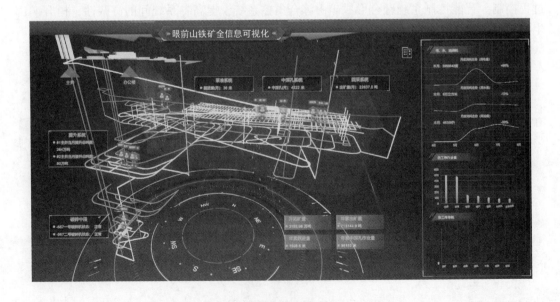

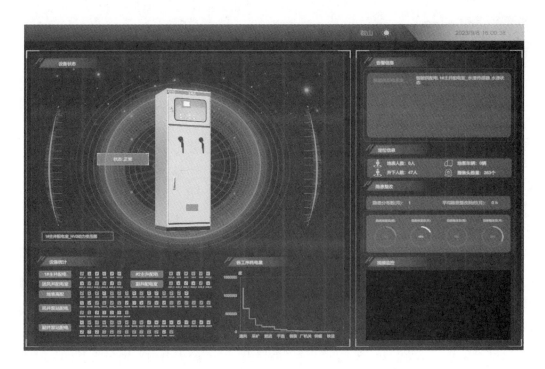

图 10. 26 全信息可视化大屏示意图

（扫描书前二维码看彩图）

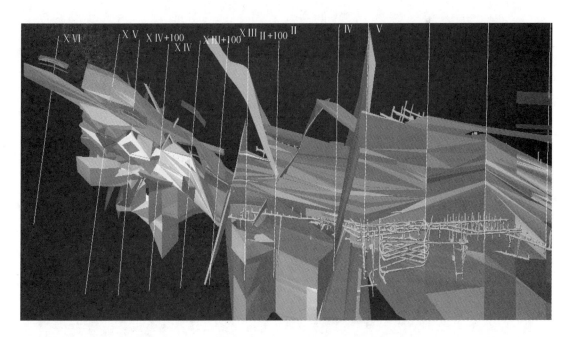

图 10. 27 资源数字化系统

（扫描书前二维码看彩图）

图 10.28 能源管理系统
(扫描书前二维码看彩图)

10.3.2.5 智能应用

依托一中心、一网络、一系统、一平台的建设，实现全生命周期生产要素和生产过程的数字化，为建立矿山决策支持系统，实现眼前山铁矿决策智能化，提供统一、规范、完整、高效的数据服务，如图 10.29 所示。未来，伴随着眼前山铁矿智慧矿山的建设，可继续扩展到鞍钢矿业、产业生态、政府监管等各类应用场景。

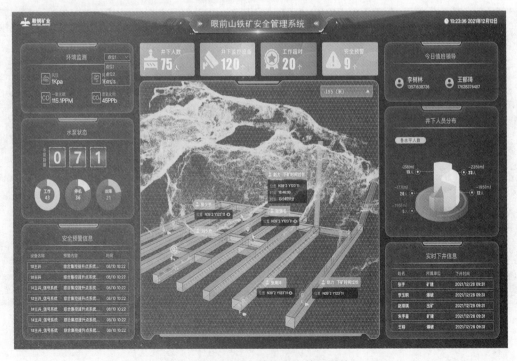

图 10.29 眼前山铁矿安全管理系统
(扫描书前二维码看彩图)

员工绩效自动核算，决策更公正、准确、高效。以产量和成本为关键指标，建立多维动态考核体系，精准评估员工绩效水平，岗位和机台的成本、效率、运维等与工作成效相关数据并直接反馈到员工绩效核算体系，排除主观影响，客观反映工作状态，实现薪酬分配与绩效考核结果强相关。通过系统支撑，浮动工资差异化系数可达到 1.2 以上，如图 10.30 所示。

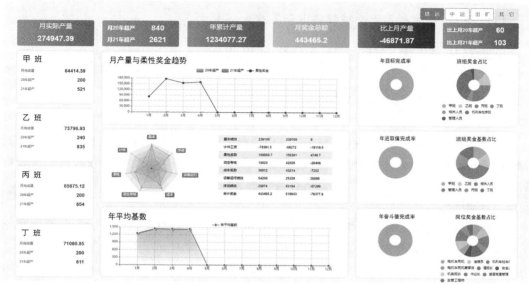

图 10.30 员工绩效自动核算

（扫描书前二维码看彩图）

单机台成本核算，决策更微、精、细。单工序、单机台、单班次成本核算由事后追踪分析转为事前精准管控，制造成本逐年降低。通过单机台成本精准统计和差异化对比分析，如图 10.31 所示，实现单位成本最小化，达到国内地下矿山一流成本。

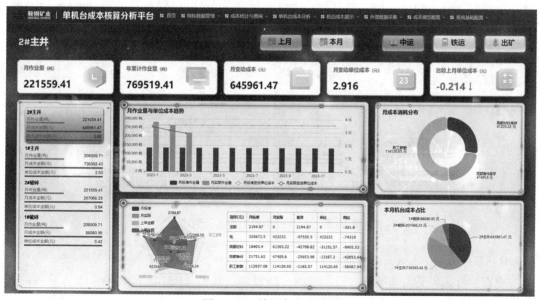

图 10.31 单机台成本核算

（扫描书前二维码看彩图）

10.3.3 创新实践

眼前山铁矿致力于打造一个完整的智慧生态体系，而不是单一的场景应用，涉及的技术应用、创新突破内容较多，在此仅分享几个重要的亮点场景。

10.3.3.1 基于矿石流全过程的综合集控

全过程包括井下无人采矿示范区的建设、固定设施无人值守和操作室集中化。

眼矿对产线主体设备进行了全面更新和升级，并依托于前面介绍的融合网络实现了矿石流全过程工序设备的集中操控和自动运行。

A 凿岩工序

中深孔系统井下 3 台中深孔遥控车，其中两台是采购的具备远程遥控和自主运行功能的新设备（E7C），另外一台是安柏拓老设备，通过升级改造实现远程驾驶和自动运行功能。已应用的技术有：井下远程遥控钻孔（见图 10.32），自动凿岩和装卸钻杆，一拖多操作，自动挪车等。

创新性体现在计划端与作业端形成了联动闭环，依托于一体化管控平台中资源数字化系统和生产执行系统，中深孔凿岩模块实现钻孔计划的自动生成，并经数据中心通过融合网络发送至操作岗位。在岗位场景上表现为中深孔作业区域及作业计划实时下达至操作岗位，中深孔布置图以电子化形式下发至交互终端。

凿岩工序只是生产流程的一角，其他的工序和流程也是一样，信息化和自动化紧密结合，数据充分交互，实现闭环联动。可以看到，这种综合集成、融合创新思路的优势，可以将各信息化系统的数据成果映射到操作现场，简化管理流程、提升信息传递精度，适用性并不局限于井下铁矿。

图 10.32 中深孔凿岩工序远程遥控

B 回采工序

现有 3 台远程无人驾驶铲运机，有两台新设备（山特 LH514E）和一台改造升级的老设备。通过增加车载交互终端实现回采作业生产调度功能，支持生产作业调度信息传递，作业过程与管控中心的信息交互，可远程自主运行和装卸矿，如图 10.33 所示，具有设备状态信息化统计、翻卸矿石量统计等功能，-235 m 水平实现示范区域铲装无人化作业。眼矿的无人示范采区现在已经正式投入了生产运营体系，承担相应生产任务。已应用的技术有：井下远程遥控，自动装卸，一拖多操作，精准定位等。

图 10.33 电动铲运机出矿工序

C 井下铁运工序

通过配套设施升级，实现包括装矿、卸矿和转辙机的实时监测和远程自动控制，6 台电机车共设置 3 个工位，一个人负责两列车的远程控制，电机车自动驾驶和卸矿，实现工序减人 60%。应用的技术有：井下电机车自动运行（见图 10.34）、自动避障、远程装矿、自动卸矿等。

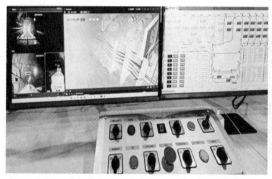

图 10.34 井下铁运工序

D 破碎提升系统

利用图像识别、数据分析和边缘计算等技术，通过开发箕斗卸矿后封闭不严、皮带道异物识别 AI 技术应用，解决大块矿石、细长条矿石和铁器杂物等主动识别难题，增设高精准料位检测装置，实现破碎提升系统的远程集控，就地无人值守，如图 10.35 所示。

E 地表胶带运输系统

通过增设高精度皮带运行检测设备，提高皮带运行状态感知能力，建立自动化、集中化控制系统，如图 10.36 所示，将现场看守岗位转化为巡检和集中控制岗位。

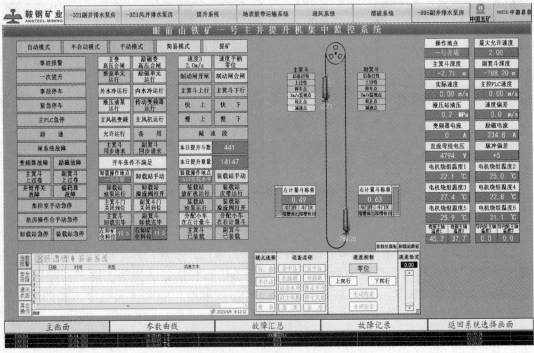

图 10.35 破碎提升系统

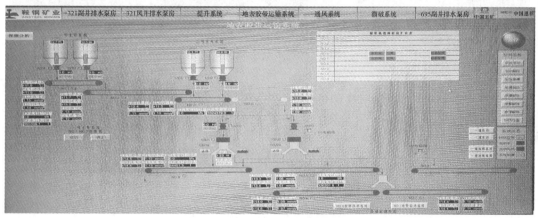

图 10.36　地表胶带运输系统示意图

（扫描书前二维码看彩图）

10.3.3.2　立体化安全体系

眼前山数字矿山建立三重立体化安全体系。

（1）面向管理者视角，聚焦管理核心，提供作业指标总览情况，及时识别管理提升点，一键直达现场。

（2）面向班组，提供运营中屏，接入全矿视频数据，满足调度指挥、安全生产管理、生产系统巡检和控制的需要，实现任务在线管理、岗位标准化作业、问题实时管理。

（3）面向现场作业人员，提供作业小屏，将作业记录由纸质档转变为电子流，实现作业即记录，记录即数据，如图 10.37 所示；事前、事中、事后全流程在线，提高现场作业安全、质量和效率；AI 人脸识别边缘推理+定位系统+三维 GIS 地图，精确管理矿下人员。

10.3.3.3　多元融合网络

眼前山矿针对井上办公场景与矿山六大系统（井下人员定位、井下监测监控、通风、给排水、综合语音、避险自救）建立多元融合的全矿局域网，将矿山生产、经营、管理等信息系统之间实现互联互通，如图 10.38 所示。

在井下设备控制层面实现了双环双节点冗余网络部署，保障了网络通道安全。

通过井下无线 AP MESH 自组网，减少有线部署。基于 Wi-Fi 6 MESH+双射频技术，

图 10.37 现场作业 App 记录

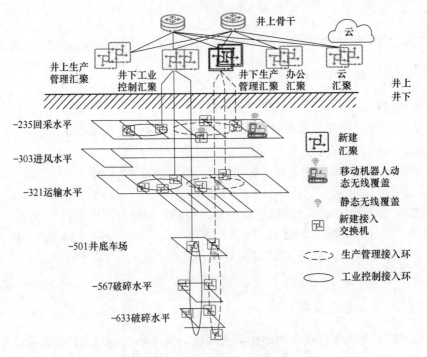

图 10.38 多元融合网络布局

数据无线回传，减少有线部署；Wi-Fi 提前建链，无缝漫游，保证网络质量；独立 AC 纳管 AP 设备，井下 AP 即插即用，降低维护难度。

在爆破区等特殊场景，通过弹性伸缩 Wi-Fi 机器人，如图 10.39 所示，实现 Wi-Fi 动态覆盖。机器人远程遥控，无人驾驶；机器人自动充电，无须后拖电缆；机器人和 Wi-Fi AP 联动，AP 天线角度自动调整，确保信号传输的完包率和可靠性。

图 10.39　弹性伸缩 Wi-Fi 机器人

一网多用，承载 UWB 人员定位、视频等多种业务。Wi-Fi 6 具有大带宽，低时延，高并发等特点，有效满足视频回传，语音对讲，远程控制等多种需求；为 UWB 基站提供回传链路，一网多用，降低网络部署工作量。

眼矿多元融合网络的先进性，全面增强了地下黑色金属矿山网络方案的解决能力，促进了工业互联网与井下黑色金属采矿行业的互相融合。

10.3.3.4　智能决策支持

依托大数据技术和平台数据资产，基于运筹学、系统工程、机器学习等理论和算法构建了决策支持系统，如图 10.40 所示，实现了生产、安全、设备和成本四个维度的决策管理。

（1）在生产方面，明确各类指标对生产的影响，据此制订合理的矿山长期生产计划，同时实时监督厂矿事件，在事件发生后及时给出最优解决方案；

（2）在成本方面，通过横向同类型、纵向同项目的对比分析，快速定位影响因素，最终实现了单机台的成本核算；

（3）在设备方面，对设备及易损部件给出预判，主动对设备进行预防性维护；

（4）在安全方面，实现了矿山双重预防管理要求，智能匹配安全风险分级管控和隐患排查治理规范，推送应对管控措施，为安全管理提供决策参考。

10.3.3.5　工业大数据集成

眼矿在工业大数据方面进行了集成应用，实现多元异构数据融合，如图 10.41 所示。具体技术应用包括：

（1）基于工业互联网技术，搭建了智能矿山数据治理平台。

（2）实现了对时序数据、关系数据、空间数据和视音频流媒体数据的采集、治理、存储和应用，数据前端推送。

（3）实现 IT/OT 数据统一标准接入，使信息流在全矿范围内通畅流转，消除信息孤岛。

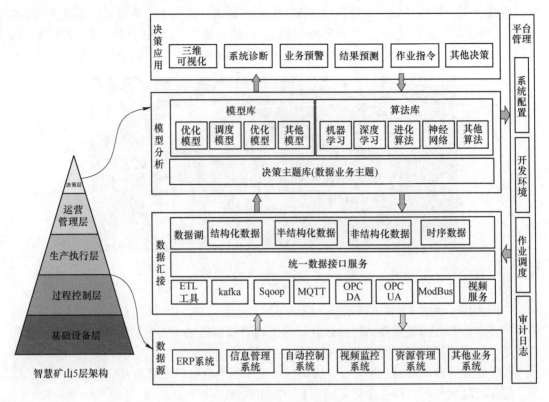

图 10.40 智能决策支持

图 10.41 工业大数据集成

（4）实现了多源数据 ETL 转换、大数据存储、接口编排的综合管理，为上层应用提供数据治理支撑。

（5）采集生产经营类业务数据、设备类物联数据以及外部数据的各类数据信息，物联数据使用的通信协议是 OPC UA 和 MQTT，其他数据协议是 API、MQ（消息队列）。

10.3.3.6 智能按需通风

眼矿对风机进行变频改造，增加通风构筑物（风门、风窗），增加井下通风传感设备，建立通风模型，定制化通风管理系统，通过井下通风数据、通风机工况采集分析，实现通风系统的集中化控制，风量、风速、方向的智能化管控，如图 10.42 所示。

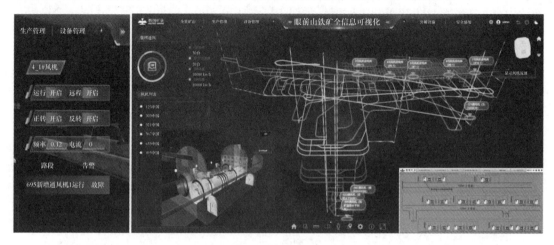

图 10.42　智能按需通风示意图

（扫描书前二维码看彩图）

该场景应用技术有：

（1）采用风流参数感知系统，实现风速、温度、有毒有害物质浓度的实时监测。

（2）搭建了控制网络系统，对风门、风窗以及变频风机远程集群控制。

（3）开发了智能控制系统，通过矿井风流的动态规划与及时调控，实现高效节能通风。

（4）智能按需通风实施后，整体节能 20%～30%。

10.3.4　价值成效

10.3.4.1　经济效益

项目实施后，企业各项指标和效益明显提升。其中，操作室集中化率 100%、管理信息系统覆盖率 100%，产线自动化率提升 88%；3D 岗位换人率 82%，出矿品位提高 0.5%；矿石产量提高 5%；矿山年劳动生产率达到 14450 t/（a·人），较 2021 年提高 20%。

项目实施后，企业生产成本明显降低。智慧管控中心直管岗位，完全颠覆原有组织模式。生产信息全面互通，生产信息即时调度、工序环节自主闭环、管理决策实时协同，从职能层面上消除了作业区管理层级；岗位人员在智慧管控中心集中操作，从物理上消除了作业区管理层级，形成扁平化直线型组织架构。整体取消作业区后，井下作业人员减少120 人，管理人员减少 10 人，管理层级由三级变为两级，实现管控中心直接支配岗位的直线型管理架构。

10.3.4.2　转型变革

对于传统的井下作业岗位而言，存在潮湿、多尘、昏暗、现场环境复杂等缺点。通过数字化和智能化升级，实现了地表操控区远程操作和岗位结构改变，井下 3D 岗位全面消除，工作环境干净、宽敞、明亮，现场不存在危险隐患，作业条件更加舒适，作业形式、作业内容、工作强度发生了根本改变，如图 10.43 所示。

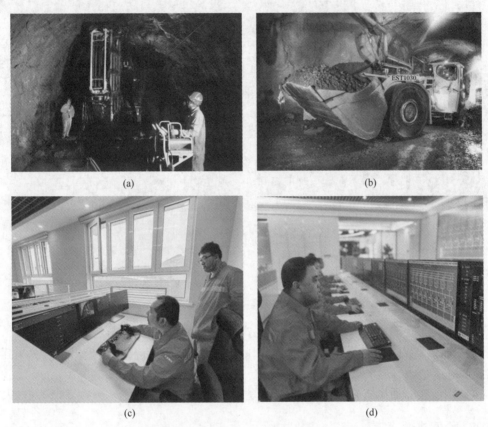

图 10.43　工作环境变化
(a) 钻孔现场；(b) 铲装现场；(c) 钻孔遥控；(d) 铲装遥控

10.3.4.3　社会效益

数字矿山实施以来，眼前山铁矿先后接待了国资委、各省发展和改革委、同行业各单位、高等院校学府等各界参观、学习、调研团队 1200 人次。

辽宁省电视台对井下无人采矿示范区做了专题报道，新华社等国家级媒体转发眼前山井下智慧矿山建设汇报影片，如图 10.44 所示。

工业和信息化部通信产业大会发布的"2022 工业互联网金紫竹奖"系列奖项，项目荣获"全国 10 佳工业互联网解决方案"，入选中国钢铁工业协会"数字化轻型典型场景应用案例"、工业和信息化部"2023 年度智能制造优秀场景"，建设成果作为鞍钢集团数字化蝶变实例在央视《东方时空》栏目报道。

设备改进升级的优势、工业大数据集成应用的优势、网络融合的优势互相叠加、相互作用，让眼矿在智能制造之路上迈出了坚实的一步。眼矿的建设成果对所有井下黑色金属采矿行业都有较高的借鉴意义，并且为《矿山产业智能工厂（产线）建设标准》制定提供了案例支撑。

图 10.44　电视台专题报道与获奖

10.4　关宝山选矿厂

10.4.1　概述

鞍钢集团关宝山矿业有限公司是鞍钢集团矿业有限公司下属子公司，位于鞍山市东南 20 km，地处鞍山市千山区千山镇内，占地总面积 700 余万平方米，2012 年 12 月组建成立，2014 年 8 月调试生产，2015 年 10 月正式生产。全厂在职职工 190 余人。是国内领先、国际一流的采选联合体。

公司拥有两个采场和一个选矿厂，选矿厂选矿工艺设计原矿处理能力 600 万吨/a，铁精矿 178 万吨/a，铁精矿品位 65.09%。按工艺分为采矿和选矿两部分，采矿为露天开采，采用"汽运—破碎—胶带"运输工艺；选矿采用"三段一闭路破碎筛分、阶段磨矿、强磁抛尾、分步浮选工艺"。主要设备装备有：主胶带机 10 条，破碎机 7 台，球磨机 2 台，立磨机 6 台，浮选机 34 台，压滤机 3 台，主体设备均采用国际领先进口设备，自动化程度较高。

时代在进步，技术在变革。

过去，老工人"十年磨一剑"，通过听球磨机的声音，来判断磨矿状态是否正常，现在大数据技术能把声音转化成数据，精准判断磨机负荷；过去，通过看矿样来判断品位，现在品位分析仪通过光谱就能快速测量出品位。

云计算、大数据等新一代信息化技术已悄然改变了传统选矿"眼看、耳听、手摸"的生产方式。

习近平总书记指出："我们要顺应第四次工业革命发展趋势，共同把握数字化、网络化、智能化发展机遇。"智能制造是第四次工业革命，谁先进入数字时代，谁就会获取优先权。

关宝山公司依托工业互联网平台的全链条数据化，实现传统选矿的企业运营变革及数字化转型。具体表现为：

（1）数据上云，云上选矿。抓住"矿石流"这条数据主线，通过对矿石采出品位实时跟踪，精准执行配矿计划，提升生产链前端原料质量。通过前端矿石的品位、碳酸铁含量等数字化管理，结合生产状态自主调整下料漏子，提升生产链中端的指标。再将精矿品位协同控制压滤机和成品库抓斗作业，对精矿产品分类存储，保证产品合格率，提升生产链后端的效益最大化。

（2）通过数据共享，实现供应链的成本数字化管控。一是对物资供应链的现金流管控。与物资供应商共享衬板、油脂、钢球等消耗周期数据，建立订单保供模式，实现零库存轻资产。二是原料供应链的成本结构管控。紧扣市场行情，动态调整低成本配矿组织方式，合理降低高成本外购矿石入选，抵消成本劣势。

（3）通过数据协同，实现客户链的柔性化生产服务。根据原矿条件和客户需求，以精矿产品的不同品位规格，按订单计划一键输入精矿品位，实现动态调节选矿工艺控制参数，达到产量和效益最大化。

（4）通过数据挖掘，实现基于价值链的业务驱动转向数字驱动。一是基于数字驱动的自主学习生产决策，二是基于粒度及粒级分布数据的磨矿精细化控制。

10.4.2 总体架构

关宝山选矿厂立足鞍钢矿业新时期发展战略，以《中国制造 2025》为行动纲领，以工业互联为战略指导，以自主创新为思想内涵，以引领行业为奋斗目标，以统筹规划为建设保证，促进两化深度融合，打造矿业工业互联网智慧生产平台，构建"端边网云"一体化结构，完成两化融合智慧工厂建设。

（1）端层，承载选厂自动化控制体系、传感器信息采集体系、现场视频监控体系等直接设备控管作业项，以工业互联网的构架思想管理整体设备端。

（2）边层，基于大数据分析、机器学习等先进技术的边缘优化控制系统，实现磨磁、浮选等选矿核心工艺流程的智能优化控制，稳定生产指标，提高生产效率。

（3）网层，构建现场的工控、生产、公网融合的网络体系，落地高速网络覆盖、安全隔离、网络安全监控，为整体建设提供互通服务。

（4）云层，面向矿业生产全生命周期相关业务的场景需求，实现以数据为支撑的强大交互能力，完成了管理流程优化再造，提高矿山生产的整体运营效率。选矿、安全、能源、设备、决策等维度建立一体化的矿业应用，通过统一平台门户、三维仿真、移动应用等形式，实现矿业生产的少人化、无人化作业方式，实现集约化、精细化管理的新模式。

平台按照矿业公司总体规划顶层框架设计，以及鞍钢矿业下辖多制造企业的组织架构模式，采用公司总部部署、企业多租户管理的方案，总部部署的平台承担决策层统一规范、统一标准、IaaS 层资源共享、PaaS 层互通的功能，企业空间部署应用层的工业 App。

结合端边网云的建设架构，主要建设以下 7 个内容：

（1）矿山云平台建设；

（2）生产指挥遥控中心 ROC 建设；

（3）选矿智慧生产管控系统建设；

（4）边缘优化控制系统建设；

（5）智能控制系统建设；

（6）控制端系统建设；

（7）网络建设。

此外，与公司级 ERP、EAM、质量计量等系统进行数据集成，实现统一平台的标准化管理；建设生产全生命周期级管理驾驶舱，对设备、质量、成本、工艺、产量等关键 KPI 指标进行实时监控与分析。

10.4.3 建设成果

2020 年 11 月，关宝山公司开始建设"选矿黑灯工厂"，依托工业互联网、大数据、云计算、AI、边缘计算、数字孪生等先进技术，制定了"端-边-网-云"的技术架构，明确了"数据、标准、平台"三统一的建设路径。通过数字赋能传统选矿转型升级，关宝山公司成为智慧选矿引领者、智慧运维开拓者、智慧安全开创者和智慧管理先行者。

10.4.3.1 智能生产

从传统选矿向数字化选矿蝶变，成为智慧选矿引领者。通过生产智能管控，实现了现场操作无人化、指标调控精益化、生产管控协同化和选矿生产智能化。

A 现场操作无人化

全面升级 PLC 系统 37 套，统一通信接口 130 个，布控通信电缆 5 万米，实现数据互联互通。建设 ROC 远程集中控制中心和控制系统，实现了远程控制所有机台，现场无人操作。

a 工业控制系统

统一工业控制系统，实现数据互联互通。梳理控制点 3.5 万个，铺设通信电缆 5 万米，建立工业控制系统，打通信息孤岛，统一西门子、ABB 等不同厂家的通信接口，实现了数据互联互通。

b ROC 远程操控

通过控制端升级改造，实现 ROC 远程操控，如图 10.45 所示。将原来给矿、给水 1200 余个部位的手动粗放调节改为电动阀门精准控制，PLC 升级改造，实现 ROC 远程集中控制，提升过程控制的及时性和精准性。

图 10.45 ROC 控制中心

　　c　机器换人，现场无人值守

　　将布料跑车、现场巡检、水泵站等独立性、重复性高的作业岗位，采用机器换人，实现现场操作无人化，如图 10.46 所示。

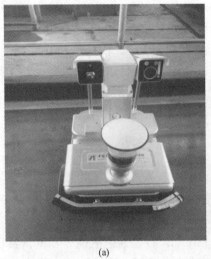

(a)　　　　　　　　　　　　　　　　　(b)

图 10.46　巡检机器人

　　d　三维选厂仿真系统

　　利用数字孪生、三维建模技术，建设关宝山选矿厂三维仿真系统，基于实体矿厂的选矿设备、工厂基础设施生产运行数据与三维仿真系统相结合，呈现三维虚拟选矿工厂，在行业内属首创。实体工厂所有单元、模块中的设备运转信息、生产过程信息、图像信息都能够和三维模型进行联动，并在三维模型上进行动态仿真展示，实现生产过程的可视化管理、全方位立体管控和集中优化指挥调度，如图 10.47 所示。

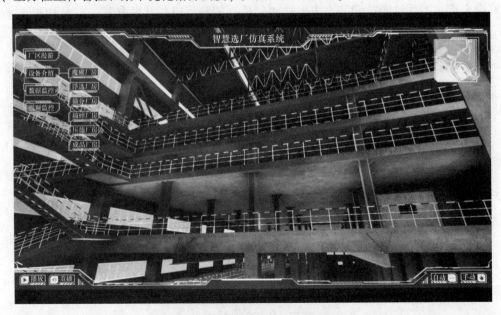

图 10.47　关宝山智能工厂 3D 可视化系统

B 指标调控精益化

以"矿石流"为主线，对全流程 50 余项指标实现在线监测，品位等指标从人工定时取样化验变为在线实时检测，粒度等指标从人工经验判断变为定量检测；流量等指标由人工抄表变为实时采集，提升了生产及时性、精准性。

a 在线浓度检测装置

浓度检测装置可在线测量管道中矿浆浓度，传感器与矿浆不接触、非核源、寿命长、测量精度高、稳定性、可靠性好，如图 10.48 所示。现场测量数据借助 4G/5G 网络通过 MQTT 协议传送到后台服务器进行处理、分析、展示，能为选矿厂提供高可靠的浓度测量数据，为智能化控制提供基础保障。

图 10.48 矿浆浓度计

b 矿浆品位在线分析仪

矿浆品位在线分析仪采用激光诱导击穿光谱技术，其有着全元素、无辐射等特点。分析仪针对铁矿浆品位、浓度、粒度波动大等特点，深度研究其波动性变化的在线感知技术，实现对各个选矿流程节点的品位在线快速测量，可以有效地对不同流程节点的品位值进行在线实时获取，从而推动整个选矿厂生产过程的信息化与自动化，实现生产的智能化与智慧化。

c 矿石块度在线分析仪

矿石块度在线分析仪是一款应用于选矿厂测量矿石流块度的智能型仪表，如图 10.49 所示。仪表由高速工业相机、边缘计算装置等部件组成，可通过物联网协议与第三方数据平台进行交互。该产品采用图像识别技术，结合人工智能算法，实现了矿石块度，矿石流宽度及断矿状态的特征识别与报警功能，具有分析时间短、分析精度高的特点，可用于破碎工艺环节，提升破碎质量和效率。

C 生产管控协同化

构建集计划调度、工序协同、质量管理、异常报警等功能为一体的生产协同管控平台，实现业务流、数据流及物料流的三流合一，消除信息沟通壁垒，大幅提升生产效率。

a 智能生产管控系统

建立智能生产管控系统，如图 10.50 所示，实现生产管控业务全集成。

图 10.49 矿石块度在线分析仪

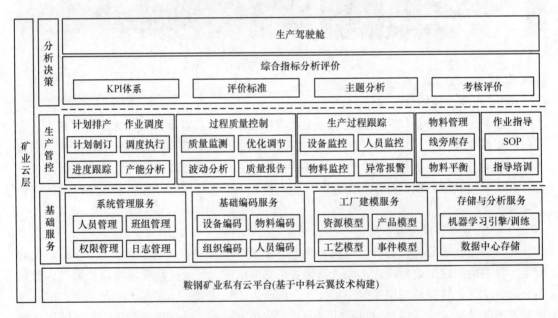

图 10.50 关宝山智能协同生产管控系统总体架构

　　智能协同生产管控系统是以业务管理为基础,以生产过程管控为核心,以生产工艺为主线,利用工业互联网平台整合制造过程中的计划数据、检化验数据、计量数据、设备运行数据、物耗成本数据,完成从生产计划、调度执行、质量检测、能源管理以及统计分析等业务模块开发,采用"一键报表"的方式,系统自动采集数据,代替人工填报班组日志、设备运行记录、生产记录、检化验记录、调度报表、能源报表等多项烦琐的统计工作。该系统实现了选矿全流程信息化、数据化,并同步上传云端,统一存储、统一使用。

系统以增强指标控制能力、提高生产效率为目标，最终提升企业核心竞争力。在该系统的应用下，关宝山选厂实现生产信息化管理方案，提高生产效率、增强指标管控能力，达到行业领先水平。

b 矿石流跟踪系统

建立矿石流跟踪系统实现上下工序协同联动。以矿石流为主线，以可视化的手段，展现不同性质矿石在矿仓中的分储情况，为矿石入选提供决策支撑，实现工序间的协同管控。

以原矿入选矿石性质为依据，结合破碎工艺流程中圆筒仓、U形仓（或粉矿仓）料位情况，对不同矿种（品位、碳酸铁、亚铁等）进行实时跟踪区分，并按照不同颜色进行可视化展示。同时，系统可根据磨磁、浮选生产指标情况或人工生产指令，形成优化配矿策略，联动智能布料小车和给料器，实现给料器自动切换（倒漏子）（见图10.51）、矿仓断料、堵料、异常预警，以及根据矿石性质变化的多规则优化配矿。系统自动寻优，找到最佳矿仓放料，避免倒漏子台时损失，解放岗位双手，同时提升磨机处理量，增加精矿产量1.7万吨/a。

c 能源管控系统

长期以来水、电、蒸汽等能源介质消耗通过人工抄表方式进行统计分析，效率低且不准确，难以实现对能耗的精细化管控。建立能源管理系统（EMS），运用物联网、大数据分析技术，实现选矿生产全流程、全要素能耗数据采集、计量和可视化监测，对水表、电表、蒸汽表的数据实时采集并上云存储，准确计量能耗和单耗，并通过工业互联网平台进行可视化监测，实时掌控能耗情况，对能耗超限进行报警和分析，工作效率大幅度提升，达到行业领先水平。

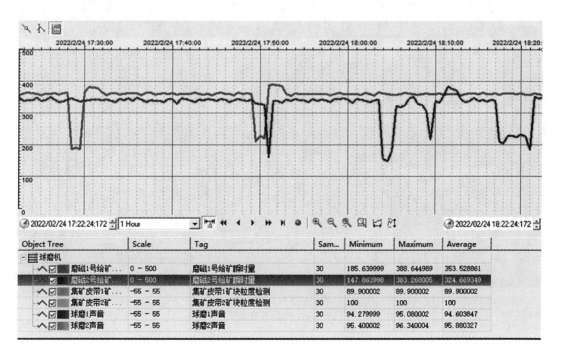

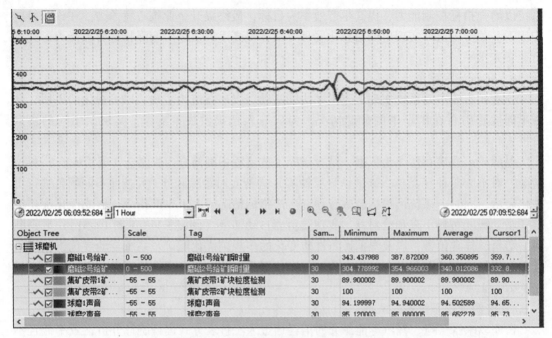

图 10.51 实施前后倒漏子台时波动示意图
(扫描书前二维码看彩图)

基于能源监测数据构建能源分析模型，覆盖企业级、工序级、设备级的能源流向、平衡分析、异常分析，形成厂级能源统一管控，如图 10.52 所示。

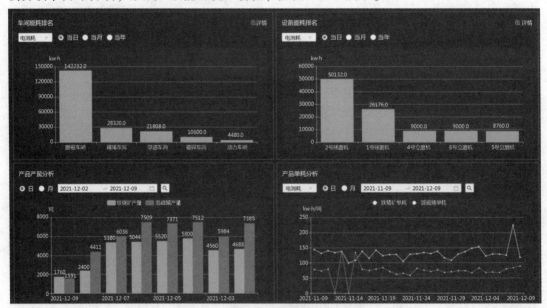

图 10.52 能源管控
(扫描书前二维码看彩图)

D 选矿生产智能化

运用边缘计算、机器学习和知识图谱等先进技术，将品位、粒度等关键指标预测模型与优化控制策略相结合，通过磨矿、分级、磁选、浮选等选矿关键环节 AI 智能调控，实现一键智慧选矿。

a 边缘优化控制系统

基于关宝山选矿工艺规程标准以及工艺专家调控经验，明确破碎、磨磁、浮选和精尾优化控制所涉及的监控变量、软测量变量、PID 控制变量和智能控制变量，初步构建选矿工艺流程知识图谱。进一步，在知识图谱的主框架下，融入大数据机理模型（磨机浓度模型、磨机负荷模型）和大数据预测模型（品位、粒度预测）分支，构建通过知识图推理、冲突消解、趋势预测等综合推理机制，形成知识图谱与大数据模型的融合推理模式。

基于大数据+知识图谱的浮选边缘优化控制系统在钢铁行业内属首创。系统能够自感知、自学习、自执行，通过生产指标结果的自动分析来对边缘优化控制效果形成综合评价，基于评价结果进一步来反向优化修正知识图谱，包括面向知识图谱的控制步长自学习、变量控制界限自修正、知识分支自扩展，通过持续反复地上线运行、知识图谱修正环节迭代，使知识图谱更加适配关宝山选矿工艺流程，智能调控更加精准化、高效化。

b AI 智慧选矿系统

以生产全流程协同优化为目标，利用大数据和 AI，从生产数据中挖掘知识与规则，建立工业数据驱动模型和动态补偿模型，实现一键智慧选矿，如图 10.53 所示。

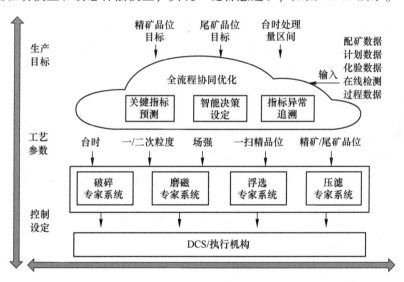

图 10.53 智能决策与控制

10.4.3.2 智慧运维

从设备预防维修向预知维修迭代，成为智慧运维开拓者。

A 状态感知智能化

通过实时采集电流、电压等设备运行参数，安装 1000 余点温振检测传感器，建立 300 余套设备健康状态数学模型，智能预判设备劣化趋势，精准评估设备寿命，合理提出设备预知维修计划，确保设备状态实时受控。

B 设备维修模型化

建立单体设备维修模型、单工序维修模型、全产线协同维修模型，精准结合检修人员、材料备件寿命及工器具准备以及生产计划，提高设备管控精细化水平。

C 运行改善系统化

通过设备预知维修系统，充分发挥数据挖掘、数据分析等功能，全面分析备件质量、技术水平、检修逻辑、工况条件等方面的不足，提出改进策略和建议，实现设备运行改善系统化、科学化。

10.4.3.3 智慧安全

从被动防范向本质安全跨越，成为智慧安全监管开创者。以本质安全为核心，打造静态可控、动态可防的安全智慧监管平台。

A 静态生产无人化

以本质安全项目为支撑，通过三维仿真系统智能巡检，机器人智能巡检温度、振动等，智慧消防系统感知电流、高温等，故障预警系统预警播报设备异常状态，实现生产运行中的安全风险可控。

B 动态监管全程化

以智能识别分析为支撑，通过安全准入系统自动识别人员资质、素质不达标情况，电子换牌系统防止停送电误操作，AI 视频分析与电子围栏系统识别不戴安全帽、入侵危险区域等行为，实现作业安全风险可防。

10.4.3.4 智慧决策

从粗放管理向实时精益管控升级，成为智慧管理决策先行者。

A 成本管控精益化

依托智慧选矿系统，建立生产、质量、销售等一体的实时成本管控体系，通过单机台成本管控模型，对电、钢球、药剂、备件、维修等费用进行分析，联动控制磨机台时、磁选场强、药剂量等工艺参数，稳定生产指标、降低生产成本。

B 绩效考核精准化

建立了以成本、生产指标等为主的绩效考核体系，在单机台成本核算基础上，结合生产技经指标、安全绩效等，自动采集数据，实现绩效考核，激励员工积极参与降本增效、精益生产，使成本管控更加科学化、精准化。

10.4.4 价值成效

通过两年来的不懈努力，关宝山公司各项选矿技经指标大幅提升，取得多项荣誉。

10.4.4.1 经济效益

（1）生产指标屡创佳绩。原矿处理量提升 3.13%；精矿产量提升 4.76%；金属回收率提高 3.26%。

（2）设备效率稳步提升。球磨机效率提升 2.33%；压滤机效率提升 11.61%。

（3）综合能耗持续下降。药剂单耗下降 8.17%；电单耗下降 2.34%；动力煤单耗下降 31.65%。

（4）管理效率大幅提升。撤销作业区和班组，将 4 个部门和 5 个作业区整合成智慧生产、运行保障和决策服务"3 个中心"，垂直管理到机台，管理机构压减 63%。由原来的三级管理革新为一级管理，提高工作效率 43%。

（5）劳动效率明显提高。在数字化系统的支撑下，机构编制重构，优化压缩各类岗位，从业人员降幅比例达到 38%；管理人员占比降低 4.2%。劳动生产率提高 11.5%。

10.4.4.2 转型变革

通过该项目的实施，端层设备进行升级改造，实现自动化 ROC 集中控制、现场视频集中监控、通信指挥统一调度，取消选矿各区域控制室，集中控制岗位优化 50%。实现选矿各工序间生产操作的无人化，选矿生产工艺检测传输全部在线感知，实时检测，提高了工艺过程操作调整的及时性，大大提升了过程控制的效率。生产操作调整通过在线仪表数据采集，大数据分析自学习自优化，边缘优化控制系统实现生产操作过程控制。

10.4.4.3 社会效益

在 2022 年（第四届）全球工业互联网大会上，由鞍钢公司选送的"智慧采选工业互联网平台"应用案例，从全国工业行业数字化领域具有代表性的近千个应用案例中脱颖而出，成功入选工业互联网、融合创新应用典型案例，向国内外展示了鞍钢矿业在工业互联网融合创新应用领域的成就。

荣获辽宁省数字化转型标杆示范企业，发挥示范引领作用，推动制造业数字化、网络化、智能化转型升级。

荣获 5G+工业互联网应用标杆单位，为在 5G 规模应用、工业互联网+、物联网、数据中心等方面积极创新，共同探索全国领先的新模式、新成果，全面服务数字鞍钢建设起到了行业标杆及引领作用。

关宝山公司已建成"选矿黑灯工厂"，形成了智能选矿、设备预知维修、业务与数据集成创新、精益化运营等一系列智能选厂的数字化管理模式，将为选矿行业和兄弟单位提供经验支撑。

索 引